식품저장학

Food Preservation

노봉수 • 김석신 • 장판식 • 이현규 • 김태집

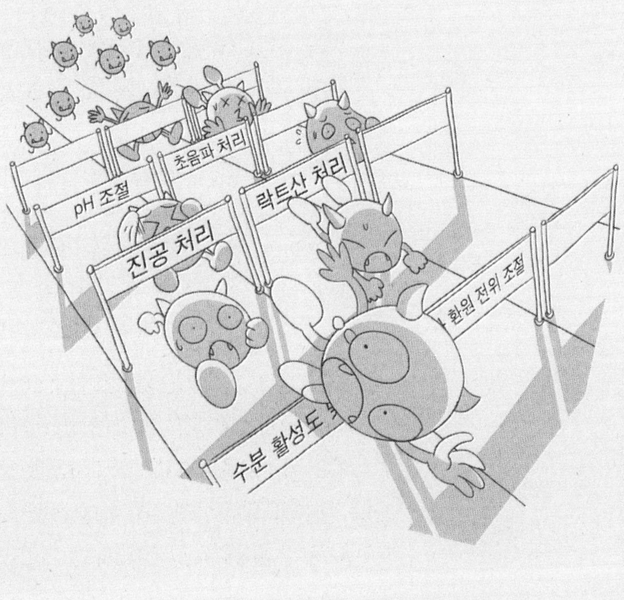

수 학 사

머리말

식품 안전에 관한 소비자들의 관심이 높아지면서 어떻게 하면 식품을 보다 안전하고 안정되게 저장, 유통할 것인가 하는 과제 해결에 대한 식품과학자들의 의무는 더욱 커져만 가고 있다. 식품의 안전을 위해서는 새로운 기술들이 도입되어야 하고, 위생적으로는 안전하게 저장하면서 동시에 품질은 안정하게 유지할 수 있어야 할 것이다.

우선 식품의 안전을 어떻게 정의 내리며, 어느 기간까지 유통할 수 있고, 또한 품질 유지 기한을 언제까지로 설정해야 하는 것인지 등에 대한 명확한 제시가 필요한 시점에 이르렀다. 그래서 올해부터 적용되는 유통기한에 대한 정의와 이를 적용하는 산업체의 입장에서는 어떻게 산출하는 것이 올바르고 효율성 높은 것인가를 예측하는 방법을 소개하였다.

더불어서 본 교재에서는 품질에 영향을 주는 요인에는 어떤 것들이 있으며, 이러한 요인들에 의하여 어떤 변화들이 발생하는지, 그리고 그 변화를 최소화하기 위한 방법은 무엇인지에 대하여 설명하였다. 또한 새로운 유망 저장 기술로서 다양한 처리 방법 등에 대한 소개를 하였다. 초음파 처리, 고전압 펄스 전기장 가열, 고압 처리, 오존 처리 등 새로운 기술들에 대하여 서술하면서 지나친 가열로 인해 발생하는 영양 성분의 파괴를 극복하고, 나아가 생리 활성 물질의 활성을 최대한 유지할 수 있는 기술들의 도입이 시급함을 인식시키고자 하였다.

저자들의 연구 경험을 바탕으로 한 저장 기술은 물론, 비가열 처리 방법 등도 소개하였는데, 특히 이를 적절히 이용하여 보다 적은 열처리를 할 수 있는 방법으로 허들 테크놀로지(hurdle technology)에 대한 개념과 그 적용 예를 소개하였다. 그리고 이 책을 스스로 공부하는 데에 도움이 되도록 각 장별로 연습문제를 제시하여 각자의 이해 정도를 확인할 수 있도록 하였다.

그리고 용어 사용에 있어서는 가능한 한 한국식품과학회에서 발행한 '식품과학용어사전'(2006)에 따르는 것을 원칙으로 하였다. 따라서 일반적으로 많이 사용하는 젖산균 대신에 락트산세균, 젖산이나 유산 대신에 락트산으로 표현하였다.

다섯 명의 저자들이 나름대로 노력을 하였지만 부족한 점들이 많아 향후 미진한 부분에 대하여는 보완해 나가고자 한다.

여러 선후배님들의 끊임없는 질타를 기다리며, 이 책을 출판하기 위하여 애써주신 수학사의 이영호 사장님과 직원 여러분의 노고에 감사를 드린다.

2008년 1월

저자 일동

차례

PART 1

서론

● Chapter 01 세계의 식량 생산 현황 및 식품 저장의 역사

Chapter

01 세계의 식량 생산 현황 및 식품 저장의 역사

배우는 목적

식품은 여러 가지 특성상 저장이 반드시 필요하다. 특히 식품의 품질 보존과 안전성을 유지하기 위해서는 필수적이다. 또한 식품을 적절하게 저장함으로써 얻을 수 있는 이익도 다양한데, 식품 자체의 영양 성분을 유지 또는 향상시킬 수 있으며, 계획적인 식품의 생산과 유통을 통하여 인간의 식생활을 윤택하게 영위시킨다. 그리고 이 결과 경제적·산업적·사회적·문화적인 여러 가지 측면에 지대한 영향을 끼친다.

이 장에서는 상기한 중요성을 담고 있는 식품저장학의 태동 및 오랜 기간에 걸쳐 변해 온 식품 저장 기술의 역사를 고찰함으로써 이 책 전체에서 다루는 저장 기술 및 이론의 중요성을 인식하고 향후에 등장할 새로운 저장 이론들을 습득할 필요성에 대한 이해를 돕고자 한다.

1. 세계 식량 문제의 현황

식량 부족을 극복하기 위한 여러 가지 방안의 개발은 인류의 초기나 현재를 막론하고 생존에 가장 중요한 과제이며, 인류 역사의 초기에는 더욱 중요하였다. 이는 오늘날에도 저개발 지역에서 식량 문제가 더욱 심각한 것을 보아도 알 수 있다. 일반적으로 현재의 식량 수출국은 북미, 서부, 오세아니아에 있는 몇 나라뿐이고 수입국은 아시아, 남미, 아프리카의 여러 나라들에 걸쳐 분포되어 있다. 여기에는 자연적인 또는 정치적이거나 인위적인 요인이 있었으며, 현대의 국제화 및 지구촌화 시대에서는 무엇보다도 정치적·인위적인 요인이 점점 더 큰 비중을 차지하는 경향을 보이고 있는데, 이러한 사실은 식량을 수출하는 나라가 모두 선진국은 아니며, 반면에 식량을 수입하는 나라가 다 개발도상국이 아닌 추세에 의해 입증되고 있다.

편의상 선진국과 개발도상국으로 나누어 총 식량 생산량 및 국민 일인당 식량 생산량을 비교해 보면 그림 1-1 및 그림 1-2에서와 같이 선진국과 개발도상국(미개발국 포함) 간에는 식량 생산의 잉여와 부족의 뚜렷한 차이가 있음을 확인할 수 있

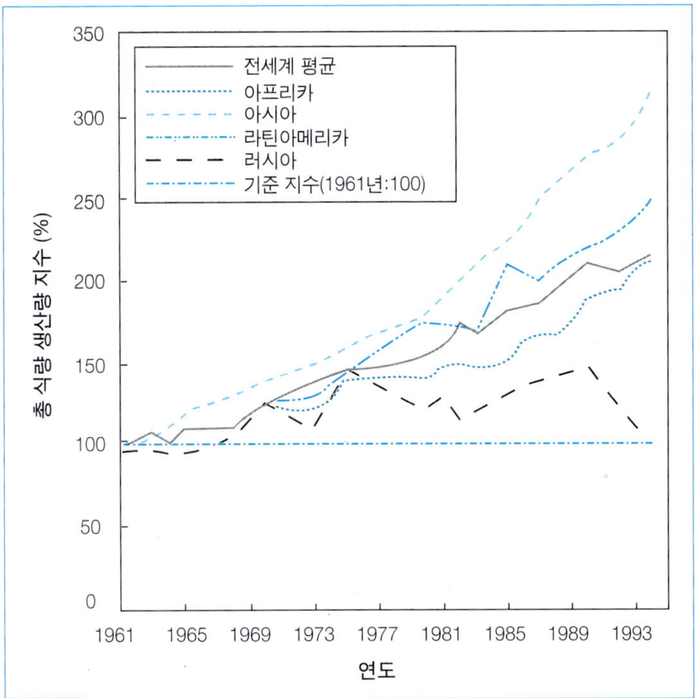

그림 1-1 전세계 중요 지역/국가의 총 식량 생산량 변화 추이

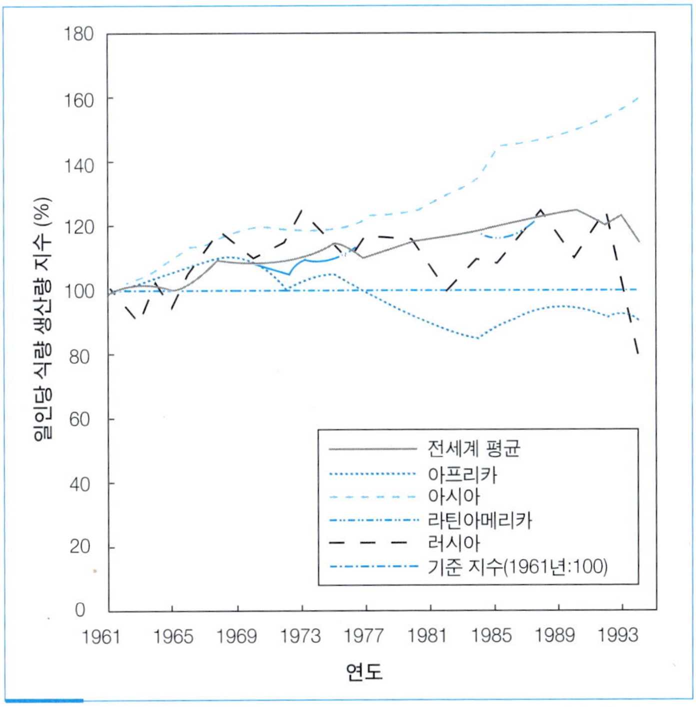

그림 1-2 전세계 중요 지역/국가의 국민 일인당 식량 생산량 변화 추이

다(아시아에서는 중국이 유일하게 국민 일인당 식량 생산량이 급증한 부농국이며 나머지 국가는 일인당 식량 생산량 증가가 미미하거나 오히려 감소하는 수준임).

더욱이 개발도상국의 식량 부족 상태는 표 1-1 및 표 1-2에서와 같이 대표적으로 유럽연합(EU)과 아프리카의 국민 일인당 식량 생산량을 비교하면 쉽게 알 수 있다. 1961년에는 유럽연합과 아프리카의 일인당 생산량에는 큰 차이가 없었으나 시간이 지남에 따라 유럽연합은 계속 상승하고, 아프리카는 정체 내지는 감소 경향을 나타내어 현재는 그 차이가 크게 벌어져 있다. 아프리카에서의 국민 일인당 식량 생산량이 증가하지 못한 원인은 무엇보다도 높은 인구 증가율임을 부인할 수 없다. 그러므로 앞으로 이 지역에서 인구 증가율을 획기적으로 줄이지 않고는 선진국과의 차이를 좁힐 수 없을 것이다.

다른 한편, 선진국과 개발도상국으로 나누어 식량의 국내 소비 및 과부족을 비교해 보면 두 부류 사이에는 식량의 잉여와 부족의 뚜렷한 차이가 있는 것으로 국제연합(UN) 산하의 '식량농업기구(FAO, Food and Agriculture Organization)'에서 보고하고 있다. 즉, 1985년에서 2000년 사이에 선진국과 개발도상국별로 식량 생산량에서 국내에서의 소비량을 제외한 과부족량을 연도별로 각 비교하면 거의

표 1-1 전세계 중요 지역/국가의 국민 일인당 식량 생산량 비교(1961년, 2000년)

종류 \ 국가/연도	아프리카		호주		아시아[1]		중국		인도		유럽연합[2]		북·중미[3]		남미		미국	
	1961	2000	1961	2000	1961	2000	1961	2000	1961	2000	1961	2000	1961	2000	1961	2000	1961	2000
밀	18.0[4]	17.7	641.0	1176.2	26.8	63.9	21.2	78.5	24.3	69.1	110.5	282.4	152.8	189.6	53.0	55.9	177.3	222.5
쌀	15.2	21.6	11.2	74.1	116.7	149.4	83.5	148.1	118.2	133.1	4.9	7.0	12.3	22.9	46.7	58.5	13.0	31.2
채소류	17.9	15.0	4.8	4.5	22.6	42.1	19.0	77.0	26.7	21.7	29.0	23.0	8.7	4.1	13.1	3.8	9.9	3.7
과일류	86.4	75.7	142.2	158.4	25.1	51.0	4.8	51.4	29.5	38.0	140.9	164.6	94.4	120.5	134.2	200.1	89.6	116.6

1) 중국과 인도를 포함, 2) EU(12개국), 3) 미국을 포함,
4) 천 명당 식량 생산량(Mt)으로서 1000을 나누면 일인당 식량 생산량으로 환산할 수 있음.

표 1-2 전세계 중요 지역/국가의 국민 일인당 식량 생산량 변화율 비교(1961년 이후부터 2000년까지의 변화량)

종류 \ 국가	아프리카	호주	아시아[1]	중국	인도	유럽연합[2]	북·중미[3]	남미	미국
밀	98.2[4]	183.4	237.6	369.5	284.5	255.4	124.0	105.4	125.4
쌀	142.3	659.6	128.0	177.3	112.6	142.7	186.5	125.1	240.2
채소류	83.9	93.2	186.3	404.6	81.1	79.3	47.1	29.0	37.9
과일류	87.6	111.4	202.9	1060.8	128.7	116.7	127.6	149.0	130.1

1) 중국과 인도를 포함, 2) EU(12개국), 3) 미국을 포함,
4) % = (2000년 일인당 식량 생산량/1961년 일인당 식량 생산량)×100.

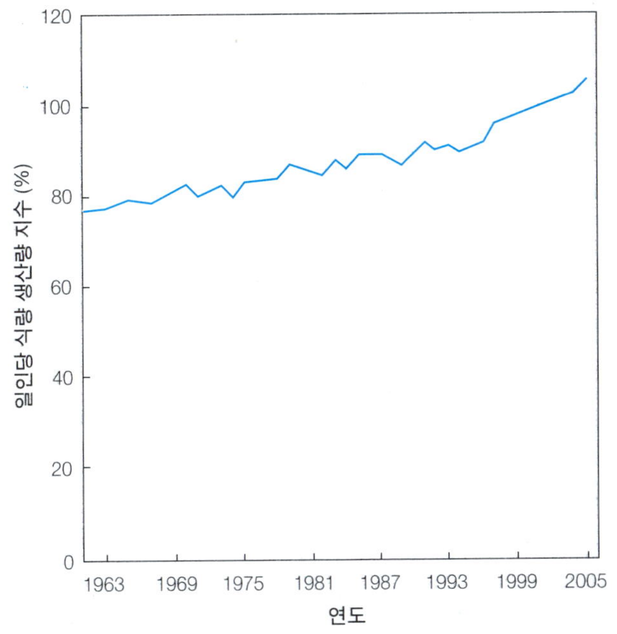

그림 1-3 전세계적 국민 일인당 식량 생산량 변화 추이
(일인당 식량 생산량 지수는 2000년의 결과를 100으로 하여 환산한 수치임.)

모든 면에서 선진국은 식량이 남고, 개발도상국은 절대적으로 부족한 상황이다.

전세계적으로 설명하자면 그림 1-3에서 나타내고 있듯이 일인당 식량 생산량의 증가폭이 약 20% 정도로 극히 저조한 상태로서 1961년 이후로 40여 년이 훨씬 지난 현재의 상황은 매우 열악하며 조만간 이러한 문제점을 해결할 수 있는 대안을 제시해야만 하는 과제를 안고 있다.

2. 식품 저장의 중요성

1) 식량 위기

우리 인간에게 있어서 가장 중요한 관심사는 의식주 중에서도 특히 '먹는 것', 즉 식량에 관한 문제일 것이다. 먹어야만이 무엇이든 할 수 있고 목숨을 유지하기 때문이다. 그러나 표 1-1 및 표 1-2에서 이미 설명한 대로 현재 지구상에서의 식량 생산 상황을 분석해 보면 '부익부 빈익빈' 이거나 전세계적으로 남과 북의 차이가 심하여 어느 한편에서는 너무 과도하게 먹어서 살을 빼느라 야단이며 절식 혹은 금식을 한다고 꽤나 고생을 한다. 반면 다른 한편에서는 못 먹어서 아사하는 인구가 매일 증가하고 있으며, 다음 기사와 같은 사건들이 속출하고 있는 현실 속에 우리는 살고 있다.

FAO, 세계 식량 위기 경고

세계 곡물가가 급등하면서 37개국에서 식량 위기에 직면하고 있고 내년에는 세계적인 기아 현상이 악화될 것이라는 전망이 나오는 등 곡물가 급등의 파장을 우려하는 경고음이 울리고 있다. 유엔식량농업기구(FAO)가 17일(현지 시간) 곡물 가격 폭등이 가난한 나라 주민 수백만 명을 위협하고 있으며 내부 갈등과 자연재해로 식량 위기에 직면하고 있음을 경고했다고 BBC방송 인터넷판이 보도했다.

FAO의 경고는 이날 재고량 격감으로 콩 가격이 34년 만에 최고치를, 옥수수 가격도 11년 만에 최고가를 기록하는 등 곡물 가격이 그칠 줄 모르고 급상승하면서 나왔다. FAO는 자체 곡물가격지수를 지난 1990년 도입한 이래 지난해에는 사상 최고 수준인 40%가 올랐다며 이미 많은 나라가 자체적으로 대처하기에는 역부족이라고 지적했다. 이로 인해 이미 일부 나라에서는 식량을 얻기 위한 폭동이 일어나고 있다.

[2007.12.19. 연합뉴스 기사]

기사 내용과 같이 우리나라가 이러한 현실 속에 처해 있다면 어떨까? 우리나라가 빈곤 국가에 속하지 않아서 얼마나 다행인지 모른다. 그러나 이러한 안도감도 잠시뿐이며 언제 어떠한 현상으로 우리나라도 최저 빈곤 국가가 될지 모르며 식량을 걱정하며 살아갈지 염려되는 일이다.

2) 식량 위기 극복 방안 및 식품 저장의 중요성

식량 문제와 중요하게 관련되는 것이 인구의 증가이다. 세계은행의 예측에 의하면 2005년도 현재 약 96억 명의 세계 인구는 다음 세기 말에는 110억 명을 초과할 것으로 예측하고 있다. 특히 아프리카의 인구는 계속 증가해 2100년에는 세계 인구의 24%까지 점유할 것으로 추정하고 있다.

이 같은 인구 증가는 경작지의 저급화, 주거환경의 악화 등 환경 파괴를 불러일으킴과 동시에 과잉 경작이나 난민을 발생시킴으로써 환경 파괴를 더욱 가속화시키고 이는 결국 식량 부족으로 이어진다. 이런 식량 위기를 경고하는 명백한 징후들은 속속 현실로 나타나고 있다. 반면 식량 위기를 해결해 줄 획기적인 기술 혁신의 가능성은 보이지 않고 있다. 이와 같은 악순환을 단절하기 위해서는 선진국으로부터 개발도상국으로의 기술 이전이 반드시 필요하다. 세계식량안보협정이 체결되었음에도 불구하고 식량 위기가 식량대란으로 이어질 것인가는 앞으로도 계속될 기아와 포식이 공존하는 현실을 얼마나 조화롭게 헤쳐 나갈 것인가에 달려 있다.

Tips 세계식량안보협정

사람이 먹는 권리는 가장 기본적인 권리이다. 이러한 권리를 세계의 모든 사람들이 인도주의적 입장에서 서로 지켜 나가자는 결의가 '세계식량안보협정'이며, 1985년 11월 FAO 총회에서 채택되었다. 이 협정의 주목적은 모든 시대의 모든 인간은 그들이 필요로 하는 기초식량을 생산하거나 조달 받을 수 있는 입장에 있으며, 그 도덕적 의무를 재확인하는 데 있다. 또 여기서는 세계식량안보의 공동목표와 기아 및 영양실조의 퇴치를 달성함에 있어 각국 정부, 민간 조직 및 주민의 행동 지침과 도덕적인 의의를 정하고 있다.

선진국은 식량이 넘쳐 남고, 개발도상국은 식량이 부족한 이 상황을 해결하기 위해서는 개발도상국 농촌에 보다 도움이 되는 개선 방안이 필요할 것이다. 그 개선 방안으로는 먼저 식량 생산 증대를 위한 기술 개발이 절실하며, 품종 개량이나 재배방법의 개선, 병충해 방재 등의 방법이 있다. 두 번째로 식량 가격 하락 정책을

펼쳐야 한다. 식량 가격의 상승은 다른 산업에도 큰 영향을 끼쳐서 식량을 구득하는 많은 빈곤자들에게 큰 부담이 되므로 식량 가격을 하락시킴으로써 이 재원을 다른 용도에 이용하는 것이 효과적이다. 세 번째로 인구 증가에 따른 식량 생산과 가공 및 저장의 합리적인 기술이 요망된다. 인류는 자연에서 채집 어획된 식품을 먹고 소규모 지역별 상거래를 통하여 문물을 교환하면서 살아온 고대 시대를 거쳐 이제는 교통수단의 발달로 사회집단생활로 접어들었으며, 단순히 가정에서 조리하던 시대로부터 제조 가공의 생산 형태로 바뀌기 시작했다. 오늘날과 같은 사회의 복잡한 물적 유통(physical distribution)과 더불어 상품시대가 되었으며 원료의 대량 생산(mass production)을 형성하게 되었다. 이렇게 해서 다소나마 식품을 장기간의 저장으로부터 공급하도록 하기에 이르렀다.

따라서 오늘날은 과거의 단순한 '저장(storage)'의 개념에서 점차적으로 원료를 제조 가공하여 품질을 최대한으로 보존할 수 있는 기술을 요하는 '보장(preservation)'의 개념이 필요하게 되었다. 즉, 식량이나 식품의 품질(quality) 변화 정도를 각종 외부 요인의 침입으로 인한 화학적인 성분, 물리적인 상태, 생물학적인 인자 등으로부터 최대한 방지하는 데 경주해야 하는 것이 절실한 현실이다.

첫 번째와 두 번째의 방법론은 이미 실행에 옮겨져 왔으나 그 결과가 신통치 않음이 현실적으로 증명되었다. 따라서 앞으로는 세 번째 방안, 즉 식품 저장 기술을 혁신적으로 변화시킴으로써 현재의 식량 위기를 극복할 필요성이 대두되었다.

3. 식품 저장의 역사

1) 식품 저장의 필요성

식품은 원료 식량의 상태로 직접 이용되기도 하지만 대부분 가공이나 유통을 거쳐야 하는 특성상 반드시 저장해야만 한다. 특히 식품의 품질 보존과 안전성을 유지하기 위해서는 저장이 꼭 필요하다. 아울러 식품을 적당히 저장함으로써 얻어지는 이익은 다양하다.

우선 식품 자체의 품질을 유지 또는 향상시키고, 계획적인 식품의 생산과 유통을 통하여 고부가 가치화하거나 인간의 식생활을 원만하게 영위시킨다. 그리고 이 결과 인간생활에 있어 경제적·산업적·사회적·문화적인 면 등 여러 가지 면에서 보다 많은 이익을 창출할 수 있다.

산업 및 경제적인 측면에서 중요한 의미를 갖는 식품 저장의 필요성과 이익에 대하여 정리하면 다음과 같다.

(1) 계획적 생산과 분배

식품(또는 식량)은 농·축산·수산업 등 자연을 대상으로 생산되는 것이 대부분이기 때문에 아무리 계획적으로 생산을 유도한다 하더라도 자연의 환경적 요인에 의하여 항상 변동되기 마련이다. 따라서 풍작이나 풍어가 되는 경우는 이를 저장하였다가 적당한 시기에 출하하거나, 반대로 부족할 때는 생산량을 증대시키는 방안 마련이 필요하다.

즉, 식품 저장은 대량 생산된 식품을 일정 기간 동안 변패되지 않도록 유지시키는 것이기 때문에 식품의 계획적 생산을 가능하게 하며, 필요에 따라 식품을 합리적으로 분배시키는 일을 가능하게 한다.

(2) 경제적으로 유리한 유통과 적재

식품의 저장성을 높이기 위하여 일정한 용기에 넣어 규격화시켰을 경우 취급하기 용이하며, 유통과 적재 과정에서도 유리하다. 예를 들면 건조 저장의 경우는 식품의 부피가 줄어들고 가볍기 때문에 유통과 적재 시에 유리하다.

(3) 식품의 손실 방지

식품의 손실은 양적인 손실에 못지않게 질적인 손실을 염두에 두지 않으면 안 된다. 식품이 변패되어 먹을 수 없게 되어 버려지는 것은 적당한 저장 방법에 의하여 방지할 수 있다. 또한 영양 손실에 따른 질적 손실, 식품의 기호성 저하에 의한 양적인 손실 등도 저장 방법의 개선에 따라 충분히 예방할 수 있다.

(4) 가격의 안정 도모

자연을 대상으로 하는 농·축산·수산물의 생산에 있어서는 그것이 일정한 계획에 의해 행하여졌다 하더라도 그 생산량은 항상 변동이 있다. 따라서 풍작이나 풍어 등 다량 생산에 의한 가격 하락, 반대로 흉작에 의한 가격 상승은 흔히 있는 일이다. 그러므로 생산물에 저장성을 부여할 수만 있다면 생산물은 가격이 안정되고, 나아가 생산 의욕 증대에도 큰 도움이 될 수 있다.

2) 식품 저장의 역사

(1) 식품 저장법의 기원

약 40만 년 전 베이징원인은 이미 불을 이용한 조리법을 알고 있었으리라 추정되며, 현재 세계 각지에 미개 상태로 남아 있는 수렵 민족은 잡은 동물의 고기를 그대로 먹기도 하고 훈연하거나 햇볕에 말려서 저장하고 있는데, 이러한 가공·저장 방법은 인류가 옛날부터 이용했으리라 짐작된다. 그리고 자연적인 서늘한 땅굴이 있는 곳에서는 그것이 바로 오늘날의 냉장고처럼 이용되었으리라 추정할 수 있다.

B.C. 7세기경에는 농경과 목축이 성행하였던 것으로 고고학에서 이미 규명하였는데 이러한 목축업과 농업이 더욱 안정되었던 시대라고 추정되는 B.C. 5세기경의 지중해 지역 유적에서는 저장용 창고가 발굴되기도 하였다.

(2) 역사시대 초기에서 근대까지의 저장법

역사시대에 들어와 관개농업이 발전함에 따라 수확이 증대되고, 도시가 발달하여 식품 생산자와 소비자 사이에 분업이 시작되면서 식품이 점차 교역의 중요한 대상으로 등장하였다. 아울러 먼 곳에 있는 생산지로부터 소비자에게 운송할 필요성이 발생했고, 이에 따라 식품 저장 및 보존성 더욱 요구되었다.

이와 같이 선사시대부터 역사시대 초기까지의 식품 가공·저장법을 살펴보면, 오늘날에도 행해지고 있는 건조법, 가열처리법, 연기에 의한 훈연법, 소금에 절이는 염장법, 발효법, 저온저장법 등의 원형이 이미 그 옛날부터 존재하였으며, 오늘날의 가공·저장법은 그와 같은 원형을 기본으로 하여 개발하고 발전시킨 것이다. 이 중에서도 천일 건조(sun drying), 훈연(smoking), 염장(salting)은 19세기 전반까지 식품 가공 및 저장 기술의 중요한 위치를 차지하였다.

또 다른 관점에서 보면, 식품의 가공 및 저장법은 세계 각지의 기후 풍토와 관련해서 각각 그 지역별로 독자적으로 발달해 왔다. 예를 들면, 한랭한 지대에서는 식품 저장이 비교적 용이하였기 때문에 북극해 연안의 에스키모는 수렵한 동물의 고기를 생활 주변에 무방비로 방치하였다가 식용하기도 하였다. 하지만 기타 더운 지방에서는 여러 가지 다양한 형태의 저장 방법들이 고안되기도 하였다.

열대지방에서는 각종 식품들 중에서도 특히 고기의 부패 속도가 매우 빠르다. 따라서 이러한 사실이 전체적인 이유가 될 수는 없지만, 인도에서는 힌두교와 이슬

람교 모두 소와 돼지의 도살과 식용을 금지하고 있다. 이와 같은 종교상의 법률은 부패된 식육에서 오는 식중독이나 전염병의 위험으로부터 방어하기 위한 방편이었다고 볼 수 있다.

아한대에 속하는 북유럽 여러 나라는 식량 생산 면에서는 풍족하지 못하였으나, 한랭한 자연조건은 고기나 우유 등을 저장하는 데 매우 유리하였다. 이에 따라 이 지역에서는 유제품 가공업이 발달하게 되었다. 즉, 북유럽에서 유제품 가공업이 발전하게 되었던 이유는 원래 목초의 생산지라는 점도 있지만 그보다도 기후가 원료유의 처리에 적합하다는 이유가 있었기 때문이다.

우리나라는 주로 온대 기후 지역에 속하여 식품이 비교적 부패하기 쉬운 곳이다. 따라서 그에 적합한 각종 저장 및 가공 방법이 발달하여 왔다. 그 대표적인 것으로 김치를 들 수 있다. 강원도의 한랭한 겨울 기후를 이용한 동태 말림, 마산 지방에서 발달한 발효 공업 등도 기후와 관계된 식품의 저장과 가공의 일면이라고 볼 수 있다. 또한 콩을 원료 자체로 저장하기보다는 된장이나 간장의 형태로 변형 가공·저장하면 더욱 오래도록 두고 먹을 수 있었다. 아울러 젓갈 등의 염장법, 벌꿀을 이용한 당장법 등이 개발되었으며, 신라 지증왕(6세기) 시절에는 석빙고를 이용한 식품의 냉장 방법이 개발되기도 하였다.

(3) 19세기 후반의 식품 저장법

19세기 후반에 이르러 종래의 천일 건조, 훈연, 염장 기술 외에 통조림, 인공(강제) 건조, 냉동법 등의 기술이 개발되었다.

① 통조림

통조림은 프랑스의 Nicolas Appert에 의해서 1804년에 발명되었다. 그 후 통조림 방법은 계속 개량되어 1810년에는 병 대신에 주석을 이용해 통조림이 만들어지게 되었으며, 1847년에는 대량 생산 방식에 의한 제관법이 발명되어 공업화에 성공하였다.

② 인공(강제) 건조

인공(강제) 건조는 식품을 건조시키는 데 있어서 건조실을 제작하고, 그 속에 열풍을 보내어 건조시키는 방법이다. 이 방법은 1600년대에 고안되었지만 현재와 같은 건조 과일, 건조 채소의 기술적인 기초가 확립된 것은 1880년대이다.

Tips 부패와 발효의 공통점과 차이점?

부패(putrefaction)란 몸이나 유기물이 썩거나 붕괴되는 과정, 즉 단백질이나 기타 유기물이 부패 미생물에 의해 분해되거나 모양을 바꾸어 인간에게 유독한 물질과 악취를 생성하는 변화를 지칭한다. 반면에 발효(fermentation)는 단백질이나 기타 유기물이 발효 미생물에 의해 분해되거나 모양을 바꾸되 인간에게 유익한 물질과 이로운 냄새 성분을 생성하는 변화를 말한다.

따라서 식품저장학에서는 부패를 방지하는 방안을 모색하거나 발효를 유도하는 기술을 추구한다.

③ 식품 냉동법

식품 냉동법의 시초는 1875년에 독일의 Linde가 처음으로 암모니아에 의한 가스 압축식 냉동기를 완성했을 때부터이다. 이와 같은 저장 기술의 진보로 인하여 종래와 같이 기상 조건에 지배되지 않고 연중 어느 때나 대규모로 가공과 저장이 가능하게 되어 생산과 소비의 양면이 크게 근대화되었다. 또한 대량 생산 방식이 확립됨으로써 저렴한 가공·저장식품이 시판됨에 따라 식생활을 획기적으로 향상시키는 결과를 가져왔다.

④ 현대의 저장법

19세기 후반의 저장 기술은 통조림, 인공(강제) 건조, 냉동법 등의 고안으로 눈부신 발전을 이룩하였다. 20세기에 들어와서 냉동 기술은 과거의 완만 냉동에서 급속 냉동으로 발전하였고, 해동 기술 측면에서도 급속한 발전을 이루었다. 또한 동결 건조와 가스 저장의 연구가 실용화 단계에 이르러 식품의 가공 및 저장 기술은 제2의 혁명을 맞이하기에 이르렀다.

특히 석유화학의 발달로 플라스틱 필름을 식품 포장 재료로 이용함으로써 식품의 품질 향상과 저장에 큰 기여를 하게 되었다. 식품의 방사선 처리는 현재 제한적으로 사용되고 있으나, 앞으로 식품 위생과 저장에 크게 기여할 것으로 기대되고 있다.

이상에서 설명한 식품의 저장법이 발전해 온 발자취를 정리해 보면 표 1-3과 같다.

표 1-3 식품 저장법 관련 중요 역사

연 도	내 용
1500년 이전	조리는 방법, 굽는 방법, 볶는 방법, 건조법, 염장, 당장, 동굴 저장 등 모두 불, 바람, 일광, 해수, 암염 등의 자연조건을 이용하는 데 지나지 않았으며, 1492년 미국 인디언들이 pemmican이라는 식품을 건조하기 위하여 불을 이용한 것이 대표적인 보기임.
1600년	초보적인 열풍 건조실을 만들어 열풍(hot air)을 사용한 인공 건조법이 채용되기 시작함.
1780년	영국에서 뜨거운 물로 전처리한 후 채소를 건조시키는 방법을 고안함.
1795년	프랑스에서 채소를 열풍 건조시킴.
1800년대	1804년 Nicolas Appert(프랑스)가 광구병을 이용한 통조림법 발명, 1810년 Peter Durand(영국)가 주석을 이용한 can 발명, 1819년 Thomas Kensett(영국) 등이 연어, 새우, 굴 통조림을 제조하기 시작함. 1824년 영국에서 권체기(seamer)를 개발하였으며, 1892년 전남 완도에서 전복 통조림을 우리나라 최초로 제조함.
1875년	독일(Linde)에서 암모니아를 이용한 압축식 냉동기를 처음으로 발명함.
1900년	통조림 기술이 더욱 발달되었고, 각종 건조 방법이 개발됨. 1916년 독일(Plank)에서 급속 동결의 이론이 제창됨.
1922년	영국의 Kidd가 가스 저장에 대한 연구를 시작함.
1929년	미국(Clarence Birdseye)에서 급속 동결 장치의 발명과 더불어 냉동식품이 제조되기 시작함.
1942년	제2차 세계대전 중 통조림, 병조림, 건조, 냉동 냉장의 가공 기술이 개량 발전됨.
1950년	진공농축 방법에 의한 액상 식품의 생산과 진공·동결 건조에 의한 우수한 복원성을 가진 건조식품의 제조가 가능하게 됨.
1953년	미국에서 방사선 조사를 식품에 적용하는 연구가 개시됨. (1896년 Henri Becquerel이 방사능을 최초로 발견, 동년 Roentgen이 X-선을 발견, 1898년 Schmidt와 Curies 부부가 라듐을 분리하는 데 성공함. 그 이후 α, β, γ-선을 발견하였으며 이러한 선행 연구 결과들을 식품 저장에 적용하는 연구를 개시하였는데 특히 ^{137}Cs, ^{60}Co 등이 식품에 이용됨.)
1960년 이후	1950년대까지 가공 기술과 가공 기계가 진보, 개량됨과 동시에 식품화학의 발전에 의해 가공 식품의 품질이 향상되었으며, 석유화학의 발달에 의해서 각종 플라스틱 제품이 용기나 포장재로서 많이 이용됨. 전자레인지(microwave oven), 전자냉동, 초음파가공 등 전자공학을 식품 가공에 응용하게 됨.

01 연습문제

01_ 가스 저장(Gas storage)에 대한 연구를 처음으로 시도한 연구자는?

① Appert ② Becquerel ③ Roentgen
④ Schmidt ⑤ Kidd

02_ 다음 물음에 ○, ×로 답하시오.

(1) 1961년에는 유럽연합과 아프리카의 국민 일인당 식량 생산량에서는 큰 차이가 없이 비슷하였다. ( )

(2) 전세계적으로 볼 때 1961년에 비해 2000년에는 일인당 식량 생산량이 약 10% 정도로 미미하게 증가하였다. ( )

(3) 향후 약 50년 후에는 식품 가공의 원료를 수확하거나 도살하는 현지에서 직접 가공·포장하는 기술이 발전할 것이므로 특별한 식품 저장의 기술이 필요 없게 될 것이다. ( )

(4) 세계적 인구 폭발에 기여하는 정도는 저개발국가일수록 심하게 나타난다. ( )

(5) 식품 저장은 식품을 계획적으로 대량 생산하는 것을 가능하게 할 뿐만 아니라 합리적으로 분배시키는 일도 가능하게 한다. ( )

(6) B.C. 5세기경의 지중해 지역 유적에서는 훈연 상자가 발굴되었다. ( )

(7) 선사시대부터 역사시대 초기까지의 식품 저장법을 살펴보면, 오늘날에도 행해지고 있는 건조법, 가열 처리법, 훈연법, 염장법, 발효법, 저온 저장법 등의 원형이 이미 존재하였으며, 오늘날의 식품 저장법은 그와 같은 원형을 기본으로 하여 개발하고 발전시킨 것이다. ( )

(8) 통조림은 독일인 Linde에 의해서 1804년에 발명되었으며, 그 후 계속 개량되어 1810년에는 병 대신에 주석을 이용해 통조림이 만들어졌다. 나아가 1847년에는 대량 생산 방식에 의한 제관법이 발명되어 공업화에 성공하였다. ( )

03_ 전세계적으로 일인당 식량 생산량을 증대시키기 위하여 그동안 취해 온 모든 방법들에 대해 설명하되 효과적이었던 방법과 그렇지 못하였던 것으로 나누어 서술하시오.

04_ 식품 저장의 개념에는 'storage'와 'preservation'의 두 가지가 있다. 이 두 가지의 개념을 설명하되, 현대의 식품저장학에서 주로 다루는 의미는 무엇인지 분명히 지적하시오.

05_ 현대의 식품저장학에서는 가공과 포장의 개념이 많이 첨가되고 있다. 가공과 포장이 식품 저장 기술에 기여하는 바를 구체적으로 나열하고 각각에 대하여 상세히 설명하시오.

06_ 식품 저장을 대량으로 시행하게 되면 경제적 측면에서 볼 때, 설비 투자에 해당하는 만큼의 비용 손실이 생길 수도 있지만 혁신적인 저장법 개발에 의한 고부가 가치가 발생하여 오히려 이익이 창출될 수도 있을 것이다. 식품 저장이 산업적, 경제적인 방면에 끼치는 이익과 손실에 대하여 구체적으로 설명하시오.

07_ 열대지방에서는 식품의 부패 속도가 매우 빠르기 때문에 옛날부터 식품 저장에 대한 개념이 발달할 수밖에 없었던 반면, 한대지방에서는 식품 가공·저장에 대한 기술 개발이 상대적으로 미진하였다. 그럼에도 불구하고 아한대 지역에 속하는 북유럽 여러 나라의 식품 저장 기술이 전세계적으로 우수하다. 북유럽 국가에서 생산되는 대표적인 저장식품의 예를 들고 이러한 식품에 관련된 저장 기술이 발전하게 된 이유에 대해서도 규명해 보시오.

08_ 식품 저장 기간의 종류에는 ① 최대 저장 기간(maximum possible shelf life, MSL), ② 포장 저장 기간(packaged shelf life, PSL), ③ 최소 요구 저장 기간(required shelf life, RSL)의 3가지로 크게 나눌 수 있는데, 이들 중 MSL이 가장 길고 다음으로는 PSL, RSL 순서로 저장 기간이 길어야 저장하는 식품의 의미가 있다. 즉, 저장 식품의 제품 개발 시에는 MSL과 PSL이 RSL보다 더 길어야 제품 개발의 상업적인 근거가 있게 된다는 것이다. 이때의 MSL, PSL, RSL의 각각에 대한 정의를 내리고 각 기간의 차이점에 대하여 예를 들어 설명하시오.

정답 및 해설

01_ ⑤

02_ **(1) (O)** 1961년에는 유럽연합, 아프리카, 미국, 러시아 등 세계 모든 국가의 국민 일인당 식량 생산량이 거의 유사한 수준이었다.

(2) (X) 1961년에 비해 2000년에는 일인당 식량 생산량이 약 20% 정도로 미미하게 증가하였다.

(3) (X) 인구 폭발에 따른 식량 부족 현상이 향후 50년 이내에 초래될 수 있으므로 식품 가공 및 식품 유실 방지를 위한 특별한 저장 기술의 획기적 개발이 시급한 실정이다.

(4) (O) 세계적 인구 폭발에 기여하는 정도는 저개발국가일수록 심하게 나타난다. 반면 선진국의 경우는 오히려 인구가 감소하는 현상이 종종 나타나기도 한다.

(5) (O) 식품 산업은 원료 농수산물의 저장과 유통 기간의 연장을 통해 상품성을 제고하고 일시에 수확되는 농수산물의 수급 조절 기능을 담당하여 가격 안정에 기여할 뿐만 아니라 가공과 저장을 통해 부가가치를 창출하며 농수산 부문의 소득 증대와 고용 확대에 기여한다.

(6) (X) B.C. 5세기경의 지중해 지역 유적에서는 저장용 창고가 발굴되었다.

(7) (O) 현대에서 시행하고 있는 건조법, 가열 처리법, 훈연법, 염장법, 발효법, 저온 저장법 등은 선사시대부터 역사시대 초기까지의 식품 저장법 원형에서 출발한 것이며 오늘날의 식품 저장법은 그와 같은 원형을 기본으로 하여 개선·발전시킨 것이다.

(8) (X) 프랑스인 Nicolas Appert가 1804년 통조림을 세계 최초로 발명하였다.

03_ 비효과적인 방법: 산아 제한(인구 억제), 식량 증산을 위한 연구 개발
효과적인 방법: 혁신적 식품 저장법 개발에 의한 식량 손실량 감소

04_ storage: (=저장, 貯藏) 식품저장학에서 품질의 저하를 피할 수 있는 범위 내에서 어느 정도 식품의 원형이나 성분의 변화를 허용하는 광의의 방법.
preservation: (=보장, 保藏) 식품저장학에서 품질의 저하를 피할 수 있는 범위 중 식품의 원형이나 성분을 되도록 변화시키지 않는 협의의 방법.

05_ 식품 가공: 생활 패턴 변화에 따른 다양한 가공 식품의 개발은 식품의 상업적 판매를 위하여 최소한의 저장 기간을 요구하고 있으며, 좋은 품질을 가진 가공 식품이라도 유통·저장 및 판매에 필요한 최소한의 저장 기간을 갖지 못한다면 그 제품의 개발과 대량 생산은 어렵게 된다.
식품 저장: 과거에는 습도가 높은 조건에서는 조직감이 요구되는 식품의 저장이 어려운 경우가 있었다. 그런데 최근에는 식품의 품질 보존에 적합한 포장재들이 개발되어 저장 기간을 증가시킬 수 있어서 소비자의 다양한 제품에 대한 접근성이 높아지고 있다. 따라서 기능성 포장재의 개발뿐만 아니라 적합한 포장재의 선택을 위해서는 저장학에 대한 연구가 체계적으로 필요하다.

06_ 식품 저장에 의한 이익: ① 계획적 생산과 분배가 가능함 ② 규격화 및 부피 감소에 의한 유통과 적재 비용 절감 ③ 변패 감소에 의한 영양 성분 및 기호성 감소 방지 ④ 출하 시기 조절에 의한 가격의 안정 도모
식품 저장에 의한 비용: ① 예비 가공 비용 ② 포장 비용 ③ 저장 비용

07_ 북유럽 국가의 대표적 저장 식품: 발효 유제품
식품 저장 기술이 발전하게 된 이유: ① 목초 생산지 ② 고기나 우유 등을 저장하는 데 유리한 기후 ③ 식품을 고부가가치화하려는 의지가 강한 국민성

08_ ① 최대 저장 기간(MSL): 산소, 수분, 빛과 같은 저장 위해 요인들이 완전하게 제거되었을 때 이루어질 수 있는 식품의 저장 기간. 내용물은 온도를 제외한 모든 요인으로부터 완벽하게 보호받았을 때의 저장 기간을 말하며 식품 자체의 안정성에 의해 저장 기간이 결정된다.

② 최소 요구 저장 기간(RSL): 어떤 기간까지 식품이 반드시 유통되어야만 하는지를 최소로 요구하는 저장 기간. 이 기간은 저장하고자 하는 가공 식품 개발 비용과 유통 구조와 같은 경제적인 고려 사항에 의해 좌우된다.

③ 포장 저장 기간(PSL): 포장된 식품의 실제 유통 조건에서의 저장 기간. 포장 조건 개선을 통해서 저장 기간을 증가시킬 수는 있지만 일반적으로 동시에 비용도 증가시키므로 저장 기간 증가로 발생하는 경제적인 이익과 비용 등의 경제성 고려가 필수적이라고 할 수 있다.

PART 2

식품의 변질 요인과 그 메커니즘

Chapter

02 수분에 의한 식품의 변질

배우는 목적

수분은 식품 저장 중의 변질 요인 중에서 가장 으뜸을 차지하는 요인이다. 그러나 수분 함량 자체보다는 수분 활성도라는 개념을 적용하여야 식품의 변질 반응을 보다 정확하게 설명할 수 있다. 이와 관련하여 본 장에서는 자유수와 결합수의 개념을 파악하고, 수분 활성도와 등온 흡습 곡선에 대한 기본 이해를 우선으로 한다. 아울러 미생물의 증식, 효소 작용, 비효소적 갈변 반응, 지질 산화 반응 등과 수분 활성도의 관련성에 대해 명확하게 살펴보고, 등온 흡습 곡선의 측정 방법을 제시하고자 한다.

한편 수분과 관련된 식품의 품질 변화에서 중요한 부분을 차지하는 것이 전분의 노화이다. 노화가 일어나는 과정을 이해하고 억제할 수 있는 방안이 적용된다면 전분 제품의 저장성은 한결 더 향상될 것이다. 여기에서는 이런 반응의 메커니즘과 노화에 영향을 미치는 인자들의 성질을 파악하여 전분을 토대로 한 제품의 저장성을 향상시킬 수 있는 기술을 배우고자 한다.

1. 수분의 역할 및 종류

식품 중의 수분은 영양소, 효소, 화학물질 등을 용해 또는 분산시키는 역할을 하고, 가수 분해 작용 등 각종 화학 반응의 장을 제공하는 한편, 미생물의 생육에도 필수적이기 때문에 식품의 변질과 밀접한 관계가 있다.

수분은 흔히 자유수(free water)와 결합수(bound water)로 나누어진다. 자유수는 염류, 당류, 아미노산 등 수용성 물질의 용매로 작용하거나 단백질, 탄수화물 등의 분산매로 작용하는 수분으로, 고수분 식품(high moisture food)에 약 6~96% 들어 있으며 건조에 의해 쉽게 제거되고 0℃ 이하에서 잘 어는 것이 특징이다. 결합수는 탄수화물의 수산기(-OH), 단백질의 아미노기($-NH_2$)와 카복실기(-COOH), 지질의 수산기(-OH) 등과 수소 결합이나 이온 결합 등을 통해 결합되어 있는 수분으로서, 수화수(water of hydration)라고도 불리며 일반적으로 100℃에서 증발되지 않고 -18℃에서도 잘 얼지 않는 물이다. 결합수는 단층수

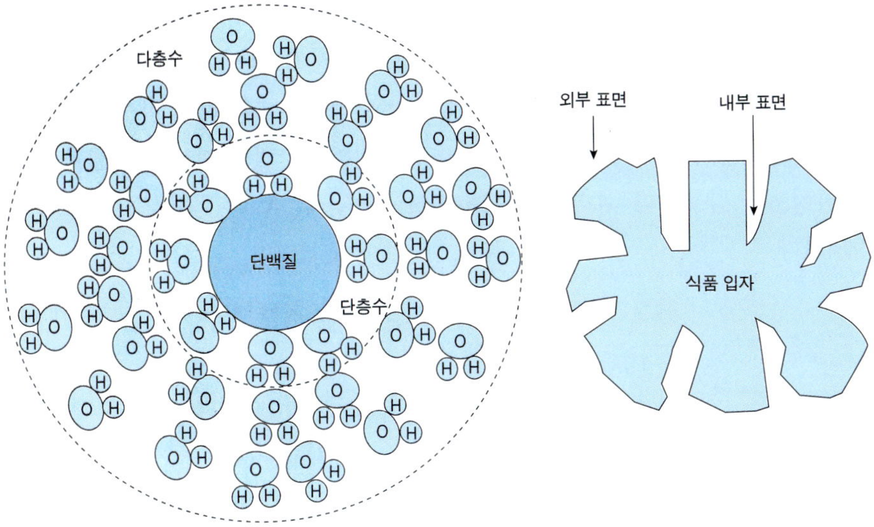

그림 2-1 단층수와 다층수의 기본 개념도 및 식품의 내부 표면과 외부 표면

(monolayer water)와 다층수(multilayer water)로 구별되는데, 단층수는 이온 결합이나 수소 결합에 의해 결합된 수분으로서 고수분 식품에 약 0.1~1% 들어 있으며 제거하기 어렵다. 이에 비해 다층수는 수소 결합이나 물리적 결합을 통해 식품의 내부 표면(internal surface)이나 외부 표면(external surface)에 결합된 수분으로서 고수분 식품에 약 1~5% 들어 있고 단층수만큼 제거하기 어렵지는 않다(그림 2-1 참조).

2. 수분 활성도 및 등온 흡습 곡선

1) 수분 활성도

동일한 수분 함량을 지닌 식품이라도 저장 안정성(storage stability)은 다를 수 있기 때문에 수분 함량만으로는 저장 안정성을 판단할 수 없다. 예를 들어 현미와 버터의 수분 함량은 각각 12.7%와 12.6%로서 비슷하지만 저장성 면에서는 현미가 상온에서 저장 가능한 반면 버터는 냉장 조건에서 유통하여야 한다. 또한 콩자반, 곶감, 돼지고기(살코기 41%)의 수분 함량은 각각 29.9%, 30.1%, 33.4%인데 돼지고기의 저장 안정성은 콩자반이나 곶감의 저장 안정성보다 훨씬 떨어진다. 이러한 사실로부터 수분 함량은 같거나 비슷하더라도 저장 안정성은 다를 수 있고, 이러한 현상을 설명하기 위해서는 수분 활성도라는 개념을 도입해야 함을 알 수 있다. 수분 활성도는 수분의 결합 정도에 따라 달라지며, 그 결합 정도가 강해질수록 수분 활성도가 감소한다. 수분 활성도(water activity; A_w)는 다음 식(2-1)과 같이 정의된다.

$$A_W = \frac{P}{P_0} = \%ERH/100 \qquad (2\text{-}1)$$

여기서 P_0 : 주어진 온도에서 순수한 물(용매)의 수증기압(기압)

P : 주어진 온도에서의 식품(용액)의 수증기압(기압)

%ERH : 평형상대습도(equilibrium relative humidity)(%)

묽은 용액의 수분 활성도는 식(2-2)의 라울의 법칙(Raoult's law)으로부터 유도된 식(2-3)으로부터 구할 수 있다.

$$P = P_0 X \qquad (2\text{-}2)$$

$$A_W = \frac{P}{P_0} = X = \frac{N_1}{N_1 + N_2} \qquad (2\text{-}3)$$

여기서 X : 용매(물)의 몰분률

N_1 : 용매(물)의 몰 수

N_2 : 용질의 몰 수

예를 들어 46% NaCl 용액의 수분 활성도는 0.79이다.

즉, $A_W = \dfrac{\frac{54}{18}}{\frac{54}{18} + \frac{46}{58.5}} = 0.79$

2) 등온 흡습 곡선

등온 흡습 곡선(moisture sorption isotherm)은 식품의 수분 활성도 또는 저장 환경의 평형 상대 습도를 X축에 배치하고 식품의 건물 기준 수분 함량(dry basis moisture content)을 Y축에 배치하여 그린 곡선이다. 동일한 식품이라도 고수분 상태일 때의 식품 내부 구조와 저수분 상태일 때의 식품 내부 구조가 달라지기 때

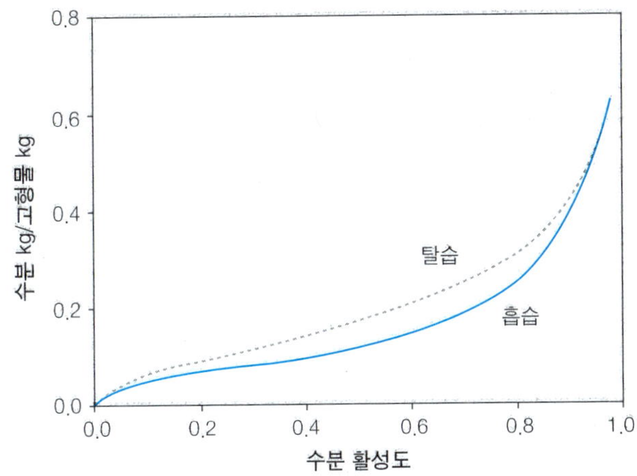

그림 2-2 등온 흡습 곡선에서 흡습 곡선과 탈습 곡선의 이력 현상

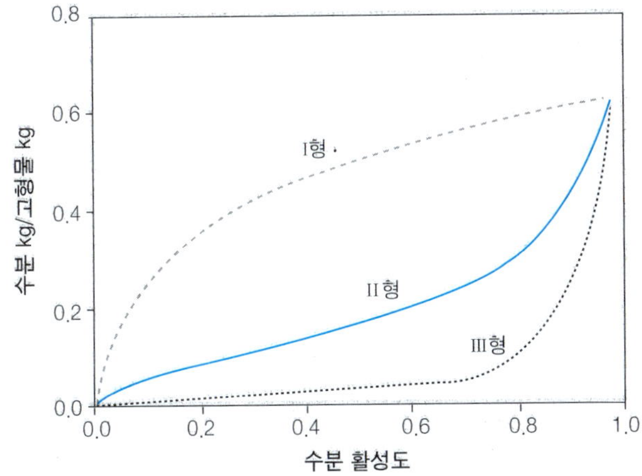

그림 2-3 식품의 3가지 등온 흡습 곡선의 유형

문에 고수분 상태에서의 탈습(desorption) 곡선과 저수분 상태에서의 흡습(adsorption) 곡선이 일치하지 않는 이력 현상(hysteresis)이 존재한다(그림 2-2 참조).

식품의 등온 흡습 곡선은 I형, II형, 그리고 III형이 있는데, 대부분의 식품은 II형을 보이고, 단백질 함량이 높은 식품은 I형을, 당 함량이 높은 식품은 III형의 등온 흡습 곡선을 보인다(그림 2-3 참조).

등온 흡습 곡선상에 있는 2개의 변곡점을 기준으로 영역 I, 영역 II 및 영역 III의

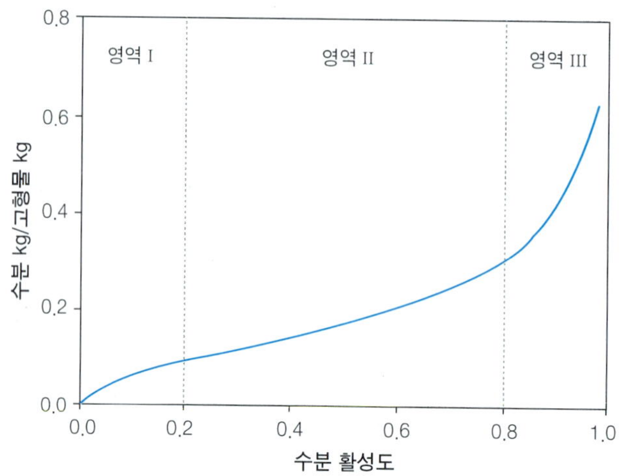

그림 2-4 등온 흡습 곡선의 3가지 영역

3가지 영역으로 나눌 수 있다(그림 2-4 참조). 영역 I에서 물은 주로 이온 결합되어 있는 단층수로 존재하는데, 식품별 단층수의 양은 고형물 100g당 코코아 3.9g, 커피 8.3g, 달걀 6.7g, 우유 5.7g, 감자 5.1~7.8g으로 알려져 있다. 영역 II에서 물은 수소 결합 위주의 다층수로 존재하는 반면, 영역 III에서 물은 주로 모세관 응축 현상(capillary condensation)을 보이는 자유수로 존재한다.

Tips 재미있는 흡착 현상-쌀 표면에 이산화탄소의 흡착

기체 차단성이 우수한 포장재에 쌀을 넣고 진공 펌프로 포장재 내부의 공기를 제거한 다음 이산화탄소를 충분히 가하고 밀봉하면, 처음에는 쌀이 포장재 내부에서 자유롭게 움직일 정도로 포장 전체가 부드럽다가, 상온에서 하루 정도 방치하여 두면 마치 벽돌을 진공 포장한 것처럼 단단하게 변한다. 그 이유는 쌀알의 표면에는 육안으로 보이지 않는 미세한 크기의 다공성 내부 표면 구조가 많은데, 쌀을 포장할 때 충분히 가해 준 이산화탄소의 대부분이 이곳에 흡착되기 때문이다.

3) 수분 활성도와 저장 안정성

식품의 수분 활성도가 저장 안정성과 관련이 깊은 이유는 식품에서의 미생물 증

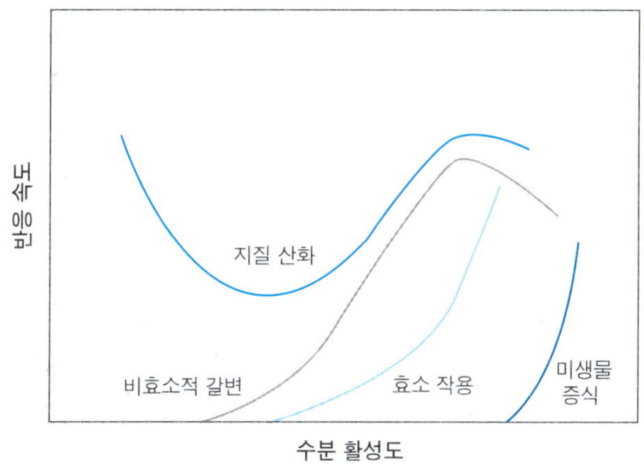

그림 2-5 수분 활성도와 반응 속도의 관계

식 속도, 효소 반응 속도, 비효소적 갈변 반응이나 지질 산화 같은 화학 반응의 속도 등이 식품의 수분 활성도와 밀접한 관계가 있기 때문이다(그림 2-5 참조).

그림 2-5에 나타나 있듯이 식품 중의 미생물 증식은 수분 활성도 임계값 이상에서 시작되고 수분 활성도 값이 클수록 급속히 이루어진다. 표 2-1에 식품의 수분 활성도와 미생물 생육의 관계를 나타내었다. 대체로 곰팡이는 수분 활성도 0.8 이상에서, 효모는 0.88 이상에서, 세균은 0.9 이상에서 생육 가능한 것으로 보고 있다. 그러나 세균 가운데에서도 *Micrococcus*는 수분 활성도 0.87 이상에서, *Staphylococcus aureus*는 0.80 이상에서, 호염성세균은 0.75 이상에서 생육이 가능하다. 또한 내삼투압성 효모들은 수분 활성도 0.60 이상에서 생육이 가능하고, 내건성 곰팡이는 0.75 이상에서 생육할 수 있다.

식품 중의 효소 작용도 그림 2-5에 나타나 있는 것과 같이 수분 활성도 임계값 이상에서 시작되며, 효소 반응의 반응물 생성비도 그림 2-6에 나타낸 바와 같이 수분 활성도가 클수록 증가된다.

비효소적 갈변 반응도 그림 2-5에서처럼 수분 활성도 임계값 이상에서 시작되고, 수분 활성도가 증가함에 따라 그 반응 속도도 증가한다. 그러나 반응 속도가 최대값에 도달한 후에는 수분 활성도가 증가하여도 반응 물질의 농도가 감소하기 때문에 반응 속도가 오히려 감소한다.

지질 산화의 경우 수분은 hydroperoxide의 분해를 방해하거나 금속을 수화시켜 산화 촉매로서의 효력을 감소시켜 산화 반응을 억제한다. 반면에 수분은 지질이나 촉매를 산화 반응의 표면으로 이동시켜 산화를 촉진하기도 한다. 이에 따라 그림 2-5에 나타낸 바와 같이 수분 활성도가 극히 적은 경우는 수분의 보호 작용이 없어 지질이 산화되기 쉬우나, 수분 활성도가 증가하면서 수분의 보호 작용으로 산화가 느려지다가, 수분 활성도 값이 더욱 커지면 오히려 수분이 산화를 촉진하게 되는 것이다.

표 2-1 식품의 수분 활성도와 미생물의 생육 관계

수분 활성도	관련 미생물	관련 식품
1.00~0.95	*Pseudomonas, Escherichia, Proteus, Shigella, Klebsiella, Bacillus, Clostridium perfringens*, 효모 일부	과실, 채소, 육류, 어육류, 우유
0.95~0.91	*Salmonella, Vibrio parahaemolyticus, C. botulinum, Serratia, Lactobacillus, Pediococcus*, 곰팡이 일부, 효모 일부(*Rhodotorula, Pichia*)	체다치즈, 스위스치즈, 햄, 과실 농축액 일부
0.91~0.87	효모(*Candida, Torulopsis, Hansenula*), *Micrococcus*	Salami 소시지, 스펀지케이크, 건조 치즈, 마가린
0.87~0.80	곰팡이(*Penicillium*), *Saccharomyces, Staphylococcus aureus, Debaryomyces*	과실 농축액, 가당연유, 쌀, 콩, 밀가루, 폰당, 과실 케이크, 초콜릿 시럽, maple 시럽, 과실 시럽
0.80~0.75	호염성 세균, 곰팡이(*Aspergillus*)	잼, 마멀레이드, 마시멜로
0.75~0.65	*Saccharomyces bisporus*, 내건성 곰팡이	누가, 퍼지, 젤리, 견과류, 당밀, 건조 과실 일부
0.65~0.60	내삼투압성 효모, 곰팡이 일부	건조 과실, 토피, 캐러멜, 꿀
0.50	미생물 생육 없음	파스타, 향신료
0.40	미생물 생육 없음	전란분말
0.30	미생물 생육 없음	쿠키, 크래커, 빵 껍질
0.20	미생물 생육 없음	전지분유, 건조 채소, 옥수수 플레이크

4) 등온 흡습 곡선 측정 방법

식품의 수분 활성도와 등온 흡습 곡선을 측정하는 방법 중에서 마노미터법(manometer method)은 수증기 압력을 직접 측정하는 압력 측정법이고, 전기법(electrical method)은 센서를 이용하여 상대 습도를 전기적으로 측정하는 방법이며, 중량법(gravimetric method)은 일정한 상대 습도 조건하에서 수분 함량의 변

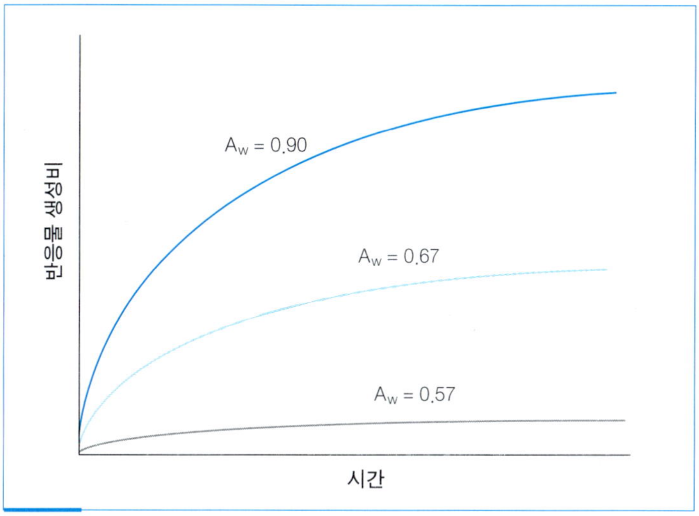

그림 2-6 수분 활성도와 효소 반응의 반응물 생성비의 관계

화를 무게 변화로 측정하는 방법이다. 이 가운데 중량법이 등온 흡습 곡선의 측정에 가장 자주 사용되는 방법인데, 일정한 상대 습도를 보이는 여러 가지 염류의 포화용액이 담긴 데시케이터에 식품을 저장하면서 평형 수분 함량을 측정하는 방법이다(표 2-2 참조).

표 2-2 포화 염류별 상대 습도

염류	열수용해도(g/물 100g)	상대 습도%(실온 기준)
LiBr	240	7
LiCl	100	11
CH_3COOK	500	22
$MgCl_2$	300	32
K_2CO_3	150	43
NaBr	120	58
$NaNO_2$	150	65
NaCl	40	75
KCl	50	85
$BaCl_2$	50	90
K_2SO_4	20	97

3. 수분에 의한 전분의 특성 변화

1) 전분의 호화(α화 : Gelatinization) 및 노화(β화 : Retrogradation)

보통 전분 입자들(starch granules) 속에 존재하는 전분 분자들은 아밀로스와 아밀로펙틴으로 구성되어있다. 이러한 전분은 직접, 또는 물분자들을 통해서 서로 수소 결합(hydrogen bond)하여 마이셀들(micelles)을 형성한다. 마이셀들은 규칙성을 나타내는 부분을 갖고 있어 X-선을 조사하면 일정한 산란 현상(scattering)을 일으킨다. 이러한 규칙적인 현상을 보여 주는 전분을 β전분(예: 생전분, 노화전분 등)이라 한다. β전분을 물과 함께 가열하면 전분 입자들은 물을 흡수하게 되고 전분 입자들의 팽윤(swelling)이 일어난다. 팽윤된 전분 입자들이 계속적으로 물을 흡수하게 되면 최종적으로 과다하게 흡수한 물로 인해 전분의 구조가 붕괴되는 호화를 하게 된다. 이때 대체로 어느 정도 투명한(transparent) 교질 상태의 용액(colloidal solution)이 형성되고, 점도(viscosity)의 계속적인 급증 후 갑작스럽고 급격한 감소가 일어나며 전분 입자들의 결정성도 소실되어 복굴절을 나타내는 성질도 상실된다[α전분(예: 호화된 전분)]. 이와 같이 전분 입자들의 현탁액은 투명한 교질용액이 형성되며, 한편 전분의 농도가 크거나 냉각될 때는 흔히 풀(paste)로도 표현되는 반고체 상태(semi-solid)의 젤(gel)이 형성된다. 이상과 같은 변화의 전체 과정들을 전분의 호화, 젤라틴화 또는 교질화라 한다.

노화는 호화 또는 젤라틴화된 전분의 현탁액에서 전분 분자들이 자연발생적(spontaneously)으로 침전하여 불용성의 덩어리를 형성하는 과정을 말한다. 즉, 호화된 전분의 현탁액 중의 일부 전분 분자들이 상호 간에 수소 결합으로 다시 결합되는 과정을 통해 반결정성 상태(semi-crystalline state)를 보여준다. 따라서 노화는 호화된 전분이 반결정 상태의 침전을 형성하는 과정이라 할 수 있으며 주로 아밀로스 분자들의 마이셀이 형성되는 것으로 판단된다. 전분의 노화 정도를 측정하기 위한 가장 보편적인 방법으로는 X-선 회절법, 시차주사열량계법, 물성측정법 등이 있다.

2) 전분의 노화 요인 및 방지법

전분에 노화가 진행되면 소화율(digestibility)이 저하될 뿐 아니라 식품의 조직감에도 변화를 일으켜 바람직하지 않은 상태가 된다. 때로는 노화가 필요한 식품도 있으나 많은 전분 식품들은 노화 발생을 품질 저하로 보고 이를 억제하고자 한다. 노화 현상을 해석하기 위한 노화의 동력학에 대한 연구들이 수행되어 왔으나 아직까지 명확한 해답이 제시되어 있지 않다. 전분의 노화에 영향을 주는 요인들로서는 전분의 종류 및 농도, 수분 함량, 온도, pH, 염류(salts) 등이 있다. 일반적으로 옥수수, 밀 등의 곡류 전분은 노화되기 쉬우며 감자, 고구마, 칡, 타피오카 등의 전분은 노화되기 어렵다. 이는 단지 전분 함량, 아밀로스/아밀로펙틴 비율에만 의존하는 것은 아니라고 알려졌다. 전분 중에서도 아밀로스 함량이 큰 전분일수록 노화되기 쉬우며, 아밀로펙틴의 함량이 클수록 노화되기 어렵다.

전분의 노화 속도는 일반적으로 전분의 농도가 증가됨에 따라 증가하고 수분 함량이 30~60% 사이에서 노화가 잘 일어난다. 온도가 60℃ 이상에서는 노화가 잘 일어나지 않는다. 한편 온도가 60℃ 이하에서는 노화가 잘 일어나며 특히 0~5℃가 가장 노화가 잘 일어나는 범위이다. 반면에 냉동된 상태에서는 노화가 잘 일어나지 않는다. 또한 pH가 산성일 때와 수소 결합을 촉진하는 염류가 존재할 때 노화가 촉진한다.

노화 억제 방법으로는 수분 함량의 조절, 냉동 방법, 당 첨가, 유화제의 사용, 효소 이용, 변성 전분 사용 등이 있다. 위에서 언급한 노화의 영향을 고려할 때 수분 함량과 온도는 노화의 속도와 정도에 중요한 부분으로 이의 적절한 조절을 통해 노화를 억제할 수 있을 것이다. 하지만 식품에 따른 고유한 특성인 물성 및 보관온도 등을 고려할 때 이들의 조절은 한계를 가지고 있다.

따라서 식품에 영향을 주지 않는 범위에서의 원료 대체나 첨가물을 이용한 방법도 활발히 연구되고 있다. 당류는 탈수제로 작용하므로 호화 전분을 단시간에 건조시킨 것과 같은 효과를 가진다. 즉, 전분 식품 속의 당의 농도가 클수록 그 탈수 작용에 의해서 전분의 유효 수분 함량은 감소되어 노화가 잘 일어나지 않는다. 일부 유화제(monoglyceride, diglyceride 등)는 전분 콜로이드(colloid) 용액의 안정도를 증가시켜 전분 분자들의 침전이나 부분적인 결정성 영역의 형성을 억제하기 때문에 노화를 억제하여 준다. 특히 유화제들은 호화 전분의 노화가 중요하게 영향을 미치는 빵, 과자류의 스테일링(stailing)을 방지하는 데 효과적인 것으로 알려져 있다. 또한 최근에는 스테일링을 억제하고자 빵 등에 아밀레이스를 사용하고 있다.

Tips 새로운 맞춤형 전분의 출현

과거에는 전분을 일차 단순 가공하여 식품 원료로 사용하였으나 최근에는 화학적 방법이나 효소 처리에 의해 전분의 특성을 개선하였다. 그러나 향후에는 생물공정에 의해 설계된 맞춤형 전분이 출현하고 식품산업에 이용될 것이다. 현재 α-glucanotransferase(GTase) 등의 효소를 이용하여 노화가 억제된 전분 및 냉·해동에 안정된 전분을 제조할 수 있다.

3) 빵 제품의 스테일링

빵을 제조한 후 시간이 지나면서 빵 속 조직이 점차적으로 단단해지며 탈수 또는 건조 현상, 유지의 산패, 단백질 변성 등이 발생하여 맛과 향이 급속도로 저하된다. 이와 같은 품질 저하를 빵 스테일링(staling of bread)이라 한다. 빵 제품에서는 노화란 용어와 스테일링이라는 용어가 오랫동안 서로 혼동되어 사용되었다. 노화와 스테일링을 구분해 보면 노화는 단지 전분의 결정화를 정의하고 스테일링은 전분의 결정화에서 주요한 과정이나 전분 외 성분들의 변화들도 고려한다는 것이다. 그러나 빵의 스테일링은 주성분인 전분의 노화가 주원인으로 사실상 구분이 어렵다.

빵 제품의 스테일링 억제 방법도 일반적인 노화 방지 방법과 마찬가지이다. 따라서 저장 온도를 60℃ 이상으로 하거나 냉동하여 저장하는 방법이 빵 제품의 스테일링을 효과적으로 억제할 수 있다고 한다. 또한 계면활성제(surfactant)나 지질, 당을 첨가하는 것이 효과적임이 알려지고 있다. 일반적으로 당은 2~4% 농도 이상에서 스테일링 억제 효과가 있으며, 당의 종류별 억제 효과 순서는 맥아당 시럽〉포도당 시럽〉설탕〉맥아당〉포도당〉수용성 전분이다.

또한 아밀레이스의 이용도 스테일링 억제(antistaling) 효과가 높다고 보고되었으며, 이는 제빵 과정에서 아밀레이스를 사용하는 중요한 목적 중 하나이다. 아밀레이스 빵 내부의 전분을 일부 가수 분해함으로써 덱스트린(dextrin), 또는 포도당이나 맥아당과 같은 저급 당류를 형성하여 간접적으로 스테일링을 억제한다. 안티스테일링을 위해 다양한 다른 endo-와 exo-아밀레이스들이 사용되고 있는데, 이 중 *B. amyoliquefaciens* α-amylase는 1950년대 이래로 미국에서 사용되어 왔으며 베이킹 과정에서도 효소의 역가가 남아 빵의 냉각 및 저장 동안에도 계속 활성을 갖고 있어 효과가 높다.

4) 떡류 제품의 노화

떡류 제품에서도 가장 큰 문제점으로 대두되고 있는 저장 중 품질 변화는 노화이다. 최근 제빵의 노화 억제는 여러 가지 첨가물 등을 이용하여 상당히 성공적이나, 빵의 연구와는 달리 떡에서의 노화 억제 연구는 미미하다. 특히 떡은 우리의 전통 식품인 관계로 서구 선진국에서의 연구는 거의 없다. 일반적으로 빵류보다 떡류 제품이 노화 속도가 빠르다고 할 수 있는데, 이러한 중요 이유로는 원료 차이점(밀가루와 쌀가루), 제조 공정 차이점(baking법과 증기 혹은 압출법) 등에 기인된다. 일본의 경우 찹쌀떡의 경(노)화를 억제하는 효소 제제(아밀레이스)가 있으나 멥쌀떡에는 전혀 효과가 없어 가래떡, 절편, 시루떡 및 백설기 등의 멥쌀떡이 주종을 이루는 우리나라의 경우에는 이용에 한계가 있다. 가래떡에 올리고당을 첨가하였을 때 노화를 억제한다는 보고 등 매우 제한된 자료만 있을 뿐이다. 빵과 떡은 물성에

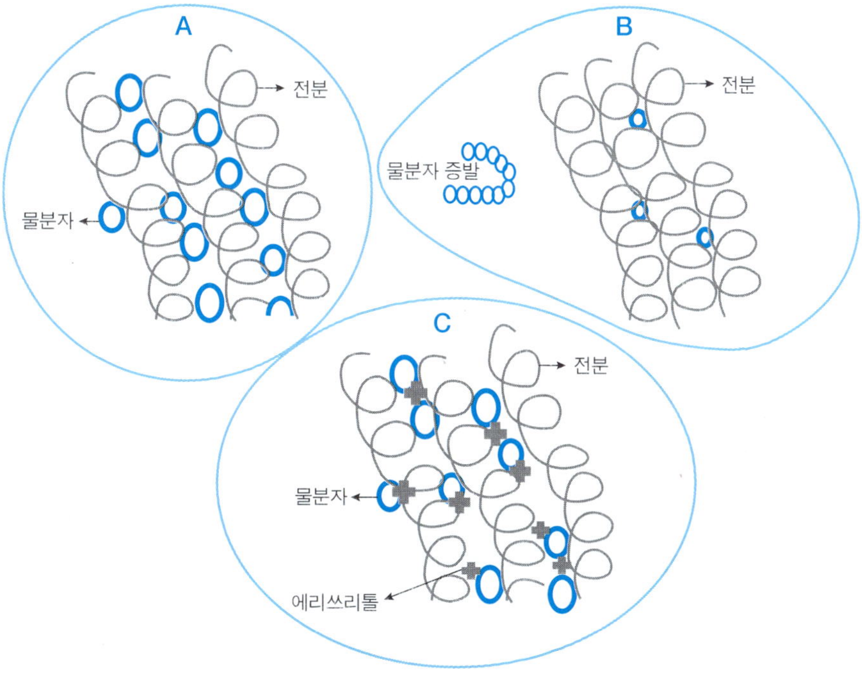

그림 2-7 전분이 노화되기 전(A) · 후(B) 및 에리쓰리톨 첨가(C)의 가상도
자료 : 노봉수, 전통 식품에서의 당알코올 응용, 2002

근본적인 차이가 있으므로 떡에 대한, 특히 노화 억제에 대한 연구가 절실하다.

떡에 대한 노화 억제에 대한 예를 들면, 그림 2-7은 전분이 노화되기 전후의 가상도와 에리쓰리톨(흡습제 역할)을 첨가하였을 때의 가상도이다. 실제로 이를 이용하여 당뇨 환자를 위한 떡을 제조하였을 때 관능 검사 결과(표 2-3 참조)는 전체적인 기호도를 비롯하여 촉촉한 정도, 부드러운 정도 그리고 삼키기 쉬운 정도에서 에리쓰리톨을 첨가한 떡류 제품이 우수한 것으로 나타났다. 단맛을 기준으로 하여 상대적으로 에리쓰리톨의 첨가량이 많기는 하나 조직감 면에서 흡습성이 높은 자일리톨보다는 에리쓰리톨이 보다 바람직한 기능을 제공하는 것으로 나타났다. 자일리톨이나 에리쓰리톨 모두 흡습제(humectant)로서 수분을 보유하는 능력이 있어 촉촉한 느낌과 뭉침성 등이 좋으나 자일리톨의 경우 흡습성이 높기 때문에 오히려 바람직하지 못한 것으로 나타났다.

표 2-3 당과 당알코올 첨가에 따른 떡의 관능 검사 결과

관능 검사	설탕	자일리톨	에리쓰리톨
전체적인기호도	5.15	3.65	5.85
거친 정도	5.30	3.65	6.30
촉촉한 정도	4.85	3.35	6.80
단 정도	5.85	4.55	5.30
부드러운 정도	5.26	3.37	6.80
향미	5.95	5.11	5.53
입 안에서의 뭉침성	4.84	3.32	6.32
쓴맛	5.32	4.79	5.21
삼키기 쉬운 정도	5.68	4.16	5.84

자료 : 노봉수, 전통 식품에서의 당알코올 응용, 2002

02 연습문제

01_ 일반적인 식품의 등온 흡습 곡선은 어느 유형에 속하는가?

① 1형 ② 2형 ③ 3형
④ 4형 ⑤ 5형

02_ 다음 중 가장 낮은 수분 활성도에서 생육이 가능한 세균은?

① *Staphylococcus aureus* ② *Clostridium perfringens*
③ *Escherichia coli* ④ *Vibrio parahaemolyticus*
⑤ *Clostridium botulinum*

03_ 수분 함량 25%, 수분 활성도 0.5인 식품을 20℃에서 1개월간 저장했더니 수분 함량이 30%가 되었다. 다음 중 이 식품의 저장 환경의 상대 습도로 짐작되는 것은?

① 20% ② 30% ③ 40%
④ 50% ⑤ 60%

04_ 결합수에 대한 설명 중 틀린 것은?

① 100℃에서 증발되지 않는다. ② 단층수로만 이루어져 있다.
③ 주로 이온 결합으로 이루어진다. ④ −18℃에서 얼지 않는다.
⑤ 수소 결합으로도 이루어진다.

05_ 용질 농도 46%인 수용액의 수분 활성도는? (단, 해당 용질의 분자량 46)

① 0.60 ② 0.65 ③ 0.70
④ 0.75 ⑤ 0.80

06_ 다음 중 수분 활성도가 가장 작은 식품은?

① 설탕 시럽 ② 잼 ③ 체다치즈
④ 스펀지케이크 ⑤ 파스타

07_ 다음 중 가장 낮은 수분 활성도에서 진행될 수 있는 반응은?

① Maillard 갈변 반응 ② 효소의 가수 분해 반응 ③ 지질의 산화 반응
④ vitamin B_1의 분해 반응 ⑤ 효소적 갈변 반응

08_ 다음 중 노화 현상이 아닌 것은?

① 빵을 냉장고 넣어 두었더니 가운데 부위가 딱딱해졌다.
② 찹쌀떡을 먹다가 남은 것을 그대로 실온에 방치하였더니 딱딱해졌다.
③ 말랑말랑한 식빵을 토스트 기계에 넣고 잠시 뒤 꺼내 보니 갈색으로 딱딱해졌다.
④ 찬밥이 쉴까 봐 냉장고에 넣어두었더니 딱딱해졌다.

09_ 빵을 오랜 기간 냉장고에 보관하였더니 스테일링 현상이 일어났다. 다음 중 예상되는 변화가 아닌 것은?

① 빵이 딱딱하여짐 ② 단백질 변성
③ Maillard 갈변화 ④ 맛과 향이 변질됨

10_ 찹쌀떡의 저장성을 향상시키기 위해 다음과 같은 처리를 하였더니 약 2주간이 지나도 여전히 말랑말랑하였다. 처리한 방법으로 합당치 않은 것은?

① 계면 활성제 첨가 ② 지방 첨가
③ 당 첨가 ④ 보존제 첨가

11_ 다음 효소들 중 빵의 노화를 억제해줘 빵 제조 시 첨가하는 것이 바람직할 것으로 예상되는 효소는 어느 것인가?

① CGTase ② amylase
③ phospholipase ④ protease

12_ 다음 성분 중 노화를 가장 잘 억제할 것으로 예상되는 것은?

① 맥아당 시럽 ② 수용성 전분
③ 포도당 ④ 갈락토스

13_ 노화 억제 방법으로 타당하지 않은 것은?

① 수분 함량 조절 ② 냉장 방법
③ 변성 전분 사용 ④ monoglyceride 사용

14_ 다음 중 노화되기 쉬운 원료는?

① 칡 ② 타피오카
③ 감자 ④ 옥수수

15_ 다음에서 노화 속도를 빠르게 일으키는 것은 어느 것인가?

① 아밀로스 함량이 클수록 노화 속도가 빠르다.
② 아밀로펙틴의 함량이 클수록 노화 속도는 빠르다.
③ 수분 함량을 45%에서 30% 이하로 유지하면 노화는 더욱 빨라진다.
④ 온도를 70℃ 이상 되도록 올려 주면 노화는 더욱 가속화된다.

16_ 어묵에는 생선류의 단백질 외에 전분이 함유된다. 다음 제품을 냉장고(0~5℃)에 2달 보관 후 먹게 되었다고 한다면 어떤 제품이 가장 딱딱하게 변하였을까?

① 생선육 40% 전분 40%　　② 생선육 45% 전분 35%
③ 생선육 30% 전분 50%　　④ 생선육 25% 전분 55%

17_ 다음에서 떡의 노화 설명인 것은?

① 가래떡에 올리고당을 첨가하면 노화가 억제된다.
② 멥쌀떡에 아밀레이스를 첨가하면 노화가 효과적으로 억제된다.
③ 일반적으로 빵류가 떡류보다 노화가 빠르다.
④ 떡의 저장 시 중요한 변질 원인은 노화가 아니다.

18_ 전분의 노화 원인에 대하여 설명하시오.

19_ 전분의 노화 방지법에 대하여 설명하시오.

20_ 수분 활성도와 지질 산화 반응의 관계에 대해 설명하시오.

21_ 물질의 확산 현상에 대해 설명하시오.

정답 및 해설

01_ ②　02_ ①　03_ ⑤　04_ ②　05_ ④　06_ ⑤　07_ ③　08_ ③　09_ ③　10_ ④
11_ ②　12_ ①　13_ ②　14_ ④　15_ ①　16_ ④　17_ ①

18_ 전분의 종류 및 농도, 수분 함량, 온도, pH, 염류(salts) 등 설명

19_ 수분 함량의 조절, 냉동 방법, 당 첨가, 유화제 사용, 효소 이용, 변성 전분 사용 등을 설명

20_ 지질 산화의 경우 수분은 hydroperoxide의 분해를 방해하거나 금속을 수화시켜 산화 촉매로서의 효력을 감소시켜 산화 반응을 억제한다. 반면에 수분은 지질이나 촉매를 산화 반응의 표면으로 이동시켜 산화를 촉진하기도 한다. 따라서 수분 활성도가 극히 적은 경우는 수분의 보호 작용이 없어 지질이 산화되기 쉬우나, 수분 활성도가 증가하면서 수분의 보호 작용으로 산화가 느려지다가, 수분 활성도 값이 더욱 커지면 오히려 수분이 산화를 촉진하게 된다.

21_ 농도(밀도) 차이가 있는 입자들이 농도(밀도)가 높은 쪽에서 농도(밀도)가 낮은 쪽으로 스스로 운동하여 퍼져 나가는 현상이다. 물에서보다는 공기 중에서 확산 속도가 빠르고, 확산 속도는 분자의 무게가 가벼울수록, 온도가 높을수록 빠르다.

Chapter

03 산소에 의한 식품의 변질

배우는 목적

식품을 구성하는 성분 중 지방을 비롯한 향기 성분들이 산소에 의하여 산화 반응을 일으키며 이러한 변화는 품질에 상당한 영향을 미친다. 따라서 식품의 변질을 막고 저장성을 높이기 위해서는 유지의 산패와 관련된 변화 과정을 이해하는 것이 매우 중요하다. 따라서 이 장에서는 산화 반응에 영향을 미치는 요인 등을 관리함으로써 저장성을 확대하는 기술을 이해하고자 한다.

1. 식품과 산소와의 반응

산소는 산화(oxidation)를 일으키는 기질 원소로서 대기 중에 약 21.0% 정도 존재하며 여러 가지 화학 반응이 진행되는 과정 중에 광범위하게 작용하고 있다. 식품이 변질되는 이유 중에서 산화 작용에 의한 변화도 많다. 산화란 ① 어떤 물질이 산소와 화합하는 것 ② 수소 화합물로부터 수소의 일부 또는 전부를 잃는 것, 즉 탈수소 반응(dehydrogenation) ③ 어떤 원자나 원자단 또는 이온에서 전자를 잃는 것 등을 지칭한다.

식품의 변질을 일으키는 산화 반응에서 대부분 산소 그 자신은 강력한 산화력이 없지만 이 반응을 촉진하는 효소나 산소를 활성화시키는 금속에 의하여 산화 반응이 촉진된다. 그래서 효소로 인한 산화를 '효소적 산화'라고 하며, 금속 촉매 등 그 이외의 산화를 '비효소적 산화'라고 한다.

각종 식품 혹은 식품을 구성하고 있는 성분들 중 산화되기 쉬운 유기 화합물은 다음과 같다.

- **불포화 화합물**
  - 불포화 유지(unsaturated lipid)
  - 정유(essential oil)
- **알데하이드 계통**
  - 유지의 산화 분해물
  - 환원당(reducing sugar)
- **페놀 계통**
  - 클로로젠산(chlorogenic acid)
  - 타이로신(tyrosine)
  - 타닌(tannin)

이들 외에도 미생물 중 공기가 있어야 하는 호기성균이라든지 정육 중의 갈색 반응 등은 산소의 유무에 따라 절대적인 차이가 있을 정도로 변화된다. 즉, 우리들 주변의 각종 화합물이나 미생물들은 산소와 반응하여 변질될 수 있는데, 그중에서도 특히 유지의 산화가 가장 대표적인 보기이다. 이때의 변패를 산패(rancidity)라 하며 그에 대한 대비책 마련이 저장성 향상 측면에서 가장 중요하다.

2. 유지의 산화

식용 유지나 지방질을 많이 함유하고 있는 유지 식품은 저장 및 가공 중에 화학적·미생물학적인 여러 가지 원인에 의하여 불쾌한 냄새와 맛을 형성하여 그 품질이 저하되는 경우가 있는데, 이러한 유지의 변질은 산패에 의하여 일어나는 것이 대부분이므로 유지의 변질을 산패와 동일하게 취급하기도 한다. 유지의 변질 또는 산패 현상은 식품저장학 분야에서는 중요한 화학 변화 중의 하나이므로 이에 대하여 충분히 이해하여 두는 것이 좋다.

1) 산패의 종류

유지의 산패를 일으키는 원인으로는 여러 가지가 있으나, 대체로 다음 4가지로 분류할 수 있다.

가수 분해에 의한 산패, 산화에 의한 산패, 향미 변환(flavor reversion)에 의한 산패로 산화적 산패가 일어나기 전에 불쾌한 냄새와 맛을 나타나는 향미 변환 혹은 변향이라 하는데, 유지에서 일어나는 산화적 산패와 구별된다. 그리고 마지막으로 유지 또는 지방질 식품이 외부의 바람직하지 않은 냄새를 흡수하여 산패되는 경우가 있다.

한편 유지의 산패는 다음과 같이 산화에 의한 산패와 비산화적 산패로 크게 분류할 수도 있다.

산화에 의한 산패는 유지가 산소를 흡수함으로써 일어나는 산패를 말하며, 이것은 생화학적 산패와 비생화학적 산패로 나누어진다. ① 생화학적 산패는 주로 lipoxygenase에 의한 불포화 지방산의 산화를 말하며, heme 화합물이나 chlorophyll 등의 산화 촉진제(prooxidant)에 의한 유지의 산화도 이에 포함시킨다. ② 비생화학적 산패는 생화학적 물질과 관계없이 자동 산화에 의하여 일어나는 것으로서, 이것을 보통의 산화적 산패 또는 자동 산화에 의한 산패라고 한다.

비산화적 산패는 산화에 의하여 일어나는 산패가 아니며, 가수 분해에 의한 산패와 케톤에 의한 산패로 나눌 수 있다. ① 가수 분해적 산패는 유지가 가수 분해에 의하여 변질되는 것을 지칭하고, ② 케톤에 의한 산패는 팜유와 같이 저급 지방산을 함유한 유지가 *Penicillium glaucum*과 같은 미생물의 작용에 의하여 홀수 탄소수의 methyl ketone이 생성되어 불쾌한 냄새의 원인이 되는 경우이다.

여기서는 산패의 대부분을 차지하는 가수 분해에 의한 산패와 산화에 의한 산패에 대하여 알아보고자 한다.

(1) 가수 분해에 의한 산패

가수 분해(hydrolysis)에 의한 산패는 유지의 일종인 트라이아실글리세롤(triacylglycerol, 중성 지방, neutral lipid)이 물과 접촉함으로써 일어나는 화학적 가수 분해에 의한 산패와 트라이아실글리세롤이 동·식물의 조직 중에 존재하는 라이페이스(lipase)와 같은 지방질 분해 효소에 의하여 분해되어 산패되는 경우로 나눌 수 있다. 그러나 이 두 가지 가수 분해 과정은 모두 수분이 1분자 첨가되면서 에스터 결합이 분해되는 동일한 화학반응에 의하여 일어난다.

이와 같은 가수 분해에 의한 유지의 산패는 수분 함량이 비교적 많은 낙농 제품에서 특히 문제가 된다. 예를 들면 약 3.6%의 지방질과 87~88%의 수분을 함유하고 있는 우유는 다량의 물 속에 소량의 지방질이 분산되어 있는 대표적인 수중유적(O/W)형의 유화액이다. 따라서 우유 중의 지방은 물과 접촉하는 계면적(interfacial area)이 넓기 때문에 가수 분해에 의한 유지의 변질이 일어나기 쉽다. 또한 15~16%의 수분을 함유하고 있는 버터, 30~40%의 수분을 함유하고 있는 치즈의 경우도 동일한 원인에 의하여 쉽게 가수 분해되어 산패 현상을 유발할 수 있다. 특히 우유 및 유제품의 지방질은 저급 지방산을 많이 함유하고 있는 것이 보통 유지와 다른 특징으로서, 유제품이 가수 분해되면 저급 휘발성 유리지방산이 생성되므로 독특한 이취를 내게 된다.

한편 쌀겨 기름, 팜유, 올리브유 등의 식물성 유지에서는 착유할 때 식물 조직으로부터 혼입되어 들어오는 지방질 분해 효소인 라이페이스(lipase)의 활성이 매우 강하며, 따라서 조유(crude oil) 중에는 지방질 분해 효소가 다량 함유되어 있으므로 효소에 의한 지방질 가수 분해 반응으로부터 기인하는 유지의 산패가 일어나기 쉽다. 또한 어유에서도 어류 체내에 존재하는 라이페이스 활성이 매우 강하므로, 조제 어유(crude fish oil)와 어류 조직 내에 있는 라이페이스에 의하여 유지의 산패가 현저하게 야기될 수 있다.

(2) 산화에 의한 산패

산화에 의한 산패가 일어나는 과정은 다음의 3가지 기본 형태로 나눌 수 있다.

첫째, 유지가 가열됨이 없이 자연 발생적으로 공기 중의 산소를 흡수함으로써 야기되는 반응으로, 활성 라디칼의 연쇄 반응으로 특징지어지는 소위 자동 산화 과정에 의한 산패.

둘째, 광선에 의하여 활성화된 감광체(photosensitizer)가 공기 중의 산소 분자를 활성이 강한 일중항 산소 분자(singlet oxygen : $^1O_2$)로 만들어 이 일중항 산소 분자에 의한 산화 또는 감광체에 의한 산화에 기인한 산패.

셋째, 유지를 높은 온도(140~200℃)에서 가열 하였을 때 일어나는 가열 산화 과정에 의한 산패.

그런데 식용 유지나 지방질 식품은 실온이나 그보다 낮은 온도에서 장기간 저장되는 것이 일반적이기 때문에 자동 산화 과정이 특히 문제가 된다. 하지만 튀김 기름이나 튀김 식품들의 경우에는 고온에서 유지를 가열하기 때문에 가열 산화 과정이 더 큰 문제가 된다.

① 자동 산화에 의한 산패

유지의 산패는 유지가 공기와 접촉하는 경우 자연 발생적으로 산소를 흡수하고, 흡수된 산소는 유지를 산화시켜 산화 생성물을 형성함으로써 산패가 야기된다.

일반적으로 유지가 산소를 흡수하는 속도는 반응 초기 단계에서는 거의 일정하게 유지되지만, 일정 기간이 지나면 매우 급격하게 증가된다(그림 3-1 참조). 이와 같이 유지의 산소 흡수 속도가 매우 낮은 기간을 산패의 유도기간이라고 하는데, 이 유도기간이 지나면 유지의 산소 흡수 속도가 급증하므로 산화생성물의 함량도 급격히 증가하게 되며, 유지에 여러 가지 화학적·물리적 변화가 초래되어 산패가 일어나게 된다. 따라서 이 유도기간을 유지가 산패될 때까지의 기간이라고도 할 수 있다.

일반적으로 산소 흡수 속도는 유지의 불포화도에 따라 가장 큰 영향을 받는데, 불포화도가 클수록 그 산화 속도가 크다(그림 3-1 참조).

자동 산화 반응 기작 자동 산화 과정은 본질적으로 자유 라디칼(free radical) 반응으로 전개되는데, 초기 반응, 전파 반응, 과산화물 분해 과정을 거치는 연쇄 반응을 지나서 종결 반응의 3단계를 거쳐서 일어난다.

초기 과정에서는 유지 분자(지방산 분자)들이 열에너지, 기계적 에너지, 빛에너지 등에 의해 활성화되어 분자 내에 공유 결합을 이루고 있는 전자 쌍이 두 갈래로 나누어져서 자유 라디칼이 생성된다.

전파 과정에서는 초기 과정에서 생긴 자유 라디칼이 공기 중의 분자상 산소와 직접 결합하여 과산화물 라디칼이 되고, 이것이 다른 유지 분자로부터 수소를 받아 과산화물이 되는 동시에 분자 자체는 새로운 자유 라디칼이 되며, 이것은 자기 촉매적 자동 산화를 일으키게 된다. 자동 산화 과정에서 중간 산화 생성물인 과산화물의 생성 속도는 분해 속도보다 크므로, 그 양은 어느 수준까지는 증가한다.

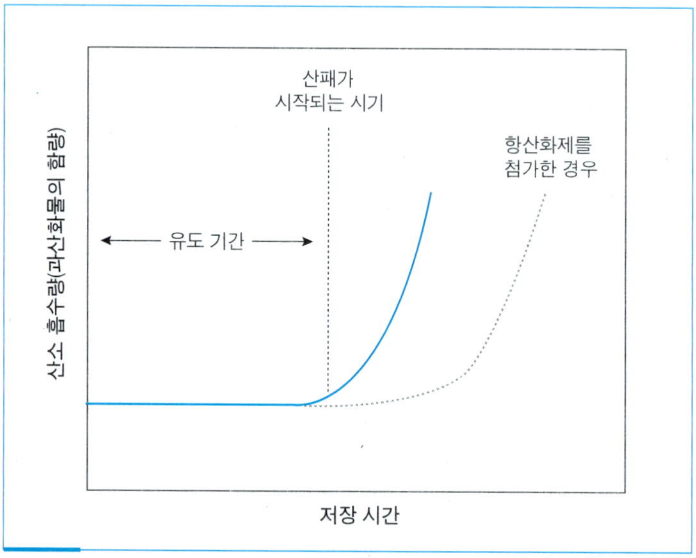

그림 3-1 유지의 산소 흡수 속도

종결 과정에서는 이상에서 생성된 각종 활성이 강한 라디칼들이 서로 결합하여 새로운 물질을 형성하게 된다. 이렇게 형성된 새로운 물질들은 산패된 유지의 이화학적 성질에 영향을 미친다.

과산화물의 형성 과정 자동 산화 과정에서 과산화물이 생성되려면 지방산 분자로부터 수소 원자가 이탈되어 유리된 자유 라디칼이 형성되어야만 한다. 한편 지방산 분자의 탄소 사슬로부터 수소가 이탈되는 데 필요한 에너지를 보면 표 3-1과 같은데, 단일 allyl기보다는 1,4-pentadiene의 methylene기로부터 수소 원자가 더 쉽게 이탈됨을 알 수 있다.

표 3-1 수소 원자가 이탈되는 데 필요한 에너지 (단위: kJ/mole)

	D_{R-H}		D_{R-H}
$H_2C(H)-$	422	$-CH(H)-CH=CH-$	322
$H_3C-CH(H)-$	410	$-CH=CH-CH(H)-CH=CH-$	272

② 일중항 산소에 의한 산패

불포화 지방산의 산화에서는 자유 라디칼이 생성되어 연쇄 반응이 시작된다고 생각하고 있지만, 최초의 자유 라디칼이 어떻게 생성되는지는 이해하기 어렵다. 왜냐하면 안정한 형태로 존재하는 삼중항 산소(triplet oxygen: $^3O_2$)에 의하여 연쇄 반응이 개시된다고 설명하고 있기 때문이다. 따라서 보다 구체적인 설명이 요구되는데, 일중항 산소는 삼중항 산소보다 약 1,500배가량 빠르게 C=C 결합과 반응하고, 이 반응에서 생성된 과산화물이 분해되며, 여기서 생성된 자유 라디칼과 함께 연쇄 반응이 시작된다. 그런데 일중항 산소는 적당한 감광체와 햇빛 존재하에서 공기 중의 삼중항 산소로부터 생성되는 것이므로 삼중항 산소에 의하여 연쇄 반응이 개시된다고 표현할 수 있는 것이다. 여기서의 적당한 감광제는 유지 식품 중에 널리 존재하며, 일중항 산소를 생성하는 감광제로는 chlorophyll, pheophytin, hematoporphyrin, hemoglobin과 myoglobin의 색소 부위, 합성 색소인 erythosin 등이 있다.

일중항 산소에 의한 과산화물의 생성 기작은 자동 산화에 의한 기작과는 다른데, 산소분자가 이중 결합 말단에 직접 결합하여 이중 결합의 이동이 수반되고 트랜스

(trans)형으로 전환되면서 과산화물이 생성된다.

③ 효소에 의한 산화

지방산의 산화를 촉진시키는 효소로는 lipoxygenase와 lipohydroperoxidase의 두 종류가 있다. 이 두 가지 효소는 콩류, 곡류 등 식물에 광범위하게 분포되어 있으며, lipoxygenase는 불포화지방산이 산화되어 과산화물가 되는 반응을 촉매하는데 반하여, lipohydroperoxide는 hydroperoxidase의 분해를 촉매하는 효소이다. 식물의 종류에 따라 이들 효소의 성질은 다소 차이가 있으나, 일반적으로 최적 pH는 중성 부근이다. 그러나 lipoxygenase의 최적 온도는 상온 부근이나 lipohydroperoxidase는 어느 정도 가열하지 않으면 불활성화되지 않을 정도로 열에 강한 성질이 있다.

그리고 lipoxygenase의 기질이 되는 지방산은 반드시 *cis*, *cis*-1,4-pentadiene결합(-CH=CH-CH_2-CH=CH-)을 가지고 있어야 한다. 따라서 리놀레산, 리놀렌산 및 아라키돈산은 *cis*, *cis*-1,4-pentadiene의 결합을 포함하고 있으므로 lipoxygenase의 작용을 받게 되지만, 올레산은 C9 위치에 한 개의 이중결합을 가지고 있어 lipoxygenase의 작용을 받지 않는다. 또한 이 효소는 1,4-pentadiene 단위의 methylene기가 ω-8의 위치에 있는 지방산에만 작용을 한다고 알려져 있다.

리놀레산의 자동 산화에서는 13-hydroperoxy(ω-6) 및 9-hydroperoxy(ω-10) acid가 50:50으로 생성된다. 그러나 lipoxygenase의 작용은 효소의 출처에 따라 작용 위치가 다르고 선택성도 서로 특징적임이 밝혀졌다. 즉, 대두 lipoxygenase

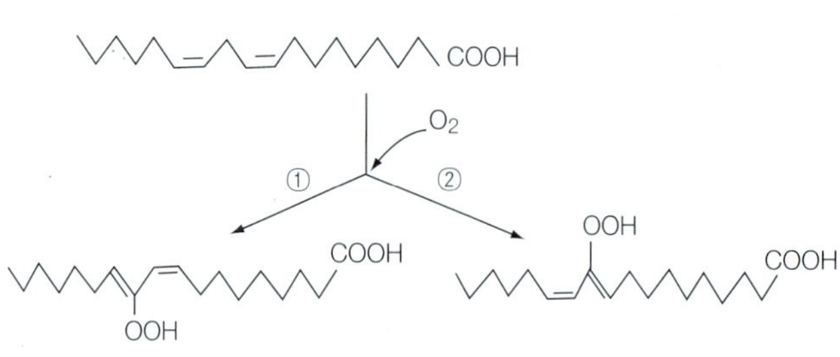

13-L-hydroperoxy-cis-9, trans-11-octadecadienoic acid(13-LOOH)

9-D-hydroperoxy-trans-10, cis-12-, octadecadienoic acid(9-LOOH)

그림 3-2 Lipoxygenase에 의한 linoleic acid 산화의 특이성
① 대두 lipoxygenase ② 토마토 lipoxygenase

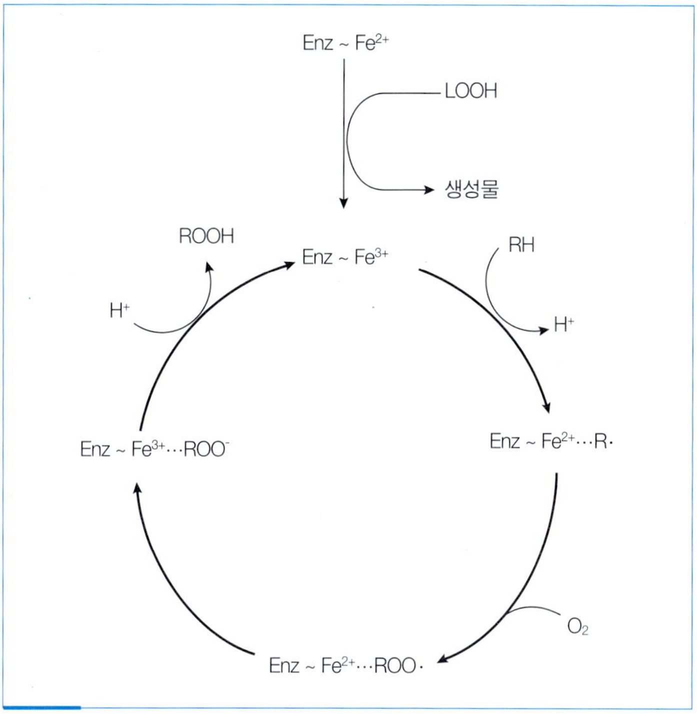

그림 3-3 Lipoxygenase에 의한 산화·촉매 반응 과정

는 ω-8 탄소로부터 L-hydrogen을 떼어내 주로 14-LOOH를 생성하는 반면, 토마토 lipoxygenase는 ω-8 탄소로부터 D-hydrogen을 떼어내고 ω-10 위치에 D-과산화물(9D-LOOH)을 생성한다(그림 3-2 참조).

Lipoxygenase는 활성 중심 자리에서 Fe 원자를 가지고 있는 금속 결합 단백질로서 효소 중의 Fe가 촉매 작용에 중요한 역할을 하는데, 이 효소는 과산화물에 의해서 활성화되며, 활성화 과정 중 Fe^{2+}는 Fe^{3+}로 산화되고, 이 효소에 의한 촉매 산화 과정은 그림 3-3과 같은 반응 단계를 거치는 것으로 추정하고 있다.

Lipoxygenase는 유지 중 리놀레산, 리놀렌산 및 아라키돈산과 같은 필수 지방산을 파괴시키고, 이 효소에 의해 생성된 자유 라디칼은 비타민 및 단백질 성분을 파괴시키는 한편, 식품에 이취를 생성하여 품질을 저하시킨다. 따라서 산화 방지제를 첨가하거나 가열에 의하여 이 효소를 불활성화시키는 과정이 요구된다.

④ 과산화물의 분해

이상에서 설명한 각종 산화 과정에서 생성된 과산화물은 여러 가지 경로를 거쳐 각종 분해산물을 형성하며, 이것들은 산패된 유지에서의 산패취 원인이 된다. 과산화물 분해의 첫 단계는 alkoxy와 hydroxy 라디칼을 생성하고 alkoxy 라디칼은 알데하이드를 형성한다. 여기서 형성된 알데하이드는 유지의 산패취에 크게 영향을 미친다.

Alkoxy 라디칼은 다른 분자로부터 수소를 제거하여 하나의 알코올과 새로운 자유 라디칼을 생성한다. 새로이 형성된 라디칼은 연쇄 반응의 전파에 관여하고, 일부의 라디칼은 상호 작용하여 ketone류를 생성함으로써 반응을 종결시킨다.

이상의 반응에서 생성된 알데하이드, 알코올, ketone 등은 유지가 산패되었을 때 검출되며, 산패취의 중요한 원인 물질이 된다.

이외에도 과산화물의 분해에 의하여 hydroxy산, keto산, epoxide, cyclic peroxide 등이 생성되는데, 유지의 산화 과정은 매우 복잡하게 진행되며 그 생성물은 무수히 많다.

⑤ 향미 변환에 의한 산패

일부의 유지는 자동 산화에 의한 산패가 일어나기 전에 풋내나 비린내와 같은 이취를 발생하는 경우가 있다. 예를 들면 풀냄새와 콩 비린내를 가졌던 조제 대두유(crude soybean oil)를 탈취 등의 정제 과정을 거쳐 냄새를 제거한 후 저장하는 동안에 다시 풀냄새와 콩 비린내가 나는 경우가 있다. 이와 같이 냄새의 발생 내지는 변화가 정제하기 이전의 유지가 가졌던 냄새로 다시 복귀한다는 뜻에서 향미 변환(flavor reversion, 변향)이라 부른다. 변향은 보통의 산화적 산패를 일으키는 데 필요한 산소량의 1/50 이하에서도 일어날 수 있다는 점에서 자동 산화에 의한 산패와 구별된다.

그러나 변향과 자동 산화에 의한 산패를 엄밀히 구별하기는 어렵다. 즉, 변향도 유지의 자동 산화 과정에 의하여 야기되는 것으로 생각되고 있으나, 옥수수 기름, 아마인유 등과 같이 리놀레산을 많이 함유하고 있는 일부 유지에서는 변향이 더 잘 일어난다는 점에서 변향의 형성 기작은 자동 산화에 의한 산패의 형성 기작과 동일하지는 않을 것으로 추측하고 있다. 여하튼 유지의 변향은 자동 산화에 의한 산패와 그 풍미가 뚜렷이 구별되고, 또 자동 산화에 의한 산패가 일어나기 훨씬 전에 일어난다는 점에서 일반적인 산패와 구별되고 있다.

한편 변향된 유지를 수증기 증류하여 얻은 휘발성 carbonyl 화합물로는 heptenal, di-*n*-propyl ketone, maleic anhydride, 2,4-decadienal, acetaldehyde, ethylvinyl ketone 등이 분리되고 있다. 또 최근에는 변향된 대두

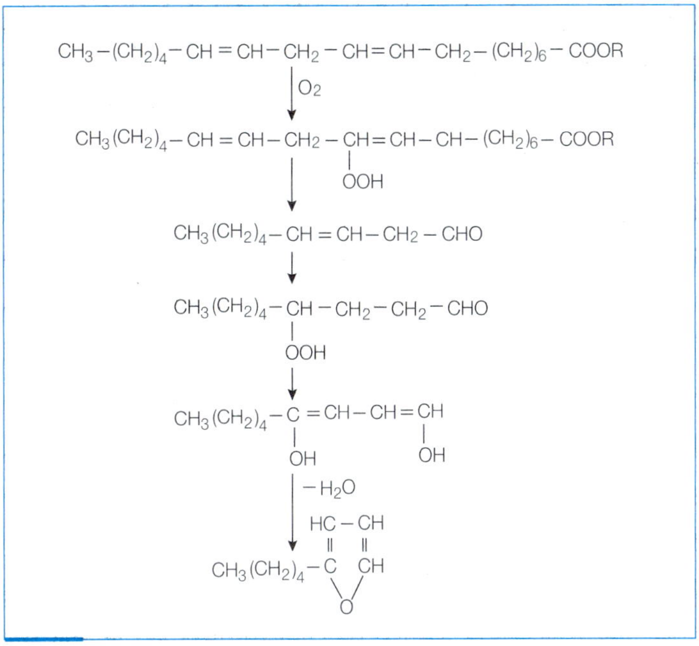

그림 3-4 Linoleic acid로부터 2-n-pentylfuran의 형성 메커니즘

유에서 2-*n*-pentylfuran, *cis* 및 *trans*-2-(1-pentyl)furan 등의 furan 화합물이 검출되고 있으며, 이들 furan 화합물의 생성 기작도 밝혀져 있다(그림 3-4 참조).

⑥ 가열에 의한 산화

유지의 가열 산화는 공기 존재하에서 유지를 고온으로 가열할 때 일어나는 산화 과정이며, 식용 유지의 가열 산화는 140~200℃에서의 튀김 과정(deep fat frying)이 가장 중요하다. 고온에서 유지를 가열하였을 때는 수많은 반응과 복잡한 변화가 일어나는데, 이러한 반응과 변화는 식용 유지의 향미, 외관, 영양가 및 독성의 관점에서 볼 때 매우 중요하다. 유지를 튀김 온도 범위로 가열하였을 때 일어나는 중요한 반응들은 다음과 같다.

유리 지방산의 생성 수분의 존재 없이 가열하였을 때, 트라이아실글리세롤은 다이아실글리세롤, 모노아실글리세롤, 글라이세롤의 순서대로 단계적으로 분해되어 유리 지방산을 형성한다. 무수 상태에서 트라이아실글리세롤 내에 존재하는 에스터 결합의 분해는 탄소 수가 적은 저급 지방산이나 불포화 지방산의 함량이 많은 유지일수록 잘 일어난다. 예를 들면 C_4, C_8, C_{12}의 지방산으로 구성된 유지를 200℃에서 3시간 동안 가열하였을 때, 에스터 결합이 분해되어 형성되는 유리 지방산의 비율은 각각 54.2%, 31.6%, 27.2%이다.

Carbonyl 화합물의 형성 포화 지방산과 그의 에스터는 불포화 지방산과 그의 에스터보다 안정하지만 150℃ 이상의 온도로 가열하면 산화되어 복잡한 분해산물을 형성하는데, 주된 산화물은 carboxylic acid, 2-alkanone, *n*-alkanal 등의 carbonyl 화합물과 *n*-alkane, 1-alkene 등의 탄화수소 및 lactone 등이다.

일반적으로 포화 지방산이 가열 산화되면 지방산의 모든 methylene기에서 산소의 공격을 받는 일반적인 산화 기작과 같은 양상으로 과산화물이 형성된 후 분해되는데, 이때 산소의 공격을 받는 지방산의 탄소 위치에 따라 생성물이 달라진다. 예를 들면 지방산의 β 탄소 위치에서 산화적 공격을 받으면 원래의 지방산보다 탄소수가 하나 더 적은 C_{n-1} methyl ketone이 생성되고, α와 β 탄소 사이가 분열되어 C_{n-1} alkanal과 C_{n-3} alkane이 생성된다. 또한 지방산의 γ 탄소 위치에서 산소의 공격을 받게 되면 C_{n-4} alkane, C_{n-3} alkanal, C_{n-2} methyl ketone이 형성되며, α 탄소 위치에서 산소의 공격을 받게 되면 C_{n-3} 지방산(α-keto acid를 경유하여), C_{n-1} alkanal, C_{n-2} alkane 등이 형성된다.

튀김 과정 중 불포화 지방산은 포화 지방산보다 빨리 산화되고, 과산화물의 분해와 그 산화물의 분해가 빨리 진행되며, 생성물은 포화 지방산 때와 거의 같다.

중합 반응 유지의 가열에 의한 변화 중 가장 중요한 것은 중합 반응(polymerization)에 의한 이합체(dimer), 삼합체(trimer), 중합체(polymer)의 형성이다. 이와 같은 중합 반응은 유지를 가열하였을 경우에만 일어나는 것이 아니고 자동 산화 과정의 후반부에서도 일어난다. 따라서 자동 산화에 의하여 과도하게 산패된 유지에서도 중합체가 형성되고, 높은 온도에서 가열하면 중합체의 형성은 더욱 급속하게 진행된다.

중합 반응은 가열 산화 또는 자동 산화 과정에서 형성된 자유 라디칼들의 재결합에 의하여 일어날 수도 있으나, 주로 Diels-Alder 반응에 의하여 일어난다. Diels-Alder 첨가 반응은 유지의 가열 산화 또는 자동 산화 과정에서 형성된 공액 이중결합을 가진 유지 분자들이 이중결합을 가진 다른 유지 분자들과 첨가 반응을 하는 것이다. 예를 들면 리놀레산의 경우, 가열 산화 중 형성된 공액 이중결합 화합물과 다른 리놀레산(또는 올레산)과 Diels-Alder 반응에 의하여 다음과 같이 환상 이합체(cyclic dimer)를 형성한다.

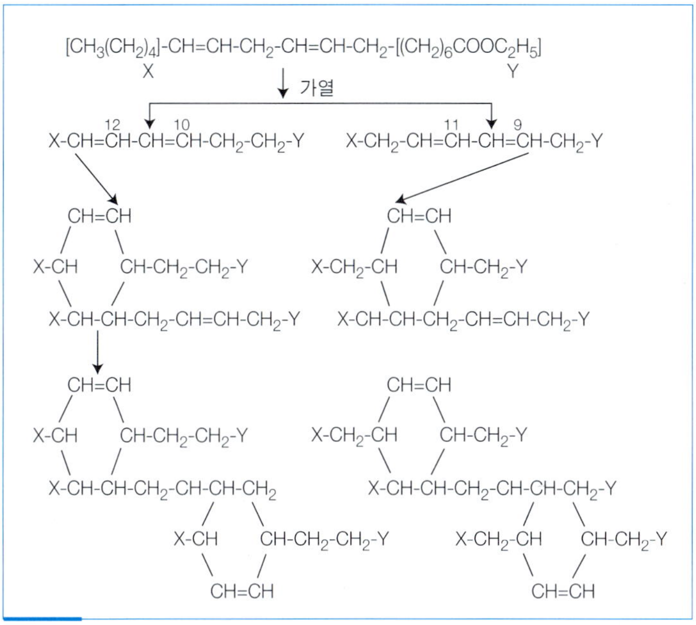

그림 3-5 Ethyl linoleate의 중합 과정

이와 같이 첨가 반응은 이중결합을 가진 유지 분자들과 공액 이중결합을 가진 유지 분자들 사이에 계속 일어날 수 있으므로 이합체뿐만 아니라 삼합체, 사합체도 계속 형성될 수 있다(그림 3-5 참조). 고온에서 가열된 유지는 이상과 같이 중합체가 형성되므로 점도가 급속히 증가한다.

한편 가열 산화에 의하여 생성된 중합체는 요소(urea)와 첨가 반응물, 즉 내포 화합물(inclusion compound)을 형성하지 않는다. 따라서 가열 중합 혹은 가열 산화된 지방산 및 유지 중의 요소와 내포 화합물을 형성하지 않는 지방산(non-urea adduct forming fatty acid)의 전체 지방산 함량에 대한 비율은 가열 산화된 식용 유지의 물리 · 화학적 및 영양학적 변화와 품질 변화의 중요한 척도로 사용된다.

또한 요소와 내포 화합물을 형성하지 않는 중합체는 실험 동물에 대하여 성장 억제 작용을 나타낼 뿐만 아니라 독성도 나타내는 것으로 알려져 있다.

2) 산화 반응에 영향을 주는 인자

(1) 물리적 인자

① 온도의 영향

일반적으로는 저장 온도에 비례하여 산화 반응 속도가 상승한다. 그러나 산화 반응의 특성상 예외적인 경우도 흔히 발견된다. 예를 들면 0℃ 이하에서 저장했을 때가 0℃ 이상에서 저장했을 때보다 유지의 산화 속도가 빠를 때가 있다. 이것은 동결에 의해서 얼음 결정이 석출되어 금속 촉매의 농도가 증가되는 효과에 기인하여 자동 산화가 촉진되기 때문이다. 또한 저장 온도가 높아짐에 따라 반응 생성물인 carbonyl 화합물이 amino carbonyl 반응에 의해 소실되고 냄새가 감소되는 경우도 있다. 예를 들면 유제품을 고온에서 저장하면 이취의 본체인 2-alkenal류와 2,4-alkadienal류가 유단백과 반응하여 이취는 오히려 억제된다.

② 광선의 영향

광선(3,800Å 부근의 자외선)에 의해 과산화물의 분해 속도가 빨라지며 이에 따라 분해 생성물인 알데하이드가 증가하고 이취 발생이 현저해진다.

③ 산소 분압의 영향

식품 저장 환경의 산소 분압이 낮을 때의 산화 속도는 산소압에 비례하지만 약 150mmHg 이상인 경우에는 산소압과 비례하지 않는다. 이러한 사실을 식품의 통조림 저장에 적용함으로써 통조림 저장 시 통 내부의 산소 분압을 일정한 값 이하까지 감소시켜야만 산화 억제 효과가 있음을 확인하였다.

(2) 화학적 인자

① 생화학적 물질의 영향

지방산의 산화를 촉진시키는 것에는 hemoglobin, cytochrome 등의 heme 화합물, chlorophyll 등의 감광 물질, lipoxygenase 등의 효소가 있다.

지방산의 산화를 촉진하는 효소에는 lipoxygenase와 lipohydroperoxidase가 있는데, 이 효소들은 두류, 곡류 등 식물계에 분포하여 전자는 불포화 지방산이 산화되어 과산화물이 될 때까지 촉매 작용을 하고, 후자는 과산화물의 분해를 촉진하는 촉매 작용한다.

Lipoxygenase는 상온에서 작용을 시작하는 반면에 lipohydroperoxidase는 가

열해야만 활성화되어 작용하기 시작하는 특징이 있다.

② 산화 억제 물질의 영향

중성 지방과 공존하여 항산화 작용을 하는 것으로 인지질(phospholipid)이 있다. 천연에 존재하는 인지질 중에서 중요한 것은 lecithin과 cephalin이다.

식물유 중에 함유되어 있는 항산화 물질은 tocopherol, sesamol과 flavonoid 등이며 이것들은 phenol성 OH기를 갖고 있어서 항산화 능력을 나타낸다. 그래서 인공적으로 phenol성 항산화제가 제조되었는데 실용화된 것은 BHT(butylated hydroxytoluene), BHA(butylated hydroxyanisole), 몰식자산 프로필(propyl gallate) 등이다.

항산화제와 함께 첨가했을 때 산화 억제 효과를 증가시키는 물질이 있는데 이것들을 상승제(synergist, enhancer)라 하며 ascorbic acid, citric acid, phytic acid, methyl mercapto succinic acid, 중합 인산염 등이 있다.

③ 금속의 영향

금속은 미량 존재하더라도 현저한 촉매 작용을 하여 유지나 지방산의 자동 산화를 촉진한다. 특히 코발트, 구리, 철, 망간, 니켈 등 산화 환원 반응이 쉬운 중금속이 문제를 유발시킨다. 공업적으로 정제된 유지일지라도 0.2ppm의 구리 및 아주 미량의 코발트, 철 등을 함유하면 산화가 촉진된다.

④ 수분의 영향

수분은 단분자막을 형성하여 식품 내 지방질이 공기 중의 산소를 흡수하지 못하게 하는데, 이와는 달리 건조식품은 단분자막을 형성하지 못하여 산화되기 쉽다. 따라서 식품 표면이 물분자로 단분자막을 형성할 수 있을 정도의 수분을 함유한 식품이 가장 안전하다.

3. 지방산 이외의 산화

산화 중 가장 문제가 되는 것은 지방산을 함유한 유지류이지만 이외에도 감귤류 등의 정유 성분들이 terpene계 탄화수소의 산화에 의한 off-flavor 현상, 비타민류의 산화에 의한 감퇴, phenol 계통 물질의 산화, 중합에 의한 착색 현상 등이 있다.

이들 자동 산화의 기작은 완전히 해명되지 않았지만 대부분의 경우 과산화물을 중간 반응산물로 하는 일련의 유리기 반응에 의한 자기 촉매적 자동 산화의 기작이 지배적이라고 알려져 있다.

1) 비타민류

비타민 A의 자동 산화는 ionone 고리 구조의 불포화 부위에 일어나고 그곳에 산화가교가 생성된다. 특히 이것은 hemin이 촉매하며 시간이 경과할수록 산화 흡수량도 크게 증가한다.

비타민 C[L-ascorbic acid(AH_2)]는 탈수소되어 L-dehydroascorbic acid(A)가 되고 A는 탈수되어 2,3-diketogulonic acid가 되는데 AH_2와 A의 산화 반응은 가역적이며, AH_2의 자동 산화는 pH와 농도에 따라 산화 반응 속도가 일정하지 않다.

비타민 E는 순수한 상태에서는 비교적 안정하다. 그러나 불포화 지방산과 공존시에서는 불포화 지방산의 산화 과정에서 생기는 유리기에 수소를 참여시켜 안정화시킴과 동시에 자신은 산화된다.

2) 정유 성분

오렌지, 레몬 등 감귤류의 정유 중 오렌지의 경우 그 구성 성분은 *d*-limonene, *l*-linalool, *d*-, *l*-terpineol, citral, citronellal, *n*-capric aldehyde, *n*-nonyl alcohol, methylanthranilate, caprylic esters, formic acid, acetic acid, capric acid, octyl alcohol 등으로 되어 있는데 terpene계의 탄화수소가 자동 산화하고 중합, 가수 분해, 수지화 등으로 알코올, ketone, epoxide, peroxide 등이 생성된다.

3) 천연 색소

Carotene은 공액 이중결합으로 결합되어 탄화수소로 되어 있기 때문에 자동 산화가 쉬우며, 산소 흡수량도 시간에 따라 커진다.

Xanthophyll의 자동 산화는 3-hydroperoxide의 생성으로부터 출발한다고 추정하고 있다.

Chlorophyll도 과산화물에서 유래되고 있으며 이때 일어나는 산화 반응을 allomerization이라고 칭한다.

4) 기타

Cholesterol을 공기 중에 방치하면 oxycholesterol이 되는데 이 물질은 여러 가지 산화 cholesterol의 혼합물이다.

일반적으로 phenol류는 1개의 전자를 잃는 것에 의해 자동 산화된다. 이때 생성물인 hydroquinone의 자동 산화는 pH에 따라 다른데, 알칼리 조건하에서 산소 소모량이 크다.

Carbonyl 화합물의 대표적 functional 그룹인 알데하이드와 ketone의 경우, 자동 산화가 상온에서 일정하게 일어나는데 온도가 높아지거나 장기간 저장 시 과산화물이 생성되어 산화 분해된다. 또한 빛에 민감하여 향기의 감퇴, 점도의 변화, 중합 착색 등의 현상이 발생한다.

향신료의 주성분인 allyl 유도체는 급속히 자동 산화되지만 methyl sulfide는 안정하다.

그 외의 아민류는 비교적 안정하지만 장기간 저장 시 서서히 산화된다.

Tips 요소(Urea)가 형성하는 육방정주 프리즘(hexagonal prism)이란?

요소는 혼자 존재할 때, 즉 단독적으로는 정사면체(tetragonal)의 결정을 형성하는 특징이 있다. 그런데 탄소 수가 비교적 많은 직선상의 탄화 수소 화합물(알코올, 지방산 등)과 함께 존재할 때는 여섯 개의 분자들이 1단위(one unit cell)가 되는 육각형 기둥 모양인 육방정주 형태의 프리즘(hexagonal prism)을 형성한다. 즉 요소는 지방산과 같은 직선상의 탄화수소들과는 특이한 첨가 화합물(adduct)을 형성한다. 그러나 중합 반응에 의하여 형성된 중합체는 요소와 내포 화합물을 형성하지 못한다. 따라서 가열 중합 내지 가열 산화된 지방산 및 유지 중의 요소와 내포 화합물을 형성하지 않는 지방산의 전체 지방산 함량에 대한 비율은 가열 산화된 식용 유지의 물리·화학적 및 영양학적 변화와 품질 변화의 중요한 척도로 사용될 수 있다.

03 연습문제

01_ 다음 중 유지의 산패가 급격히 발생하는 경우가 아닌 것은?

① 산소의 흡수 속도가 급격히 증가하는 시기
② 유도 기간이 급격히 길어지는 경우
③ 과산화물의 생성 속도가 급속히 증가하는 시기
④ Carbonyl 화합물의 생성 속도가 급속히 증가하는 시기
⑤ 유리 지방산의 생성 속도가 급속히 증가하는 시기

02_ 유지를 가열하여 수차례 재사용하면 점도가 점점 증가하는 현상이 나타난다. 이러한 현상은 다음 중 어느 반응에 기인하는 것인가?

① 가수 분해 반응 ② 인산화 반응 ③ 에스터화 반응
④ 중합 반응 ⑤ 산화 반응

03_ 다음 물음에 대하여 ○, ×로 답하시오.

(1) 탈수소 반응(dehydrogenation)은 산화 반응의 일종이다. ( )
(2) 산화되기 쉬운 유기 화합물 종류로서는 불포화 유지, 정유, 클로로젠산, 카복시산 등이 있다. ( )
(3) 비산화적 산패는 가수 분해에 의한 산패와 케톤에 의한 산패로 나눌 수 있다. ( )
(4) 광선에 의하여 활성화된 감광체(photosensitizer)가 공기 중의 산소분자를 활성이 강한 일중항 산소분자(singlet oxygen)로 만들어 이 일중항 산소분자에 의한 산화 또는 감광체에 의한 산화(photosensitized oxidation)에 기인한 산패를 자동 산화(autoxidation)라고 한다. ( )
(5) 지방산의 산화를 촉진시키는 효소로는 lipase, lipoxygenase와 lipohydroperoxidase의 세 종류가 있다. ( )

04_ 산패(rancidity)를 산화(oxidation)와 구별하여 설명하시오.

05_ 유지의 산패를 크게 4분류하여 설명하시오.

06_ 유지의 자동 산화 과정 중 유도 기간(induction period)에 대하여 설명하시오.

07_ 유지의 향미 변환(flavor reversion)에 대하여 설명하시오.

08_ 지방산을 함유한 유지류 이외의 식품들도 산화되어 변질될 수 있는데, 이때 산화될 수 있는 식품 성분(혹은 식품)들에 대하여 설명하시오.

정답 및 해설

01_ ②

02_ ④

03_ (1) (O)

(2) (X) 산화되기 쉬운 유기 화합물 종류로서는 불포화 유지, 정유, 클로로젠산, 타이로신 등이 있으며, 카복시산은 더 이상 산화되기 어려운 형태이다.

(3) (O)

(4) (X) 광선에 의하여 활성화된 감광체(photosensitizer)가 공기 중의 산소분자를 활성이 강한 일중항 산소분자(singlet oxygen)로 만들어 이 일중항 산소분자에 의한 산화 또는 감광체에 의한 산화(photosensitized oxidation)에 기인한 산패를 일중항 산소에 의한 산화라고 한다.

(5) (X) 지방산의 산화를 촉진시키는 효소로는 lipoxygenase와 lipohydroperoxidase의 두 종류가 있다.

04_ 산화(oxidation): 물질이 산소와 화합하거나 수소를 잃는 반응
산패(rancidity): 유지 또는 식품에 들어 있는 지방질이 산화 또는 가수 분해되어 맛, 냄새가 변하는 현상

05_ 유지 산패는 다음 4 가지로 나누어 설명할 수 있다.
① 가수 분해(hydrolysis)에 의한 산패
② 산화(oxidation)에 의한 산패: 자동 산화와 가열 산화가 있음
③ 향미 변환(flavor reversion)에 의한 산패: 변향이라고도 함
④ 바람직하지 않은 냄새 흡수에 의한 산패

06_ 유지가 산소를 흡수하는 속도는 반응 초기 단계에서는 거의 일정하게 유지되지만, 일정 기간이 지나면 매우 급격하게 증가된다. 이와 같이 유지의 산소 흡수 속도가 매우 낮은 초기의 기간을 산패의 유도 기간(induction period)이라고 하는데, 이 유도 기간이 지나면 유지의 산소 흡수 속도가 급증하여 산패 속도가 현저하게 증가하는 현상이 나타난다.

07_ 풀냄새와 콩 비린내를 가졌던 조제 대두유(crude soybean oil)를 탈취 등의 정제 과정을 거쳐 냄새를 제거한 후 저장하는 동안에 다시 풀냄새와 콩 비린내가 나는 경우가 있다. 이와 같이 냄새의 발생 내지는 변화가 정제하기 이전의 유지가 가졌던 냄새로 다시 복귀한다는 뜻에서 향미 변환(flavor reversion, 변향)이라 부른다. 변향은 보통의 산화적 산패를 일으키는 데 필요한 산소량의 1/50 이하에서도 일어날 수 있다는 점에서 자동 산화에 의한 산패와 구별된다.

08_ 지방산 함유 유지류 이외에도 정유 성분, 각종 비타민류, 천연 색소, cholesterol, carbonyl 화합물, allyl 유도체 등은 쉽게 산화될 수 있다.

Chapter

04 열에 의한 식품의 변질

배우는 목적

식품 변질의 주요 원인인 미생물 증식, 효소 반응, 호흡 현상, 화학 반응 등은 저온(냉장 또는 냉동) 또는 가열 처리를 통하여 억제되지만, 이럴 경우 일부 성분의 변화나 변질이 일어날 수 있다. 이 장에서는 저온에서 발생되는 변질뿐만 아니라 가열 과정에서 일어나는 변화를 살펴보고자 한다. 저온에서의 생물학적·물리적·화학적 변화는 물론 가열에 따른 품질의 변화를 탄수화물의 변화(캐러멜 반응, amino-carbonyl 반응, 호화 등), 단백질의 변성, 수용성 비타민과 지용성 비타민의 변화 측면에서 설명하고, 식품 고유의 색깔 변화와 향기의 변화도 알아보고자 한다.

1. 저온(냉장 및 냉동)에서의 변질

1) 생물학적 변화

(1) 냉해(chilling injury, cold injury)

냉해 또는 저온 장해라고 불리는 변질로서 열대 또는 아열대성 과채류 식물을 최적 저장 온도 이하(어는점보다는 높으나 최적 저장 온도보다 낮을 때 발생)에서 저장했을 때 손상되는 생리 장해를 말한다. 호흡 작용 변화나 막투과성 변화 등의 이상 대사 현상이 발생하여 갈변, 붉은 반점 발생, 표면 손상 등의 증상을 보인다. 냉해의 대표적인 식품으로는 바나나로 최적 저장 온도(12~13℃) 이하에 저장 시(냉장고 등) 과피가 흑변하는 현상이 빠르게 진행된다(표 4-1 참조). 정확한 기작은 아직 연구 중이며, 하나의 가설로는 열대성 식물은 녹는점이 높은 포화 지질을 많이 함유하고 있어 저온에서 지질이 다른 성분과 결합된 고체 형태로 전환되어 세포벽에 이상이 생긴다는 것이다. 세포벽에 단단히 결합되어 있던 효소 등의 구성 성분의 이탈이 가속되어 변질 반응이 증가되는 것으로 알려졌다. 온도뿐 아니라 저장 기간, 과채류의 성숙도, 저장 공기 조성, 습도 등도 냉해에 영향을 미친다.

표 4-1 채소류와 과일류의 저장 적온

종 류		저장 적온(℃)	종 류		저장 적온(℃)
채소류	토마토	4~10	과일류	바나나	12~13
	고구마	10~13		사과	2~3
	호박	10~13		복숭아	4
	오이	7		파인애플	7~10
	양파	0		레몬	14
	당근	0		오렌지	4~7

이러한 냉해는 마늘에서도 나타난다. 다진 마늘 이용 시 마늘이 녹색으로 변하는 현상이 나타나는데, 이를 녹변 또는 청변이라고 한다. 녹변은 모든 품종의 마늘에서 나타날 수 있으며 수확 후 저장 조건, 특히 저온(특히 10℃ 이하)에서 약 4개월 이상 장기간 보관된 저장 마늘에서 흔하게 나타난다. 저온에서 오랜 기간 저장된 마늘일수록 다진 후 녹변이 빨리 나타나며 진한 청색으로 변한다. 또한 밭 마늘보다는 논 마늘에서 많이 나타난다고 알려져 있다.

(2) 신선도 저하

대부분의 과채류는 수확 후에도 호흡에 의한 성숙 작용을 계속 유지하는 생명 현상을 보인다. 식물의 호흡 현상은 호기적 호흡 작용을 하면 이산화탄소, 물, 열, 휘발성 물질 등이 생산되므로 호흡 속도가 빨라지면 식품의 변화가 빠르다는 것을 의미한다. 따라서 생명 현상과 관련된 과정을 지속하여 미생물에 대한 자연 방어기작 및 신선도를 유지할 수 있는 최저의 호흡 속도를 유지하는 것이 중요하다. 이러한 생명 현상은 온도가 낮을수록 천천히 진행되므로 저온에서 적절한 기간에 원하는 숙성 정도를 만들 수 있다. 하지만 저온에서도 억제가 되는 상태로 멈추어 있는 것이 아니므로 성분상의 변화(원하지 않는 상태인 경우는 변질)는 진행된다.

또한 어떤 과채류는 일정한 온도에서 저장하였을 때 일정한 속도로 호흡하지 않고 어느 분기점에서 급격한 호흡 작용을 보이는데, 이를 호흡 급상승(climacteric rise) 현상이라 한다(그림 4-1 참조). 이러한 과채류의 호흡 작용으로 품질이 좋아지는 경우도 있으나 일반적으로 선도가 떨어져 상품성을 잃는 상태를 선도 저하라 한다. 이는 단지 과채류뿐 아니라 육류에서도 발생한다. 육류에서는 사후에 생명 현상은 발생하지 않으나 자기 분해(autolysis; 생물체가 죽은 뒤 자체 효소에 의한

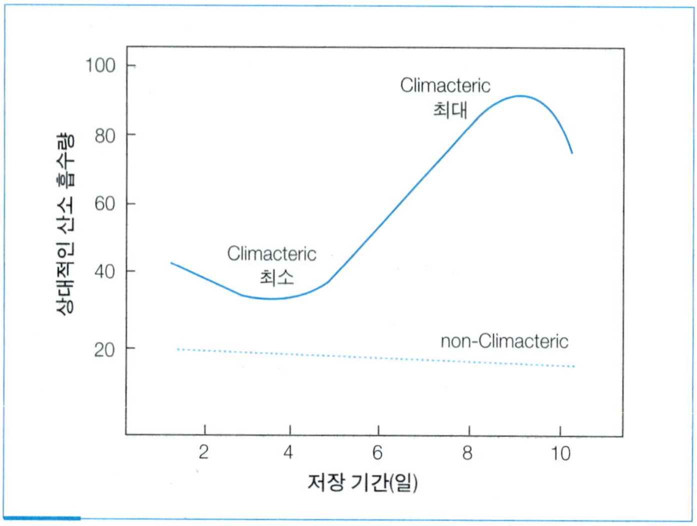

그림 4-1 수확 과일들의 호흡 작용(후숙 사이클 현상의 유무: climacteric and non-climacteric cylce)

조직 또는 세포의 분해. 자기 소화라고도 함)가 진행되어 적절한 정도의 맛과 향을 향상시킨다. 하지만 이도 너무 지나치면 육류의 선도가 저하되어 상품성을 잃을 수 있다.

(3) 미생물 생육

저온, 특히 냉장은 미생물의 생육을 늦춰 주는 것일 뿐 미생물의 번식을 완전히 저지시킬 수는 없다. 특히 최근에는 미생물들도 진화하여 과거보다 저온에 대한

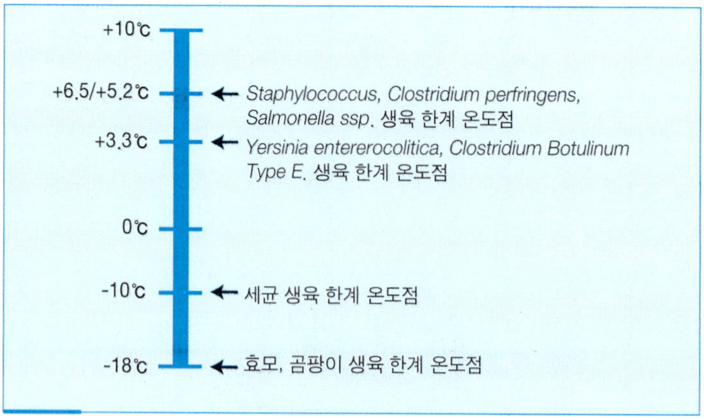

그림 4-2 냉장/냉동 온도에서의 미생물 생육 조건

내성이 더욱 강한 미생물들이 출현하고 있고 대부분의 저온성 미생물은 위해균이므로 이에 따른 변질을 유념하여야 한다. 저온성 세균은 식육, 어패류, 우유 등의 저온 보존 식품에서 증식하여 식품의 변질, 부패 등 직·간접적으로 오염을 일으킬 가능성이 있다. 냉동 중에는 대부분의 살아 있는 미생물은 감소한다. 미생물 종류에 따라서는 낮은 온도에서도 생존할 수 있으나 일반적으로 생물학적 반응이 아주 느려지거나 완전히 멈춘다. 어떤 특별한 효모나 곰팡이는 -18℃에서도 생존한다고 보고되었으며 포자는 더욱 낮은 온도에서도 생존 가능하다. 따라서 저온에서 장기간 저장하면 미생물에 의한 변질이 발생한다(그림 4-2 참조).

(4) 효소 작용

효소의 경우도 미생물과 같이 저온에서 반응이 완전히 억제되지는 않는다. 효소는 냉동 상태에서 활성이 중단되지 않고 단지 속도만 늦어지므로 미생물보다도 저온에서 변질 현상에 중요한 영향을 미친다고 할 수 있다. 효소의 활성은 완전히 동결된 상태보다는 부분적으로 냉동된 상태에서 많은 문제를 일으킨다. 즉, 부분적인 냉동이 일어난 식품에서는 비동결 부위에서 용질이 농축된 현상이 나타나므로 효소의 반응이 촉진된다. 그림 4-3과 같이 냉동 전과 부분 냉동된 상태를 비교하면 용질이 약 2배(①)와 4배(②) 정도의 농축된 효과를 볼 수 있다. 따라서 비농축된 부분에 효소와 기질이 존재하므로 효소의 반응이 증대된다. 또한 lipase,

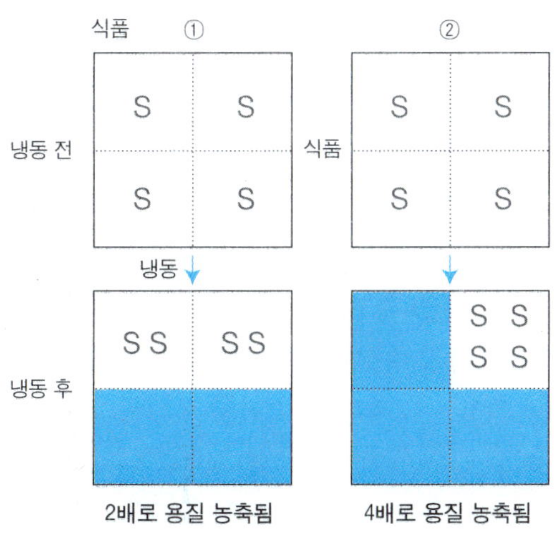

그림 4-3 냉동 중 동결되지 않은 상태의 용질(S) 농도 변화

lipoxygenase, phospholipase 등은 -20℃에서도 활성을 보인다고 전해지고 있다. 채소류(배추, 시금치 등)를 장기간 냉동 저장하였을 때 생선 비린내와 유사한 냄새가 발생하는데, 그 원인은 phospholipase에 의한 작용이라는 연구 보고가 있다.

2) 물리적 변화

(1) 수분 증발

습도 조절이 안 되는 일반 냉장고에서 식품을 저장할 경우 수분이 높은 식품(과채류, 육류 등)은 수분이 증발된다. 일반적으로 과채류의 수분 손실이 4% 정도면 식용에 치명적이다. 냉장 저장 시에 식품 중의 수분이 증발하면 중량이 감소되고 과일이나 채소는 위축, 연화, 변색 등의 현상도 함께 발생한다. 수분 증발은 산화 작용도 동시에 진행되는 경우가 많아 변질을 더욱 촉진시키며, 전분의 경우에서는 수분 증발이 노화를 촉진시킨다.

(2) 냉동 화상(Freeze burn)

냉동된 식품에서도 수분 손실이 발생한다. 특히 육류에 많이 발생하는데 장기간 냉동 저장된 식품의 표면(고압)과 주위(저압)의 압력 차이로 인해 수분의 증발(얼음의 승화)이 비가역적으로 점차 내부로 진행되어 다공질의 건조층이 생긴다. 이러한 현상을 냉동 화상이라 한다. 냉동 화상은 냉동식품의 색, 조직, 향미, 영양가, 휘발성 물질 등을 비가역적으로 변화시켜 품질의 저하를 일으킨다. 냉동 화상을 방지하기 위해서는 공기와의 접촉을 막아 주는 포장 등을 통하면 효과적이다.

(3) 얼음 형성에 의한 조직 변화

식품 내 수분이 냉동되면 약 9% 정도 체적이 팽창하여 세포나 조직에 기계적인 손상을 줄 수 있다. 또한 냉동식품의 경우 얼음의 결정 형태 및 수는 냉동 속도 등에 의해 좌우되는데, 냉동 속도를 빠르게 한 급속 동결은 미세한 얼음 입자가 세포 내에 균일하게 분산되어 품질 손상이 거의 없다. 그와 반대로 완만한 속도로 동결시킨 식품 중의 얼음 입자는 결정이 크고 모양도 다양하고 세포가 찌그러진 모양으로 손상되어 식품의 품질을 크게 떨어트린다(그림 4-4 참조).

한편 급속 동결한 식품도 냉동 저장 상태에서 매우 불안정하여 얼음 결정의 수, 크기, 모양, 배열 등의 변화가 발생하는데 이러한 현상을 얼음 입자의 재결정이라

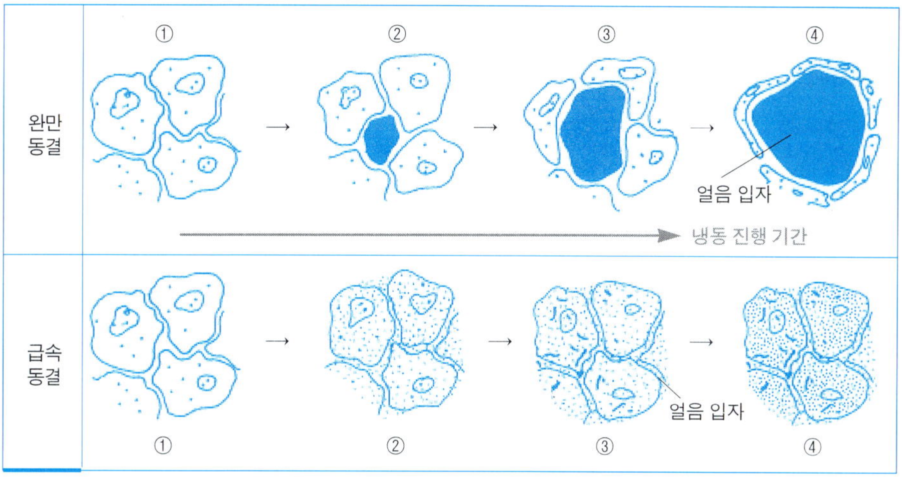

그림 4-4 완만과 급속 동결 중 조직에서의 얼음 결정 진행 과정 비교

부른다. 순수한 물의 경우에는 -96℃에서도 재결정이 일어난다. 얼음의 재결정은 대부분이 크기가 작은 얼음이 큰 얼음 입자에 흡수되면서 얼음 입자의 크기가 증가되어 완만 동결과 같은 손상을 일으킬 수 있다. 따라서 저장 기간이 오래 되면 얼음 크기가 증가하여 세포의 형태를 변화시키거나 기능을 잃게 하여 품질을 떨어지게 할 수 있다.

냉동에 의한 품질 저하는 과실류가 동물성 식품이나 곡류에 비하여 세포 구조의 차이로 인해 현저하게 발생한다. 과실류 세포는 동물성 세포와 달리 액포가 존재하므로 액포가 손상되면 다량의 액이 유출되기 쉽다. 또한 동물성 세포는 냉동에 대한 내성이 있어 과실류만큼의 품질 저하가 일어나지 않는다.

(4) 드립(Drip) 발생

드립은 식품에서 용액이 분리되는 현상을 말한다. 일반적으로 냉동식품을 해동할 때 많이 발생한다. 이는 냉동 중에 식품 조직의 물리적 손상으로 보수력이 감소하여 방출되는 것으로 최대 빙결정 생성대를 통과하는 시간과 밀접하게 관계가 있는데, 급속 동결이 완만 동결에 비하여 드립이 적고 식품의 형태도 원래의 모습에 가깝게 된다. 드립된 용액 속에는 단백질, 염류, 비타민 등과 같은 수용성 영양 성분이 있으며, 풍미 및 중량 감소, 조직감 저하에 관여한다. 냉장에서도 고기의 드립이 발생하는데, 특히 스트레스를 받은 돼지를 도살하여 0~5℃로 갑자기 온도를 내리면 고기가 수축되어 수분 보유 능력이 감소하여 육즙이 방출되며 경직한다.

(5) 유화(Emulsion) 상태 파괴

유화란 서로 섞이지 않는 두 액체를 계면활성제(에멀션화제) 등의 유화제를 넣어 유탁액으로 만드는 조작을 말한다. 일반적으로 유탁액의 종류는 수중 유적형(W/O) 또는 유중 수적형(O/W)이 있으며, 에멀션화제도 두 가지 종류가 있다. 일반적으로 에멀션화제는 냉동에 의해 불안정해지므로 서로 잘 섞여 있는 유탁액이 파괴될 수 있다.

Tips 우유를 냉동하였다가 녹여서 보관 후 먹게 되면 균질화된 유지방의 유화 상태가 깨져서 밑부분은 탈지우유, 윗부분은 지방층으로 분리된다.

마요네즈를 냉장고 낮은 온도에서 오래 보관하면 유화 시스템이 붕괴되어 식초 등 물 성분과 기름 성분이 분리되는 현상이 나타나는 경우도 있다.

(6) 단백질의 변성

대부분의 단백질은 냉장 온도에서 안정성이 증가하나, 일부 단백질에서는 변성이 발생하기도 한다. 예를 들면 pyruvate carboxlase는 0℃ 부분에서 급속히 변성하여 활성을 잃으나 다시 온도를 높이면 활성을 회복하는 가역적인 변성이 보고되는데, 이는 온도에 가역적으로 작용하는 결합력(주로 수소 결합, 소수성 결합)이 변화하기 때문이다. 하지만 식품에서는 이러한 냉장에서의 변화가 크게 품질에 영향을 주지 않고 단백질 식품의 안정성을 증대하는 효과가 더욱 크다고 할 수 있다.

냉동에서는 단백질 변성이 많이 발생된다. 일반적으로 단백질이 비가역적으로 변성이 되면 용해성, 점도, 젤 형성능, 기포 형성능 등이 변화한다. 이러한 변화의 주된 원인은 냉동 상태에서 단백질 식품에 변성이 일어나면 조직감 등의 품질이 떨어지며 해동 시 드립 방출이 발생되기 때문이다. 따라서 식품의 품질을 유지하기 위해서는 단백질의 냉동 변성을 방지하는 것이 중요하다.

단백질 냉동 변성은 냉동 온도가 낮으면 낮을수록 억제된다. 따라서 단백질 냉동 변성 방지를 위하여 매우 낮은 온도(-30℃ 이하)에서의 냉동 저장 방법과 새로운 냉동 저장 기계의 개발이 제안되고 있으나 고비용 등의 이유로 식품산업계에서 활발하게 이용되고 있지 않다. 하지만 단백질 변성 방지제는 적은 비용으로 품질을 유지할 수 있어서 널리 이용되고 있다. 특히 생선 단백질이 다른 근육 단백질(쇠고기, 돼지고기 또는 가금육)보다 냉동 변성이 쉽게 일어나므로 냉동 저장 시 생선 단백질의 변성을 방지하기 위하여 냉동 변성 방지제의 개발에 힘쓰고 있다.

현재 어육 단백질(surimi) 제조에 일반적으로 이용되고 있는 냉동 변성 방지제는 저분자의 당들과 당알코올들로서, 설탕과 솔비톨이 1:1의 비율로 8%(w/w) 첨가된 것을 사용하고 있다. 이들은 상대적으로 값이 싸고, 이용이 쉬우며, 갈변 반응이 적고 우수한 물성을 보여 cooking loss, drip loss의 감소와 경도를 증가시키는 장점을 가지고 있어 상업적으로 널리 사용되고 있다. 그러나 다량으로 첨가했을 때는 감미도가 높아지는 단점이 있어, 이들과 동일한 효과를 가지는 저감미도의 새로운 소재 개발이 활발히 진행되고 있다. 최근에는 sucrose에 비해 저감미도를 나타내는 고분자들인 polydextrose, maltodextrins 및 올리고당들에 냉동 변성 방지 효과가 있는 것으로 보고되고 있다. 그림 4-5는 시판 올리고당들〔아이소말토(IMO), 프럭토(FO), 갈락토(GO)〕이 sucrose-sorbitol에 비해 냉동 저장 시 단백질 변성(단백질 용해도 측정)이 유사하거나 좋은 것을 보여 주었으며 무첨가군에 비해서는 올리고당의 첨가가 변성 방지에 효과가 있는 것을 보여 준다.

Tips 단백질 냉동 변성 방지제(cryoprotectant)란 냉동 단백질 제품을 안정하게 하는 물질이다. 주로 당(예: trehalose, 설탕), 올리고당, 당알코올(예: 솔비톨, 에리쓰리톨), 아미노산 등이 효과가 있다.

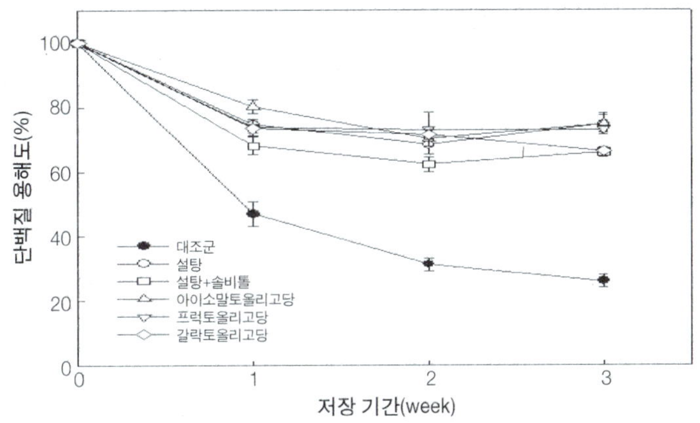

그림 4-5 올리고당 첨가 및 냉동(-18℃) 저장 기간에 따른 생선 액토마이오신의 단백질 용해도 변화

자료 : Auh 등, Food Sci. Biotechnol, 8:103-107, 1999

(7) 전분의 노화(Retrogradation)

호화된 전분(α 전분)은 실온에서 시간이 경과되면서 점점 굳어져서 노화된 전분(β전분)으로 되돌아가는데 이러한 현상을 β화 또는 노화라 한다. 이러한 노화는 수소 결합의 증가로 불규칙적인 배열을 하고 있던 전분 분자들이 규칙적인 분자 배열을 한 마이셀(micelle) 구조로 되돌아가기 때문이다. 온도가 낮을수록 수소 결합이 증대되므로 냉장 온도인 0~5℃가 가장 노화가 잘 일어나는 범위이다. 특히 떡이나 빵이 실온보다 냉장고에서 더욱 빨리 굳어지는 것은 이러한 전분의 노화 현상이 촉진되기 때문이다. 전분에 노화가 진행되면 소화율이 저하될 뿐 아니라 식품의 조직감에도 변화를 일으켜 바람직하지 않은 상태가 된다. 때로는 노화가 필요한 식품도 있으나 많은 전분 식품들은 노화 발생을 품질 저하로 보고 이를 억제하고자 한다.

빵 제품에서는 노화란 용어와 스테일링이라는 용어를 오랫동안 서로 혼동하여 사용하였다. 노화와 스테일링을 구분하자면 노화는 단지 전분의 결정화를 정의하고, 스테일링은 전분의 결정화가 주요한 과정이나 전분 외의 성분들의 변화들도 고려한 것이다. 그러나 빵의 스테일링은 주성분인 전분의 노화가 주원인으로 사실상 구분이 어렵다. 빵을 제조한 후 시간이 지나면서 빵 속 조직이 점차로 단단해지며 탈수 또는 건조 현상, 유지의 산패(rancidity), 단백질 변성 등이 발생하여 맛과 향이 급속도로 저하된다.

이와 같은 빵의 품질 저하를 빵 스테일링(staling of bread)이라 한다. 따라서 빵 제품은 냉장 저장 시 스테일링이 발생하므로 주의를 하여야 한다. 노화 억제 방법으로는 수분 함량의 조절, 냉동 방법, 당 첨가, 유화제 사용, 효소 이용, 변성 전분 사용 등이 있다. 떡 제품에서도 빵과 같이 스테일링이 중요한 품질 저하 원인이나 떡에서의 노화 억제 연구는 빵에 비해 상대적으로 미미하며 이에 대한 연구가 필요하다(2장의 3. 수분에 의한 전분의 특성 변화 참고).

3) 화학적 변화

(1) 색, 비타민 및 향의 변화

채소류는 냉동 저장 시에 색 및 향미의 변화가 일어날 수 있는데, 특히 녹색 채소의 엽록소가 파괴되어 pheophytin으로 변환되면 갈색 및 황색으로 변화가 일어난다. 또한 카로티노이드와 안토사이아닌 등의 색소도 냉동 중 산화 등의 작용으로 색이 변화된다. 동물성 색소에 중요한 인자인 마이오글로빈/헤모글로빈도 산화되어 갈변이 일어나게 된다. 색소와 마찬가지로 비타민들도 냉동 저장 시 파괴된다.

특히 냉동 시 비타민 C의 손실이 높다. 온도가 낮을수록 향의 변화는 적으나 냉동 및 냉장에서도 향의 변화는 계속 진행된다. 연구에 의하면 과일(예: 파인애플) 및 지방 함량이 높은 고기 등은 냉장 저장에서 과일은 호흡과 발효에 의해, 고기는 지방 산화에 의한 이취가 발생되므로 향미 화학적 품질을 저하하는 경우도 보고되었다. 또한 냉장 저장 시에는 향기나 냄새가 심한 식품과 다른 식품을 같이 보관하면 향이나 냄새가 다른 식품으로 옮겨질 수 있으므로 주의하여야 한다.

(2) 지질의 변화

냉동에서도 지질의 산화가 발생한다. 지질의 산화는 풍미 저하, 변색, 산패 등을 일으킨다. 특히 유지의 함량이 높은 육류 및 어류 식품에서 품질을 떨어뜨리는 중요한 원인으로 지적되고 있다. 지방의 산화는 비교적 높은 냉동 온도에서 장기간 저장한 경우에 일어난다. 일반적으로 지방산의 형태가 지질보다 산화 속도가 매우 빠른데, 냉동 온도에서도 lipase의 활성이 존재하므로 지질(triglyceride)에 작용하여 지방산(free fatty acid)을 나타나게 하여 산화를 촉진시킨다.

2. 가열에 의한 변질

1) 가열에 따른 온도 변화와 식품 품질의 변화

식품 중의 미생물을 살균하거나 효소 작용을 억제하기 위해 식품을 가열할 때 식품의 온도는 가열 매체의 온도에 도달할 때까지 계속 상승하게 되며, 식품의 온도가 상승하면 식품 내에서 여러 가지 반응이 활발하게 일어난다. 하지만 목표로 하는 살균이나 효소 파괴만 일어나는 것이 아니라 원하지 않는 성분의 변화나 각 성분 사이의 반응으로 인해 품질이 변화하고 신선도가 떨어지게 된다. 식품 중의 탄수화물, 단백질, 지질, 비타민뿐만 아니라 색소나 약리 성분 등 특수 성분도 가열에 따라 변화된다.

이에 따라 식품의 영양 성분, 색깔, 풍미, 텍스처 등의 변화가 일어나 질적 저하가 초래되므로 이에 대해 주의를 기울여야 하는데, 이러한 품질 변화를 최소화하기 위해 초고압 등 여러 가지 비열처리(non-thermal treatment) 기술이 적용되기도 한다.

모든 반응은 온도가 증가하면 빨라지는데 변질과 관련된 반응도 이와 마찬가지로 온도가 증가하면 빨라지므로 그만큼 저장 기간도 짧아지게 된다. 이러한 온도에 따른 반응 속도의 증가 배수를 Q_{10}값 또는 온도계수라고 부르는데, 이는 온도가 10℃ 증가할 때 반응 속도의 증가 비율로서 다음 식(4-1)과 같이 정의된다.

$$Q_{10} = k_{T+10} / k_T \tag{4-1}$$

여기서 k_T : T℃에서의 반응 속도,

k_{T+10} : T+10℃에서의 반응 속도

일반적인 화학 반응의 Q_{10}값은 2~3이고, 효소 반응의 Q_{10}값도 2 근방이다. 효소 반응의 Q_{10}값은 효소가 변성되어 활성이 없어지기 전의 온도 범위 이내에만 적용되는데 일반적으로 50℃ 이하일 때를 의미한다.

또한 표 4-2에 나타낸 것처럼 Q_{10}값이 다른 경우의 온도에 따른 반응 속도를 비교해 볼 수 있는데 이러한 비교를 근거로 이론적으로 Q_{10}값이 2일 때 40℃에서 2개월 저장 가능한 식품은 20℃에서 8개월 저장 가능하고, Q_{10}값이 3일 때 40℃에서 2개월 저장 가능한 식품은 20℃에서 18개월 저장 가능하다고 볼 수 있다.

표 4-2 Q_{10} 값이 다른 경우 온도에 따른 반응 속도의 비교

온도(℃)	반응 속도					
	Q_{10}=2		Q_{10}=3		Q_{10}=4	
	0℃ 기준	40℃ 기준	0℃ 기준	40℃ 기준	0℃ 기준	40℃ 기준
0	1	1/16	1	1/81	1	1/256
10	2	1/8	3	1/27	4	1/64
20	4	1/4	9	1/9	16	1/16
30	8	1/2	27	1/3	64	1/4
40	16	1	81	1	256	1
50	32	2	243	3	1,024	4
60	64	4	729	9	4,096	16
70	128	8	2,187	27	16,384	64

2) 탄수화물의 변화

탄수화물 중에서 당류는 단독으로 또는 다른 성분과 상호 반응하여 갈변을 일으키거나 이취를 생성하는 등 품질 저하를 유발한다.

당류가 단독으로 반응하는 대표적인 예로 캐러멜 반응(caramelization)을 들 수 있다. 환상 구조의 환원당은 안정하지만 반응성이 높은 enol형은 탈수, 분해되어 5-hydroxymethyl-2-furfural(5-HMF)을 형성하고 이어 축합을 통해 고분자화하면서 수지 상태의 갈변 물질로 변한다. 캐러멜 반응은 pH 6.5~8.2에서 잘 일어나지만 산성이나 알칼리성에서도 진행되는데 이는 산이나 알칼리가 당의 환상 구조를 파괴함과 동시에 enol화를 촉진시키기 때문이다. 비환원당인 설탕은 포도당 등의 단당류와 비교할 때는 상대적으로 안정하지만 산성 조건이나 고온 조건에서는 가수 분해 및 탈수 과정을 거치면서 캐러멜 반응이 진행되어 갈변된다. 캐러멜 반응은 이어 서술되는 비효소적 갈변 반응에 비해 상대적으로 높은 온도(180~200℃)에서 진행되는 것이 일반적이다.

식품에는 당류만 존재하는 경우보다 아미노산, 아민(amine), 펩타이드(peptide), 단백질 등 질소 화합물이 공존하는 경우가 더 흔하기 때문에 당류와 질소 화합물의 상호 반응에 의한 갈변 반응, 즉 마이야르 반응(Maillard reaction) 또는 아미노카보닐(amino-carbonyl) 반응이 잘 일어난다. 단당류 중에서 5탄당이 6탄당보다 반응 속도가 빠르고, 단당류가 이당류보다 반응성이 크다. 또한 포도당 등의 알도스(aldose)와 과당 등의 케토스(ketose)는 반응 기구가 다른데, 케토스는 단독으로 enol화를 일으키기 때문에 반응 초기에는 과당이 포도당보다 반응 속도가 빠르다가 반응 후기에는 역전되는 경향을 보인다. 또 글루코사민(glucosamine)과 같은 아미노당도 갈변되기 쉬우나 솔비톨(sorbitol)과 같은 당알코올은 갈변이 잘 일어나지 않는다. 아미노산 중에서 라이신(lysine)이나 아르지닌(arginine)과 같은 염기성 아미노산이 글라이신(glycine)과 같은 중성 아미노산이나 글루탐산(glutamic acid)과 같은 산성 아미노산보다 갈변을 일으키기 쉽다. 마이야르 갈변 반응은 온도가 상승하면 반응 속도가 빨라지는데 그 Q_{10}값은 2~3이다.

또 식품의 pH가 증가할수록 빨라지는데 알칼리성 pH에서 가장 빠르며, pH 3 이하의 산성 조건에서는 반응 속도가 매우 느리다. 식품의 수분 함량이 10~15%일 때 반응 속도가 가장 크고, 수분 함량이 이보다 작거나 많으면 오히려 반응 속도가 감소한다. 온도가 80℃보다 낮은 조건에서는 산소가 반응을 촉진시키지만, 온도가 80℃보다 높아지면 산소 존재 유무가 반응에 영향을 끼치지 않는다. 또한 철이나 구리 등의 금속 이온이 존재하면 반응이 가속된다.

이와 같은 마이야르 반응에 의해 식품의 색깔은 갈변되고, 향기 성분 생성으로 냄새도 달라지며, 라이신과 같은 필수 아미노산의 손실도 일어난다. 최근 감자와 같은 식품에 자연적으로 존재하는 아스파라진(asparagine)과 당의 마이야르 반응에 의해 아크릴아마이드(acryl amide)가 생성될 가능성이 제기되었다. 인간에 대한 잠재적인 발암물질로 의심받고 있는 아크릴아마이드는 120℃ 이상에서 온도가 증가함에 따라 그 생성 농도가 증가하기 때문에, 삶거나 찌는 과정에서는 거의 검출되지 않으나 튀기거나 굽는 과정에서 일정량 이상이 생성된다고 한다.

식품 중에 전분이 수분과 함께 존재하는 경우 가열을 통해 호화가 일어난다. 수분 함량이 높으면 호화가 잘 일어나나 수분 함량이 적으면 더 높은 온도로 가열해야 호화가 일어난다. 호화 온도는 대략 60℃ 전후이며, 온도를 높이면 호화 시간이 짧아진다. 식품의 pH가 알칼리성일 때 호화가 가장 잘 일어나고 그 다음 중성 pH 그리고 산성 pH의 순서이다. 호화와 달리 전분을 150~190℃의 비교적 높은 온도에서 가열하면 포도당 사이의 glucoside 결합이 절단되어 가용성의 덱스트린(dextrin)이 형성된다. 이 덱스트린은 전분보다 분자량이 작고 물에도 녹기 쉬우며 효소 작용도 받기 쉬워 소화도 잘 된다.

3) 단백질의 변화

식품을 가열하면 단백질이 응고되어 구조가 바뀌는 변성(denaturation)이 일어나면서 점도 증가, 용해도 감소(소수성기의 표면 노출로 친수성 감소), 생리 활성

Tips 흑설탕 이야기

흑설탕이나 원당은 사탕수수 줄기에서 짜낸 즙액에 석회 등의 청징제를 가하고 바싹 졸인 다음 휘저으면서 냉각시켜 얻는 설탕으로서, 당밀을 함유하는 흑갈색의 설탕을 흑설탕이라 하고, 당밀을 분리시킨 황갈색 설탕을 원당이라 부른다.
이 흑설탕이나 원당에는 쇳조각, 사탕수수 껍질, 먼지 등 이물질이 많아서 그냥 먹기 어렵기 때문에, 우리나라에서는 원당을 물에 녹여 시럽화해서 원당 중의 이물질을 걸러낸 뒤 다시 결정으로 만들어 백설탕 또는 정제당으로 판매하고, 또 이 백설탕을 가열하여 갈변시켜 얻은 설탕시럽을 적절히 섞어 황설탕이나 흑설탕을 만들고 있다.

의 변화(효소 불활성화, 면역 기능 소실, 알레르겐 감소), 색의 변화(myoglobin의 산화로 갈색의 metmyoglobin 형성), 소화성 향상(소화 효소의 접근성이 좋아지고 효소의 작용 부위 증가), 점탄성 구조의 형성(어육 단백질 가열로 어묵 제조), 항산화성 증가, 활성기 노출로 인한 반응성 증가 등이 일어난다. 열에 의한 단백질의 변성은 55~75℃에서 잘 일어나며 온도가 높아지면 변성 속도도 빨라진다. 또 수분이 많으면 상대적으로 저온에서 열변성이 잘 일어난다. 또 열변성은 단백질의 등전점에서 잘 일어나기 때문에 pH를 등전점에 가까운 산성으로 만들어 주면 열변성 온도가 낮아진다.

단백질 식품을 가열하면 마이야르 반응에 의해 lysine 등의 필수 아미노산의 손실도 일어나는데, 특히 곡류 단백질의 경우 가열 온도가 상대적으로 높은 경우가 많기 때문에 생물가(biological value)의 급격한 감소가 일어나기 쉽다. 우유 단백질은 카세인(casein)의 열 안정성 때문에 축육 단백질이나 달걀 단백질에 비해 열에 안정한 편이지만 가열 살균 시 유청 단백질인 β-lactoglubulin이 변성되어 가열취가 형성된다. 반면에 대두를 가열하면 대두에 함유되어 있는 트립신 억제 물질(trypsin inhibitor)을 불활성화시켜 대두 단백질의 소화성과 활용도를 향상시킨다. 단백질에 시스틴(cystine), 시스테인(cysteine), 메싸이오닌(methionine) 등 유황 함유 아미노산이 많이 함유되어 있을 경우 100℃ 이상의 온도에서 가열하면 유리된 유황 성분이 환원되어 H_2S를 형성하고 이것이 식품 중의 철이나 용기 재료와 반응하여 황화철(FeS)과 같은 황화물을 형성하여 흑변의 원인이 된다. 이러한 흑변은 통조림 제조 시 축육 단백질, 달걀 단백질, 옥수수 단백질(zein), 강낭콩 단백질(legumelin) 등에서 일어나기 쉽다.

또한 단백질을 가열할 때 아미노산 사이에 가교 결합(cross link)이 일어날 수 있는데 그 결과 신장의 비대를 유발하는 것으로 알려진 라이시노알라닌(lysinoalanine)이 생성될 수 있다. 이것은 원래 대두를 알칼리 처리할 때 많이 생성되는 것으로 알려졌는데, 실제로는 우유를 가열하여 제조하는 농축 우유, 가당연유에서도 발견되고 있으며 가열 온도가 높아질수록 생성 속도도 빨라진다. 육류에 들어 있는 마이오신(myosin)이나 액토마이오신(actomyosin) 등의 근원 섬유 단백질은 가열하면 응고와 수축이 일어나 육제품의 텍스처를 달라지게 하며, 육가공 시 보수력과 결착력을 저하시킨다.

특히 어육 단백질에 소금 1~2%를 첨가하여 잘 간 다음 가열하면 탄성이 있는 젤(gel)을 얻을 수 있다. 또 콜라젠(collagen), 엘라스틴(elastin)과 같은 육기질 단백질은 육류의 질긴 텍스처의 원인이 되는 단백질인데 그중에서 콜라젠은 가열하면 수용성의 젤라틴(gelatin)이 되어 텍스처가 부드러워지고 소화성이 향상된다.

4) 지질의 변화

지질을 함유한 식품을 가열하면 산화로 인한 산패(rancidity)가 일어나 식품에 불쾌한 냄새와 맛을 부여할 뿐만 아니라 중합 등의 반응으로 분자량이 큰 이중체(dimer), 삼중체(trimer) 등의 중합체나 환상 화합물을 형성하며, 산패가 진행된 유지 식품을 섭취할 경우 소화기관의 자극, 내장기관의 비대화, 성장 억제 등이 일어날 수 있다.

특히 너무 오랫동안 반복 사용한 튀김유는 성장 억제 등의 독성 효과는 물론 발암성까지도 있는 것으로 의심받고 있다. 가열 산화된 식용 유지를 사용하여 제조한 비스킷, 스낵류 등은 유해한 산화 생성물의 함유 가능성도 있고, 유지 성분이 표면적이 넓은 피막 상태로 식품 중에 존재하기 때문에 저장 온도가 상승할 경우 더욱 산화되기 쉬우며, 산화로 인해 필수 지방산이나 비타민의 손실도 발생한다.

5) 비타민의 변화

(1) 지용성 비타민

비타민 A는 산소 존재하에서 가열하면 손실이 있지만 보통의 조리 조건에서는 안정하다. 우유를 저온 살균 또는 고온 살균할 때 비타민 A는 약간 손실되며, 녹색 채소 통조림의 경우 비타민 A의 활성은 15~20% 저하되나, 통조림 수프 등에 착색료로 첨가하는 베타 카로틴(β-carotene)은 대단히 안정적이다. 비타민 D는 비타민 A와 같은 정도로 안정하며 우유를 살균할 때 비타민 D는 충분히 안정하게 유지된다. 비타민 E는 대기 중의 산소에 대해 예민하고, 조리 시의 손실은 크지 않지만 채소 통조림 살균 시에는 상당한 손실이 있다.

(2) 수용성 비타민

비타민 C는 과일이나 채소를 데치기(blanching)하여 아스코브산 산화 효소(ascorbate oxidase)를 불활성화시키면 안정화되기 때문에 가열 조건이 적절할 경우 손실을 10% 이하로 줄일 수 있다. 또 산 함량이 높고 pH가 낮은 감귤 주스 통조림은 가열 후 비타민 C가 90% 이상 유지된다. 우유의 저온 살균과 UHT 살균에서 비타민 C의 손실은 20% 내외인데 탈기 과정을 거쳐 우유 내의 산소를 제거하면 안정성이 더욱 높아진다.

비타민 B_1의 경우 가열 손실은 식품의 종류 및 가열 조건에 따라 크게 달라지는데, 우유의 경우 병조림 살균하면 25% 손실되나 HTST 또는 UHT 살균하면 손실을 10% 이내로 줄일 수 있다. 비타민 B_2는 비타민 B_1에 비해 가열에 대해 저항성이 크기 때문에 식품 가열 시 손실을 무시할 수 있을 정도이나, 빛에 대한 감수성이 높기 때문에 빛을 쪼이거나 빛을 쪼이면서 가열하면 손실이 커지게 된다. 나이아신(niacin)은 비타민 B 그룹 중에서 가열에 대해 가장 안정한 편이다. 비타민 B_6와 판토텐산(pantothenic acid)은 비타민 B_1보다 가열에 안정하고, 콩 · 쇠고기 · 우유의 가열 시 손실률은 10% 이내이다. 엽산(folic acid)은 우유를 병조림 살균하면 50% 손실되고, UHT 살균하면 10~20%의 손실이 생기며, 비타민 B_{12}는 전자에 의해 100%, 후자에 의해 20%의 손실이 생긴다. 바이오틴(biotin)의 경우 어육 제품이나 우유의 살균에서 가열에 의한 손실은 거의 없다.

6) 색깔의 변화

녹색의 클로로필(chlorophyll)은 가열에 의하여 Mg을 잃고 페오파이틴(pheophytin)으로 변하여 퇴색되며, chlorophyll a가 chlorophyll b보다 열에 예민하다. 클로로필은 알칼리에 의해 클로로필린(chlorophyllin)이 되어 짙은 녹색을 띠게 되기 때문에, 채소 조리 시 중탄산나트륨을 사용하거나 채소 가공 시 원료를 석회수에 침지하면 녹색이 잘 유지된다. 또 클로로필과 클로로필린의 Mg이 Cu와 같은 다른 금속으로 치환되면 녹색이 안정화되기 때문에 녹색 완두(green pea) 통조림 제조 시 황산동이나 클로로필린의 구리염을 첨가한다.

안토사이아닌(anthocyanin)은 딸기, 포도, 복숭아, 사과 등의 과실에 함유되어 있는데, 산화·환원이나 가열에 의해 퇴색하기 쉽기 때문에 통조림 제조 시 색도 유지가 쉽지 않다. 카로티노이드(carotenoid)는 지용성이고 산소나 빛에 불안정하여 변색되지만 가열에는 비교적 안정하다. 육류의 색소 단백질인 마이오글로빈(myoglobin)은 가열함에 따라 멧마이오글로빈(metmyoglobin)으로 산화되어 갈색으로 변하고 아질산염을 첨가하여 가열하면 나이트로소마이오글로빈(nitrosomyoglbin)이 되어 안정한 선홍색을 띤다.

7) 향기의 변화

식품을 가열하면 여러 가지 향기가 발생하는데 이 가열 향기는 주로 마이야르 반응에 의해 생성되고, 그 밖에 유지의 분해나 함유 황화합물 등의 열분해에 의해 생성되기도 한다. 빵을 구울 때, 홍차를 제조할 때, 커피나 코코아를 볶을 때 마이야르 반응에 의해 피라진(pyrazine)류가 생성되어 향기를 준다. 달걀을 삶을 때나 밥을 지을 때 H_2S가 냄새를 제공하고, 양배추와 같은 채소류를 삶을 때 dimethyl sulfide 등이 발생하여 냄새를 느끼게 되며, 파나 양파를 가열할 때 dimethyl sulfide가 환원되어 methylmercaptan이 되면서 냄새를 낸다.

04 연습문제

01_ 다음 물음에 ○, × 로 답하시오.

(1) 바나나와 같은 냉해는 냉동에서 일어나는 현상이다. ( )

(2) 냉동 처리만으로 식중독균을 충분히 살균시킬 수 있는 등 상업적 살균을 이룰 수 있다. ( )

(3) 냉장에서 저온 미생물 이외의 중온 미생물들은 살균된다. ( )

(4) 모든 과채류는 climacteric rise 현상을 가진다. ( )

(5) 냉동 화상은 식품 표면의 수분 증발 현상으로 발생된다. ( )

(6) 급속 동결이 완만 동결보다 drip 현상이 적다. ( )

(7) 마늘 녹변은 10℃ 이하에서 장기간 저장 시 잘 발생한다. ( )

(8) 단백질 냉동 변성은 해동 시 드립 방출이 발생에 영향을 미친다. ( )

(9) 단백질 냉동 변성 방지제로는 당류가 효과적이다. ( )

(10) 냉동에 의한 조직 변화는 동물성 식품이 과실류보다 현저하게 발생한다. ( )

(11) 냉동에서는 지질 가수 분해 효소가 작용하지 않는다. ( )

02_ 식품의 변질 반응의 온도 계수(Q_{10} 값)가 2라고 할 때 10℃에서 40일간 저장 가능하다면, 40℃에서 저장할 경우 며칠간 저장 가능하겠는가?

① 4일　② 5일　③ 10일
④ 20일　⑤ 30일

03_ 전분의 호화와 관계가 가장 깊은 것은?

① 사슬이 절단되어 분자량이 작은 덱스트린이 된다.
② 전분 사슬과 전분 사슬 사이의 수소 결합이 끊어진다.
③ 수소 결합을 형성하여 결정성을 띠게 된다.
④ 호화 개시 온도는 일반적으로 100℃ 내외이다.
⑤ 전분 입자가 팽윤하여 점성이 감소한다.

04_ 지질의 산화를 촉진하는 요소로 볼 수 없는 것은?

① 광선 ② 가열 ③ 금속
④ heme 화합물 ⑤ 토코페롤

05_ 단백질의 가열 변성에 관한 다음 설명 가운데 틀린 것은?

① 단백질의 수분 함량이 적을수록 가열변성 온도가 높아진다.
② 단백질의 등전점에서 응고가 잘 일어난다.
③ 단백질에 염이 많이 들어 있으면 낮은 온도에서 가열변성이 된다.
④ 아미노산 사이의 펩타이드 결합이 가수 분해되어 단백질의 성질이 크게 달라진다.
⑤ 단백질에서 볼 수 있는 면역 작용, 효소 작용 등의 효력을 잃는다.

06_ 엽록소의 녹색을 오래 보존하는 방법은?

① 엽록소의 Mg을 Cu로 치환 ② 엽록소의 Mg을 Ca으로 치환
③ 엽록소의 Mg을 K으로 치환 ④ 엽록소의 Mg을 Na으로 치환
⑤ 엽록소의 Mg을 H로 치환

07_ 감자를 튀길 때 아크릴아마이드 발생량을 감소시킬 수 있는 방법을 두 가지만 제시하시오.

08_ 어묵 제조 원리를 설명하시오.

09_ 냉장 시 과일의 냉해에 대하여 설명하시오.

10_ 완만 및 급속 냉동 시 세포 조직의 변화에 대한 그림을 그리고 설명하시오.

정답 및 해설

01_ (1) (X) (2) (X) (3) (X) (4) (O) (5) (O) (6) (O) (7) (O) (8) (O) (9) (X) (10) (X) (11) (X)

02_ ②

03_ ②

04_ ⑤

05_ ④

06_ ①

07_ 진공 튀김기계를 사용하여 튀김 온도를 낮추고, 감자 절편의 pH를 구연산 등을 이용하여 산성으로 조절한 뒤에 튀긴다.

08_ 어육 단백질을 단순 가열하면 단백질이 응고되어 보수력을 상실하여 수분이 drip으로 유출된다. 그러나 식염을 가하고 고기갈이한 후 가열하면 어육 단백질 중의 마이오신이 염 용액에 용출되어 서로 엉켜 교차 결합을 하여 망상 구조가 형성되고 그 내부에 수분이 존재함으로써 어묵이 형성된다.

09_ 열대/아열대 과일 중 발생, 적정 저장온도 이하일 때 발생, 흑변 등(예: 바나나)

10_ 교재 참조[식품(세포) 형태 그림 설명]

Chapter

05 미생물에 의한 식품의 변질

배우는 목적

식품에 오염된 미생물의 생육 과정에서 식품 성분의 다양한 변화가 수반되며, 이는 식품의 품질에 중대한 영향을 미친다. 따라서 식품의 변질을 막고 저장성을 높이기 위해서는 식품과 관련된 미생물의 종류와 특성, 미생물 생육에 의한 변화, 그리고 미생물 생육에 영향을 미치는 요인 등에 대한 이해가 필수적이며, 이를 다양한 식품 저장 기술에 적용할 수 있을 것으로 기대한다.

1. 식품 변질 관련 미생물의 종류 및 특징

1) 식품 종류별 부패 미생물의 분포

일반적으로 가공식품은 농축산물 및 수산물 등의 천연 원료로부터 제조된다. 따라서 원료 내에 존재하는 미생물의 생육 양상이 최종적으로 생산된 가공식품의 미생물학적 상태에 영향을 미치게 된다. 예를 들면 수산식품의 경우는 해양 미생물의 오염이 주를 이루며, 채소·곡류·과일류 등에서는 토양 미생물이 주로 발견됨을 알 수 있다. 식품의 주원료인 농산물에서는 특히 토양 미생물이 중요한데, Gram 양성 및 음성 세균, 방선균, 사상균, 효모 등이 널리 분포하며, *Bacillus*, *Clostridium*, *Aerobacter*, *Escherichia*, *Micrococcus*, *Pseudomonas*, *Flavobacterium*, *Proteus*, *Streptococcus*, *Leuconostoc*, *Acetobacter*, *Streptomyces* 등이 대표적이다. 표 5-1에 식품에서 발견되는 부패 미생물의 종류를 나타내었다.

표 5-1 식품 종류별 부패 미생물 분포

식품 종류	주요 부패 미생물
채소, 과일	세균류 : *Bacillus, Pseudomonas, Erwinia, Lactobacillus* 진균류 : *Aspergillus, Botrytis, Alternaria, Fusarium*
곡류 및 가공품	세균류 : *Bacillus, Pseudomonas* 진균류 : *Aspergillus, Penicillium, Candida*
어패류	세균류 : *Bacillus, Pseudomonas, Escherichia, Proteus, Clostridium, Vibrio, Micrococcus* 진균류 : *Candida, Torulopsis, Rhodotorula*
유제품	세균류 : *Lactobacillus, Streptococcus, Micrococcus, Clostridium, Brevibacterium* 진균류 : *Aspergillus, Botrytis, Alternaria, Fusarium*
육제품	세균류 : *Bacillus, Pseudomonas, Erwinia, Lactobacillus* 진균류 : *Candida, Torulopsis, Saccharomyces*

이러한 식품 내 미생물의 생육 양상을 요약하면 ① 식품 중의 미생물상은 대개 1~2종의 우점종이 존재하고 ② 통기성 식품에는 호기성 미생물균이, 산소가 적은 식품에서는 혐기성 또는 통성혐기성 미생물균이 생육하며 ③ 수분 함량이 높은 식품에는 세균류가, 수분 함량이 적은 건조식품에는 곰팡이, 효모가 우선적으로 생육하고 ④ 낮은 온도에서는 저온 세균이, 당을 함유한 산성식품에는 락트산세균이 주로 생육하며 ⑤ 가공식품에서는 원료에 오염된 미생물이, 가열 처리 식품에서는 내열성 포자형성균이 주로 문제가 되고 ⑥ 초기의 다양한 미생물상은 시간이 경과하면서 일부 우점종을 중심으로 점차 단순해지는 경향을 나타낸다.

2) 식중독 원인균

미생물 생육으로 인한 식품 변질에서 또한 고려해야 할 것은 식중독이다. 세균에 의한 식중독 중 감염형은 살아 있는 유해 세균을 식품과 함께 다량 섭취할 경우 발생하며, 독소형은 유해 세균이 생산한 독소에 의해 질병이 발생하는 경우에 해당한다. 표 5-2에 식중독 원인균의 종류와 특징을 나타내었다.

표 5-2 식중독 원인균의 종류 및 특징

형태	식중독 원인균	주요 증상
감염형	살모넬라균 : *Salmonella typhimurium*	복통, 발열, 수양성하리
	장염비브리오균 : *Vibrio parahaemolyticus*	복통, 설사, 두통, 패혈증
	병원성대장균 : *Escherichia coli*	복통, 점액성 및 혈액성하리
독소형	포도상구균 : *Staphylococcus aureus*	복통, 구토, 백혈구 및 적혈구 파괴
	보툴리누스균 : *Clostridium botulinum*	구토, 복부 팽만, 변비, 안면신경마비
	곰팡이류 : *Aspergillus, Penicillium*	간장 장해

식중독은 식품 위생상 매우 중요하며, 식중독 유발 가능성이 있는 식품의 경우에는 보관 또는 저장이 무의미하므로 이러한 미생물의 오염을 막기 위한 다양한 노력이 필요하다. 최근 세계적으로 식품 위생에 대한 관심이 높아져 식품의 제조 과정에서부터 안전성을 확보하고자 노력하고 있으며, 특히 HACCP(위해 요소 중점 관리 기준: Hazard Analysis Critical Control Point) 제도의 도입이 보편화되는 등 철저한 식품 위생 관리가 요구되고 있다.

Tips HACCP(위해 요소 중점 관리 기준) 제도

HACCP(Hazard Analysis Critical Control Point) 제도란 원료 생산에서부터 최종 제품의 생산과 저장 및 유통에 이르는 각 단계마다 최종 제품의 위생 안전 확보에 필수적인 관리 요소를 설정하고, 적절히 관리함으로써 식품의 위생 안전성을 확보하는 예방적 차원의 식품 위생 관리 방식을 말한다. 기존의 식품 위생 검사 방식이 최종 제품에 대한 안전성 검사에 초점을 맞춘 것에 반해 제품 생산의 중간 과정에서의 위해 발생 예방에 중점을 두는 것이라 할 수 있다.

2. 미생물 생육에 영향을 미치는 요인

미생물의 종류에 따라 각각의 생육 양상이 다르므로 이를 이용하여 식품의 변질과 부패를 억제할 수 있으며, 수분, 온도, 산소, pH 등의 요인이 영향을 미친다. 따라서 식품을 변질시키는 유해 미생물의 생육을 억제하고, 발효 미생물 등 유익한 미생물의 생육을 촉진하기 위하여 이들 각 미생물의 생육 특성 및 환경적 영향에 대한 이해가 필요하다.

1) 물리적 요인

(1) 온도에 의한 영향

온도는 세포의 기능에 매우 큰 영향을 미치며, 미생물도 일정 온도 범위 내에서 생육하여 증식할 수 있다. 식품 저장 시에는 일반적으로 온도를 낮추어 저온으로 유지함으로써 부패 미생물 및 병원성 미생물의 생육을 억제하고 식품 유래 효소의 작용 또한 감소시킬 수 있다. 한편 열처리 식품에서와 같이 높은 온도로 처리하면 미생물의 사멸을 유도할 수 있으며, 이러한 과정을 가열 살균이라 하는데, 9장에서 자세히 다루기로 한다.

생육을 위한 적정 온도에 따라 미생물을 분류할 수 있는데, 일반적으로 극저온성, 저온성, 중온성, 고온성, 극고온성으로 나뉜다. 표 5-3에서와 같이 대부분의 세균 등 식품 미생물군은 중온성에 속하며, 일부 세균의 경우 저온 혹은 고온에서 생육이 가능한 것으로 보고되었다. 극고온성 미생물의 경우, 식품과 직접적으로 관련된 미생물들이 아니므로 크게 중요하지 않으나, *Bacillus*나 *Clostridium* 속의 미생물은 포자를 생성하여 높은 내열성을 나타내므로 살균 조건을 결정할 때

표 5-3 각종 세균의 생육 온도별 분류

분류	생육 온도(℃)			세균 종류
	최저	최적	최대	
극저온성 (obligate psychrophile)	−10	10	20	*Flavobacterium, Arthrobacter glacialis* 등
저온성 (psychrophile)	−10	20~30	42	*Pseudomonas fragii, Pseudomonas fluorescens, Aeromonas spp., Psychrobacter enterococcus* 등
중온성 (mesophile)	5	28~43	52	*Escherichia coli, Bacillus subtilis, Salmonella, Staphylocuccus* 등
고온성 (thermophile)	30	50~65	70	*Bacillus coagulans, Bacillus stearothermophilus, Clostridium thermosaccharolyticum, Thermus thermophilus* 등
극고온성 (extreme thermophile)	65	80~90	100	*Thermotoga, Thermococcus, Pyrococcus* 등

주의해야 한다.

(2) 광선에 의한 영향

일반적으로 미생물은 생장을 위해 광선을 필요로 하지는 않으며, 대부분 어두운 곳에서 더 잘 자란다. 하지만 일부 곰팡이류의 경우는 빛에 의해 포자 형성, 포자 발아, 자실체 형성 등이 유도되는 것으로 알려졌다. 식품이 주로 노출되는 가시광선 영역에서는 미생물의 생육 억제 효과가 관찰되지 않으나, 직사광선 중 자외선은 세포 내 DNA의 치명적인 손상을 유발하여 매우 강력한 살균력을 가진다. 이러한 자외선에 대한 저항성은 미생물에 따라 매우 다르며, 일반적으로 Gram 양성의 구균이 Gram 음성균에 비해 내성이 강한 것으로 보고되었다. 또한 건조 세포 또는 포자가 일반 세포나 영양 세포에 비해 높은 내성을 나타낸다. 자외선은 강한 살균 작용에도 불구하고 투과성이 낮아 식품에의 적용이 제한적이다. 한편 최근 주목을 받고 있는 방사선 조사의 경우 활용 범위가 점차 확대될 것으로 기대한다. 이와 관련한 자세한 내용은 13장에서 다루도록 한다.

(3) 압력에 의한 영향

많은 미생물은 대기압하에서 생존하나, 일부 세균은 심해와 같은 특수한 환경에서 서식하기도 한다. 일반 세균은 압력에 대한 내성이 강하여 생육을 억제하기는 어려우나, 가압 처리에 의해 세포의 대사 활성이 영향을 받아 생육 속도가 저하될 수 있다. 압력에 의한 생육 저해는 온도에 따라 서로 다르며, pH 등의 다른 요인과 함께 미생물 생장에 영향을 미칠 수 있으므로 식품의 저장 기술을 개발할 때 고려해야 한다.

2) 화학적 요인

(1) 수분에 의한 영향

수분은 모든 생명체의 생명 현상 유지에 매우 중요한 요소이며, 미생물의 경우에도 종류에 따라 요구되는 차이는 있으나 반드시 필요한 요소의 하나이다. 일반적으로 물은 자유수와 결합수의 형태로 존재하며 미생물이 이용 가능한 물은 자유수와 약하게 결합된 일부 결합수이다. 따라서 미생물 생육에는 단순한 수분 함량보다 수분 활성도가 중요한 개념으로 고려되며, 곰팡이의 경우 약 0.8, 효모는 0.88,

세균은 0.9의 수분 활성도를 최저 생육 조건으로 요구한다. 대개 세균과 효모는 약 40% 이상의 수분 함유 식품에 생육하며, 곰팡이는 15% 정도의 수분 함유 식품에서도 생육이 가능하다. 식품의 수분 함량이 높으면 미생물에 의한 변패 가능성이 증가하는데, 식품의 수분 활성도가 부패 미생물의 최저 수분 활성도 요구량 이상일 경우에만 증식이 가능하므로 식품의 수분 활성도를 낮춤으로써 미생물 변패를 억제하고 저장 기간을 증대시킬 수 있다.

(2) pH에 의한 영향

생명 현상 유지를 위해 수소 이온 농도(pH)가 매우 중요한데, 미생물에 따라 각각 최적의 생육 pH 범위를 가진다. 대부분의 식품 미생물은 중성 또는 약알칼리 조건(pH 6.5~8)에서 최적의 생장 속도를 나타낸다. 하지만 그림 5-1에서 보는 바와 같이 미생물의 종류 및 균주에 따라서 최적 pH는 다르게 나타난다. 이러한 차이가 발생하는 이유는 미생물이 주변 환경 pH의 변화에 대응하여 세포 내 pH 조절에 에너지를 소비하는 양상이 서로 다르기 때문으로 추측된다.

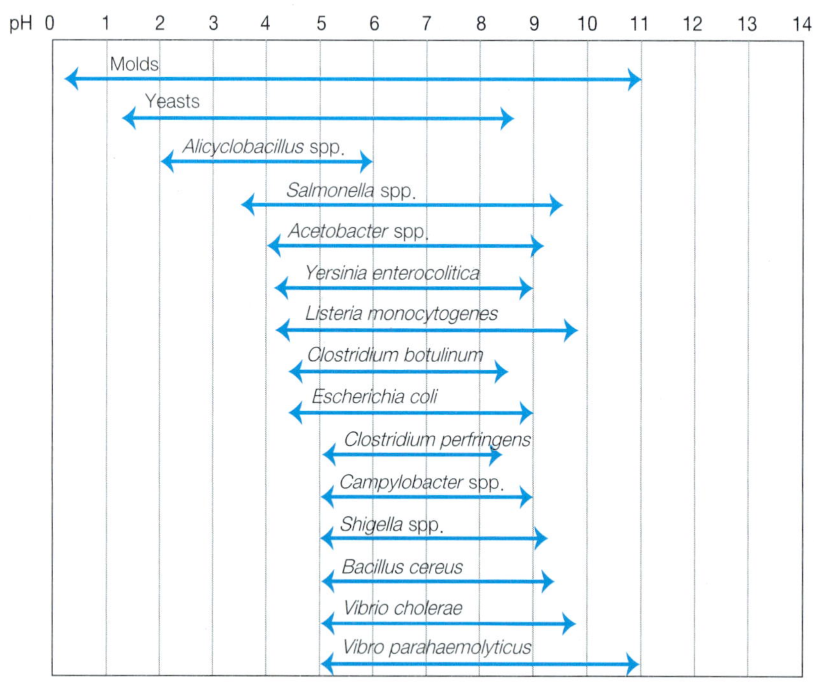

그림 5-1 식품 관련 미생물의 생육 가능 pH 영역

미생물의 pH 특성을 언급할 때, 최적 pH 외에 최고 및 최저 생육 가능 pH를 표시하기도 한다. 하지만 식품의 pH가 대부분 산성 또는 중성인 것을 감안하면, 최적 pH와 최적 생육 pH가 중요한 고려 대상이 될 수 있다. 세균류는 대개 pH 6.8~7의 중성 영역에서 최적의 생육 속도를 보인다. 만약 pH를 4~4.5로 낮추면 부패세균의 생육은 대부분 억제되지만, 효모나 곰팡이의 번식 가능성이 있으며, pH 4 이하의 산성 영역에서도 *Lactobacillus* 속을 포함한 락트산세균이나 *Aceto-bacter* 등 초산균이 생육할 수 있으므로 주의하여야 한다.

(3) 산소에 의한 영향

생육에 필요한 산소 요구성에 따라 미생물을 분류하면 ① 산소가 없으면 생육이 불가능한 편성호기성 미생물 ② 산소를 요구하지만 비교적 낮은 농도(2~10%)의 산소를 요구하는 미호기성 미생물 ③ 산소를 이용하지만 산소 없이도 생장이 가능한 통성혐기성 미생물 ④ 산소를 이용하지 못하나 산소 존재하에서도 사멸되지 않는 내성혐기성 미생물 ⑤ 산소 존재 시 생장이 불가능한 편성혐기성 미생물로 나눌 수 있다(표 5-4 참조).

표 5-4 각종 미생물의 산소 요구성

분류	세균 종류
편성호기성 (obligate aerobe)	*Pseudomonas fluorescens*, *Bacillus* spp., *Penicillium* spp., *Pichia* spp., *Hansenula* spp. 등 대부분의 균, 곰팡이, 효모류
미호기성 (microaerobe)	*Campylobacter* spp. 등
통성혐기성 (facultative anaerobe)	*Leuconostoc*, *Proteus vulgaris*, *Staphylococcus aureus*, *Saccharomyces cerevisiae*, *Escherichia coli*, *Salmonella* spp. 등
내성혐기성 (aerotolerant anaerobe)	*Streptococcus* spp., *Clostridium perfringens* 등
편성혐기성 (obligate anaerobe)	*Clostridium* spp., *Bifidobacterium*, *Methanobacterium* 등

일반적으로 곰팡이는 호기성 미생물에 해당하며, 효모는 상황에 따라 선택적으로 호기적 또는 혐기적 생명 현상을 영위할 수 있다. 이러한 미생물별 산소 요구성은 실제 식품 저장 중 미생물의 생육에 직접적인 영향을 미치게 된다. 예를 들면 전통 장류 제조를 위해 메주를 발효할 경우에 표면 부위는 공기와 접촉하여 건조

한 상태이므로 수분 함량이 적은 조건에서 자라는 호기성 곰팡이가 생육하게 되며, 상대적으로 수분 함량이 높고 산소 공급이 부족한 메주 내부에서는 단계적으로 효모, 세균 등이 발견된다. 특히 통조림과 같은 열처리 가공식품에서 살균 공정이 불완전한 경우에 *Clostridium botulinum*과 같은 혐기성 식중독균이 번식할 수 있으므로 주의해야 한다.

(4) 영양소 및 생육 인자에 의한 영향

식품 미생물의 대부분은 종속 영양(heterotroph) 형태를 취하므로 생육을 위해 외부에서 영양소의 공급이 요구된다. 공급된 영양소는 균체의 구성 물질과 에너지 생산에 활용되며, 대표적으로 탄소원, 질소원, 생육 인자 등이 있다. 미생물이 이용 가능한 탄소원의 범위는 매우 다양하며, 화합물의 형태나 균의 종류에 따라 이용도가 달라진다. 가장 보편적인 탄소원은 포도당이며, 기타 단당류나 이당류, 그리고 전분과 같은 고분자 물질의 이용 여부는 각 미생물 종에 따라 크게 다르다. 질소원은 단백질의 구성 성분인 아미노산 생합성을 위해 필수적이며, 미생물 생육에 절대적인 영향을 미치는데, 일반적으로 아미노산류가 질소원으로 선호된다.

이외에도 미량의 무기 염류 및 일부 생육 인자(growth factor)들이 요구되는 경우도 있으나, 대개의 식품이 복합적인 구성 성분으로 이루어지므로 이러한 영양소 및 기타 성분에 의해 미생물의 생장이 좌우되기는 어렵다. 다만 식품의 종류와 성분에 따라 미생물의 생장 선호도 및 속도가 달라질 수 있으므로 이를 고려하는 것이 좋다.

(5) 화학물질 첨가에 의한 영향

미생물의 생육을 억제하기 위해 유기산, 알코올을 포함한 다양한 화학물질이 보존제로 사용되는데, 식품에 이들 물질을 첨가함으로써 미생물의 생장을 지연시키거나 사멸시킬 수 있다. 일반적으로 미생물의 사멸을 목적으로 처리하는 것을 살균제(disinfectant)라 하고, 생육을 지연 또는 억제하는 것을 보존제(preservative)라 한다. 식품의 경우는 보존제의 사용이 보편적이며, 이러한 물질들도 첨가해 주는 농도가 높으면 일정한 살균력을 가지는 경우가 많다. 보존제와 살균제의 영향은 미생물의 종류, 포자의 유무, 온도, 배지 조성 등에 따라 크게 달라지며, 자세한 내용은 11장에서 다시 논의하기로 한다.

3) 미생물학적 요인

미생물은 단일 균으로보다는 여러 다른 미생물들과 함께 식품에 존재하게 되므로 이들 균 상호간의 영향을 함께 고려하여야 한다. 대표적인 것이 공생과 길항관계이며, 이를 통해 생물학적으로 미생물의 제어가 가능하게 된다.

한 종류의 미생물이 다른 미생물의 생육에 긍정적인 영향을 미치는 경우를 편리공생(commensalism)이라 한다. 김치 발효 과정에서 락트산세균이 생산한 락트산이 *Debaryomyces* 속 미생물에 의해 분해되고, 결과적으로 산도가 감소하여 부패 세균이 다시 생육 가능해지는 예를 들 수 있다. 한편 두 종류 이상의 미생물이 생육에 필요한 요소들을 얻고자 경쟁함으로써 상호 부정적인 영향을 미치는 경우를 경쟁(competition)이라 한다. 청주 발효에서 락트산세균의 생육이 증가하여 효모가 사멸되면, 결과적으로 알코올 발효가 저하되고 산 생성량의 증가가 현저해지는 이상 부패 현상이 이 경우에 해당한다. 이외에도 한 종류의 미생물이 생산하는 대사산물이 다른 균의 생육을 억제하는 길항(antagonism) 현상이 있는데, 대표적인 것이 락트산세균이 생산하는 박테리오신(bacteriocin)의 병원균 억제 효과이다. 자세한 내용은 역시 11장에서 다시 다루기로 한다.

3. 미생물에 의한 식품의 변질

미생물에 의한 식품의 변화는 크게 ① 부패 미생물의 생육 과정에서 생산되는 각종 대사 관련 효소의 작용으로 식품 성분이 분해되어 본래의 맛과 향, 영양분이 상실되거나 바람직하지 못한 성분으로 변질, 또는 유해 성분으로 변화되는 경우 ② 미생물의 번식으로 인해 성분의 변화는 적으나, 식품의 모양이나 색이 변질되어 상품 가치가 저하되는 경우 ③ 외관이나 성분의 변화는 없지만, 식중독 원인균이 증식하여 균체 자체 또는 미생물이 생산한 유독 물질이 심각한 질병(식중독 등)을 유발하는 경우로 나눌 수 있다. 특히 ③의 경우 식품 위생의 관점에서 주의를 요하는 식품의 변질에 해당한다.

단백질, 지방, 탄수화물 등 식품의 주요 성분들은 미생물이 생산하는 효소의 작용에 의해 저분자 구성 물질인 아미노산, 지방산, 단당류 및 소당류 등으로 분해되고, 다시 미생물의 대사 과정을 거쳐 부패산물이 생산된다. 특히 단백질의 변질로 인해 발생하는 암모니아, 아민, 황화물 등은 불쾌한 냄새를 생성하여 가장 문제가 되는데, 일반적으로 암모니아는 아미노산의 탈아미노 반응(deamination)에 의해서, 그리고 아민은 탈탄산 반응(decarboxylation)에 의해 만들어진다. 또한 생선 부패취의 주요 성분인 트라이메틸아민(trimethylamine, TMA)의 생성도 중요한 식품 변질의 결과라 할 수 있다.

1) 미생물에 의한 식품 변질의 예

(1) 곡류 가공품

수확된 벼를 저장하는 과정에서 초기에는 대부분 *Pseudomonas* 속이 주를 이루며, 일부 *Bacillus* 속의 세균과 *Fusarium* 등의 곰팡이가 발견된다. 저장 기간이 길어지면 *Pseudomonas* 속의 수는 점차 감소하고, *Penicillium*과 *Aspergillus* 속 곰팡이와 방선균이 주를 이루게 된다.

쌀밥의 경우는 높은 수분 및 전분 함량에 의해 변패가 쉽게 일어나는데, 호기성 포자 형성균인 *Bacillus* 속이 주를 이룬다. 저장 과정에서 세균의 전분 분해 효소 등에 의해 연화 또는 산성화되어 부패취를 내게 된다. 한편 식빵 제조 시에는 반죽 과정에서 락트산세균, 대장균이 오염되어 산 발효가 일어날 수 있고, 빵을 구운 후 보관 과정에서 *Rhizopus*, *Penicillium* 등의 곰팡이 오염과 *Bacillus* 속이 생산하는 단백질 분해 효소에 의한 점질화 현상이 예상된다.

(2) 두류 가공품

두부는 콩으로부터 제조하며, 수분 함량 및 단백질 함량이 매우 높은 식품이다. 따라서 미생물의 오염 가능성이 매우 높은데, 주로 *Bacillus*, *Pseudomonas*, *Lactobacillus*, *Micrococcus* 등의 세균이 번식하여 pH 5.5 이하로 산패된다. 일반적으로 두부 제조 공정에서 가열처리가 이루어지므로 *Bacillus* 속과 같은 포자 형성균의 생육이 가능하나, 이후의 공정 및 보관 과정에서 다양한 미생물의 추가 오염 및 번식이 가능하므로 주의하여야 한다.

(3) 설탕 및 과자류

정제당의 경우에는 포자형성균의 오염이 보편적이나, 건조한 설탕에서는 미생물에 의한 변패가 발생하지 않는다. 단, 습도가 높아지면 *Aspergillus*, *Penicillium* 속의 곰팡이와 효모가 번식하여 변질이 진행된다.

과자류에서는 수분 함량이 20% 이상이면 곰팡이가 생육 가능하고, 40% 이상인 경우에는 세균이 주로 번식하게 된다. 주요 변패 미생물로는 *Aspergillus*, *Penicillium*, *Mucor* 등 곰팡이와 *Bacillus*, *Streptococcus*, *Flavobacterium* 등의 세균이 있다.

(4) 채소 및 과일 가공품

수확 후의 채소와 과일 표면에는 다양한 토양 및 수중 미생물과 식물 병원균의 오염 가능성이 매우 높다. 따라서 세척 과정을 거쳐 이들 오염 미생물을 적절히 제거하는 것이 필요하다. 과즙 음료의 경우는 pH에 따라 미생물의 오염 양상이 달라지는데, 레몬 과즙과 같이 pH가 매우 낮은 경우에는 미생물의 증식이 어려우며, 당의 함량도 중요한 결정 인자가 될 수 있다.

저장 과즙이 혼탁해지는 경우가 가장 일반적인데, 이는 효모에 의한 것이며 *Torulopsis* 속에 의해 일어난다. 간혹 내열성 곰팡이인 *Paecilomyces* 속 등이 원인이 되어 과즙이 묽어지고 맛과 냄새가 변질되는 경우도 있다. 이외에도 효모에 의한 알코올 생성과 락트산세균에 의한 영양 성분의 감소 및 산 생성이 가능하다. 채소즙은 제품 특성상 다양한 미생물의 오염 가능성이 매우 높으며, 잼류의 경우 높은 당 농도로 인해 미생물 변패가 드물지만, 표면에 곰팡이나 효모가 생육할 수 있다.

(5) 수산식품

어패류의 경우 바닷물 중의 요소 분해 세균 등에 의해 다량의 암모니아 및 트라이메틸아민의 생성으로 악취가 발생할 수 있다. 대개 *Achromobacter*, *Pseudomonas*, *Bacillus*, *Corynebacterium* 등이 관여한다. 어묵 등의 수산연제품에서는 *Bacillus* 속 세균이 가장 보편적으로 발견되며, 그 외에 *Pseudomonas*, *Proteus* 등 Gram 음성 간균 등의 오염이 우려된다.

(6) 육제품 및 달걀

햄, 베이컨, 소시지와 같은 가공 육제품에는 *Alcaligenes*, *Bacillus*, *Pseudomonas*, *Lactobacillus*, *Proteus*, *Serratia*, *Micrococcus*, *Clostridium* 등 다양한 미생물의 오염이 가능하며, 온도 변화에 의해 응축수가 생기면 효모나 곰팡이의 생육에 의해 점질물 발생 혹은 퇴색 등의 현상이 일어난다. 햄버거의 경우 실온에서 부패되거나 어는점 부근의 온도에서 쉰 냄새가 나게 된다.

산란 직후 달걀의 처리 과정에서 육제품과 같이 다양한 미생물의 오염 가능성이 있으며, 종종 *Salmonella* 속 세균의 오염이 심각한 문제를 유발하는 경우가 있다.

(7) 유제품

우유는 중성 pH이며, 당과 지방, 단백질 등이 풍부한 식품으로 미생물의 오염 가능성이 매우 높다. *Streptococcus lactis*균이 오염되면 우유는 응고되고 산패되어 불쾌한 맛과 냄새를 내게 된다. 또한 *Clostridium* 속의 균주로부터 가스가 생성되기도 하며, *Micrococcus* 속에 의한 단백질 분해가 발생하거나 *Alcaligenes viscolactis*에 의해 점질화의 위험도 있으므로 주의하여야 한다. 그리고 미생물이 생산하는 지방 분해 효소에 의한 유지방 분해도 고려하여야 한다.

이외에도 가축 병원균인 *Listeria monocytogenes*는 저온에서 생육 가능하여 냉장 우유에 오염되면 Listeria 중독(listeriosis)의 위험이 있다. Listeria 중독은 임신부나 어린이, 노인 등 노약자에게 질병을 유발하며, 심하면 골수염이나 패혈증 등의 합병증을 유발할 수 있으므로 특히 주의하여야 한다.

> **Tips** 1980년대 중반 미국 캘리포니아를 비롯한 여러 지역에서 유가공 제품에 의한 식중독으로 다수가 숨지는 사고가 발생하였다. 이를 역학적으로 추적한 결과, 우유 및 치즈 제조 공정에서 포장이 불완전한 제품 일부가 외부의 냉각수에 오염되어 발생하였음을 확인하였다. 이 사건을 유발한 것이 바로 최근에 Listeriosis의 원인균으로 알려진 *Listeria monocytogenes*이다.

(8) 통조림류

대부분의 통조림 변패는 고온균에 의하여 일어나며, 포자 형성에 의해 저항성을 가지는 경우가 일반적이다. *Bacillus coagulans* 등에 의한 'flat sour'는 락트산의 생성으로 맛이 변하지만, 통조림의 외관은 변화가 없으므로 주의하여야 한다. 한편 고온성 포자형성균(*Clostridium thermosaccharolyticum*)에 의한 변패가 발생하면 산과 가스를 생성함으로써 관이 팽창하여 파열하게 된다.

2) 곰팡이독(Mycotoxin)

곰팡이독은 곰팡이의 항생물질과 유사한 2차 대사생산물로 사람 및 동물에 급성 또는 만성의 질병이나 이상 생리 작용을 유발하는 물질이다. 식품 저장 중 곰팡이의 번식에 의해 이러한 곰팡이독이 생산되면 식품 안전을 위협할 수 있으므로 이에 대한 주의가 필요하다. 대표적인 곰팡이독의 종류를 표 5-5에 요약하였다.

표 5-5 장해 유발 양상에 따른 대표적인 곰팡이독(mycotoxin)의 종류

분류	유발 장해	곰팡이독의 종류
간장독 (hepatotoxins)	동물의 간경변, 간암, 간세포 괴사 유발	aflatoxin, rubratoxin A, cyclopiazonic acid, luteoskyrin 등
신장독 (nephrotoxins)	장기 투여에 의한 급성 또는 만성 신장 장해	citrinin, citremycetin, kojic acid 등
신경독 (neurotoxins)	뇌 및 중추신경계 장해 유발	patulin, maltoryzine, citreoviridin 등

표 5-5에 소개한 곰팡이독 중 가장 대표적인 것이 간암을 유발하는 aflatoxin인데, 이는 1960년 영국에서 칠면조의 집단 폐사에 의해 발견되었다. Aflatoxin의 생산균은 *Aspergillus flavus*, *Aspergillus parasiticus*이며, 일반적으로 열대지역에 널리 분포하는 것으로 알려져 있다. 이들 곰팡이는 습기가 많은 조건에서 보리, 옥수수, 쌀 등의 주요 곡류에 번식하며, 특히 땅속의 원인균과 접촉이 용이한 땅콩의 경우 오염 확률이 가장 높은 농작물에 해당한다.

식품위생상 aflatoxin에 의한 위해를 예방하기 위해서는 수확 직후 이들 곡류의 건조 및 저장 조건에 유의하여 곰팡이의 번식을 방지하는 것이다. 일반적으로 강알칼리 및 강산성에서는 독성이 낮은 유도체로 변화하지만, 280℃ 이상에서만 분해되는 등 열에 대해서는 매우 안정하여 일반 가공 공정에서 잘 파괴되지 않는다. 따라서 일단 오염 후에는 제거가 어려우므로 식품 저장 시에 이러한 곰팡이독의 생성균이 오염되지 않도록 특히 주의하여야 한다.

05 연습문제

01_ 다음 중 감염형 식중독균에 해당하는 것은?

① *Staphylococcus aureus*
② *Salmonella typhimurium*
③ *Clostridium botulinum*
④ *Aspergillus* 속 곰팡이균

02_ 다음 중 식품의 변패 현상과 주요 원인균의 연결이 옳지 않은 것은?

① 우유의 산패 – *Streptococcus lactis*
② 저장 과즙의 혼탁 – *Torulopsis* 속
③ Flat sour – *Clostridium thermosaccharolyticum*
④ 우유의 점질화 – *Alcaligenes*

03_ 미생물의 생육에 필요한 최저 수분 활성도가 높은 것부터 순서대로 나열된 것은?

① 세균 〉 효모 〉 곰팡이
② 세균 〉 곰팡이 〉 효모
③ 곰팡이 〉 세균 〉 효모
④ 효모 〉 곰팡이 〉 세균

04_ 다음 중 편성혐기성균(obligate anaerobe)에 해당하는 것은?

① *Escherichia coli*
② *Aspergillus niger*
③ *Leuconostoc citreum*
④ *Bifidobacterium longum*

05_ 다음 중 곰팡이에서 유래한 mycotoxin의 일종으로 간암을 유발하는 것은?

① citrinin
② kojic acid
③ sporidesmin
④ aflatoxin

06_ 원료 생산에서부터 최종 제품의 생산과 저장 및 유통의 단계마다 위생 안전 확보에 필수적 관리 요소를 설정하고 관리하여 식품 위생의 안전성을 확보하는 예방적 차원의 식품 위생 관리 방식은 무엇인가?

정답 및 해설

01_ ②

02_ ③

03_ ①

04_ ④

05_ ④

06_ HACCP(Hazard Analysis Critical Control Point, 위해 요소 중점 관리 기준)

Chapter

06 효소에 의한 식품의 변질

배우는 목적

식품의 저장 과정에서 미생물에 의한 변패의 경우, 미생물 자체보다 세포 내에 존재하거나 외부로 분비되는 각종 효소 반응에 의한 것이 주를 이룬다. 하지만 이 밖에도 식품 내에 존재하는 다양한 효소들이 식품의 저장 과정에서 원하지 않는 반응을 일으켜 식품 성분의 변화를 유발할 수 있으므로 식품 효소의 활성을 조절하거나 억제할 수 있는 방법을 사전에 고려해야 한다. 따라서 효소의 정의, 효소 반응의 특징 및 영향을 미치는 인자에 대해 이해하고, 효소에 의한 식품 변질 가능성을 알아보도록 한다.

1. 효소(Enzyme)의 기본 이론

1) 효소의 특징 및 장점

효소는 세포가 생산하는 생물학적 촉매(catalyst)로서 생명 현상의 영위에 매우 중요한 요소이다. 대부분 단백질로 이루어지며, 효소 반응을 제외하고 생명 현상을 논할 수 없을 정도로 생체 내의 수많은 화학 반응을 촉진시키는 촉매의 역할을 수행한다. 이러한 효율적인 촉매 작용은 효소가 가지는 대표적인 특징에 의해 일어나는데, 효소는 일반적으로 ① 화학 반응의 속도를 높이고 ② 특정 기질에 대한 높은 선택성을 가지며 ③ 비교적 온화한 조건(상온, 대기압 등)에서 반응이 가능하고 ④ 반응의 미세 조절이 가능하다는 장점을 가진다.

(1) 높은 촉매 활성

효소는 주로 단백질로 구성된 생체 촉매로서 반응물을 생성물로 전환한다. 이 과정에서 효소 자체는 변화하지 않으며, 단지 촉매 작용을 통해 반응의 속도를 비약적으로 증가시킬 수 있다.

표 6-1에 나타낸 바와 같이 비효소 반응에 비해 효소 반응의 속도가 매우 높으므로, 효소가 관여하는 화학 반응은 예상보다 매우 빠르게 진행되며, 이를 통한 식품 성분의 변화가 쉽게 일어남을 알 수 있다.

표 6-1 효소 반응 및 비효소 반응의 반응 속도 비교

반응 종류	촉매	반응 온도(℃)	반응 속도 상수(k)
urea의 가수 분해	산(H^+)	62	7.4×10^{-7}
	urease	21	5.0×10^{6}
$2H_2O_2 \rightarrow 2H_2O + O_2$	철(Fe^{2+})	22	5.6×10
	catalase	22	3.5×10^{7}

(2) 높은 기질 특이성

일반적으로 효소는 특정 기질에 대한 높은 선택성을 나타내며, 이는 효소의 가장 중요한 특징의 하나이다. 대개의 화학 반응에서 정반응과 함께 원하지 않는 부반응이 많이 발생하는 것에 반하여 효소 촉매 반응의 경우 특이적으로 반응이 일어난다. 즉, 효소는 특정 반응물에 선택적으로 결합하고, 촉매 작용을 통해 일정한 생성물을 생산하게 된다. 효소의 종류에 따라 이러한 선택성에 차이가 있으며, 한 종류의 기질에만 결합 가능한 절대적 특이성을 가지는 효소와 유사한 구조를 가지는 기질들에 결합할 수 있는 상대적 특이성을 보이는 효소로 나눌 수 있다.

(3) 온화한 반응 조건

표 6-1의 urea 가수 분해 반응의 예에서와 같이 효소 반응은 생체 내에서 일어나므로 일반 화학 반응과 달리 그 반응 조건이 매우 온화하면서도 반응 속도가 매우 빠르다. 화학 반응을 일으키기 위해 높은 온도와 압력, 그리고 높은 기질 농도가 요구되는 것에 비해, 효소 반응은 대개 상온 및 대기압하에서 이루어지는 것이 중요한 특징이라 할 수 있다.

(4) 미세 조절 가능성

효소는 주로 단백질로서 열 및 pH 변화에 불안정한 생화학적 특성을 나타낸다. 따라서 효소 반응을 정지시키려면 열을 가하거나 pH를 변화시킴으로써 원하는 목적을 달성할 수 있다. 또한 효소 반응은 다른 물질의 첨가에 의해 미세하게 조절이

가능하며, 효소 반응을 촉진시키는 물질을 활성화제(activator), 억제시키는 물질을 저해제(inhibitor)라 한다. 따라서 식품 가공 및 저장 과정에서 유용한 효소 작용을 촉진하고, 유해한 효소 반응을 적절하게 억제할 수 있도록 노력하여야 한다.

2) 효소 활성에 영향을 미치는 요인

(1) 온도에 의한 영향

일반적으로 반응 온도가 상승하면 화학 반응의 속도도 비례하여 증가한다. 이러한 원리는 효소 반응에도 동일하게 적용이 되지만, 일정 수준 이상으로 온도를 높여 주면 단백질로 이루어진 효소의 특성상 열에 의한 변성이 발생하여 오히려 효소 활성이 감소하게 된다(그림 6-1 참조).

따라서 효소 반응이 원활하게 일어나도록 하려면 최대의 활성을 나타내는 최적 온도에서 반응을 수행하여야 한다. 이러한 최적 온도는 효소 종류에 따라 각각 다르며, 극고온성 미생물 유래의 효소는 90℃에서도 작용 가능하지만, 일반적인 미

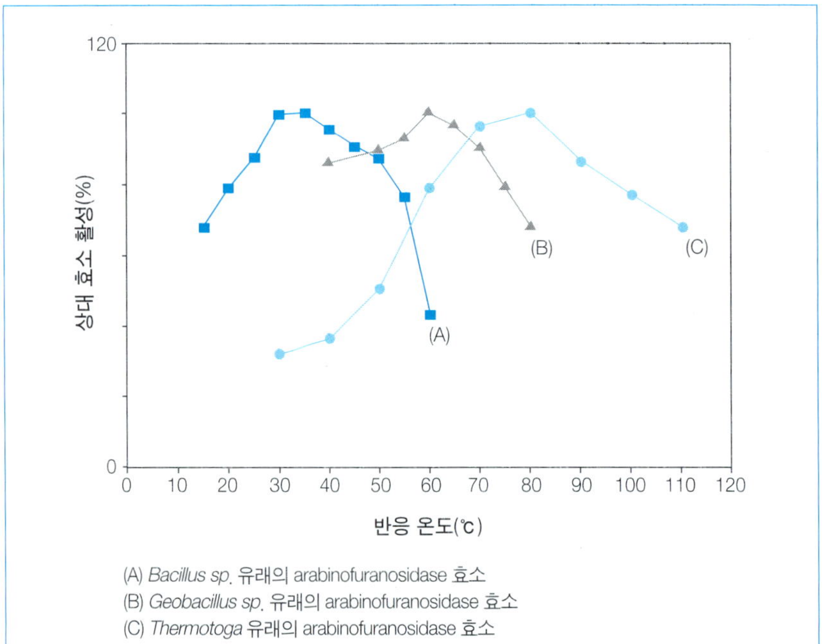

그림 6-1 효소 종류에 따른 다양한 최적 반응 온도

생물 유래의 효소는 30~60℃의 최적 반응 온도를 나타낸다.

(2) pH에 의한 영향

효소가 촉매 작용을 원활히 수행하기 위해서는 효소의 촉매 활성 부위 아미노산의 이온화 상태가 매우 중요하다. 따라서 적절한 상태로 이온화가 되지 않는 조건에서는 효소 반응이 일어나지 않으며, 이러한 이온화에 결정적인 영향을 미치는 것이 반응액의 pH이다. 일반적으로 생체 내 효소들은 중성 pH 범위에서 최적의 반응 pH를 나타낸다.

(3) 기질 농도에 의한 영향

기질의 농도 또한 효소 반응에 영향을 줄 수 있는데, 효소의 농도가 일정한 경우 기질 농도가 높아지면 효소 반응의 속도도 비례하여 증가하는 경향을 보이지만, 기질의 농도가 포화 상태 이상으로 높아지면 더 이상 반응 속도의 증가가 나타나지 않는다. 또한 일부의 효소에서는 기질 농도가 과다하게 높으면 오히려 효소 반응 속도가 급격히 감소하는 기질 저해 현상(substrate inhibition)이 나타나기도 한다.

(4) 저해제 또는 활성화제에 의한 영향

효소 반응을 저해하는 물질을 첨가하면 반응 속도가 감소하게 되는데, 이를 저해 작용이라 한다. 저해 작용은 ① 저해제 제거 시 효소 활성이 회복되는 가역적 저해와 ② 저해제가 효소 분자 내의 촉매 활성 부위와 강하게 결합하거나 변형시킴으로써 효소 활성의 회복이 불가능한 비가역적 저해로 나뉘며, 각각의 저해제와 효소의 작용 특성에 따라 서로 다르게 나타난다.

한편 금속 이온이나 환원제 등에 의해 효소가 활성화되는 경우가 있으며, 이러한 특성을 잘 활용하면 식품 내에 존재하는 효소의 반응을 조절할 수 있을 것이다.

(5) 고압 및 초음파에 의한 영향

고압하에서도 단백질의 변성이 일어나 효소 활성이 영향을 받으며(14장 초고압 부분 참조) 초음파에 의해서도 효소 활성이 영향을 받아 허들 테크놀로지(hurdle technology)의 장애 요인으로 작용하기도 한다(16장 허들 테크놀로지 참조).

2. 효소의 종류 및 특성

효소 반응을 효과적으로 제어하기 위해서는 각종 효소의 종류 및 반응 특성을 이해해야 한다. 효소별 기질 및 반응의 종류에 따라 표 6-2와 같이 6개 그룹으로 분류할 수 있는데, 특히 식품 저장 중에 고려되어야 할 효소군은 산화 환원 효소와 가수 분해 효소라 할 수 있다. 일반적으로 저장 과정에서 식품에 존재하는 산화 환원 효소의 효소적 갈변 현상을 통해 영양 성분의 감소가 일어나거나, 가수 분해 효소의 작용에 의해 식품 성분이 분해되어 저분자화되는 등의 변화가 수반된다. 여기에서는 식품 성분의 변화를 유발할 수 있는 효소의 종류에 대해 알아보기로 한다.

표 6-2 효소의 분류 및 작용 특성

분류	작용 특성	효소 종류
산화 환원 효소 (oxidoreductase)	수소 원자나 전자의 이동 및 생체 내 다양한 산화·환원 반응을 촉매하는 효소	dehydrogenase, oxidase, reductase, catalase, peroxidase 등
전이 효소 (transferase)	특정 기질에서 다른 기질로 작용기 혹은 원자단을 옮기는 효소	methyltransferase, glycosyltransferase, hexokinase 등
가수 분해 효소 (hydrolase)	물 분자가 첨가되면서 기질 내 공유 결합의 분해를 촉매하는 효소	esterase, amylase, lipase, protease, phosphatase, polygalacturonase 등
탈리 효소 (lyase)	가수 분해가 아닌 형태로 기질에 이중 결합의 생성 또는 이중 결합에 어떤 작용기를 첨가하는 효소	fructose-bisphosphate aldolase, hydratase, carboxylase 등
이성화 효소 (isomerase)	분자 내의 위치적 또는 구조적 전환을 촉매하는 효소	glucose isomerase, racemase, epimerase 등
합성 효소 (ligase)	고에너지 화합물의 분해와 동시에 두 개의 화합물을 서로 연결시키는 효소	isoleucyl-tRNA synthase, DNA ligase 등

1) 가수 분해 효소

(1) 탄수화물 분해 효소

① α-Amylase(EC 3.2.1.1)

α-Amylase는 endo-type의 효소로서 전분 기질의 내부에 존재하는 α-1,4-glycoside 결합을 무작위적으로 분해한다. 효소 작용의 결과로 전분의 구조가 파

괴되어 점도를 급속히 감소시키므로 액화형 효소로 불리며, 최종 산물로 maltose을 포함한 다양한 올리고당류와 함께 소량의 glucose를 형성한다. 주로 미생물계와 맥아, 겨자 등 식물류, 동물의 타액 등에서 널리 발견된다.

② β-Amylase(EC 3.2.1.2)

β-Amylase는 exo-type의 효소로서 전분 기질의 α-1,4-glycoside 결합을 비환원성 말단에서부터 maltose 단위로 순차적으로 분해한다. 주로 맥아, 발아되지 않은 보리 등 식물체에 존재하며, 최종 산물로 maltose를 생성한다.

③ Glucoamylase

Exo-type의 효소로서 전분 기질의 α-1,4-glycoside 결합을 비환원성 말단에서부터 glucose 단위로 순차적으로 분해한다. 주로 *Aspergillus*, *Rhizopus* 등의 곰팡이에서 분비되며, 최종 산물로 glucose를 생성하므로 당화 효소라 불린다.

④ Debranching enzyme(isoamylase 또는 pullulanase)

Amylopectin이나 glycogen의 α-1,6-glycoside 결합을 특이적으로 분해하여 직쇄의 올리고당을 형성하는 효소이다. 효모에서 처음 발견되었으며, *Aerobacter*, *Pseudomonas*, *Streptomyces* 등의 미생물과 감자 등의 식물에도 존재하는 것으로 알려졌다.

⑤ Cellulase

식물 세포벽에 존재하는 당질인 cellulose의 β-1,4-glycoside 결합을 가수 분해하여 cellobiose와 glucose로 전환하는 효소이다. 일반적으로 *Tricoderma*, *Aspergillus* 등의 곰팡이와 일부 세균류에서 유래되는 것으로 보고되었다.

⑥ Hemicellulases

Hemicellulose는 식물 세포벽의 구조를 유지하는 다당류의 일부이며, 육탄당(hexose)과 오탄당(pentose)의 복합체로 이루어져 있다. 결합 형태에 따라 다양한 종류의 hemicelluose가 존재하며, 따라서 이를 가수 분해하는 효소의 종류도 매우 다양하다.

Xylose로 구성된 복합체를 자일란(xylan)이라 하는데, 식물체는 대부분 β-1,4-xylan을 함유하고 있으며, 일부 해조류는 β-1,3-xylan의 함량이 높다. 이들 기질에 대한 선호도에 따라 β-1,3- 및 β-1,4-xylanase로 나뉘는데, 곰팡이와 세균 등에 널리 분포한다.

이 밖에도 갈락탄(galactan)을 가수 분해하는 galactanase, 만난(mannan)을 분해하는 mannanase가 있으며, L-arabinose로 구성된 아라비난(arabinan) 복합체의 α-1,3- 및 α-1,5-arabinoside 결합을 가수 분해하여 arabinoase를 생성하는 arabinofuranosidase와 arabinanase가 있다.

⑦ Pectinases

펙틴(pectin) 분해 효소는 일반적으로 pectinase로 불리며, 펙틴질의 가수 분해에 관여하는 효소군을 총칭한다. protopectinase(PP)는 불용성의 천연 펙틴을 가용화되도록 작용하는 효소이며, 이 밖에도 pectinesterase(PE; EC 3.1.1.11)와 polygalacturonase(PG; EC 3.1.1.15)가 작용한다.

pectinesterase는 펙틴메틸 에스터를 가수 분해하여 pectic acid로 전환하는 효소이며, 다양한 식물 조직에 널리 분포되어 있다. 한편 곰팡이, 세균, 식물류에 널리 존재하는 polygalacturonase는 polygalacturonic acid의 결합을 분해하여 galacturonic acid를 생성하는 효소이다.

⑧ Lactase(β-galactosidase)

Lactose를 가수 분해하여 glucose와 galactose로 분해하는 효소로 아몬드, 살구, 사과 등의 식물과 각종 미생물에서 생산된다. 특히 유아와 동물의 장내에서 분비되며 이로 인해 우유 섭취 시 lactose의 분해에 매우 중요하다.

⑨ 기타 효소류

이외에도 여름 밀감의 쓴맛 성분인 naringin을 분해하여 naringenin으로 변화시키는 naringinase와 식물의 적색소인 anthocyan 배당체를 가수 분해하여 당과 anthocyanidin으로 전환하는 anthocyanase가 있는데, 주로 *Aspergillus* 등의 곰팡이류에서 발견된다.

(2) 단백질 분해 효소

단백질 또는 펩타이드에 작용하여 펩타이드 결합의 가수 분해를 일으키는 효소이다. 그 종류가 매우 다양하며, 작용 방식에 따라 endopeptidase(pepsin, trypsin, chymotrypsin, papain, cathepsin 등)와 exopeptidase (aminopeptidase, carboxypeptidase 등)으로 나뉜다. 주로 생물의 소화기관에서 음식물의 분해를 위해 분비되나, 식물 또는 미생물 유래의 효소도 많이 알려져 있다.

(3) 지질 분해 효소

대표적인 지질 분해 효소인 lipase(EC 3.1.1.3)는 중성 지방을 가수 분해하는 효소로 동물의 장기와 식물의 종자 외에도 다양한 미생물에서 널리 발견된다. 트라이글리세라이드의 에스터 결합을 가수 분해하여 지방산을 유리한다. 작용 특성의 차이에 따라 esterase 효소와 구별되기도 한다. 이외에도 레시틴(lecithin) 등의 인지질을 가수 분해하는 phospholipase와 콜레스테롤 에스터를 분해하여 지방산과 콜레스테롤을 생성하는 cholesterol esterase가 있다.

2) 산화 환원 관련 효소

(1) Dehydrogenase

Alcohol dehydrogenase(EC 1.1.1.1)는 NAD를 보효소로 하여 알코올을 알데하이드 및 케톤으로 가역적 산화 반응을 촉매하는 효소로 식물, 동물, 미생물에 널리 분포한다. 또한 lactate dehydrogenase(EC 1.1.1.27)는 락트산을 산화하여 피루브산을 생성하는 효소이며, 역시 가역적으로 작용하고 NAD 또는 NADP를 보효소로 요구한다.

(2) Glucose oxidase

Glucose oxidase(EC 1.1.3.4)는 β-D-glucose를 산화하여 D-glucono-δ-lactone을 생성하는 효소이며, glucose의 정량이나 식품 안정화를 위한 glucose 또는 산소의 제거에 널리 이용되며, 이외에도 cholesterol oxidase 등이 알려져 있다.

(3) Peroxidase

Catalase(EC 1.11.1.6)는 과산화수소를 물과 산소로 분해하는 효소로 혐기 조건에서 생육하는 세균을 제외하고 대부분의 동물, 식물, 미생물 등에 널리 존재한다. 또한 peroxidase(EC 1.11.1.7)는 과산화수소 존재하에 다양한 화합물을 산화시키는 효소이나, catalase와는 달리 indoleacetic acid, NADH 등의 존재하에 호기적 조건에서 과산화수소를 형성할 수 있다.

(4) Lipoxygenase

Lipoxygenase(EC 1.73.11.12)는 불포화 지방산을 산화하여 과산화 불포화 지방산으로 전환하는 효소이며, 콩과 식물에서 처음 발견되었다. 불포화 지방산을 함유한 유지류가 산화되어 특유의 산패취를 내는 식품 변질 현상을 촉매하며 곰팡이 등에 의해 촉진된다. 식품 저장 중 지질의 변패에 관여하는 효소로 매우 중요하다.

3. 효소에 의한 식품의 변질

1) 산화 효소에 의한 갈변

(1) 갈변 반응에 관여하는 효소

과일 및 채소류를 수확하거나 저장 과정에서 기계적 손상 또는 생리적 손상이 발생하면 갈변 현상이 급속도로 진행되는 경우가 있다. 이러한 갈변 반응은 외관과 풍미를 변화시킬 뿐 아니라 식품 내의 각종 유용 성분을 감소시켜 영양가 및 상품 가치를 저하시킨다. 또 이러한 갈변 반응에 관여하는 효소들을 표 6-3에 나타내었다.

표 6-3 갈변 효소의 종류 및 특징

효소 종류	특 징
Phenolase 복합체	Phenol류를 산화하는 효소를 총칭하며, 동물 세포 내의 tyrosinase는 L-tyrosine과 dihydroxy phenylalanine에 선택적으로 작용하고, 식물 중의 효소는 monophenol과 diphenol에 작용하여 갈변을 일으킨다.
Hydroperoxidase	Peroxidase와 catalase를 총칭하며, 과산화수소 존재하에서 식품 내에 존재하는 phenol류와 방향족 amine을 산화하여 갈색의 중합체를 형성한다. 사과의 갈변에 polyphenol oxidase가 관여하는 것이 대표적인 예이다.
Ascorbic acid 산화 효소	L-Ascorbic acid를 특이적으로 산화하며, phenol류를 직접 산화하지 않으나, 세포 조직을 산화 상태로 전환하여 갈변을 촉진한다.
Chlorophyllase	식물 조직 내의 엽록소에 작용하여 phytyl ester 결합을 선택적으로 가수분해하여 chlorophyllide를 생성하며, 이것이 산과 반응하면 갈색을 나타내게 된다.

(2) 효소적 갈변 반응에 영향을 미치는 요인

갈변 효소들도 일반적인 효소와 마찬가지로 온도, pH, 기질 농도, 염 농도 등에 의해 영향을 받는다. 사과의 갈변 현상은 pH 4.5 이상에서 주로 일어나며, pH 5~7에서 빠르게 진행되는데, 이는 갈변의 주요 효소인 polyphenol oxidase가 산성 조건에서 효소 활성이 급격히 감소하기 때문이다. 따라서 가공한 과일을 산성 용액에 침지하면 저장성을 높일 수 있다.

한편 효소는 고유의 최적 온도를 가지므로, 식품 내 산화 환원 효소의 최적 반응 온도를 피해 저장하면 변질을 억제할 수 있다. 일반적으로 냉장 및 냉동 등의 방법으로 저온에서 저장할 경우 이들 효소의 반응을 억제하여 저장성을 증진할 수 있다. 하지만 저온 저장 식품이 해동되거나 상온에 방치되면 세포 조직의 파괴 등에 의해 더욱 급격한 효소 반응이 일어나며 갈변이 촉진될 수 있으므로 각별히 주의하여야 한다. 특히 시금치, 배추 등 건조 채소류는 냉장 보관 전에 열처리(데치기, blanching) 과정을 거치는 것이 일반적인데, 이는 peroxidase 등 채소 내의 산화 환원 효소를 미리 열변성(열불활성화)시켜 식품 성분의 변질을 막기 위함이다.

효소 활성을 억제하기 위해 적절한 저해제를 사용할 수 있는데, 아황산염은 효소적 갈변과 비효소적 갈변을 방지하는 강력한 저해제이다. 이외에도 항산화제인 아스코브산(ascorbic acid) 등을 처리하여 산화 반응을 억제하는 것도 가능하다. 한편 열처리 과정을 거치지 않는 과일류의 경우는 저장 중 효소 반응에 의해 품질 저하가 일어날 수 있는데, 이런 경우에는 수분 활성도를 낮추어 효소 반응을 저해할 수 있다. 수분 활성도를 낮추기 위해서 당 또는 염을 첨가할 수 있는데, 풍미를 감안하여 당을 사용하는 경우가 일반적이다.

2) 지방 산화 효소에 의한 변질

지방산의 산화는 식품의 풍미를 심각하게 변질시키고, 유독성을 나타낼 수 있으므로 주의해야 한다. 열처리를 하지 않거나, 처리 정도가 낮은 채소류는 저장 중에 산화 반응이 일어나 풍미가 변화하게 된다. 이는 주로 지방 산화 효소에 의한 것으로 가수 분해 효소인 lipase는 지방을 분해하여 산화되기 쉬운 지방산을 유리시키고, 산화 효소인 lipoxygenase는 필수 지방산 및 그 에스터를 산화시킨다. 이들 효소류는 식물체에 널리 존재하며, 특히 lipoxygenase는 콩과 식물에서 높은 함량을 보인다. 냉동 채소류의 탈색도 효소 반응에 의한 과산화물의 생성에 기인한다.

이외에도 제빵을 위한 밀가루 반죽 발효 과정에서 lipoxygenase에 의한 carotenoid 및 비타민 성분의 분해가 일어나 퇴색되는 경우가 있다. 또한 귀리 가루의 장기 저장 중에는 lipoxygenase 효소에 의해 산화된 불포화 지방산이 곡류에 함유된 항산화제와 산화 중합 반응을 일으켜 쓴맛을 내기도 한다.

데치기 공정은 peroxidase, lipoxygenase 등 산화 효소를 불활성화하여 식품 성분의 변질을 막고, 지방 분해 효소 작용에 의한 이취 발생을 최소화할 수 있으므로 널리 사용된다.

3) 가수 분해 효소에 의한 변질

(1) 단백질 분해 효소에 의한 변화

근육 세포 조직의 분해 효소는 cathepsin으로 소화기관에서 분비되는 일반적인 단백질 분해 효소와는 좀 다르지만, 육류의 숙성 기간이 경과함에 따라 이들 효소의 작용으로 근육 내 가용성 단백질의 분해가 일어나게 된다. 따라서 저장 기간이 길어지면 맛의 저하, 유리 아미노산 및 펩타이드의 증가 등이 발생한다. 냉동 저장을 통해 이를 일부 방지할 수 있으나, 해동 시 많은 문제점이 발생할 수 있음을 고려해야 한다.

(2) 지질 분해 효소에 의한 변화

저장 중 지질이 가수 분해되어 지방산이 생성되면 냄새와 맛이 변질되므로 가장 심각한 변화라 할 수 있다. 지질이 함유된 우유의 산패취는 lipase에 의해 생성된 저급 지방산에 기인한다. 유지방은 피막 단백질로 둘러싸여 보호되므로 lipase의 작용이 어려우나, 균질화, 교반 또는 가열 및 냉각을 반복하는 과정에서 효소 반응

> **Tips** 우유를 살균하는 목적 중 하나는 우유 지방의 산화에 관여하는 지방 분해 효소인 lipase의 불활성화이다. 한편 버섯의 동결 건조에서 데치기 공정을 행하지 않으면 해동 과정이나 물에 침지하는 동안 갈변화 효소의 작용에 의해 쉽게 갈변되어 상품 가치가 떨어지므로 장기 보관이 필요한 수출품의 경우 건조 전 데치기 공정이 필수적으로 요구된다.

이 일어날 수 있다. 생육을 건조육으로 만드는 과정에서 갈변이 일어나기도 하며 lipase에 의해 산가가 증가하기도 하므로 이를 잘 관리하여야 한다. 한편 채소나 곡류의 경우 열처리하지 않고 냉동하면 2~4주 후에 이취를 나타낼 수 있는데, 이는 냉동 중에도 지질 가수 분해 효소인 lipase의 작용에 의해 산화가 촉진되기 때문이다.

(3) 탄수화물 분해 효소에 의한 변화

일반적으로 곡류의 발아 과정에서 α-amylase, β-amylase, debranching enzyme 등 다양한 탄수화물 분해 효소가 발현되어 당 함량의 증가 등 많은 생리적 변화를 유발하는 것으로 알려져 있다. 밀, 보리, 쌀과 같은 곡류에는 많은 양의 전분이 함유되어 있으며, 이러한 전분 입자의 구조에 의해 특유의 물성이 나타난다. 수확된 건조 곡류의 경우는 크게 효소적인 변화가 없지만, 미생물의 오염 등을 통해 효소 작용이 일어날 수 있다. amylase에 의해 전분의 분해가 일어나면 유리당 함량의 증가를 통해 단맛이 증가할 수 있으며, 특히 외관의 변화와 함께 전분 구조의 변화가 유발되어 고유의 특성을 상실할 수 있다.

과채류의 경우에는 수분 함량이 높으므로 곡류에 비해 더욱 많은 변화가 일어날 수 있다. 예를 들면 과일이 지나치게 숙성하면 세포의 골격을 유지하는 펙틴질의 함량이 감소하여 연화 현상과 풍미 향상이 일어나게 되는데, 여기에는 pectin 분해 효소가 관여한다. 우선 pectinesterase 효소가 펙틴질에 작용하여 pectinic acid와 pectic acid로 분해하고, 여기에 polygalacturonase가 작용하여 저분자의 galacturonic acid를 생성한다. 따라서 과채류 저장 중에 과육의 연화가 발생하게 된다. 이를 방지하기 위해서는 과즙 제품의 경우, 가열에 의해 효소를 실활시키거나 pH를 산성으로 낮추어 효소 반응을 억제할 수 있다. 또한 오이 저장 중 연화의 원인 효소인 polygalacturonase 저해를 위해 타닌(tannin)류를 첨가하기도 한다.

Tips 배추 조직 내에 존재하는 pectinesterase의 활성화, polygalacturonase 등 연화 효소의 불활성화와 함께 염화칼슘 첨가에 의한 펙틴질의 가수 분해 억제 효과를 통해 신선한 조직감을 갖는 김치를 제조하고 저장·유통할 수 있다.

(4) 기타 효소에 의한 변화

향신료로 사용되는 마늘의 경우, 파쇄하면 세포 조직 내에 존재하는 alliinase가 alliin을 분해하여 특유의 풍미를 내는 allicine을 생성하는데, 이 효소는 온도에 민감하므로 50℃ 이상의 고온에서 가공 또는 저장할 경우 풍미를 상실할 수 있으므로 주의하여야 한다. 따라서 마늘의 경우는 냉동 건조 방식으로 가공 및 보관하는 것이 가장 효율적이다. 이외에도 건조 분말 형태로 가공하여 보관하는 식품의 경우 중요한 효소가 실활되지 않도록 가공 조건을 고려하여야 한다.

06 연습문제

01_ 다음 중 효소의 분류와 효소명의 연결이 옳지 않은 것은?

① hydrolase – lipase
② oxidoreductase – dehydrogenase
③ transferase – hexokinase
④ lyase – catalase

02_ 다음 중 사과의 갈변에 주로 관여하는 효소는 무엇인가?

① polygalacturonase
② polyphenol oxidase
③ glycosyltransferase
④ debranching enzyme

03_ 다음 중 식품 변질과 원인 효소의 연결이 잘못된 것은?

① 밀가루 반죽의 퇴색 – dehydrogenase
② 우유의 산패취 – lipase
③ 전분의 분해 – β-amylase
④ 근육 단백질 분해 – cathepsin

04_ 효소에 의한 변질을 억제시킬 수 있는 방법이 아닌 것은?

① pH 조정
② 온도를 높여 가열
③ 저해제 첨가
④ 비타민 첨가

05_ 데치기 공정의 목적이 아닌 것은?

① 가스를 제거하고 부피를 줄임
② 갈변화에 관여하는 효소의 불활성화
③ 지방 산화 효소 lipase의 불활성화
④ polygalcturonase의 활성화

06_ 다음 중 효소의 특성이 나머지와 다른 것은?

① peroxidase　② polyphenol oxidase
③ phospholipase　④ tyrosinase

07_ 김치의 신선도를 유지하기 위하여 행하는 바람직한 처리가 아닌 것은?

① cellulase의 불활성화　② pectin esterase의 불활성화
③ 염화칼슘의 첨가　④ polygalcturonase의 불활성화

08_ 바람직하지 못한 효소를 불활성화할 목적으로 100℃에서 열처리를 하였다. 시료를 냉장고에 보관하여 2~3일 지난 후 효소의 활성을 측정하여 보니 이 효소의 상당 부분이 재생되어 활성을 보이고 있다. 다음 중 어떤 효소에 해당되는가?

① peroxidase　② polyphenol oxidase
③ lipase　④ ascorbate oxidase

09_ 비효소 반응과 비교할 때, 효소 반응이 가지는 장점을 설명하시오.

10_ 건조 채소류의 저장 전에 열처리(blanching)를 하면 저장성이 향상되는 이유는 무엇인지 설명하시오.

정답 및 해설

01_ ④　02_ ②　03_ ①　04_ ④　05_ ④　06_ ③　07_ ②　08_ ①

09_ ① 높은 반응 속도 ② 높은 기질 특이성 ③ 비교적 온화한 반응 조건 ④ 반응의 미세 조절 가능

10_ 식품 성분 중의 lipoxygenase를 비롯한 효소 단백질이 열 변성되어 효소 반응이 억제되기 때문

Chapter

07 비효소적 갈변에 의한 식품의 변질

배우는 목적

식품 재료를 가공·저장하는 동안에도 지속적으로 화학 반응이 일어나고 그 과정 중에 식품의 품질 저하가 지속된다. 보다 안전하고 고유의 품질을 유지하기 위해서는 품질의 저하를 유발하는 이러한 화학 반응에 대한 이해가 필요하며, 이런 반응의 메커니즘을 공부하고 이해함으로써 이 반응을 억제시킬 수 있는 방법을 찾을 수 있다. 저장 중 일어나는 색깔의 변화는 크게 두 가지로 나누어 생각할 수 있다. 일반적으로 효소가 직접 관여하는 효소적 갈변 반응과 효소에 관계없이 일어나는 비효소적 갈변 반응으로 분류된다. 효소적 갈변은 저온에서도 일어나는 산화적 반응이며, 비효소적 갈변은 높은 온도에서 가열 처리 후에 일어난다. 여기서는 저장성을 높이고 품질의 안정성을 확보하고자 품질의 변질을 유발하는 여러 원인 중 비효소적 반응에 의해 일어나는 갈변 반응을 이해하고자 한다.

1. 아미노카보닐 반응(Maillard 반응)

아미노기를 갖고 있는 아미노산, 펩타이드, 단백질들과 카보닐기를 갖고 있는 당이 높은 온도 가열되면서 갈색 물질을 생성하는 화학 반응을 말한다. 식품을 가공하거나 저장 중에 반응에 참여하는 카보닐 화합물은 바로 환원당이 문제가 된다. 전분이 산이나 효소 또는 가열 과정 중에 전분 결합이 끊어지면서 환원당 그룹의 수가 증가되고 이 환원당에 함유되어 있는 카보닐기가 아미노산이나 단백질, 또는 펩타이드와 반응을 하는 것이다.

이와 같은 갈변 반응은 식품의 가공 또는 저장 중 단순히 색깔을 갈색으로 변화시킬 뿐만 아니라 갈변 반응에서 형성된 성분들은 그 가공식품의 냄새와 맛에도 큰 영향을 준다. 특히 가공식품 중의 당류와 아미노산류, 그중에서도 필수 아미노산인 lysine 등의 급격한 손실로 인하여 전체적으로 영양가의 감소를 가져오는 등 식품의 품질에 큰 영향을 미친다(그림 7-1 참조).

이러한 식품의 갈변은 사과, 청주, 분유, 식초, 식용유, 수산 건제품 등의 갈변 예에서와 같이 이미, 이취의 발생이나 비타민의 손실로 품질이 저하되는 경우가

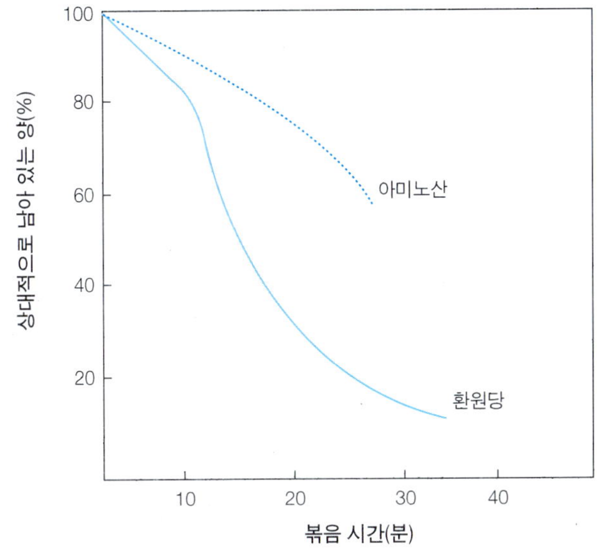

그림 7-1 코코아콩을 볶는 과정에서의 환원당과 아미노산의 파괴

대부분이다. 그러나 다른 한편으로는 홍차, 커피, 간장, 된장, 맥주의 색이나 빵, 비스킷, 땅콩 등을 구울 때의 갈변 반응에서와 같이 색깔뿐만 아니라 풍미에도 영향을 주어 식품의 품질을 향상시키는 경우가 있다.

갈변 반응은 당의 카보닐기와 아미노산의 아미노기가 결합에서 개시되므로 아미노카보닐 반응이라고도 한다. 또 멜라노이딘(melanoidine) 반응이라고도 한다. 초기, 중간, 최종 세 단계로 나눌 수 있다.

(1) 초기 단계 : 당류(-CHO)와 아미노(-NH_2) 화합물의 축합 반응, 아마도리 전위

① 당과 아미노 성분의 축합 반응

축합물은 Schiff의 염기, 포도당과 아미노기 성분이 축합하여 질소 배당체인 glucosylamine이 형성된다.

② 아마도리(Amadori) 전위

질소 배당체는 산의 촉매 작용에 의해 아마도리 전위가 일어난다. 전위에 의하여 glucosylamine은 대응하는 enaminol(amino reduction) fructosylamine이 된다. 이 단계에서는 아직 갈변을 볼 수 없다.

(2) 중간 단계 : 3-Deoxyosone이 형성되고 이어 unsaturated-3,4-dideoxyosone 생성되며 5-HMF 등의 환상 물질, reductone 등이 형성되고 산화 생성물이 분열

① Osones의 생성

Enaminol(amino reduction)은 자동 산화 또는 탈수에 의하여 아미노 화합물을 이탈하고 반응성이 풍부한 osones(→ketoaldehyde)을 생성한다. 탈수 과정을 거쳐 3-deoxyglucosone을 생성하게 된다.

② 3-Deoxyglucosones(3-DG)의 생성

Enol-form이 생성되면서 갈변 반응의 핵심이 되는 중요한 중간 생성물을 다량 생성하게 된다.

③ 불포화 3·4-dideoxyosone과 hydroxymethylfurfural(HMP) 생성

D-frutosylglycine Schiff 염기의 양이온, 3-deoxy-D-glucose, glycine,

$$\text{3-deoxyglucosones} \xrightarrow{\text{탈수}} 3 \cdot 4\text{-dideoxyglucosone} \xrightarrow{\text{탈수}} \text{HMF}$$

가 생성된다. 이것은 아미노카보닐 반응의 중간 생성물로 갈색을 띠며 산성이 강할수록 다량 생성되며 휘발성의 향기 성분이다.

④ 산화 생성물의 분해

Reductones 환상 물질을 형성한 다음 다시 분해되어 분자량이 적고 휘발성이 큰 분해 생성물을 형성한다. glyoxal, acetaldehyde, aldol, glyceraldehyde, dihydroxyacetone, acetone, acetol, diacetyl, methylglyoxal, glycoaldehyde 등 대부분이 휘발성이므로 갈변이 진행되고 최종 단계 반응에도 관여한다.

Tips 식품 중에 갈변 중간체가 분포돼 있음

fructosylglycine(동결 건조한 살구)

3-deoxyglucosones(3-DG ; 간장, 된장, 분유 등)

hydroxymethylfurfural(장기 저장하여 농후한 레몬 주스, 배 주스)

(3) 최종 단계 : Aldol형의 축합 반응, Strecker 반응, melanoidine 색소 형성

① Aldol형의 축합 반응

중간 단계에서 산화 생성물이 분해하여 생긴 카보닐 성분은 aldol 축합 반응이 일어나 점차 분자량이 큰 불포화 결합 생성물을 형성하게 된다.

glycoaldehyde + acetaldehyde ⟶ aldol 축합 생성물

② Strecker 반응

Unsaturated 3·4-dideoxyosone은 반응에 참여하지 않은 다른 아미노산과 반응하여 이산화탄소를 발생하고, 활성이 큰 amino reductones인 enaminol과 알데하이드를 형성하는데, 예를 들어 알라닌이 반응에 참여하게 되면 아세트알데하이드가 형성된다. 이러한 물질은 갈변과 착향의 원인이 된다.

③ Melanoidine 색소의 형성

HMF와 같은 환상 물질, reductones, aldol 축합 반응의 축합 생성물, Strecker 반응의 생성물들은 모두 활성이 큰 물질들이므로 쉽게 상호 반응을 일으켜 중합체를 형성하거나 형광성을 가진 중합체로 발전하게 되는데, 이것을 melanoidine 색소라 한다. 이 과정에서 갈변은 급격히 진행된다.

2. 캐러멜 반응

캐러멜 반응은 아미노카보닐 반응과 달리 아미노기 성분이 존재하지 않는 상황에서도 가열에 의해 일어나는 반응이다. 주로 당 함량이 높은 식품을 가열할 때 이러한 캐러멜 반응이 일어난다. 당류의 가열 분해물 또는 가열 산화물에 의한 갈변 반응으로 당류를 가열하면 설탕은 160~180℃, 포도당은 147℃에서 분해되기 시작하는데 설탕은 포도당과 과당으로 분해되고, 이어서 과당은 탈수 과정을 거쳐 HMF가 된다. 이것은 아미노카보닐 반응과 마찬가지의 과정을 거쳐서 중합되어 착색 물질이 생긴다. 포도당은 과당에 비하여 캐러멜 반응이 안 되는데 3번의 탈수 과정을 거쳐서 갈색 물질을 만들게 된다.

캐러멜 반응의 메커니즘은 다음과 같다.

① Lobry de Bruyn-Alberda van Eckenstein 전위

Aldose가 대응하는 ketose로 전위되므로 활성화하는 과정이다.

② 산화 생성물 및 HMF의 형성

Ketose는 Maillard 반응의 중간 단계에서와 같이 HMF 또는 furfural 유도체를 형성한다. 고온에서 장기간의 가열에 의해서만 가능하다.

③ Reducton, furan, levulinic acid, lactone의 형성

산화 생성물, furfural 유도체와 산화되어 형성한다.

④ 산화 생성물의 산화 분열

일부 ketose의 산화 생성물, furfural 유도체, reductones가 휘발성 성분을 형성한다. 이들은 식품의 향미에 영향을 준다.

⑤ Humin 물질의 형성

앞에서 형성된 reductones, furfural 유도체, lactones, 분열 생성물은 매우 반응성이 큰 물질들로 쉽게 산화 축합, 중합에 의하여 흑색 또는 흑갈색의 humin 물질을 형성한다. 빵이나 비스킷에서 주로 일어나는 현상이다.

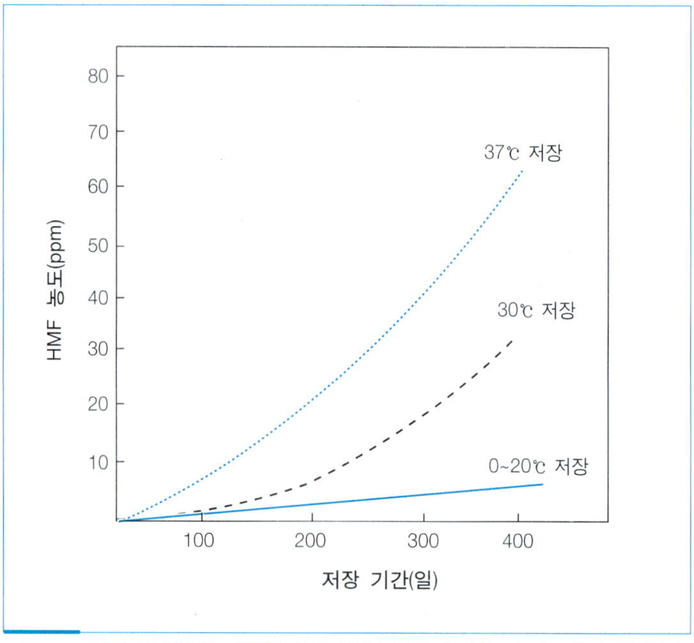

그림 7-2 저장 조건을 달리했을 때의 HMF 증가에 따른 배통조림의 색깔 변화

중간 과정에서 형성되는 HMF와 같은 물질이 생성되었다는 것은 갈변 반응의 최종 단계가 다가섰음을 알려주는 것이며, 이 물질은 가열 가공 시 색깔과 풍미를 높여 주는 효과를 준다. 배 퓨레 통조림을 저장하면서 HMF의 생성 정도를 관찰하여 보면 저장 조건에 따라 차이가 있는데 0~20℃에서는 HMF의 생성을 거의 무시할 수 있었으나 30~37℃에서는 저장 기일에 따라 HMF의 생성이 상당히 증가되고 있음을 알 수 있다(그림 7-2 참조). 따라서 HMF의 분석은 저장 중인 배 퓨레 제품의 품질을 검토할 목적으로 매우 유용함을 보여주고 있다. 배뿐만 아니라 토마토 페이스트에서도 품질 표시 요인으로 사용될 수 있다.

간장이나 된장의 색깔이나 풍미는 아미노카보닐 반응에 의해서도 이루어졌다고도 볼 수 있지만 캐러멜 반응도 어느 정도 기여하였다고 본다. 당류의 캐러멜 반응에 필요한 최적 pH는 6.5~8.2이고 유기산이 존재하면 갈변 반응이 좀 더 빨리 일어난다. 그런데 이 과정에서 많은 양의 이산화탄소가 발생된다.

3. 아스코브산에 의한 산화 반응

아스코브산(ascorbic acid)은 비타민 C의 환원형으로 이것 자체가 환원력이 있기 때문에 효과적인 항산화제로 시용되기도 한다. 특히 효과적인 항갈색화 반응의 목적으로 이용되는데 과즙, 채소 등의 건조 제품, 냉동 제품, 통조림 제품, 감자튀김, 맥주 등의 갈색화를 억제할 목적으로 사용되고 있다. 하지만 아스코브산이 산화되어 데하이드로아스코브산으로 된 다음에 이것은 다시 2,3-diketogluconic acid로 산화되는 과정이 비가역적인 반응으로 산화 과정으로 들어가게 되면서 갈변 반응을 나타내는데 여러 과정을 거쳐서 결국 furfural로 변하고 다량의 이산화탄소를 발생한다.

아스코브산 수용액을 가열할 때 생성되는 분해 생성물들로서는 furfural, furfuryl alcohol, 2-furoic acid 등과 같은 furan 유도체들과 감마-뷰티롤락톤, 3-하이드록시-2-파이론과 같은 pyrrole 유도체들이다.

아스코브산이 많이 함유된 과일이나 채소 등에는 이를 산화시키는 ascorbate oxidase 효소가 있어 이 효소에 의해 산화 반응이 촉진된다. 이 효소를 불활성화시킨 경우에도 비효소적 갈변 반응은 일어난다. 아스코브산에 의한 산화 반응은 아스코브산이 많은 감귤류 또는 기타 과실 주스나 농축물, 분말 오렌지 등의 갈변에 중요한 역할을 한다. 이는 오렌지 속에 함유되어 있는 당류와 아스코브산의 산화물이다.

4. 갈변 반응에 영향을 미치는 인자와 억제 방법

1) 아미노카보닐 반응에 영향을 주는 인자

아미노카보닐 반응에 영향을 주는 인자들과 그 특성을 이용하여 억제할 수 있는 방법은 다음과 같다.

① 온도의 영향

10℃의 온도차로 갈변은 3~5배 촉진되므로 10℃ 이하로 냉각하면 갈변이 방지된다. 또, 80℃ 이상에서는 산소의 유무에 관계없이 같은 정도로 갈변하지만 실온으로 저장하면 산소가 있을 때 갈변이 촉진된다.

② pH의 영향

pH는 6.5~8.5에서 착색이 빠르고, pH 3 이하에서는 갈변 반응 속도가 매우 느리다. 갈변 반응 속도의 순서는 다음과 같다.

pH 6.5~8.5 〉 pH 3~5 〉 pH 1~2

우리가 주로 먹는 식품은 알칼리성보다는 산성 쪽에 가까우므로 실제로 pH는 큰 의미는 없다.

③ 당의 종류

환원당은 pyranose환이 열려서 알데하이드형이 되어 반응을 일으킨다. 오탄당〉육탄당〉설탕의 순이고, 오탄당이 육탄당보다 약 10배나 갈변 속도가 빠르다.

자일로스 〉 아라비노스 〉 과당 〉 포도당

한편 자일리톨이나 에리쓰리톨, 솔비톨 등과 같은 당알코올이나 팔라티노스 등은 갈변 반응에 관여할 카보닐기를 갖고 있지 않기 때문에 실제로 갈변 반응이 거의 일어나지 않는다(그림 7-3 참조). 단맛을 조절하기 위하여 당류를 첨가하고 가열 처리하는데 색깔의 변화를 원하지 않는 경우라면 당알코올의 이용을 고려해 볼 만하다.

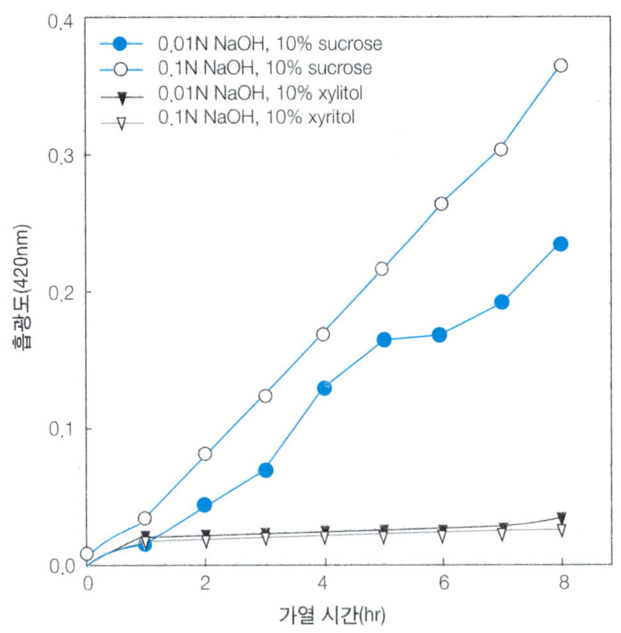

그림 7-3 설탕과 자일리톨의 가열 처리 기간 중 갈색화 변화

④ 카보닐 화합물

α-, β-불포화 알데하이드, furfurals은 갈변하기 쉽고, 케톤류는 갈변하기 어렵다.

⑤ 아미노 화합물

단독으로 갈변하는 일은 적지만 카보닐 화합물과 공존하면 갈변이 촉진된다. 아미노산, 펩타이드, 단백질, 아민이 갈변에 관여하지만 일반적으로 아민이 아미노산보다 갈변 속도가 크다. 아미노기가 γ- 위치에 있는 것이 가장 크며 그 다음에 β-위치, 그 다음에 α- 위치에 있을 때 가장 적은 것이 알려져 있다. α-보다 β-알라닌이 갈변 속도가 빠르고, 글라이신이 가장 반응하기 쉬우며, 그 밖에는 별 차이가 없다.

⑥ 농도

Melanoidine 색소의 양 Y는 온도가 일정할 때 환원당의 농도[S]에 비례하고, 유리 아미노기를 가진 질소화합물의 농도[A]와 경과 시간[T]의 제곱에 각각 비례한다. k를 속도 상수라면 melanoidine 색소의 양 Y는 다음과 같이 표현할 수 있다.

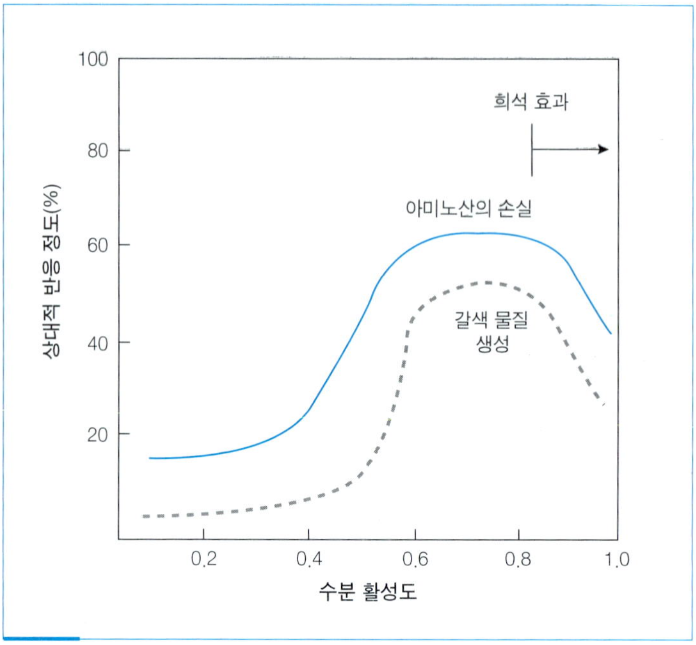

그림 7-4 갈변 반응에 미치는 수분 활성도의 영향 및 아미노산의 손실

$$Y = k \times [S][A]^2[T]^2$$

⑦ 수분

완전 건조 상태에서는 갈변이 진행되지 않으나, 수분 1% 이하에서도 갈변 반응이 진행되는 것으로 보고되었다. 수분 함량이 증가할수록 반응 속도가 빨라지는데 수분 활성도가 0.6~0.8 사이에서 최대치를 보였다가 다시 감소한다. 감소되는 이유는 희석 효과로 인한 것이다.

⑧ 금속 ion의 영향

조건에 따라 다르나 일반적으로 Fe나 Cu는 reductones의 산화를 촉매하므로 갈변을 촉진한다.

2) 산소 제거

그 외의 갈변 반응 억제 방법으로는 산소 제거다. 아미노카보닐 반응에서도 산소의 제거는 갈색화 정도를 낮추어 줄 수 있는데, 아미노카보닐 반응뿐만 아니라 아스코브산의 산화에서도 산소의 제거는 매우 중요하다. 산소를 제거할 수 있는 방법으로는 질소를 충진하거나 진공 상태를 유지하여야 하나 감자칩과 같은 경우 산소 제거 체계를 도입함으로써 특정 산화 효소들이 적당한 기질과 함께 또 하나의 기질인 산소를 이용하도록 유도하는 것이다. 효소로서는 glucose oxidase와 catalase를 사용한다. 이들은 기질인 포도당과 산소를 이용하여 글루콘산이 되는 동시에 용기 속의 산소는 소비되어 제거되는 효과를 얻는다.

$$\text{Glucose} + 2H_2O + 2O_2 \xrightarrow[\text{oxidase}]{\text{glucose}} \text{gluconic acid} + 2H_2O_2$$

$$2H_2O_2 \xrightarrow{\text{catalase}} 2H_2O + O_2$$

즉 밀폐 용기 내의 산소가 효소에 의해 소비되어 용기 내의 갈변화뿐만 아니라 지방의 산패까지도 억제시킨다. 표 7-1은 마요네즈에 이 두 가지 효소(Fermcozyme :상품명)를 첨가하여 처리하였을 때 색깔의 변화와 관능 검사 및 과산화물가를 상대적으로 비교한 것이다. 저장 기간 6개월 동안 관능적으로 색깔 면에서 또 산패 정도를 비교해 보면 매우 효과적인 것임을 알 수 있다.

표 7-1 펌코자임을 처리한 마요네즈의 저장 기간 중 품질 변화의 비교

저장 기간 (개월)	관능적 선호도		색깔		과산화물가 (mmole/kg)	
	대조구	Fermcozyme	대조구	Fermcozyme	대조구	Fermcozyme
0	+	+	+	+	0.2	0.2
2	+	+	+	+		
3	−	+	+	+	6.2	0.2
4	−	+	−	+		
5	−	+	−	+		
6	−−	+	−−	+	14.6	0.8

(+ : 긍정적 효과　　− : 부정적　　−− : 매우 부정적)

3) 환원성 물질의 첨가

갈변 반응은 근본적으로 산화가 주요 과정이므로 환성이 강한 물질을 첨가하여 주면 상대적으로 산화 반응이 억제된다. 실제로 이용되는 환원성 물질로는 아황산가스(SO_2), SH 화합물(sulfhydryl compounds), 아스코브산, 주석염 등이 있다.

실제로 과실류나 채소류에 널리 이용되고 있는 방법 중의 하나는 아황산가스나 아황산염 용액에 의한 처리 방법이 있으나, 아황산가스는 농도를 조절하기가 어렵고 강한 부식성과 더불어 독성이 문제로 남아 아황산염 용액에 침지시키는 방법을 사용하고 있다.

주석 이온은 강한 환원력이 있어 갈변화를 억제시킬 수는 있으나 이를 위해 식품에 첨가하지는 않고 있으며 다만 통조림 식품의 경우 용기에서 녹아 나오는 미량의 성분이 통조림의 내용물의 갈변화를 억제시켜 주는 것으로 생각되고 있다.

금속 이온은 비효소적 갈변을 촉진시키므로 EDTA와 같은 킬레이트 화합물을 첨가하여 금속 이온의 반응성을 억제시켜 주는 것인데, 이때 구연산을 함께 첨가하면 상승 효과를 기대할 수 있다.

항산화제의 하나인 아스코브산의 첨가는 부분적으로 자신이 갈변화되기도 하지만 갈변 반응을 억제시켜 주는 효과가 있다. 특히 아스코브산은 산소와 반응함으로써 자기 자신이 산화되고 산소를 제거하여 주는 효과를 제공한다. 통조림 제품의 경우 상부에 산소를 제거하지 못한 경우 상부의 산소를 제거함으로써 통조림통의 부식도 억제하여 주는 것으로 알려져 있다. 이론적으로는 3.3mg이면 공기 1mL 속의 산소를 완전히 제거하여 준다는 것을 의미한다.

07 연습문제

01_ 다음 설명 중 올바르게 설명하고 있는 것은?

① 비효소 갈변 반응은 가열 없이 낮은 온도에서도 빠르게 진행된다.
② 효소적 갈변 반응은 가열 처리 후 활발히 진행된다.
③ 갈변 반응은 모두가 바람직하지 못한 반응들이다.
④ 갈변 반응의 억제 메커니즘을 잘 이해하면 저장 품질 변화를 억제할 수 있다.

02_ 다음 중 비효소적 갈변 반응을 이용하지 않고 효소적 갈변 반응을 이용한 제품은?

① 홍차 ② 커피
③ 간장 ④ 비스킷

03_ 다음의 갈변 반응을 구분하여 본다면 비효소적 갈변 반응과 효소적 갈변 반응으로 나누어 볼 수 있다. 이 중 하나는 다른 것과는 관련이 없는데 어느 것인가?

① 감자를 칼로 깎았을 때 흑갈색
② 아스코브산이 많이 함유된 오렌지주스
③ 비스킷의 갈색 정도의 차이
④ 설탕을 계속 가열하였을 때의 갈색

04_ 아미노카보닐 반응의 순서로 잘 표현된 것은 어느 것인가?

① 당과 아미노 성분의 축합–HMF 생성–osones 생성–아마도리 전위–melanoidin 생성
② 당과 아미노 성분의 축합–HMF 생성–아마도리 전위–osones 생성– melanoidin 생성
③ 당과 아미노 성분의 축합–아마도리 전위–osones 생성–HMF 생성– melanoidin 생성
④ 당과 아미노 성분의 축합–아마도리 전위–HMF 생성–osones 생성– melanoidin 생성

05_ 다음 물질을 가열 처리하여 갈변 반응을 관찰할 때 상대적으로 가장 빠르게 색의 변화가 나타나는 것은 어느 것인가?

① 맥아당 + 글라이신 ② 포도당 + 알라닌
③ 자일로스 + 라이신 ④ 자일리톨 +라이신

06_ 다음 중 글라이신과 함께 갈변 반응이 가장 많이 일어날 것으로 예상되는 것은?

① 아라비노스
② 팔라티노스
③ 자일리톨
④ 에리쓰리톨

07_ 갈변 반응 중 일어나는 현상이 아닌 것은 ?

① Strecker 반응에 의한 알데하이드 생성
② 영양가 성분 손실
③ 이미나 이취도 발생됨
④ 바람직한 색깔 변화와 풍미를 얻음
⑤ 데하이드로아스코브산의 환원에 의한 아스코브산화

08_ 아미노카보닐 반응은 여러 가지 요인에 의해 반응 속도가 좌우된다. 이 중 상대적으로 가장 빠르게 일어날 수 있는 것은?

① 당의 농도를 2배로 높인다.
② 반응 시간을 2배로 연장한다.
③ 반응 온도를 처음보다 20℃ 올린다.
④ 아미노기의 농도를 2배로 높인다.

09_ 갈변 반응을 억제할 수 있는 방법으로 타당하지 않은 것은?

① 글루코스옥시데이스, 카탈레이스, 포도당을 첨가하여 산소를 제거한다.
② 수분 활성도를 0.4~0.5 정도로 유지하여 준다.
③ EDTA와 구연산을 첨가하여 금속 이온을 방해한다.
④ SH 화합물(sulfhydryl compounds), 아스코브산을 첨가한다.

10_ 다음 중 올바르게 설명하고 있지 않은 것은?

① 아스코브산은 갈색화를 억제시키기도 하지만 자신이 갈색화되기도 한다.
② 글루코스옥시데이스, 카탈레이스, 포도당을 첨가하면 갈색화뿐만 아니라 지방 산패도 억제시킬 수 있다.
③ 주석 이온은 강한 환원력이 있기 때문에 갈색화를 억제시키기 위해 식품에 직접 많은 양을 첨가한다.
④ 장기간 저장한 농축 레몬 주스에 hydroxymethylfurfural의 생성이 점차 증가한다.

정답 및 해설

01_ ④ 02_ ① 03_ ① 04_ ③ 05_ ③ 06_ ① 07_ ⑤ 08_ ③ 09_ ② 10_ ③

PART 3

식품의 저장

Chapter

08 수분 활성도 저하에 의한 식품 저장

배우는 목적

앞에서 살펴본 바와 같이 수분은 식품 저장의 여러 가지 변질 요인 중에서 가장 으뜸을 차지하는 요인이다. 따라서 수분 함량이나 수분 활성도를 감소시키면 식품의 저장 안정성이 향상되어 식품을 오랫동안 보존할 수 있는데, 수분 활성도를 저하시키는 방법으로는 건조, 염장, 당절임 등이 있다. 이 장에서는 건조에 의한 저장 원리와 건조 이론을 설명하고, 공기의 성질과 공기 습윤 도표 읽는 방법을 익히며, 건조 과정의 3단계에 대해 알아보고, 건조에 따른 품질 변화를 살펴보며, 실제로 사용되는 각종 건조기의 특성과 적용되는 식품의 사례를 다룬다. 또한 삼투압의 기본 개념과 염장 및 당절임의 원리에 대해 알아보고, 염장 방법과 당절임 방법, 그리고 미생물 생육 억제 효과를 살펴본 후, 식품의 품질 변화를 아울러 연구한다.

1. 건조에 의한 식품 저장

1) 건조에 의한 저장 원리와 건조 이론

건조(drying, dehydration)란 식품 중의 수분이 증발이나 승화에 의해 제거되는 것을 말한다. 이에 따라 식품 내의 수분이 감소되어 용질의 상대적 농도가 높아짐으로써 식품의 수분 활성도가 저하되는 것이 건조에 의한 저장 원리이다. 수분 활성도가 저하되면 미생물 증식이나 효소 작용에 기인된 변질을 지연시킬 수 있고, 식품 성분 간의 화학 반응으로 일어나는 변화도 줄일 수 있다.

식품은 건조 과정을 통해 저장 기간이 연장될 뿐만 아니라 무게와 부피가 감소되어 수송이나 저장이 간편해지고, 단위당 영양 성분 등 식품 가치가 향상되며, 건조 과정 중에 풍미, 색깔, 텍스처 등이 좋아지기도 한다. 그러나 건조 조건에 따라서는 오히려 풍미의 저하, 색깔의 퇴조, 영양 성분의 손실, 텍스처의 손상 등 품질 저하가 일어날 수 있으므로 가능한 한 저온에서 짧은 시간에 수분을 신속하게 제거

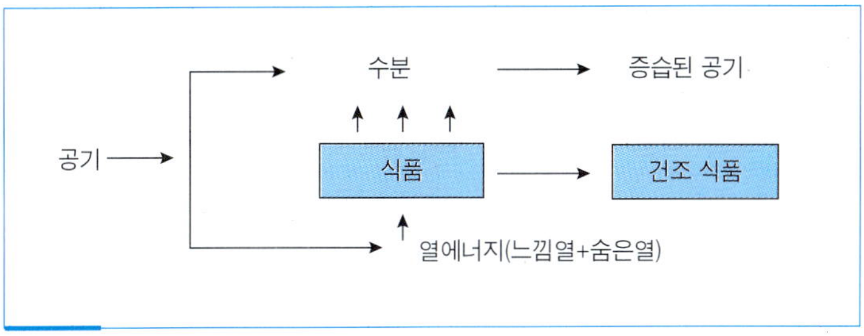

그림 8-1 열풍 건조의 원리

하여 목표 수분 함량에 도달하도록 해야 한다. 또한 건조 식품의 품질은 건조 후 온도, 습도, 산소 분압 등의 저장 조건에도 크게 좌우되므로 적절한 조건에서 저장해야 한다.

가장 자주 활용되는 열풍 건조법을 기준으로 건조 이론을 설명하면 공기는 식품의 온도 상승에 필요한 느낌열(感熱; sensible heat)과 수분의 증발에 필요한 숨은열(潛熱; latent heat)을 제공하는 동시에 식품으로부터 방출되는 수증기를 제거하는 운반 기체(carrier gas)의 역할을 수행한다(그림 8-1 참조).

2) 공기의 성질과 공기 습윤 도표

식품의 건조는 공기의 온도와 습도에 따라 달라지는데, 공기의 건구 온도, 습구 온도, 엔탈피(enthalpy), 비열, 이슬점(dew point), 습윤 부피, 절대 습도, 상대 습도 등 공기의 성질이 건조를 좌우한다.

공기의 성질 가운데 공기의 절대 습도는 수증기 중량(kg)/공기의 중량(kg)으로 계산하고, 공기의 상대 습도는 공기의 수증기압/포화 수증기압을 %로 환산한 것이며, 공기의 비열은 절대 습도(H)를 이용하여 1.005+1.88H로 계산하고, 공기의 엔탈피는 비열(C_s), 증발 잠열(λ_w)과 절대 습도(H)를 이용하여 $C_sT+\lambda_wH$로 계산한다. 이러한 여러 가지 공기의 성질을 일일이 계산하지 않고 도표로부터 직접 읽을 수 있도록 만든 것이 공기 습윤 도표(psychrometric chart)이다.

3) 건조와 건조 속도

건조 속도는 수분 함량의 변화를 시간으로 나눈 것인데, 수분 함량에는 흔히 사용되는 습량 기준(wet-weight basis)이 있고, 건물 기준(dry-weight basis)이 있다. 습량 기준 수분 함량(%)은 식(8-1)과 같이 시료의 수분 무게를 시료의 전체 무게로 나눈 것이고, 건물 기준 수분 함량(%)은 식(8-2)와 같이 시료의 수분 무게를 시료의 고형물 무게로 나눈 것이다.

$$\text{습량 기준 수분 함량}(\%) = \frac{\text{수분(kg)}}{\text{수분(kg)}+\text{고형물(kg)}} \times 100 \qquad (8-1)$$

$$\text{건물 기준 수분 함량}(\%) = \frac{\text{수분(kg)}}{\text{고형물(kg)}} \times 100 \qquad (8-2)$$

식품이 일정한 온도와 습도를 지닌 공기와 접촉하고 있으면 식품에서 공기 중으로 나가는(탈습; desorption) 수분의 양과 공기에서 식품으로 들어오는(흡습; adsorption) 수분의 양이 같은 평형 상태에 도달하게 된다. 이때의 식품 수분 함량을 평형 수분 함량(equilibrium moisture content)이라 부르고, 일정한 온도와 습도 조건에서 평형 수분 함량보다 많은 수분을 유리수 또는 자유수(free water)라고 부르며, 일정한 온습도 조건의 건조 과정 중에 제거할 수 있는 수분을 가리킨다.

식품의 건조는 세 가지 시간적 단계(그림 8-2 참조)를 거치면서 진행된다. 첫 번째 단계는 조절 기간(settling down period)인데, 이 단계에서는 식품의 표면이 접촉하는 공기와 평형을 이루는 단계이다. 두 번째 단계는 항률 건조 기간(constant rate period)인데 건조 속도가 일정한 기간이다. 세 번째 단계는 감률 건조 기간(falling rate period)인데 건조 속도가 점점 감소되는 단계로서 이 단계가 시작되는 수분 함량을 임계 수분 함량(critical moisture content)이라고 부른다.

그림 8-2에서 A-B 구간은 조절 기간, B-C 구간은 항률 건조 기간, C-D 구간은 감률 건조 기간이고, C에 해당하는 수분 함량이 임계 수분 함량이다. 항률 건조 기간 중에는 식품의 온도가 상승하지 않지만 표면에서의 증발 속도가 감소하기 시작하는 감률 건조 기간 중에 식품의 온도는 점점 증가하게 된다. 실제 식품의 건조 과정에서는 항률 건조 기간은 아주 짧거나 아예 없는 경우도 있고, 감률 건조 기간이 대부분의 건조 과정을 차지한다. 또 감률 건조 기간도 제1 감률 건조 기간, 제2 감률 건조 기간, 제3 감률 건조 기간으로 나눌 수 있을 정도로 식품은 건조 시간이 경과할수록 점점 더 건조되기 어려운 특성을 지니고 있다.

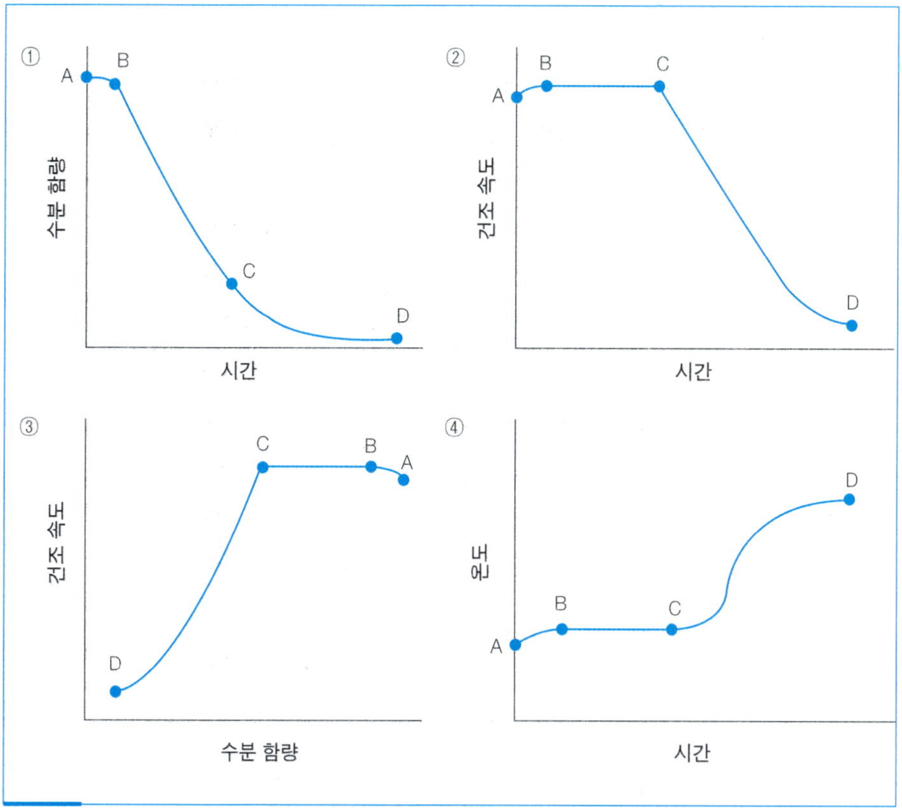

그림 8-2 건조 시간, 건조 속도, 수분 함량, 온도의 관계

① 건조 시간에 대한 식품의 수분 함량의 변화 ② 건조 시간에 대한 건조 속도의 변화
③ 식품의 수분 함량에 대한 건조 속도의 변화 ④ 건조 시간에 대한 식품 온도의 변화

4) 항률 건조 기간

항률 건조 기간 중에 식품의 표면은 액체인 물로 포화되어 있고, 물이 식품의 내부에서 표면으로 이동하는 속도와 식품의 표면에서 수증기로 증발되는 속도가 같다. 이 단계에서는 식(8-3)의 열 전달(heat transfer) 속도와 식(8-4)의 질량 전달(mass transfer) 속도가 균형을 이루고 있고 건조 속도는 열 전달 속도에 좌우되기 때문에 건조 속도는 식(8-5)에서와 같이 열 전달 속도를 증발 잠열로 나누면 구할 수 있다. 식품 표면에서의 수증기 증발로 식품 표면의 온도는 열풍의 습구 온도에 해당하는 일정한 온도에 머무르게 된다.

$$q = hA(T_a - T_s) \qquad (8\text{-}3)$$

여기서 q : 열 전달 속도(W), h : 표면 전열 계수($W/m^2 \cdot K$), A : 식품의 표면적(m^2), T_a : 식품과 접하는 공기의 온도(K), T_s : 식품 표면의 온도(K)이다.

$$\frac{dm}{dt} = K_g A (H_s - H_a) \tag{8-4}$$

여기서 m : 수분 함량(kg), A : 식품의 표면적(m^2), H_s : 식품 표면에서의 절대 습도(kg 수증기/kg 공기), H_a : 공기의 절대 습도(kg 수증기/kg 공기), K_g : 물질(수분) 이동 계수($kg/m^2 \cdot s$)이다.

$$\frac{dm}{dt} = \frac{q}{\lambda_w} = \frac{hA}{\lambda_w}(T_a - T_s) \tag{8-5}$$

여기서 λ_w : 물의 증발 잠열(J/kg)이다.

5) 감률 건조 기간

감률 건조 기간 중에 식품의 표면은 마르기 시작하면서 식품 내부에서 표면으로의 수분 이동 속도가 감소한다. 이에 따라 표면에서의 수분 증발량이 감소하면서 식품 표면의 온도가 오르기 시작하여 궁극적으로는 공기의 건구 온도에 근접하게 된다. 감률 건조 기간 중에 식품 내부에서 표면으로의 수분 이동은 모세관 이동(capillary movement) 또는 확산 이동(diffusion movement)에 의해 이루어지는데, 모세관 이동에 의한 건조 속도는 식(8-6)과 같이 표현되고, 확산 이동에 의한 건조 속도는 식(8-7)과 같이 표현된다.

$$\frac{dm}{dt} = kA(m - m_e) \tag{8-6}$$

$$\frac{dm}{dt} = D\left(\frac{d^2m}{dx^2}\right) \tag{8-7}$$

여기서 m_e : 평형 수분 함량(kg), k : 수분 이동 계수($1/m^2 \cdot s$), D : 수분 확산 계수(m^2/s)이다.

6) 건조 중 식품의 변화

식품의 건조 과정 중에 식품 내부의 수분이 표면으로 이동하면서 수용성 물질을 운반하여 표면에 남겨두고 자신만 증발함으로써 결과적으로 표면에 고형물의 층이 형성된다. 건조 속도가 지나치게 빠를 경우 표면에 수분이 침투하기 어려운 피막이 형성되어 건조 속도가 오히려 감소하고 내부에 수분이 남아 있는 채 건조 과정을 마치게 되는 표면 경화(case hardening) 또는 겉마르기 현상이 나타난다. 따라서 건조할 때 공기의 온도와 습도를 조절하여 건조 속도가 지나치게 빠르지 않도록 조절할 필요가 있다. 또한 동결 건조를 제외한 대부분의 건조 과정 중에 식품의 수축 현상(shrinkage)이 수반된다. 건조 초기에는 수축되는 정도가 제거되는 수분의 양에 비례하지만 건조 후기에 들어가면 수축 현상이 줄어들면서 형태와 크기가 고정된다.

건조는 식품에 물리적 변화뿐만 아니라 화학적 변화도 일으켜 식품의 색깔, 향미, 텍스처, 영양가, 저장성 등에 영향을 끼친다. 비타민 C는 가열과 산화 작용에 예민하기 때문에 열풍 건조 등의 건조 과정 중에 손실이 일어나지만, 동결 건조 중에는 손실이 거의 없다. 비타민 B_1은 건조 과정 중에 75%가 손실되는데, 데치기(blanching)할 경우 15% 정도만 손실된다. 건조 과정 중의 효소적 또는 비효소적 갈변은 데치기와 아황산 처리로 감소시킬 수 있고, 지질 산화 방지를 위해서는 항산화제를 첨가하는 것이 효과적이다.

7) 식품의 건조 장치

건조 방법은 가열 원리를 기준으로 열풍 건조법(drying by heated air), 접촉 건조법(drying by heated surface), 복사 건조법(drying by radiating source), 그리고 동결 건조법(freeze drying)으로 구분할 수 있다.

식품의 건조 장치를 분류하여 보면 열풍 건조법 건조 장치로서 킬른 건조기, 캐비닛(또는 트레이) 건조기, 터널 건조기, 컨베이어 건조기, 빈 건조기, 유동층(또는 부유식) 건조기, 기송식 건조기, 회전식 건조기, 분무 건조기 등이 있고, 접촉 건조법 건조 장치로는 드럼 건조기, 진공 선반 건조기, 진공대 건조기 등이 있으며, 복사 건조법 건조 장치로서 복사열 건조기, 적외선 건조기, 마이크로파 건조기 등이 있고, 동결 건조법 건조 장치로서 회분식 동결 건조기, 다중 진공실 동결 건조기, 터널 동결 건조기 등이 있으며, 그 밖의 건조 방법으로서 탈수 동결, 퍼프 건조, 포말 건조 등이 있다.

(1) 킬른 건조기(Kiln dryer)

킬른 건조기는 그림 8-3에서 보는 바와 같이 공기 히터, 틈바닥(slatted floor),

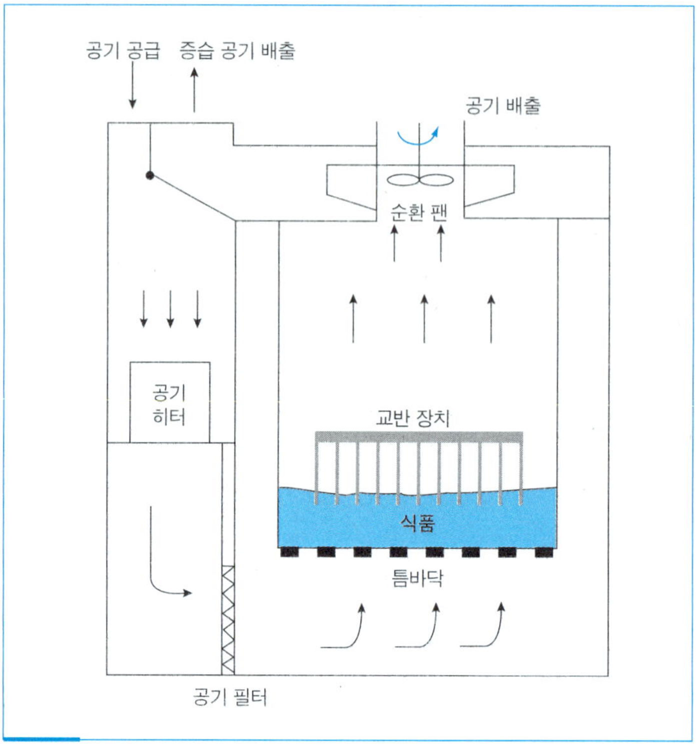

그림 8-3 킬른 건조기

교반 장치(turner 또는 rake)로 이루어져 있으며, 일반적으로 시료를 0.1~0.2m 두께로 가하여 건조하는데, 건조 시간이 길고 건조 과정의 조절이 쉽지 않다. 홉(hop), 사과 절편(apple ring), 맥아 등의 건조에 사용된다.

(2) 캐비닛 건조기(트레이 건조기; Cabinet dryer; Tray dryer)

그림 8-4의 캐비닛 건조기는 단열 캐비닛(insulated cabinet) 내에 공기 순환 팬(circulating fan), 식품 트레이, 히터로 구성되어 있다. 히터로는 가스 버너, 스팀식 열교환기, 전기 히터 등이 사용된다. 이 건조기는 저렴하게 제작할 수 있고 유지 보수가 용이하며, 과실 및 채소의 건조나 실험 공장 규모의 작업(pilot scale works)에 사용된다.

(3) 터널 건조기(Tunnel dryer)

터널 건조기는 단면이 정사각형(가로 2m, 세로 2m)이고 길이가 24m 정도의 터

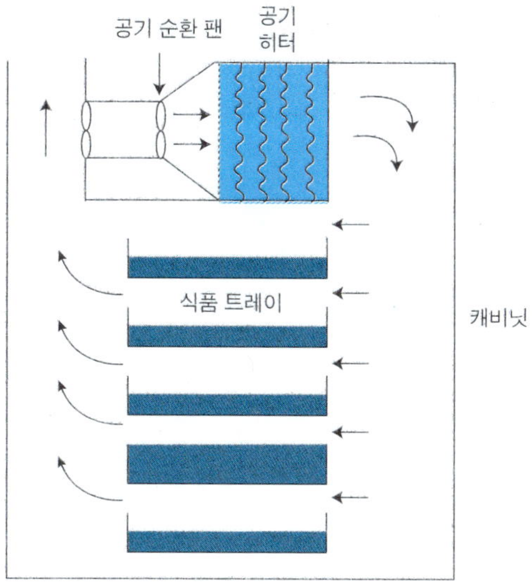

그림 8-4 캐비닛(또는 트레이) 건조기

널에 금속망 트레이를 적재한 트럭(식품 선반차)이 이동하는 동안 히터로 가열된 열풍을 송풍기로 2.5~6.0m/s의 속도로 순환시켜 식품을 건조하는 장치이다. 이 건조기는 과실이나 채소를 건조하는 데 많이 쓰이는 반연속식 건조(semi-continuous drying) 장치이며, 원료 식품과 열풍의 상대적인 흐름의 방향에 따라 병류식(co-current system), 역류식(counter-current system)으로 나눈다(그림 8-5 참조).

병류식은 원료 식품의 입구(wet end)에서 증발 속도가 빠르다가, 식품이 터널을 따라 움직일수록 온도가 낮아지고 습도가 높아진 공기와 접촉하게 되어 건조 속도가 감소하므로, 건조 제품의 출구(dry end)에서 아주 낮은 수분 함량의 제품을 얻기는 어려우나, 과열로 인한 식품의 열손상 위험을 최소화할 수 있다.

역류식은 원료 식품의 입구에서 증발 속도가 낮아 변질의 위험이 있으며, 건조 제품의 출구에서 아주 낮은 수분 함량의 제품을 얻을 수 있는 반면에 과열로 인한 식품의 열손상 위험이 있다. 일반적으로 역류식이 병류식보다 열에너지 사용면에서 더 경제적이다.

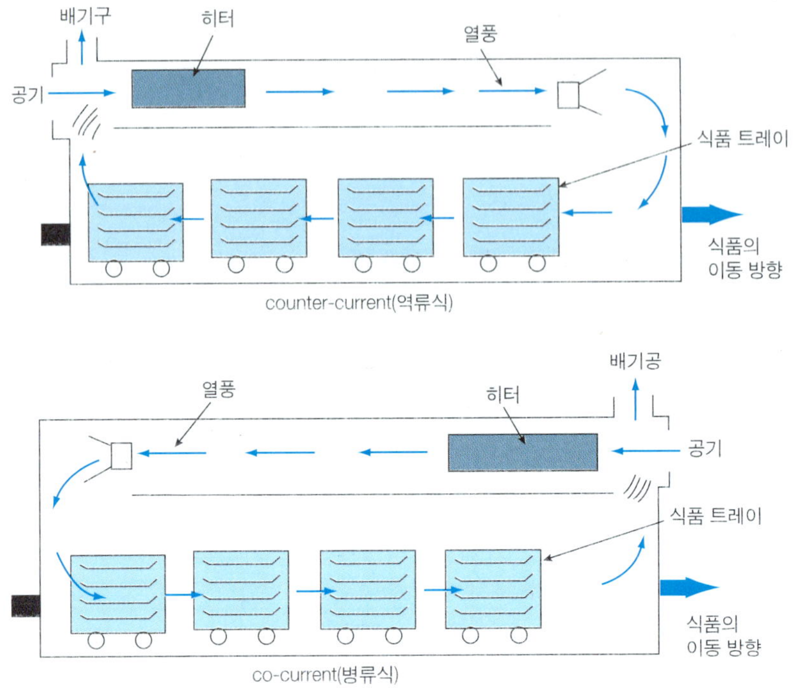

그림 8-5 역류식(위) 터널 건조기와 병류식(아래) 터널 건조기

(4) 컨베이어 건조기(Conveyor dryer)

컨베이어 건조기는 고수분 식품이 벨트 컨베이어(belt conveyor)상에서 이동하며 건조되는 장치이다. 이 건조기는 병류식과 역류식을 동시에 활용할 수 있어 효과적이다(그림 8-6 참조). 또 경우에 따라 열풍이 다공성 벨트와 식품을 뚫고 흐를 수 있는 통류식(through-flow system) 컨베이어 건조기(그림 8-7 참조)도 사용할 수 있는데, 흔히 원료 식품 입구(wet end)에서는 열풍이 상향(upward)으로 흐르고, 건조 제품 출구(dry end)에서는 건조 제품의 열풍에 의해 뜨는 것을 방지하기 위하여 하향(downward)으로 흐르게 조절한다. 이 건조기의 경우 공기가 통과하여 잘 흐를 수 있는 재료라야 사용이 가능하고 건조기의 가격이 상대적으로 비싸기 때문에 컨베이어 건조기에서 수분 함량 10~15%까지 건조한 후 마감 건조(finish drying)는 빈 건조기(bin dryer)를 사용하기도 한다.

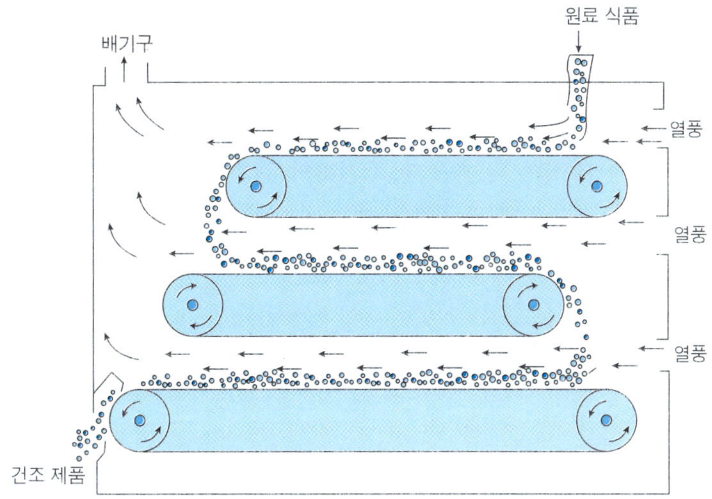

그림 8-6 병류식 및 역류식 동시 활용 컨베이어 건조기

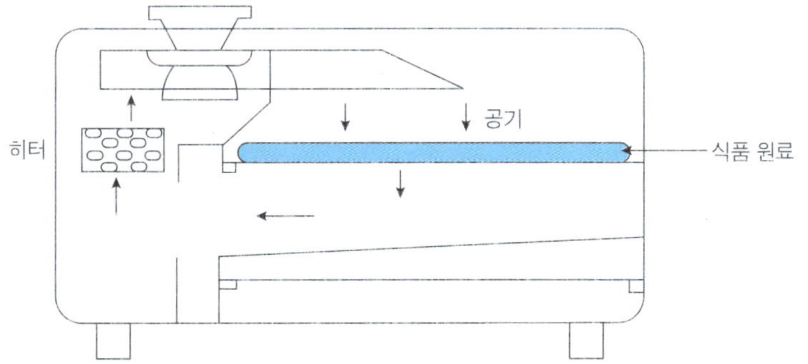

그림 8-7 통류식 컨베이어 건조기

(5) 빈 건조기(Bin dryer)

빈 건조기는 틈바닥망(false bottom), 송풍기, 가열기로 구성된 상자 모양의 빈(bin)으로 이루어져 있고, 건조 속도가 느려 건조 시간이 오래 걸리나 제작비나 운영비가 적게 들기 때문에 식품의 마감 건조에 자주 사용된다.

(6) 유동층(또는 부유식) 건조기(Fluidized bed dryer)

유동층 건조기는 그림 8-8에 나타낸 것과 같이 다공판(perforated plate), 히터, 송풍기, 집진기(cyclone)로 구성되어 있고, 회분식 또는 연속식 시스템이 있다. 열풍이 다공판 위에 투입한 식품의 아래에서 위로 불도록 하고 식품이 열풍 중에 부유하도록 열풍의 방향과 속도를 조절하여 건조하는 방식이다. 이 건조기는 열풍으로 부유가 가능한 식품에 적용할 수 있으며, 건조 속도가 빠르고 작업의 조절이 간편하며 건조가 균일한 장점이 있다. 완두, 두류, 당근, 양파, 감자, 육류, 밀가루, 코코아, 커피, 소금, 설탕 등의 건조에 이용된다.

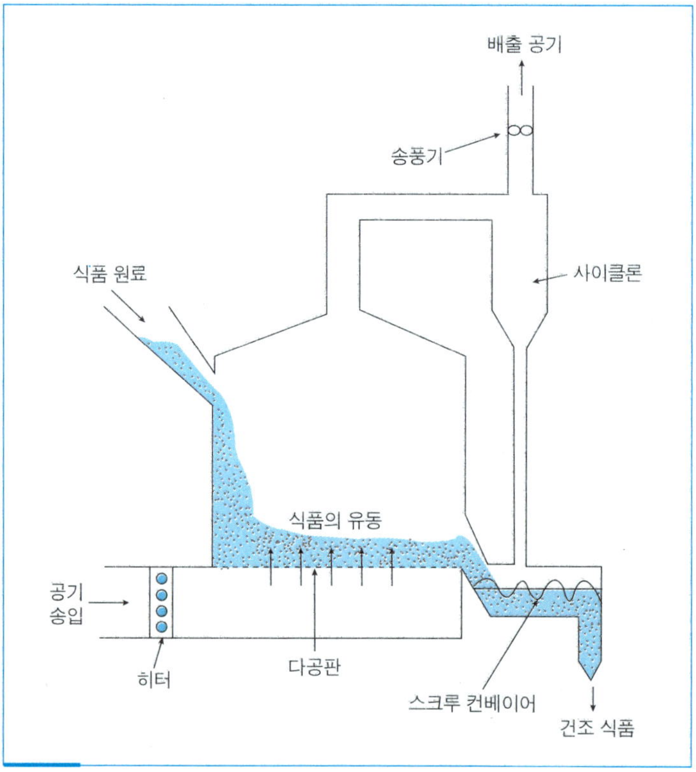

그림 8-8 유동층 건조기

(7) 기송식 건조기(Pneumatic dryer)

기송식 건조기는 유동층 건조의 열풍 속도를 크게 하여 확대함으로써 건조와 이송을 동시에 하는 장치이다(그림 8-9 참조). 건조 속도가 빠른 이 건조기 역시 열

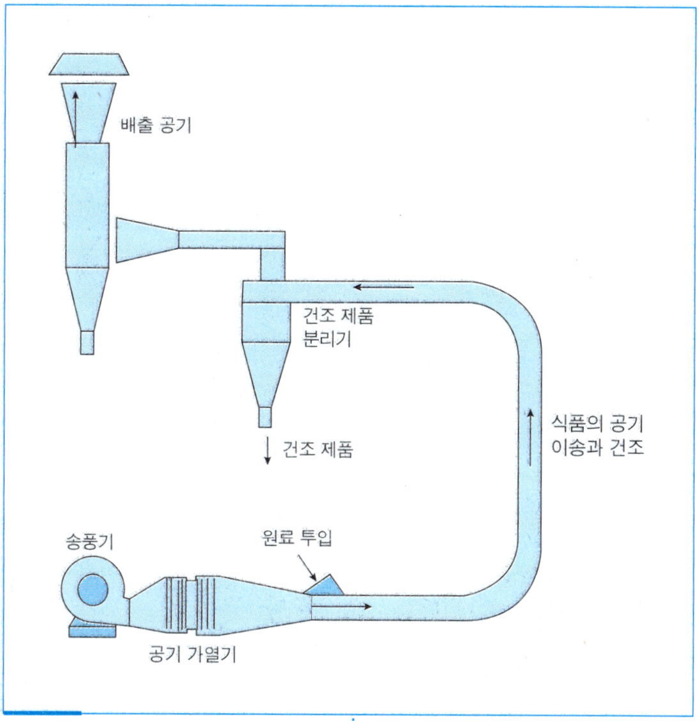

그림 8-9 기송식 건조기

풍으로 부유가 가능한 식품에 적용할 수 있으며, 각종 곡식, 밀가루, 감자 입자(potato granule), 육류 조각(meat cubes)의 건조에 이용된다.

(8) 회전식 건조기(Rotary dryer)

회전식 건조기는 원료 식품을 원통형 용기에서 회전시키면서 열풍을 통과시켜 건조하는 장치이다(그림 8-10 참조). 이 건조기는 자유 흐름 특성(free flowing characteristics)이 있는 육류 필렛(pellet), 그라뉼 슈가(granulated sugar), 코코아빈 등에 적용되고 있고, 건조 속도가 빠르고 건조가 균일한 장점이 있다.

(9) 분무 건조기(Spray dryer)

분무 건조기는 액체 식품을 건조하는 데 사용된다(그림 8-11 참조). 액체 식품을 직경 10~200㎛의 입자 크기로 분무하여 표면적을 극대화시킨 상태에서 열풍과 접촉시킴으로써 별도의 분말화 과정 없이 1~10초 안에 신속하게 건조시키는 방법

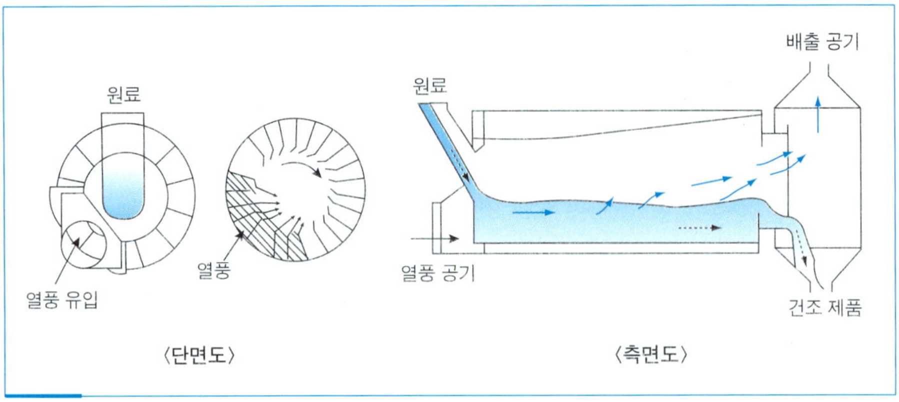

그림 8-10 회전식 건조기

이다. 이 경우 대부분의 건조가 항률 건조 기간 중에 일어나기 때문에 식품의 온도가 열풍의 습구 온도에 근접하여 열손상이 적은 장점이 있다. 열풍의 가열은 스팀 히터를 사용하고, 열풍의 순환은 원심 팬(centrifugal fan)을 사용한다.

분무 장치(그림 8-12 참조)로는 고압 노즐형(pressure nozzle), 이류체 노즐형(two-fluid nozzle), 원심식 원반형(centrifugal atomizer)이 있다. 고압 노즐형은 3.6~48.4×10^6MPa 정도의 고압으로 액체 식품을 펌핑하는 방법이고, 이류체 노즐형은 고속의 공기 등의 기체로 액체 식품을 분무하는 방법으로 실험실 규모의 작업에 많이 사용되며, 원심식 원반형은 고속으로 회전하는 디스크 중심 가까이에 액체 식품을 넣어 순간적으로 분무시키는 방법이다.

건조실(drying chamber)은 열풍과 분무 액체가 만나 순간적으로 건조가 이루어지는 공간으로 건조실 모양에 따라 수직식과 수평식이 있고, 열풍의 방향에 따라 병류식과 향류식이 있으며, 분무 액체의 방향에 따라 하향식과 상향식이 있는데, 수직식 건조실 내에서 분무 액체와 열풍이 하향식으로 흐르는 병류식 시스템을 사용하는 경우가 많다. 배출되는 공기 안에 남아 있는 분말의 회수 시스템(recovery system)으로 사이클론 분리기(cyclone separator)나 백 필터(bag filter)가 사용된다.

분무 건조기는 우유, 유청, 아이스크림 믹스, 버터, 치즈, 유아식, 커피, 차, 액란, 주스 등의 건조에 사용된다.

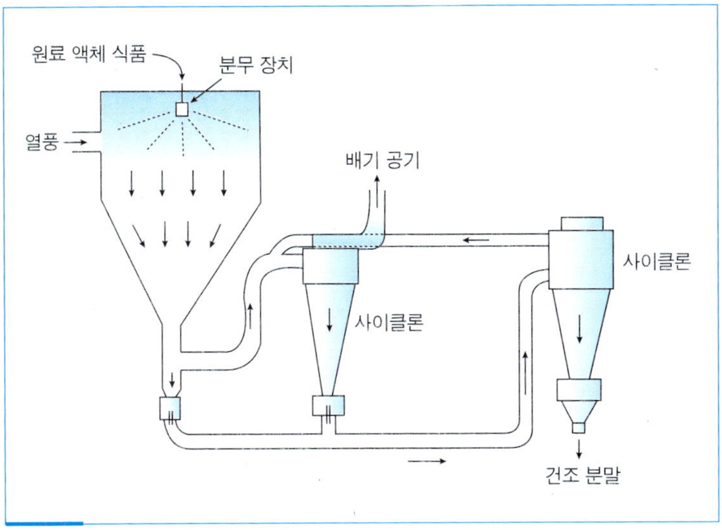

그림 8-11 분무 건조기

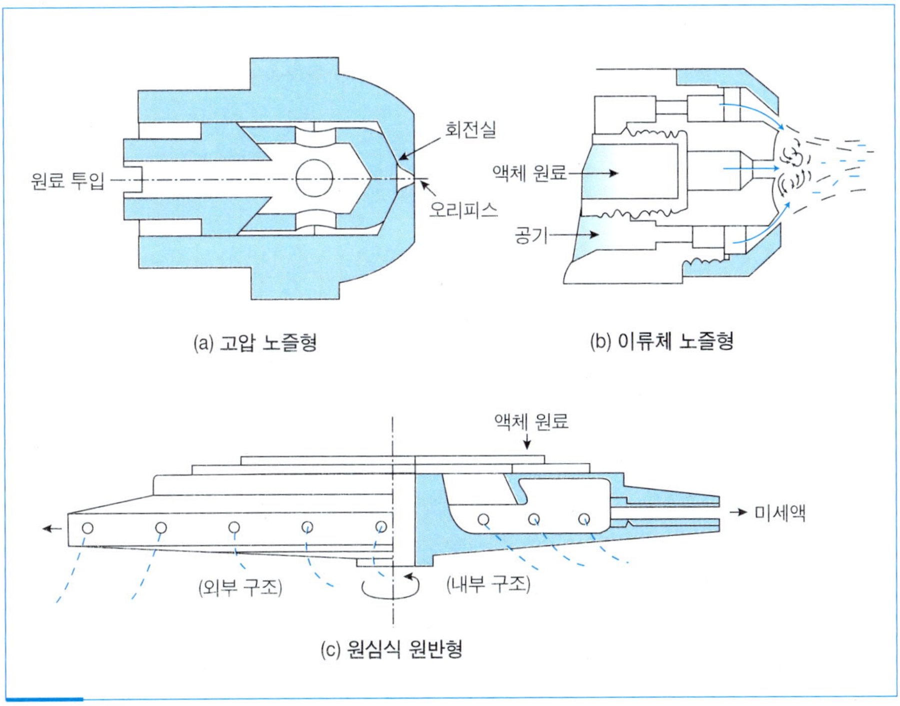

그림 8-12 분무 장치

Tips 치즈도 분무 건조할 수 있는가

답은 '할 수 있다'.

고체 형태의 치즈를 분쇄하고 적절한 양의 물을 가한 뒤 잘 교반하고 이를 50~60℃로 가열하여 균질화시키면 흐름성이 좋은 묽은 액상 치즈가 된다. 이것을 분무 건조하면 치즈 향이 많이 남아 있는 분말 치즈를 얻을 수 있다.

(10) 드럼 건조기(Drum dryer)

드럼 건조기(그림 8-13 참조)는 스팀에 의해 가열된 금속 실린더(metal cylinder)가 수평축을 중심으로 회전하는 동안 액체 식품이 드럼 표면에 일정한 두께를 지닌 막(film)의 형태로 도포되고 드럼이 한 바퀴 회전하는 동안 건조된 필름 상태의 식품은 드럼에 균일하고 날카롭게 접촉되어 있는 칼날(scraping knife)로 제거되어 분말화 공정을 거치게 된다. 이 건조기에는 그림 8-14에 나타낸 것처럼 단식 드럼 건조기(single drum dryer), 복식 드럼 건조기(double drum dryer), 쌍드럼 건조기(twin drum dryer), 및 진공 드럼 건조기(vacuum drum dryer)가 있는데, 이 중에 진공 드럼 건조기는 열에 민감한 물질의 건조에 쓰이며 제작 경비가 많이 든다. 드럼 건조기에서의 건조 속도는 드럼의 회전 속도, 스팀 압력(드럼 온도), 막 두께에 좌우되는데, 흔히 2~30초에 건조가 이루어질 정도로 건조 속도가 빠르며 열에너지의 경제적 사용이 가능하다. 이 건조기는 액체 식품에 적용 가능하

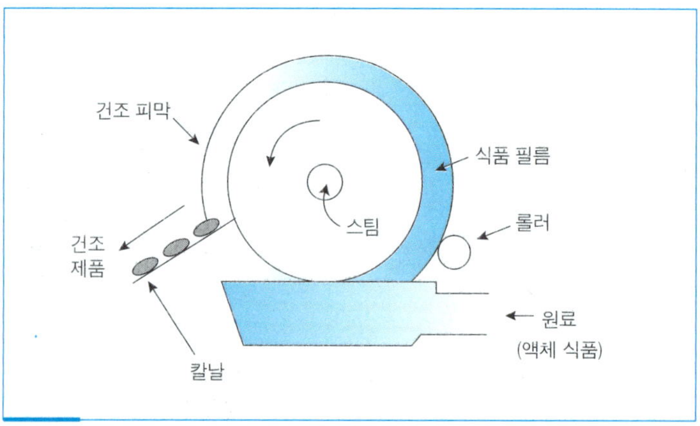

그림 8-13 드럼 건조기

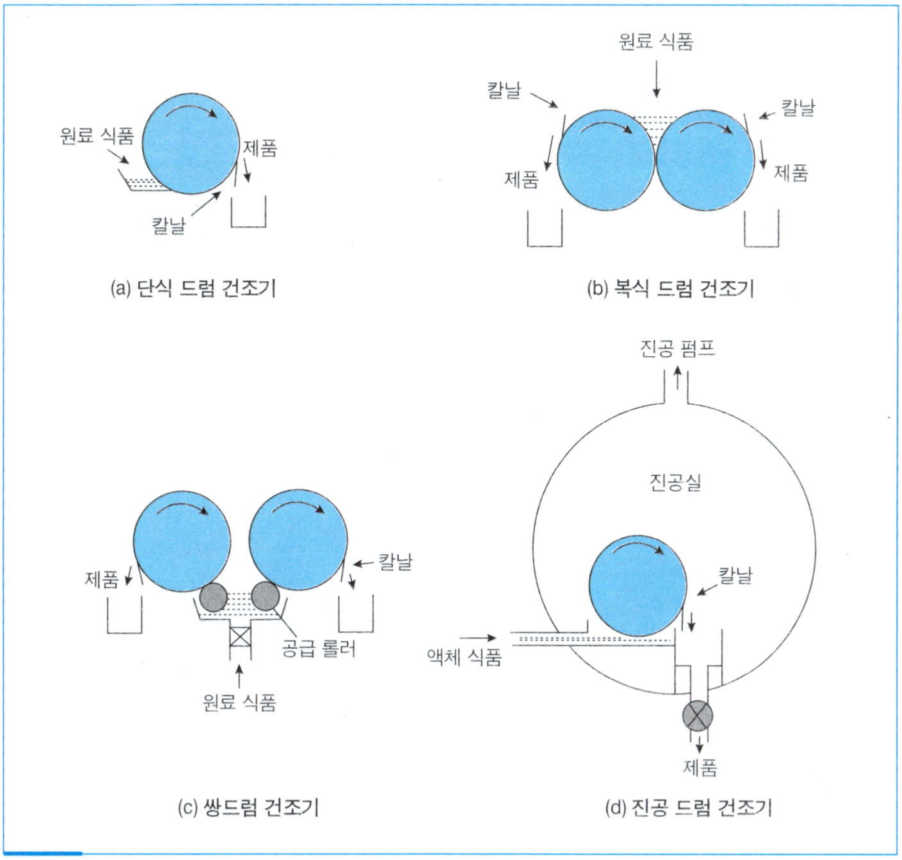

그림 8-14 단식 드럼 건조기, 복식 드럼 건조기, 쌍드럼 건조기 및 진공 드럼 건조기

고, 우유, 수프 믹스, 유아식, 으깬 감자(mashed potato)의 건조에 이용되고 있다.

(11) 진공 선반 건조기(Vacuum shelf dryer)와 진공대 건조기(Vacuum band dryer)

진공 선반 건조기는 열에 민감한 식품을 건조하기 위한 장치로서 과실 주스 농축액의 건조에 사용되고 있으며, 진공 건조실(vacuum-tight chamber) 내에 가열 매체가 순환하는 선반(shelf)과 그 위에 얹어놓는 금속 트레이로 이루어져 있다.

진공대 건조기(그림 8-15 참조)는 과실 주스 농축액, 토마토 농축액, 커피 추출 농축액 등의 액체 식품을 건조하는 장치로서 진공실 내부에 연속적으로 회전하는 스테인리스 벨트(continuous stainless steel belt)와 가열 드럼(heated drum), 냉각 드럼(cooled drum), 복사 가열기(radiant heater), 칼날(scraper blade)로 구성되어 있다.

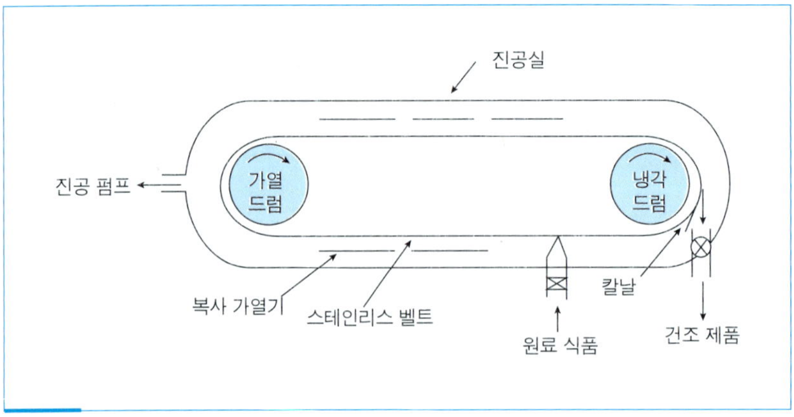

그림 8-15 진공대 건조기

(12) 복사열 건조기(Radiant heating dryer), 적외선 건조기(Infra-red dryer) 및 마이크로파 건조기

복사열 건조기는 식품 내부로의 열 침투가 제한되어 있고, 가열이 불균일하며, 이에 따라 건조도 불균일한 단점이 있다.

적외선 건조기는 컨베이어 벨트 바로 위에 적외선 가열 장치를 배치한 건조 장치로서 빵 속, 전분, 커스터드 분말, 케이크 믹스, 차, 아몬드, 향신료 등의 건조에 사용된다.

마이크로파를 이용한 건조기로는 열풍을 병용한 마이크로파 열풍 건조기, 진공을 병용한 마이크로파 진공 건조기, 동결 건조를 병용한 마이크로파 동결 건조기가 있다.

(13) 동결 건조기

동결 건조 중 식품의 온도는 그림 8-16에 나와 있는 바와 같이 낮은 온도를 유지하는데다가 용질의 이동, 수축 현상, 표면 경화 등이 거의 없으며, 재수화성(reconstitution)도 좋기 때문에 건조 방법 중에서 가장 우수한 방법이라고 할 수 있다.

회분식 동결 건조기(batch freeze dryer)는 그림 8-17에서 보는 바와 같이 진공실(vacuum cabinet), 진공 펌프, 가열 장치, 응축기(condenser; vapor trap)로 구성되어 있고, 건조 시간은 7~8시간 걸린다. 진공 펌프는 10분 이내에 진공실 내부의 압력을 5~10mmHg 이하로 떨어뜨린 후 1mmHg 이하의 압력을 계속 유지할 수 있어야 한다. 가열 장치로는 접촉식이나 복사식이 있고 마이크로파를 활용할 수도 있다.

다중 진공실 동결 건조기(multicabinet freeze dryer)는 4개의 회분식 캐비닛이 2개의 진공실 안에 나누어져 있는 반연속식 동결 건조기로서 하루에 5톤을 처리할 수 있다. 터널 동결 건조기(tunnel freeze dryer)는 커피 등의 연속식 대량 건조에 사용되고 있다.

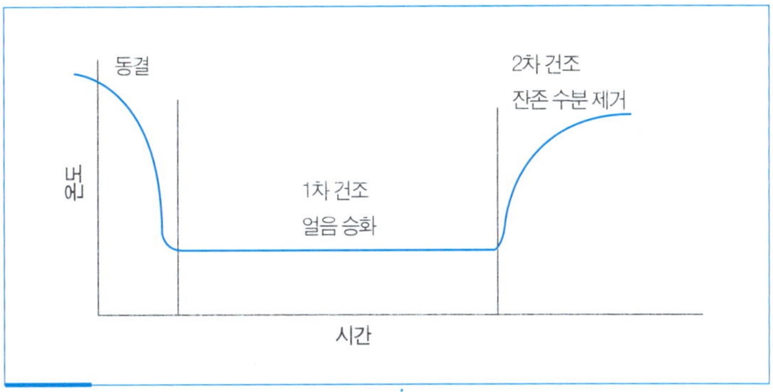

그림 8-16 동결 건조 중 온도의 변화

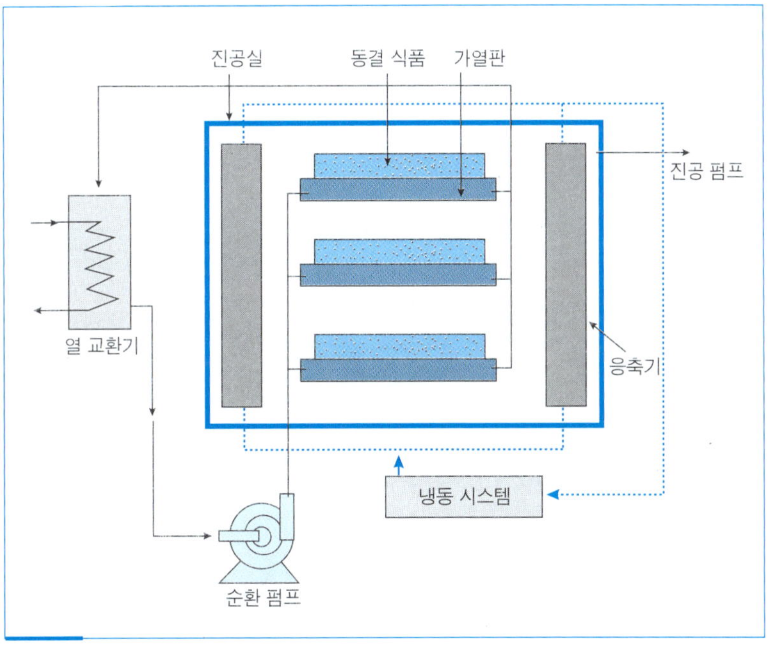

그림 8-17 회분식 동결 건조기

(14) 그 밖의 건조 장치

그 밖에 탈수 동결(dehydro freezing)은 열풍으로 부분 건조하여 원래 무게의 50%까지 무게와 부피를 감소시킨 후 냉동시켜 보관하는 방법으로 과실이나 채소에 적용되고 있다.

또 puff 건조(puff drying)는 수분 함량이 비교적 적은 15~40%의 식품을 밀폐 용기에 1/3 정도 채워 넣고 1~5기압의 압력에서 120~150℃까지 가열한 후 밀폐되었던 용기를 신속하게 개방하여 상압 중으로 기체와 수증기를 분출시켜 puffing하면서 다공질 구조의 건조 제품을 얻는 방법으로 건조 속도가 빠르고 재수화성이 좋은 제품을 제조할 수 있다.

포말 건조(foam mar drying)는 액체 식품에 기포 형성제(발포제; foaming agent)로서 CMC(carboxy methyl cellulose), MC(methyl cellulose), 모노글리세라이드(monoglyceride), 알부민(albumin), 수크로스지방산 에스터(sucrose fatty acid ester), 껌(gum) 등을 1% 정도 가하고 공기나 질소가스를 주입하여 거품을 형성시킨 후 터널식으로 건조하는 방법으로, 건조가 신속히 일어나고 건조 제품의 품질도 우수하기 때문에 과실 주스나 유아식의 건조에 사용된다(그림 8-18 참조).

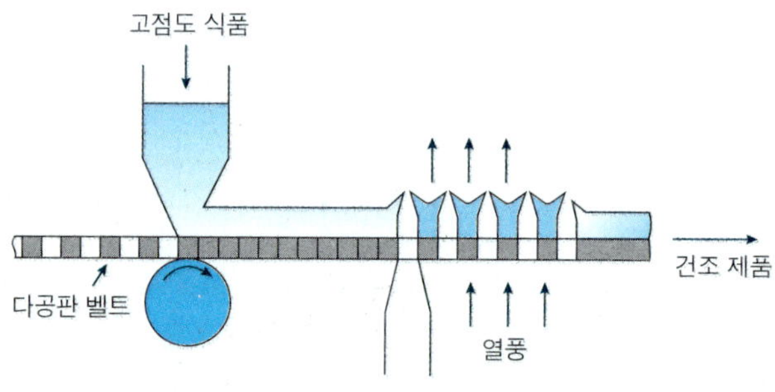

그림 8-18 포말 건조 시스템

2. 염장에 의한 식품 저장

1) 염장에 의한 식품 저장의 원리

염장에 의해 식품이 저장되는 원리는 소금의 삼투 작용(osmosis), 소금의 단백질 분해 억제 작용, 소금 용해로 인한 산소 용해도 감소 등으로 설명할 수 있다.

삼투 작용은 그림 8-19에 나타낸 바와 같이 세포의 반투막을 통해 물분자가 저농도 상태에서 고농도 상태로 이동하여 액체 기둥의 높이가 달라짐으로써 압력차(삼투압)가 생기는 현상이다. 식품을 소금에 절이면 삼투압에 의해 식품 중의 수분이 탈수되는 한편, 식품의 모세관 등 미세한 통로를 통해 소금이 식품 내부로 침투하거나, 용질이 고농도에서 저농도로 직접 이동하는 확산 현상을 통해 소금이 식품 내부로 이동하게 된다. 이에 따라 식품은 수분을 잃고 소금의 농도가 높아지므로 수분 활성도가 감소하는데다가, 식품 중의 미생물 세포 자체도 삼투압에 의한 탈수와 이에 따른 원형질 분리(plasmolysis)로 생육이 억제되든가 사멸된다.

소금의 삼투압은 1% 소금 용액의 경우 7.6기압, 10% 소금 용액 62.8기압으로 1% 설탕 용액의 삼투압 0.68기압에 비해 상대적으로 높다. 또 칼슘염이나 마그네슘염 등의 불순물이 들어 있는 소금보다 순도가 높은 소금일수록 삼투 속도가 크고, 소금 용액의 농도와 온도가 높을수록 삼투 속도도 빠르다. 그리고 건염법보다

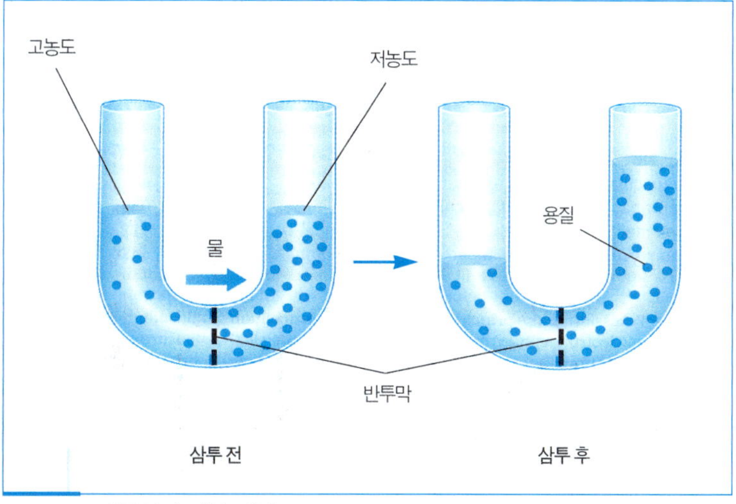

그림 8-19 삼투압의 기본 개념

는 염수법의 삼투 속도가 크고 어체를 염장할 때 껍질을 벗긴 경우의 삼투 속도가 벗기지 않은 경우보다 더 크다.

일반적으로 세균은 소금 10% 농도에서 생육이 억제되는데, 소금에 대한 저항성은 병원균보다 부패균이, 간균보다 구균이, 무포자 형성균보다 포자 형성균이 강한 것으로 알려져 있다. 식중독 세균인 *Clostridium botulinum*은 소금 6% 농도에서, *Bacillus cereus*는 소금 10% 농도에서 생육이 억제된다. 그 반면 *Saccharomyces* 속의 효모는 소금 15% 농도에서, *Zygosaccharomyces* 속의 간장효모는 소금 20% 농도에서, *Penicillium* 속의 곰팡이는 소금 20~30% 농도에서 생육이 억제된다.

2% 소금 용액에 대한 내성을 기준으로 세균을 소금 농도 2% 이하에서 잘 자라는 비호염성균(non-halophile)과 소금 농도 2% 이상에서 잘 자라는 호염성균(halophile)으로 나눈다. 비호염성균은 소금 농도 2% 이하에서만 성장하는 비내염균(salt-sensitive)과 소금 농도 2% 이하에서 잘 자라지만 2% 이상에서도 자라는 내염균(salt-tolerant)으로 구분된다. 그리고 호염성균은 소금 농도 2% 이하에서도 자라지만 2% 이상에서 가장 잘 자라는 통성균(facultative)과 소금 농도 2% 이상에서만 자라는 편성균(obligate)으로 구별된다.

한편 소금은 식품 중의 단백질 분해 억제 작용이 있는 것으로 알려져 있다. 이것은 그림 8-20과 같이 소금이 단백질 분해 효소보다 먼저 단백질 분자의 peptide 결합에 경쟁적으로 결합함으로써 단백질 분해 효소의 접근을 봉쇄하기 때문이다. 그 밖에 소금 용액의 농도가 높아질수록 산소의 용해도가 감소함으로써 호기성세균의 발육에 영향을 줄 수 있고, 또한 소금이 존재함으로써 세균의 CO_2에 대한 감도를 예민하게 하는 작용을 하기도 한다.

2) 염장 방법

염장 방법으로 염수법과 건염법이 주로 사용되어 왔고, 또 이를 개량한 개량 염

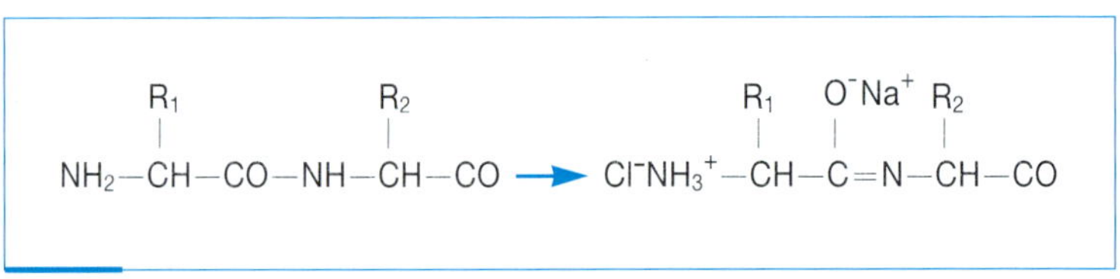

그림 8-20 단백질의 peptide 결합에 대한 소금의 경쟁적 결합

수법, 개량 건염법, 염수 주사법, 변압 염장법, 압착 염장법도 쓰이고 있다.

(1) 염수법

염수법은 식품을 소금 용액 중에 침지하는 방법으로 습염법(물간법; brine salting)이라 한다. 염수법을 사용할 경우 식품에서 수분이 빠져나오므로 소금의 농도를 일정하게 유지하게 위하여 여러 차례 소금을 첨가하여야 하고, 장시간 방치할 때 염수층이 형성되므로 수시로 교반해야 한다. 염수법은 소금의 침투가 균일하여 간이 골고루 배고, 품질이 균일하며, 제품의 짠맛을 조절하기 쉽다. 또 과도한 탈수 작용이 일어나지 않으므로 외관이나 맛, 수율이 좋고, 염장 과정에서 식품이 공기와 접촉하지 않으므로 유지의 산화도 잘 일어나지 않는다.

그러나 염장 중 자주 교반하지 않으면 침출된 수분이 얇은 막의 형태로 식품 표면을 덮어 식염의 침투와 탈수를 방해함으로써 염장 초기에 부패하는 수가 있다. 이러한 현상은 소금 농도가 낮을 때 잘 일어나고 심할 경우 소금은 침투하지만 탈수가 일어나지 않거나 오히려 물이 흡수되는 경우도 생긴다. 또 염수법은 건염법에 비해 소금 사용량이 많은 점도 단점이다.

(2) 건염법

건염법은 식품에 소금을 직접 뿌려 염장하는 방법으로 마른간법(dry salting)이라 하며, 식품 표면의 수분이나 내부에서 빠져나온 수분에 소금이 녹으면서 식품 표면이 포화 상태의 소금 용액으로 덮여 있는 상태가 된다. 따라서 식품 외부와 내부의 삼투압 차이가 크기 때문에 소금의 침투와 탈수가 빨리 진행되어 적은 양의 소금으로도 효과적인 염장을 할 수 있고, 염장 초기의 부패도 적다. 또 염장이 잘못 되었을 때 그 피해를 부분적으로 국한할 수 있다.

하지만 건염법은 소금의 침투가 균일하지 못해 품질이 고르지 못하고, 식품 내의 수분이 지나치게 탈수되어 외관이 좋지 못하며 수율도 낮은 단점이 있다. 또 염장 과정 중에 식품 표면이 공기에 노출되어 유지 산화로 인한 변색을 일으킬 수 있으며 이를 방지하기 위해서는 항산화제를 사용해야 한다.

(3) 개량 염수법

이 방법은 염장 용기 안에서 식품에 건염 처리를 하면서 한 층씩 재우며 쌓아올린 뒤 적당히 가압함으로써 식품으로부터 빠져나온 수분에 의해 소금의 포화 용액이 형성되게 만드는 일종의 개량 염수법으로서 개량 물간법이라 부른다. 염장이 두 단계로 이루어질 때 처음 염장을 가염지(presalting)라 하고 두 번째 염장을 본염지라 한다. 어패류의 경우 가염지로 대부분의 수분을 제거하여 염장 초기의 변질을 억제하고 본염지로 염장 효과를 높일 수 있다. 이 개량 염수법은 염수법과 건염법의 단점을 상호 보완한 것으로서, 염장 초기에 부패될 위험이 적고 소금의 침투가 균일하며 외관이나 수율이 좋고 유지 변색도 막을 수 있다.

(4) 개량 건염법

개량 건염법은 먼저 염수로 가염지를 하여 식품 표면에 부착되어 있는 세균이나 점질물 등을 제거하고 나서, 건염법으로 본염지를 하여 염장 효과를 높이는 방법이다. 기온이 높을 때나 선도가 떨어진 식품을 염장할 때 변패를 막는 데에 효과적인 방법이다.

(5) 염수 주사법

크기가 큰 육류는 염지 시간이 길기 때문에 염지 과정 중에 변질되기 쉬우며 때로는 세균이 번식하여 부패되는 수도 있다. 이와 같은 경우에 염지 시간을 1/3 이내로 단축시키고 균일하게 염지하기 위해 소금 용액을 주사하는 방법을 사용하는데 이를 염수 주사법(brine injecting method)이라 한다. 이 방법은 일찍부터 햄이나 베이컨의 제조에 이용되어 왔으며 근육 주사법(stitch pumping method)과 맥관 주사법(vascular pumping method)으로 나눌 수 있다.

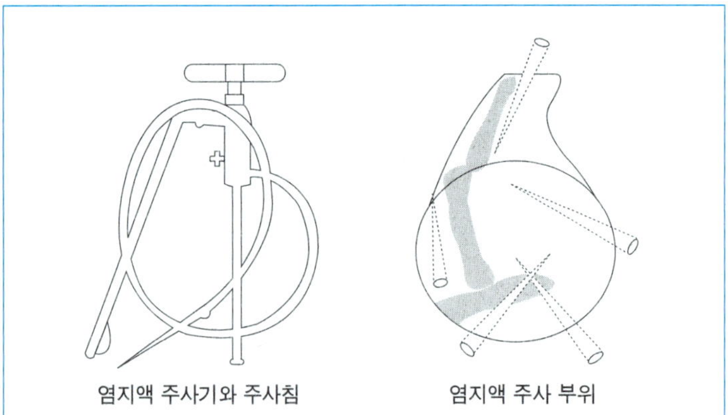

그림 8-21 근육 주사법

근육 주사법(그림 8-21 참조)은 주사기에 물 100, 소금 29~30, 초석 2~5로 배합된 액(pickle)을 넣고 근육 중심부에 주입하는 것으로 염지 시간이 1/3로 단축된다. 맥관 주사법은 Morgan법이라고 하는데 가축을 도살하고 박피한 후 흉부를 절개하여 좌심실로부터 대동맥 속에 주사침을 장치하고 우심실에는 구멍을 뚫어 혈압과 같은 압력으로 혈관 내에 염지액을 주입하는 것으로 3~4분 만에 혈관을 통해 전신에 퍼지게 된다. 이것을 해체한 후 냉각하여 다시 건염법으로 염지한다. 이 방법은 염지가 균일하고 침투가 빠른 장점이 있으나 혈관에 손상 부위가 일부만 있어도 모세혈관 내의 침투가 완전치 못한 점이 단점이다. 주로 햄 제조에 이용되는데 주사량은 육류 무게의 8~10% 정도면 된다.

(6) 변압 염장법

변압 염장법은 밀폐 용기에 식품을 넣고 용기 내부를 감압하여 식품 조직 내에 있는 기체를 제거한 다음, 염지액을 주입하고 나서 용기 내를 가압하여 소금의 침투를 신속하게 하여 염장 시간을 단축하는 급속 염장법의 하나이다. 용기 제작이나 처리 공정에 시설비가 많이 들어 어류의 염장에는 거의 이용되지 않고 햄 제조에 주로 사용되고 있으며 염장 시간을 1/3로 단축할 수 있다.

(7) 압착 염장법

압착 염장법은 처음에 건염법으로 염지하고, 그 다음에 염수법으로 염지하여 소금의 침투를 끝낸 다음 염수에서 건져내어 적당히 가압하여 과잉의 염분을 수분과 함께 압출시키는 방법이다. 이렇게 하면 짠맛이 적은 제품을 얻을 수 있어 풍미를 목적으로 하는 일부 제품에 이용되고 있으나 대량 생산에는 부적당하다.

3) 염장 후에 일어나는 변화

(1) 수분 함량의 변화

염장에 의한 수분 함량의 변화는 세 가지로 설명된다. 첫째, 높은 삼투압에 의해 탈수 작용이 일어난다. 둘째, 식품 내에 침투된 소금으로 인해 생긴 소금 용액에 식품 단백질이 용해되어 colloid 용액을 형성하고 이 용액의 삼투압도 높기 때문에 수분을 다시 흡수하게 된다. 셋째, 소금의 침투량이 많아져 식품 중의 소금 농도가 높아지면 단백질의 용해성이 감소하여 염석(salting out) 현상이 생기므로 수분의 흡수는 정지된다. 따라서 염장 식품의 수분 함량은 이 세 가지 작용이 평형을 이루는 점에서 결정된다.

염수법의 경우 수분 함량은 소금 농도와 온도에 따라 변화된다. 소금 농도 10% 이상의 경우 소금 농도가 높을수록 탈수되는 수분이 많고, 염장 온도가 낮을수록 탈수량은 감소한다.

건염법의 경우 소금 사용량이 많을수록 탈수량도 많다. 건염법으로 제조한 어육 제품의 수분은 55~60% 정도이나 장시간 충분히 염지하면 자유수의 대부분이 탈수되어 30~40%의 수분 함량을 지닌 제품을 얻을 수 있다.

(2) 중량의 변화

식품을 염장하면 식염이 침투하고 수분이 증가하거나 감소하며 육질의 일부가 용출되므로 제품의 무게가 변화된다. 건염법의 경우 소금 사용량이 많을수록 무게가 감소하는데, 다량의 소금을 사용하면 원료육 100g당 30g 정도의 감량이 있다. 염수법의 경우 무게 변화가 염장 조건에 따라 증가하기도 하고 감소하기도 한다.

(3) 화학 성분의 변화

근육 단백질은 묽은 소금 용액에서는 용해되나 농도가 높아지면 변성되고 일단 변성되면 묽은 소금 용액에서도 용해되지 않는다. 또 식품을 염장하게 되면 가용성 단백질, 무기질, 비타민, 엑스분(extractive) 등의 일부가 소금 용액에 녹아 손실된다. 손실 정도는 온도, 농도, 염장 방법, 염장 기간, 식품의 성질 등에 따라 다른데, 온도가 높을수록 신선도가 낮을수록 염장 기간이 길수록 손실이 많아진다.

(4) 탄성의 변화

염건품을 만들면 육조직이 단단해지고 탄성이 있는 제품이 된다. 2~3%의 소금을 어육에 넣고 마쇄하면 점착성이 있는 sol 형태의 고기풀이 되고, 이를 가열하든가 상온에 오래 두면 탄성이 있는 gel상의 구조로 바뀐다. 고등어, 정어리 같은 생선의 경우 고온으로 놓아두면 다시 구조가 붕괴되는 되풀림(returning) 현상이 일어나기도 한다.

(5) 자기 소화

염장육의 자기 소화(autolysis)는 식염에 의하여 어느 정도 저해되기는 하나 포화에 가까운 소금 농도에서도 완만하게 진행된다. 효소가 많은 내장을 제거하지 않을 경우 자기 소화는 더 잘 일어난다.

(6) 염장 어육의 적변

여름철에 염장 어류는 종종 적변하는 수가 있는데, 이는 고농도의 소금 용액에서 발육하는 미생물이 적색 색소를 생산하기 때문이다. 적변의 최적 온도는 45~48℃이며 25℃에서는 적변되는데 3배의 시간이 걸린다. 적변 방지를 위해 소브산(sorbic acid) 등을 첨가하고 염장 용기를 깨끗이 소독하는 것이 중요하다.

3. 당절임에 의한 식품 저장

1) 당절임(Sugaring)에 의한 식품 저장의 원리

당절임(당장; sugaring)을 하면 당액의 삼투압 작용에 의해 식품 중의 수분은 감소하고 대신 당의 농도가 높아져 전체적으로 수분 활성도가 감소하며, 식품 중의 미생물 세포 자체도 삼투압에 의해 탈수와 원형질 분리(plasmolysis)를 겪게 되어 생육이 억제된다.

그러나 당은 소금에 비해 삼투압이 낮아(1% 설탕 용액의 삼투압 0.68기압, 1% 소금 용액의 삼투압이 7.6기압) 식품 내부로의 침투가 잘 되지 않는다. 그래서 식품을 먼저 묽은 당액이나 물로 가열하여 조직을 연화시킨 후 짙은 농도의 당액에 침지한다. 여러 가지 당액의 실온에서의 수분 활성도는 0.7~0.9 사이의 범위를 보인다(표 8-1 참조). 당의 삼투압은 몰수에 비례하므로 동일한 농도일 경우 당의 분자량이 작을수록 크다. 예를 들어 포도당이나 과당 같은 단당류의 삼투압이 설탕과 같은 이당류의 삼투압보다 크다.

당절임 원리를 활용한 식품으로는 잼, 젤리, 마멀레이드(marmalade), 프리저브(preserve), 당절임 과실, 가당 연유 등이 있다.

표 8-1 여러 가지 당액의 실온에서의 최저 수분 활성도

당액의 종류	용해도%(w/w)	최저 수분 활성도
설탕	67	0.86
포도당	47	0.92
전화당	63	0.82
설탕 37.6% + 전화당 62.4%	75	0.71
NaCl	27	0.74

2) 당절임의 미생물 생육 억제 효과

세균에 대한 당류의 생육 억제 효과는 과당>포도당>설탕>유당의 순서를 보인다. 효모에 대해 과당이나 포도당 용액은 설탕 용액보다 5~10% 낮은 농도에서도 설탕 용액과 같은 생육 억제 효력을 보이며, 곰팡이에 대해서도 포도당은 설탕보다 생육을 더 효과적으로 억제한다.

일반적으로 미생물은 당 농도가 50% 이상이 되면 생육이 억제되나 내삼투압성 효모(osmophilic yeast)는 당 함량 80%의 고농도에서 견딜 수 있어 꿀, 초콜릿, 잼, 당밀 등에서도 번식할 수 있다. 곰팡이도 높은 당 농도에서 번식하는데, *Penicillium glaucum*은 당 농도 65%에서도 생육한다. 미생물의 생육 최저 수분 활성도는 세균 0.9, 효모 0.88, 곰팡이 0.8 정도로 알려져 있다. 내삼투압성 효모인 *Sachharomyces rouxii*는 수분 활성도 0.81인 당절임에서도 발견되는데 이 균의 발육에 필요한 최저 수분 활성도는 0.73인 것으로 보고되고 있다.

미생물 생육 억제와 관련되는 수분 활성도 값은 산도, 산소 분압 등 환경 인자에 영향을 받는다. 잼이나 젤리의 경우 산도가 0.8%일 때 당 농도가 45%이면 세균과 효모의 발육을 억제할 수 없지만 산도가 1.2%일 때는 억제할 수 있다. 또 당절임 과일의 경우 파라핀(paraffin)으로 덮든가 밀폐 용기에 포장하여 산소를 차단하면 표면에서의 곰팡이 성장을 억제할 수 있다.

08 연습문제

01_ 식품의 열풍 건조 과정 중에서 감률 건조 기간(falling-rate drying period)과 관련된 다음 설명 중 틀린 것은?

① 식품의 표면이 아직 수분으로 젖어 있다.
② 건조 속도는 시간에 따라 점점 느려진다.
③ 식품의 표면 온도는 건조기 내부의 열풍의 건구 온도를 향해 점차 상승한다.
④ 식품의 내부에서 표면으로의 수분 이동 속도가 점점 느려진다.
⑤ 식품의 감률 건조 기간은 항률 건조 기간(constant-rate drying period)에 비해 시간이 긴 편이다.

02_ 어느 식품의 습량 기준 수분 함량이 20%일 때 이 식품의 건물 기준 수분 함량은 몇 %인가?

① 20% ② 25% ③ 30%
④ 35% ⑤ 40%

03_ 식품의 열풍 건조와 관계없는 것은?

① 용질이 표면으로 이동한다.
② 건조 중 갈변이 일어나기 쉽다.
③ 건조 중 영양 성분이 식품 내부로 확산된다.
④ 열풍의 온도가 높으면 표면 경화가 일어나기 쉽다.
⑤ 건조 전반부에 식품의 수축이 일어나다가 건조 후반부에 형태와 크기가 고정된다.

04_ 동결 건조 식품의 특징과 관계없는 것은?

① 건조 중 식품의 수축이 적다.
② 건조 중 표면 경화가 거의 없다.
③ 건조 중 용질의 이동은 무시할 수 있다.
④ 건조 후 지질 산화가 잘 일어나지 않는다.
⑤ 건조 후 재수화성(복원성)이 우수하다.

05_ 다음 건조기 중에서 원리상 공기와 관련이 가장 적은 것은?

① 부유식 건조기(fluidized bed dryer)
② 분무 건조기(spray dryer)
③ 기송식 건조기(pneumatic dryer)
④ 포말식 건조기(foam-mat dryer)
⑤ 드럼 건조기(drum dryer)

06_ 얇은 스펀지에 물을 적셔서 열풍 건조할 경우와 설탕물을 적셔서 열풍 건조할 경우를 비교하여 설명하시오.

07_ 감열(느낌열, sensible heat)과 잠열(숨은열, latent heat)에 대해 설명하시오.

08_ 소금의 단백질 분해 억제 작용에 대해 설명하시오.

09_ 온도 20℃의 1kg 식품의 수분 함량을 80%에서 10%로 건조할 때 필요한 열에너지를 계산하라. 이때 식품의 비열은 3.8kJ/kg℃, 물의 비열은 4.186kJ/kg℃, 그리고 물의 증발잠열은 2257kJ/kg이고, 식품은 60℃에서 건조된다고 가정한다.

10_ 건구 온도 30℃, 습구 온도 25℃인 공기의 절대 습도, 이슬점, 상대 습도, 습윤 부피, 엔탈피를 공기 습윤 도표를 이용하여 구하라.

정답 및 해설

01_ ① **02**_ ② **03**_ ③ **04**_ ④ **05**_ ⑤

06_ 얇은 스펀지는 다공질 구조인데 여기에 물을 적셔서 열풍 건조할 경우는 가해진 열에 비례하여 수분이 증발하는 항률 건조만 존재하고, 설탕물을 적셔서 열풍 건조할 경우는 항률 건조가 진행되다가 표면에 운반된 설탕 때문에 스펀지의 다공질 구조가 메워지면서 감률 건조가 진행된다.

07_ 감열: 물체에 열을 가하거나 제거할 때에 물체의 상태는 변하지 않고 물체의 온도가 변화할 경우 가하거나 제거한 열을 감열이라 한다.

잠열: 물체에 열을 가하거나 제거할 때에 물체의 온도는 변하지 않고 물체의 상태가 변화할 경우 가하거나 제거한 열을 잠열이라 한다.

08_ 소금의 단백질 분해 억제 작용은 소금이 단백질 분해 효소보다 먼저 단백질 분자의 peptide 결합에 경쟁적으로 결합함으로써 단백질 분해 효소의 접근을 봉쇄하기 때문이다.

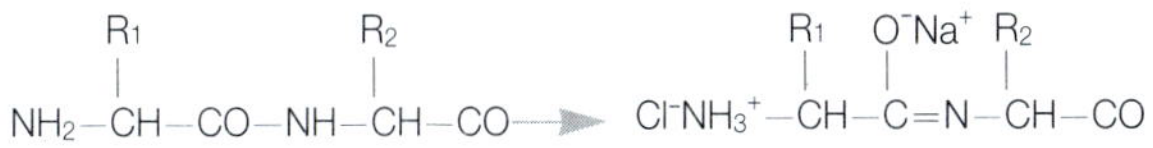

09_ 처음에 1kg의 식품은 800g의 수분과 200g의 고형물을 가지고 있다. 건조한 후 식품 중의 수분의 양을 x라고 하면 $\frac{x}{(x+200)}=0.1$이므로 x=22g이 된다. 따라서 800g−22g=778g의 물이 건조에 의해 제거되어야 하므로 필요한 열에너지는 1kg×(60℃−20℃)×3.8kJ/kg℃+0.778kg×2257kJ/kg=1907.95kJ이 된다.

10_ 아래 그림과 같이 습윤 도표의 아래 가로축의 건구 온도 30℃에서 위로 그은 수직선과, 좌측 곡선인 100% 상대 습도 곡선상의 습구 온도 25℃에서 단열 포화 온도 선을 따라 (사선으로) 그은 선이 만나는 점을 찾는다. 절대 습도는 이 점에서 가로축과 평행한 선을 그어 우측의 세로축과 만나는 점을 읽으면 18g H_2O/kg air이다. 이슬점은 이 점에서 가로축과 평행한 선을 그어 좌측 곡선인 100% 상대 습도 곡선과 만나는 점을 읽으면 23℃이다. 상대 습도는 이 점 가까이 지나는 60% 상대 습도 곡선과 70% 상대 습도 곡선 사이 값을 비례적으로 읽으면 67%이다. 습윤 부피는 이 점 가까이 지나는 0.90m^3/kg air 습윤 부피선과 0.89m^3/kg air 습윤 부피선 사이 값을 비례적으로 읽으면 0.882m^3/kg air이다. 엔탈피는 이 점에서 단열 포화 온도 선을 따라 (사선으로) 그은 선이 좌측 끝의 엔탈피선과 만나는 점을 찾아 읽으면 76kJ/kg air이다.

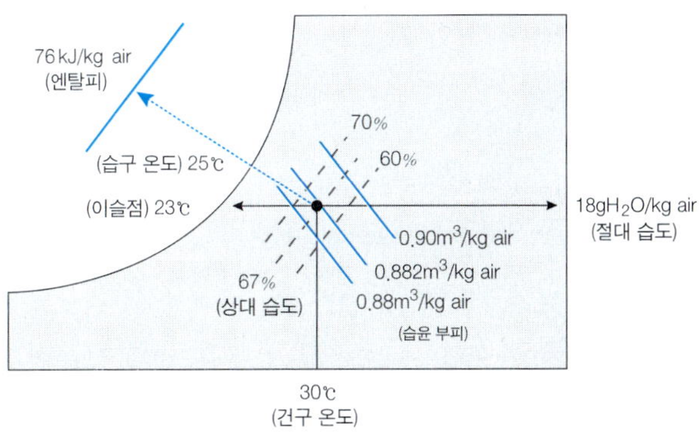

Chapter

09 온도 조절에 의한 식품 저장

배우는 목적

식품의 온도가 5~60℃의 범위에 있을 때 미생물이나 효소의 작용 또는 이화학적 반응에 의해 식품의 품질은 변화하기 쉽다. 따라서 식품을 가열 살균하여 미생물이나 효소를 불활성화시키거나, 냉장·냉동하여 미생물의 생육이나 효소 작용을 억제시킴으로써 식품을 오랫동안 저장할 수 있다. 이 장에서 가열 살균을 배우는 목적은 열의 전도, 대류, 냉점에 대한 열 전달 기작을 이해하고, 미생물의 내열성에 영향을 끼치는 인자를 파악하며, 효소의 내열성과 가열 이후 효소의 재활성화를 알아보는 것이다. 또한 여러 가지 가열 살균 방법과 상업적 살균의 개념을 정확히 이해하며, 살균이 식품의 품질에 끼치는 영향을 판단하고, 가열 살균 공정 계산에 필요한 D값, Z값, F값 등의 개념을 정확히 파악하며, 통조림, 병조림 및 레토르트 식품의 제조 과정을 이해하는 데에 있다. 또 냉장·냉동을 통해서는 냉장·냉동의 원리와 냉동 사이클을 이해하고, 냉동 곡선과 콜드 체인 시스템, 냉동 장치에 대해 알고, 냉동이 식품 품질에 끼치는 영향을 정확히 파악하는 데에 배우는 목적이 있다.

1. 가열 처리에 의한 식품 저장

1) 열 전달 기작과 냉점

열 전달 기작(heat transfer mechanism)은 원리상으로 전도(conduction), 대류(convection) 및 복사(radiation)의 세 가지로 나눌 수 있다. 통조림은 가열에 의한 식품 저장법의 대표적 사례인데, 이 경우 주로 열의 전도와 대류 기작이 가열에 관여한다. 고체 식품, 반고체 식품, 점도가 높은 액체 식품의 경우는 열이 주로 전도로 전달되는데, 이에 대한 예로는 잼, 어묵, 육가공품 등이 있다. 액체 식품의 경우는 대류에 의해 열이 전달되는데 주스나 맥주 같은 액체 식품은 신속하게 가열되는 반면, 넥타나 과실 통조림같이 액체에 입자가 들어 있는 경우는 느리게 가열된다. 또 수프 같은 전분질 식품은 초기에는 대류에 의해 가열되나 나중에는 전도에 의해 가열되기도 한다.

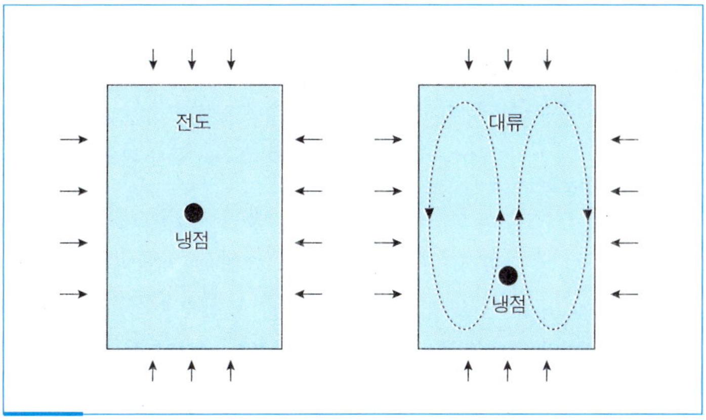

그림 9-1 전도형 식품과 대류형 식품의 냉점의 위치

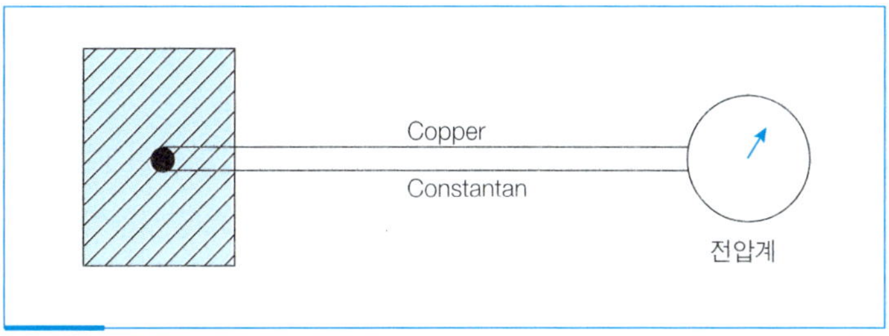

그림 9-2 열전쌍온도계의 측정 원리

식품을 가열하는 경우 가장 늦게 가열되는 위치, 즉 냉점(cold point)까지 원하는 온도로 가열하는 것이 중요하기 때문에 냉점에 열전쌍온도계(thermocouple thermometer)를 꽂아 식품 온도의 변화를 측정한다. 이 냉점(그림 9-1 참조)은 전도형 식품의 경우 공간의 중심에 위치하지만 대류형 식품의 경우는 중심보다 아래에 위치한다. 열전쌍온도계는 두 가지 금속선을 결합시켜 전압을 측정하면 전압과 물질의 온도가 비례한다는 연구 결과를 토대로 온도를 측정하는 도구이다(그림 9-2 참조).

2) 미생물의 내열성(Heat resistance)

미생물의 내열성에 영향을 끼치는 인자로는 미생물의 생활환(life cycle)에서의 상태(포자 상태인가, 영양 세포 상태인가), 포자의 농도, 식품의 pH, 당의 농도, 염의 농도, 단백질이나 지질의 존재 등이 있다.

미생물이 영양 세포(vegetative cell) 상태일 때는 100℃에서 쉽게 사멸되지만 포자(spore) 상태일 때에는 100℃에서 사멸시키기 어렵기 때문에 121℃ 습열에 의한 살균이 필요하다. 포자를 형성하는 세균으로는 호기성균인 *Bacillus* 속과 혐기성균에 속하는 *Clostridium* 속이 있는데, 포자의 농도가 높을수록 미생물의 열저항성은 커진다.

축육, 어육, 유제품, 채소 등 pH가 4.5 이상인 저산성 식품(low acid food)의 경우 미생물의 열저항성이 크기 때문에 121℃에서 가열해야 사멸된다. 하지만 토마토, 오렌지, 살구, 복숭아, 배 등 pH가 3.7~4.5인 산성 식품(acid food)의 경우 미생물의 열저항성이 작아 100℃ 이하에서 사멸시킬 수 있으며, 그중에 통조림의 대표적인 식중독균인 *Clostridium botulinum*은 이 pH 영역에서 생육이 불가능하므로 손쉽게 가열하여 제거할 수 있다. 특히 레몬 주스 등 pH가 3.7 미만의 고산성 식품(high acid food)의 경우 열저항성이 더욱 작아지므로 100℃ 이하에서 쉽게 사멸시킬 수 있다. 식품 중의 탄수화물 중 전분은 미생물의 열저항성에 영향을 끼치지 않지만 당의 경우는 농도가 높으면 미생물의 열저항성이 커지고, 단백질이나 지질도 열저항성을 강화시킨다. 영양 세포의 경우 염의 농도가 높아짐에 따라 생육이 억제되나, 포자의 경우는 염 농도 4%까지는 열저항성이 오히려 커지다가 8% 이상의 농도에서 열저항성이 감소한다.

3) 효소의 내열성

효소가 가열에 의해 완전히 불활성화되지 않으면 식품은 저장 중에 효소에 의해 변질될 수 있다. 효소는 최적 온도 이상에서 신속하게 파괴되는데 대부분의 효소는 80℃에서 몇 분간 가열하면 비가역적으로 파괴된다. 또 효소와 포자의 내열성은 온도에 따라 상대적인데 그림 9-3에 나타낸 것과 같이 효소 peroxidase는 포자보다 110℃ 이하에서는 내열성이 적으나 110℃ 이상에서는 오히려 내열성이 크다는 것을 알 수 있다. 즉, 포자가 죽는 높은 온도 범위에서 효소는 오히려 파괴되지 않고 저장 중에 문제를 야기할 수 있기 때문에 110℃보다 낮은 온도에서 미리 파괴해야 할 필요가 있다. 또한 미생물 살균의 지표 효소(index enzymes for sterilization)로는 우유 살균의 경우 phosphatase가, 과실 통조림 살균의 경우는 peroxidase가 활용된다.

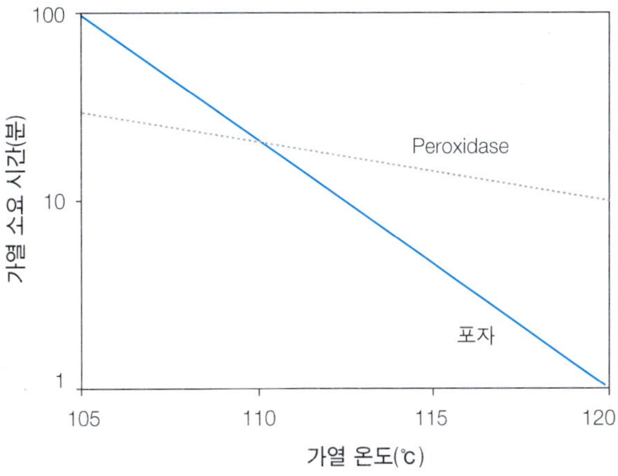

그림 9-3 포자와 효소의 상대적 내열성 비교

4) 가열 이후 효소의 재활성화(Regeneration)

효소 중에서 peroxidase는 120~150℃에서의 살균 후에 다시 재활성화되어 문제가 된 예도 있다. 피클 중의 peroxidase는 85℃ 살균에서 파괴되지 않으며, 양배추의 peroxidase는 120℃에서 가열한 후 재활성화된다고 알려져 있다. 또 pectin esterase도 멸균 조건에서 살아남을 수 있으며, 과실 통조림이나 채소 통조림 중의 효소들은 멸균 조건에서 생존할 수 있다.

5) 식품의 가열 살균 방법

(1) 저온 살균법(Pasteurization)

저온 살균법은 병원성 세균을 사멸시키기 위한 것으로 63℃에서 30분간 가열하여 살균하고 살균 후에는 즉시 30℃ 이하로 냉각하는 것이 좋다. 다른 살균 방법에 비해 상대적으로 저온에서 더 오랜 시간 가열하므로 저온 장시간 살균(low temperature long time; LTLT)이라고도 부른다.

(2) 고온 단시간 살균법(High temperature short time pasteurization: HTST)

고온 단시간 살균법은 미국에서 많이 사용되는 우유 살균 방법으로 75℃에서 15초 가열하여 병원균을 사멸시키는 방법이다.

(3) 초고온 순간 살균법(Ultra-high temperature pasteurization: UHT)

초고온 순간 살균법은 우리나라에서 많이 사용되는 우유 살균 방법으로 135℃에서 2~3초간 가열하는 방법이다. 이 경우 고압 고온의 수증기를 직접 식품에 불어넣게 되어 식품이 희석될 수 있으므로 그만큼 미리 농도를 높여줄 필요가 있다. UHT 살균 직후 차단성이 우수한 Tetra Pak에 무균 포장(aseptic packaging)을 하면 냉장하지 않고도 수개월 동안 보존할 수 있다.

(4) 고압 수증기 살균법(High pressure steam sterilization)

고압 수증기 살균법은 원래 100℃ 이상에서 포자를 사멸시키기 위한 것으로 통조림 식품을 1기압의 수증기로 121℃에서 습열 살균하는 방법이다. 이 방법의 살균은 100℃ 이하에서도 이루어지는데 통조림 김치나 통조림 과실의 경우 60~70℃에서 30분 가열 처리하기도 한다.

(5) 간헐 살균법(Discontinuous sterilization)

간헐살균법은 고압 살균기가 없는 경우에 미생물 포자를 사멸시키기 위한 것으로 포자 발아를 유도한 후 다시 살균하여 포자는 물론 세균도 다 사멸시킬 수 있는 방법이다. 이 방법은 1일 1회씩 100℃에서 20~50분간 3일간 연속으로 같은 시간에 반복 가열 살균한다.

(6) 상업적 살균법(Commercial sterilization)

이 살균법은 통조림 식품의 영양적, 관능적 품질 변화를 최소화하기 위한 것으로서 통조림 식품을 완전 살균하기보다는 살균 목표 미생물과 실제 유통 기한 등 상업적 목적을 감안하여 가열 살균하는 방법이다. 일반적으로 산성의 과실 통조림에 많이 적용하며 70~100℃의 온도에서 살균을 행한다.

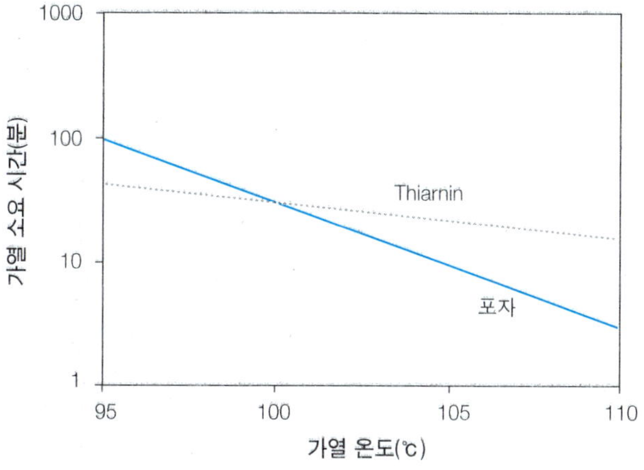

그림 9-4 포자와 비타민의 상대적 열저항성의 비교

6) 살균이 식품의 품질에 끼치는 영향

(1) 영양가

살균 같은 가열 처리는 식품 중의 영양 성분, 예를 들어 비타민(특히 수용성 비타민) 등의 손실을 초래하는데, 그림 9-4에 나타낸 것처럼 비타민은 100℃ 이하에서는 포자보다 내열성이 작지만 100℃ 이상에서는 내열성이 크다. 따라서 가급적 높은 온도에서 짧은 시간 살균하는 것이 영양소의 손실을 줄일 수 있다. 즉 이때에도 고온 단시간 살균의 개념이 유리하게 적용될 수 있다.

(2) 색깔

식품의 색깔은 가열 살균으로 인해 변할 수 있는데 토마토 통조림의 경우 라이코펜(lycopene)의 변색이 일어난다. 또한 가열 살균 과정으로 인해 마이야르 반응, 캐러멜 반응, 또는 효소적 갈변 등에 의한 갈변도 일어날 수 있다. 색깔의 변화를 최소화하기 위해서는 영양소의 손실을 줄일 수 있는 고온 단시간 살균의 개념을 적용하는 것이 바람직하다.

(3) 향미와 텍스처

가열로 인해 향미의 변화가 생기고, 젤라틴(gelatin)이나 펙틴(pectin)의 젤 형성능이 감소하거나 전분의 점도가 감소함으로써 텍스처의 변화도 생긴다.

(4) 식품 성분

가열 살균으로 인해 단백질의 변성이 일어나고 이에 따라 유리 SH기가 증가한다. 또 변성이 지나치게 일어나면 단백질 분해 효소의 작용이 느리게 일어나게 된다. 유지의 경우 산화 반응의 온도 계수(Q_{10}값)는 2.0이므로 가열 살균으로 인해 산화 반응은 촉진된다. 다만 산소가 없는 조건이라면 유지는 습열에 의한 가열 시 안정하다. 지나치게 오래 가열할 경우 전분의 분해가 일어나고 아미노-카보닐(amino-carbonyl) 반응도 일어날 수 있다.

7) 가열 살균 공정 계산(Thermal process calculation)

표 9-1에 일정 온도에서 가열 시간에 따른 생균 수의 변화와 사멸균 수 및 가열 치사 속도를 나타내었다. 이 표로부터 가열 치사 속도는 다음과 같이 가열직전 생균 수에 비례하는 것을 알 수 있다.

예를 들어 90,000 = 0.09 × 1,000,000 또는 9,000 = 0.09 × 100,000

따라서 가열 치사 속도와 생균 수는 다음 식(9-1)과 같이 나타낼 수 있다.

$$\frac{dN}{dt} = -kN \qquad (9-1)$$

여기서 k:반응 속도 상수, N:생균 수이다.

식(9-1)을 시간 $t=t_0$부터 $t=t$까지, 생균 수 $N=N_0$부터 $N=N$까지 적분하면 식(9-2)를 얻고, 얻은 식을 정리하여 자연로그로 나타내면 식(9-3)이 되며 이것을 상용로그로 바꾸면 식(9-4)가 된다.

$$\int_{N_0}^{N} \frac{dN}{N} = -k\int_{t_0}^{t} dt \qquad (9-2)$$

$$\log_e \frac{N}{N_0} = -kt \qquad (9-3)$$

$$\log_{10} \frac{N}{N_0} = -\frac{k}{2.303}t \qquad (9-4)$$

표 9-1 미생물의 대수적 감소

시간(분)	생균 수(CFU/g)	사멸균 수(CFU/g)	가열 치사 속도(CFU/g/min)
0	1,000,000		
10	100,000	900,000	90,000
20	10,000	90,000	9,000
30	1,000	9,000	900
40	100	900	90
50	10	90	9
60	1	9	0.9
70	0.1	0.9	0.09
80	0.01	0.09	0.009

D값(decimal reduction time)은 생균을 90% 사멸시키는 데 필요한 시간으로 생균 수를 1/10으로, 즉 1로그 감소시키는 데 필요한 시간으로 정의할 수 있다. 따라서 식(9-4)에 이를 대입하면 식(9-5)가 얻어지고 이를 풀면 식(9-6)처럼 D값과 k의 관계를 구할 수 있다. 이를 식(9-4)에 대입하면 식(9-7)이 된다. 식(9-7)을 그림으로 표현한 것이 그림 9-5의 가열 시간과 생균 수의 관계로부터 구한 D값이다.

$$\log_{10}\frac{1}{10} = -1 = -\frac{k}{2.303}D \qquad (9-5)$$

$$D = \frac{2.303}{k} \qquad (9-6)$$

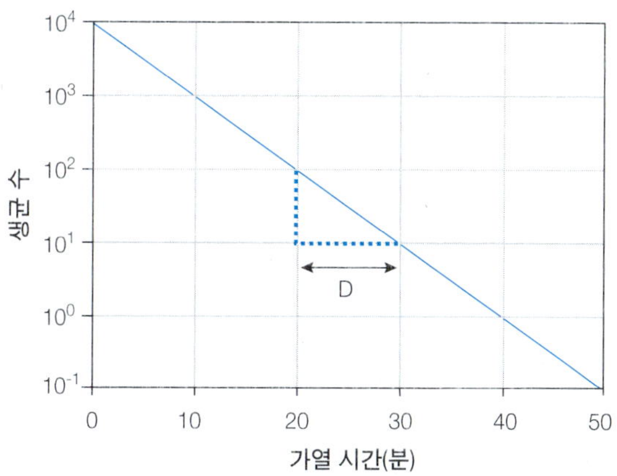

그림 9-5 가열 시간과 생균 수의 관계로부터 구한 D값

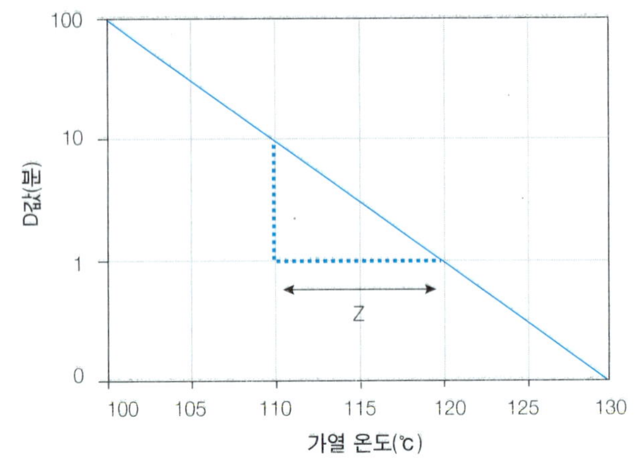

그림 9-6 가열 온도와 D값의 관계로부터 구한 Z값

$$\log_{10}\frac{N}{N_0} = -\frac{1}{D}t \qquad (9\text{-}7)$$

살균 값(sterilizing value; SV)은 다음 식(9-8)과 같이 정의할 수 있으며, 흔히 가열 살균 공정에서 생존할 가능성이 높은 병원균의 SV를 12로 하여 살균한다.

$$SV = \log_{10}\frac{N_0}{N} \qquad (9\text{-}8)$$

가열 치사 시간(thermal death time)은 F값으로 나타내며 원하는 살균 값에 D값을 곱하여 식(9-9)와 같이 구하거나 식(9-10)에서 구한다. 또한 F_0는 121.1℃(250°F)에서의 F값으로 식(9-11)과 같이 나타낼 수 있다.

$$F = SV \times D \qquad (9\text{-}9)$$

$$F = D\log_{10}\frac{N_0}{N} \qquad (9\text{-}10)$$

$$F_0 = D_0\log_{10}\frac{N_0}{N} \qquad (9\text{-}11)$$

Z값은 D값을 1 log cycle 감소시키는 데 필요한 온도 상승 값으로 정의되며, 식(9-1)과 유사한 식(9-12)로부터 유도하여 식(9-13) 또는 식(9-14)와 같이 나타낼 수 있다. Z값을 식(9-15)처럼 정의하면 식(9-16)을 구할 수 있다. 이것은 그림 9-6에 나타낸 바와 같이 가열 온도와 D값의 관계로부터 구할 수 있다. 또한 살균 표준 온도(T_0=121.1℃)와 살균 온도(T)를 대입하면 식(9-17)이 된다.

$$\frac{dD}{dT} = -kD \qquad (9\text{-}12)$$

$$\log_e \frac{D_{T2}}{D_{T1}} = -k(T_2 - T_1) \qquad (9\text{-}13)$$

$$\log_{10} \frac{D_{T2}}{D_{T1}} = -\frac{k}{2.303}(T_2 - T_1) \qquad (9\text{-}14)$$

$$z = \frac{2.303}{k} \qquad (9\text{-}15)$$

$$\log_{10} \frac{D_{T2}}{D_{T1}} = -\frac{1}{z}(T_2 - T_1) \qquad (9\text{-}16)$$

$$\log_{10} \frac{D}{D_0} = \frac{1}{z}(T_0 - T) \qquad (9\text{-}17)$$

이를 F값과의 관계로 나타내면 식(9-18)로 표현되고, 이를 F_0를 중심으로 다시 정리하면 식(9-19)가 된다. 이 식은 임의의 살균 온도에서 T에서 가열할 때의 살균효과를 살균 표준 온도(T_0=121.1℃)에서의 살균 시간 F_0로 환산할 때 사용된다. 또 치사율(lethal rate; L)은 식(9-20)으로 정의되므로 식(9-21)을 얻을 수 있다. 살균공정 중 온도가 변하였다면 식(9-22)에서와 같이 각 온도에서의 F_0값을 더하여 총F_0값을 구할 수 있다.

$$\log_{10} \frac{F}{F_0} = \frac{1}{z}(T_0 - T) \qquad (9\text{-}18)$$

$$F_0 = F10^{(T-T0)/z} \qquad (9\text{-}19)$$

$$L = F_0/F = 10^{(T-T0)/z} \qquad (9\text{-}20)$$

$$F_0 = FL \qquad (9\text{-}21)$$

$$F_0 = F_1 10^{(T1-T0)/z} + F_2 10^{(T2-T0)/z} + F_3 10^{(T3-T0)/z} + \cdots\cdots \qquad (9\text{-}22)$$

8) 통조림, 병조림 및 레토르트 식품의 제조 과정

(1) 공관과 병의 종류

공관(can)은 1810년 Petre Durand에 의해 개발되었다. 공관에는 강판(鋼板; steel plate)에 주석을 도금한 석관(錫罐; tinplate can)인 위생관(sanitary can)이 많이 사용되어 왔다(그림 9-7 참조). 또 주석이 아닌 다른 금속을 도금한 TFS can(無鍍錫鋼板罐; tin free steel can)이 있는데, TFS can에는 chrome coated

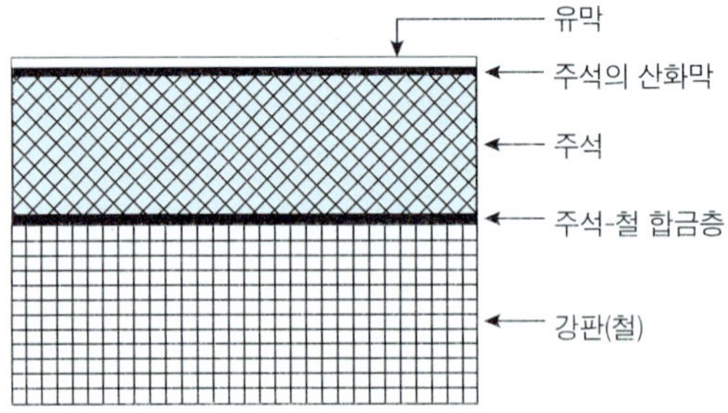

그림 9-7 주석관의 단면

steel can, aluminum coated steel can, phosphate-chromate steel can 등이 있으며, 최근 알루미늄관(aluminium can)도 많이 사용되고 있다.

부식성이 있는 식품을 충진할 경우 캔 내면이 부식되는 것을 방지하기 위하여 캔 에나멜(can enamel)을 도포한다. 공관의 측면 부위의 밀봉(side seam)은 97.5% 납과 2.5% 주석으로 납땜(soldering)하든가 nylon 접착제로 접착(cementing)하든가 고주파 처리(welding)로 밀봉한다. 흔히 밀봉이 있는 캔은 three piece can이라 하고, 밀봉이 없는 타발관(drawn can)은 two piece can이라 부른다.

유리병에 식품을 넣고 뚜껑으로 밀봉한 후 가열 살균한 것이 병조림이다. 병조림은 통조림에 비해 취급 중 파손되기 쉽고 무거우며 빛에 의한 퇴색 등 변질이 일어날 수 있지만, 내용물을 볼 수 있다는 장점이 있다. 유리병(glass jar)은 형태가 너무 다양해 분류가 어렵기 때문에 뚜껑의 형식에 따라 앵커 캡 병(anchor cap jar), 피닉스 캡 병(phoenix cap jar), 스크류 캡 병(screw cap jar), 트위스트 오프 캡 병(twist-off cap jar), 사이드 실 캡 병(side seal cap jar), 옴니아 캡 병(omnia cap jar), PP 캡 병(pilfer proof cap jar; PP cap jar)으로 구분된다(그림 9-8 참조).

레토르트 식품(retort food)은 봉지 형태의 레토르트 파우치(retort pouch)나 도시락 형태의 레토르트 트레이(retortable tray)와 같이 통조림에 비해 두께가 상대적으로 얇은 용기에 식품을 넣어 가열 살균하기 때문에 살균 시간이 상대적으로 짧고 품질 변화가 적은 장점이 있으면서도 통조림 식품과 동일한 저장 안정성이 있는 데다가, 저장 공간이 크지 않아도 되고 개봉이 용이하며 무게가 가벼운 장점도 지니고 있다.

레토르트 파우치의 종류는 알미늄박을 포함하는 불투명 파우치인 알미늄박 적층 포장재(Al. foil laminate)와, 알미늄박을 포함하지 않는 투명 파우치로 구분되며,

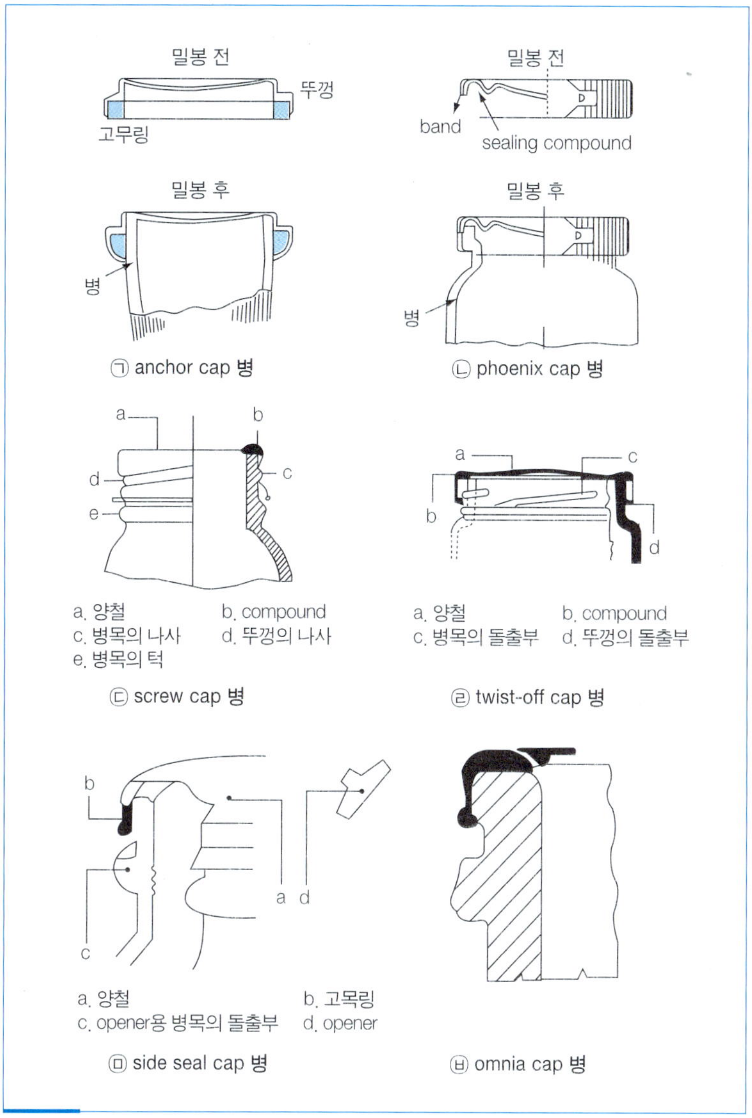

그림 9-8 여러 가지 병조림 병

불투명 파우치로는 PET/Al.foil/PE, PET/Al.foil/PP, PET/Al.foil/ Nylon/PP 등이 있고, 투명 파우치로는 PET/PVDC/PE, PET/PE, PET/PP 등이 있다. 그리고 레토르트 트레이도 Al. sheet로 만들어진 불투명형과 이를 포함하지 않는 투명형으로 나누어진다.

Tips 레토르트 파우치의 역사

프랑스의 Nicholas Appert가 병조림을, 영국의 Peter Durand가 통조림을 발명한 이래 20세기 초까지 통조림이 식품 포장의 주류를 이루었다. 통조림 이외의 포장 재료에 대한 연구는 20세기 중반에 시작되었는데, 통조림과 달리 유연성이 우수한 레토르트 파우치는 1958년 미국 육군에 의해서 군용 식량 용도로 처음 개발되었고, 상업적인 제조는 1970년대 일본에서 시작되었다. 우리나라에서는 1981년 오뚜기식품에서 일본의 후지모리사로부터 레토르트 파우치를 수입하여 3분카레, 3분짜장 등에 적용하면서부터 국내에 소개되었으며, 1983년 국방과학연구소에 의해 국산 레토르트 파우치가 개발된 이후 본격적인 레토르트 파우치 식품의 시장이 형성되기 시작하였다.

(2) 식품 원료의 세척 과정, 데치기 과정, 제핵 및 박피 과정

① 세척 과정

식품 원료에 부착되어 있는 토사, 먼지, 농약, 미생물 등을 잘 세척하여 최대한 제거해야 한다. 특히 미생물균 수가 많으면 살균 저항성이 높아지므로 식품 원료에 부착되어 있는 초기 미생물 수를 대폭 줄여야 한다.

② 데치기(blanching) 과정

세척한 원료 식품을 통조림 살균 전에 82~93℃의 열수나 수증기로 3분 이내 가열하는 과정을 말한다. 데치기 과정을 통해 원료의 박피를 용이하게 할 수 있고, polyphenol oxidase 등의 효소 작용을 방지할 수 있으며, 식품 내부의 기체를 제거하는 등의 효과를 얻을 수 있다.

③ 제핵(除核) 및 박피(剝皮) 과정

박피 전에 복숭아, 배 등의 과실은 제핵이나 제심(除芯)을 하고 2등분한다. 박피하는 방법에는 손으로 칼을 이용하여 박피하는 수박피법(hand peeling), 사과 같은 과실을 기계로 박피하는 기계박피법, 2~3분간 증기나 수증기나 열탕에 처리한 후 박피하는 증기법, 90~95℃의 알칼리 용액(NaOH와 Na_2CO_3 혼합액, 1~2% 농도)에 20~120초간 담근 후 박피하는 알칼리법, 20% 황산 용액에 1분간 담갔다가 냉수에서 12시간 담근 후 박피하는 산박피법, 처음에는 1~2% HCl 또는 H_2SO_4 용액에 담갔다가 냉수로 씻은 후 다시 3% NaOH 용액으로 처리하여 박피하는 산·알칼리병용법 등이 있다.

(3) 식품 원료의 충진 과정

원료 식품을 공관 내에 충진(filling)할 때 내용물의 팽창을 대비하여 여유 공간으로 식품 상부에 헤드 스페이스(head space)를 6~10mm 정도 남겨두어야 한다. 원료 식품의 충진은 과일처럼 상온 상태에서 담는 cold pack과 잼이나 토마토케첩처럼 열전도가 느려 뜨거운 상태에서 담는 hot pack으로 나뉜다. 또 과일이나 채소의 경우 고형물과 함께 조미액을 주입하는데, 과일의 경우 당 농도 60~65%의 설탕 시럽을, 채소의 경우 소금 1~2%의 염수(brine)를 함께 넣되, 철분이나 염류가 들어 있지 않은 고급품을 사용한다.

(4) 탈기 과정

통조림 식품은 가열 살균 과정 중에 내압이 발달하고 내용물과 공기가 팽창하며 수증기압이 증가하기 때문에 헤드 스페이스를 비워 두어야 하고, 통조림 공관을 완전히 밀봉하기 전에 미리 캔 내부의 공기와 수증기를 제거해야 한다. 이 과정을 탈기 과정(exhausting)이라 한다. 탈기 과정을 통해 통조림 내부의 공기 팽창으로 인한 공관 파손을 방지할 수 있고, 산화로 인한 공관 내면의 부식도 예방할 수 있으며, 식품 중의 비타민 C나 다른 영양소의 산화를 줄일 수 있고, 식품의 변색이나 향미 변화를 막을 수 있으며, 호기성 세균이나 곰팡이의 발육을 저지할 수 있고, 잔존하는 효소의 활성을 감소시키며, 통조림 공관이 냉각될 때 자연스럽게 진공이 형성되어, 이로 인해 통조림 식품 저장 중 부패 변질로 인한 팽창을 쉽게 알 수 있다.

탈기 방법으로는 액체 식품의 경우처럼 미리 가열된 식품을 담은 즉시 권체하거나 식품을 담은 후 뚜껑을 가권체한 상태에서 가열한 후 본권체하는 가열 탈기법(heat exhaust, hot filling), 열에 예민한 식품이나 건조 식품의 경우처럼 가열처리가 곤란한 식품을 진공권체기로 밀봉하는 기계적 탈기법(mechanical exhaust), 육류나 어육류같이 가열 속도가 느린 식품의 경우 통조림 밀봉 직전에 헤드 스페이스에 수증기를 불어넣은 후 즉시 밀봉하는 수증기 주입법(steam-flow closing) 등이 있다.

(5) 권체(밀봉) 과정

통조림 권체에는 탈기 과정 전의 가권체(clinching)와 탈기한 후의 본권체(seaming)가 있으나, 일반적으로는 가권체를 하지 않고 제1권체롤과 제2권체롤로 한꺼번에 밀봉하는 이중 권체(double seaming)를 행한다. 밀봉을 위해 진공 권체기(vacuum seamer), 수동식 권체기(hand seamer), 반자동 권체기(semitro seamer) 등을 이용한다. 어느 경우이든 그림 9-9의 이중 권체기(double seaming machine)의 구조를 지니고 있다. 즉, 제1권체롤(first operation seaming roll), 제2권체롤

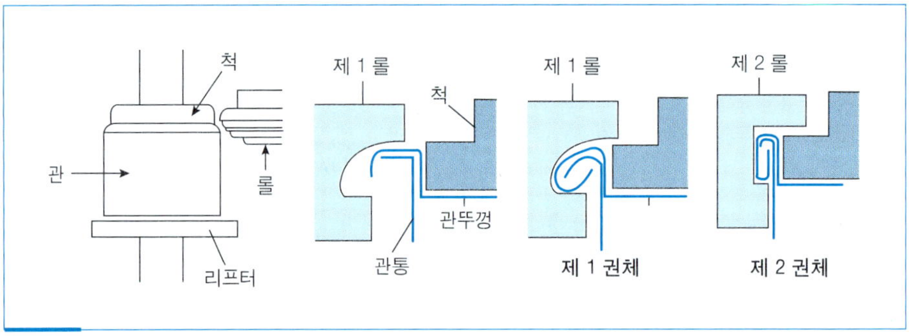

그림 9-9 이중 권체기의 구조

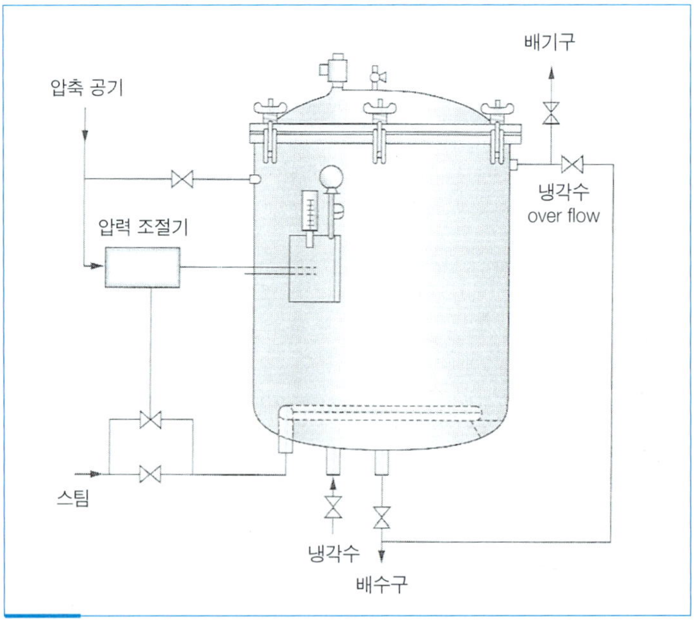

그림 9-10 회분식 정치식 레토르트의 구조

(second operation seaming roll), 척(chuck), 리프터(lifter)로 이루어져 있다.

(6) 살균 과정

통조림 살균기는 회분식 살균기와 연속식 살균기로 나눌 수 있다. 회분식에는 정치식 레토르트(non-agitating batch retort)(그림 9-10 참조), 회전식 레토르트(agitating batch retort)가 있고(그림 9-11 참조) 회전식에는 축회전식(axial rotation)과 상하반전식(end-over-end rotation)이 있다. 연속식에는 압력식 살

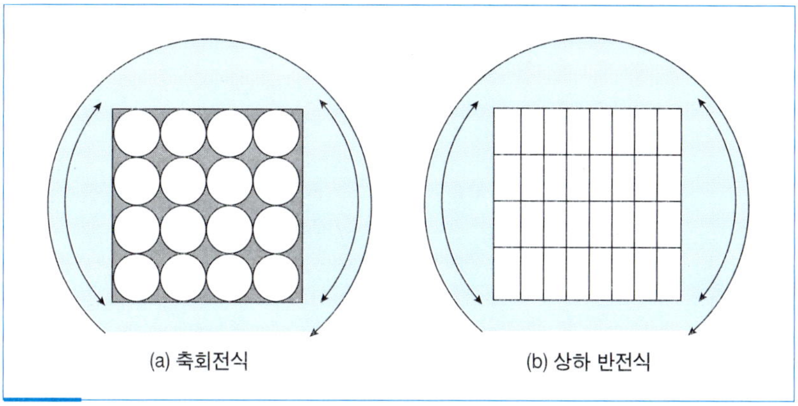

그림 9-11 회분식 회전식 레토르트의 구조

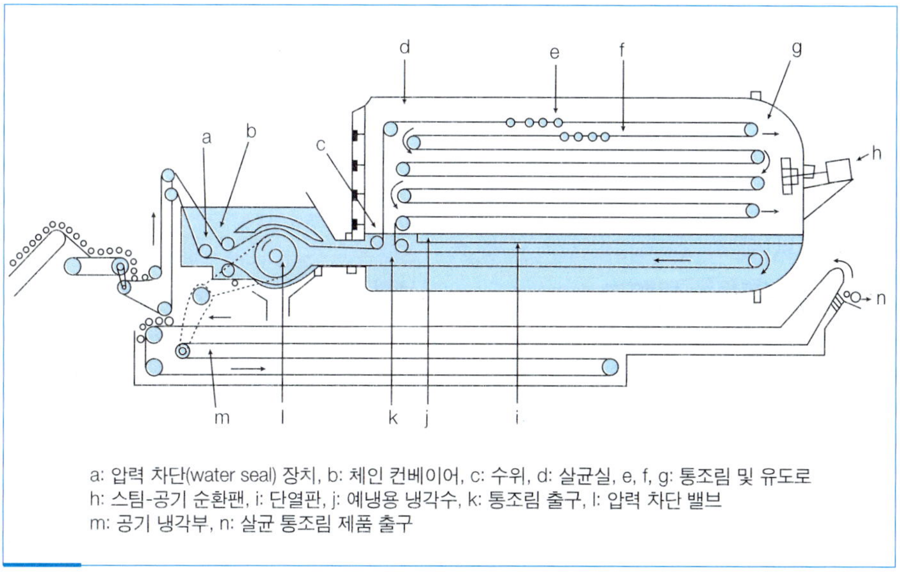

그림 9-12 압력식 레토르트의 구조

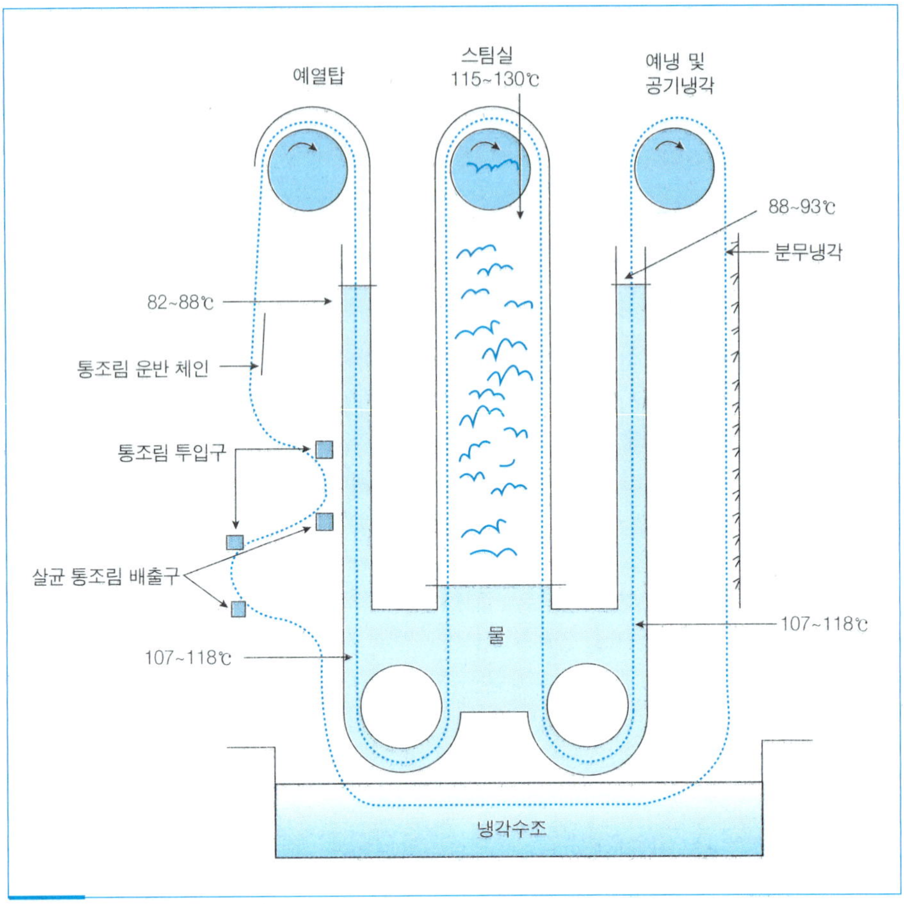

그림 9-13 수압식 레토르트의 구조

균기(pressure sterilizer)(그림 9-12 참조)와 수압식 살균기(hydrostatic sterilizer)가 있다(그림 9-13 참조).

(7) 통조림의 표시 및 검사

통조림의 표시(can marking)는 1단에 재료명 및 제조 방법, 2단에 업체명, 3단에 제조 연월일을 표시한다(그림 9-14 참조). 재료명 및 제조 방법은 약자가 정해져 있고, 제조 연월일의 첫 번째 숫자는 제조년의 끝 숫자이고, 두 번째 숫자는 월을 나타내는데 1월부터 9월까지는 숫자 그대로 사용하되, 10월은 O(october), 11월은 N(november), 12월은 D(december)로 표시한다. 통조림 검사(can examination) 방법에는 타검, 외관 검사, 가온 시험(incubation test), 관능 검사 등이 있는데, 관능 검사의 경우 향미, 색깔, 텍스처 등을 종합하여 판정한다.

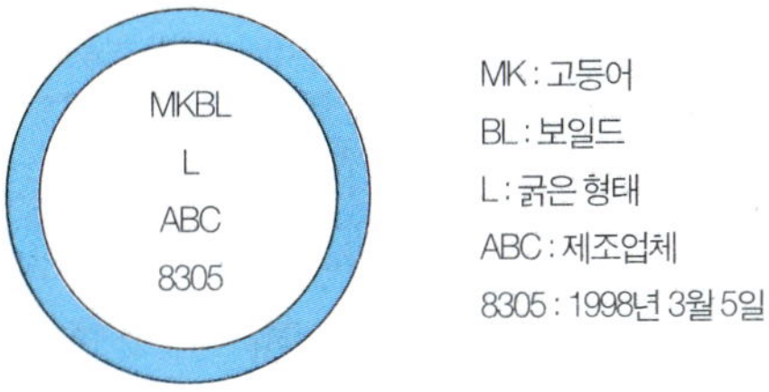

그림 9-14 통조림 표시

2. 저온(냉장 및 냉동) 저장

국민 소득 증가로 인한 가정의 냉장고 등의 보급 증가와 더불어 유통물류제도 등 산업 구조의 변화로 냉장/냉동식품에 대한 소비 패턴이 급격한 성장을 보이고 있다. 이러한 현상은 국내뿐 아니라 경제 선진국(미국, 유럽 일본 등)에서는 이미 한 번쯤 겪어온 현상이다(그림 9-15 참조). 식품 산업에서의 저온 저장(냉장/냉동)은 사실 그 역사 및 유래를 살펴볼 때 산업적이라 할 수 있는 단계는 200여 년 정도 밖에 되지 않았다. 1800년대에 브라인(brine: ice-salt system)이 식품의 저온 저

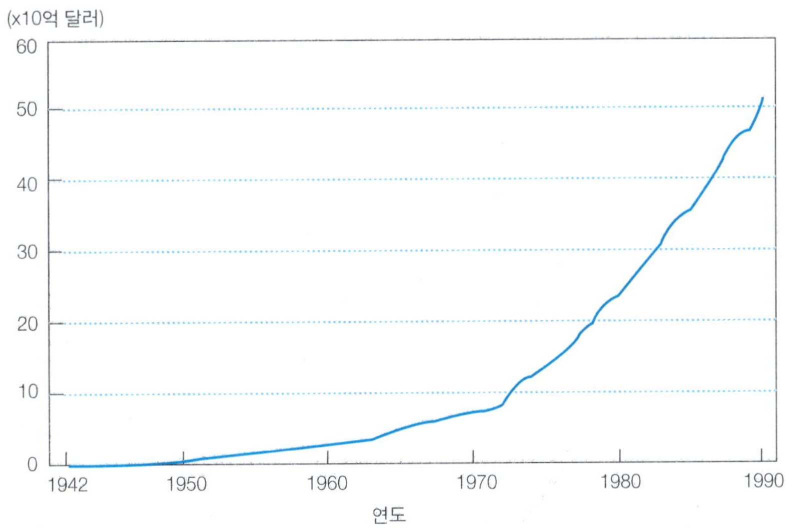

그림 9-15 미국에서의 냉동식품 소비 증가 패턴(1942~1990년)

장법에 이용되었으며, 미국에서는 1920년대에 일반 가정에 냉장고가 처음 보급되었고, 1930년대에 와서야 식품 냉장/냉동 장치의 보급이 식품 산업에서의 중요한 수단으로 성장하게 되었다.

1) 냉장 · 냉동 저장의 정의 및 원리

(1) 냉장/냉동의 정의

일반적으로 '저온' 혹은 '냉장'이란 '상온' 이하의 온도를 말한다. 식품공전에서도 '상온'의 정의는 15~25℃를 일컫는 것으로 상온 이하의 온도라 함은 15℃ 이하의 온도를 말한다. 따라서 광의의 의미로 '저온' 혹은 '냉장'은 상온(15℃)하의 모든 온도범위로 냉동도 포함된다. 하지만 일반적으로 '냉장'은 '냉동'과 구분하여 사용하므로 협의의 '냉장 저장'은 0~15℃ 사이의 온도로 식품을 얼리지 않은 상태에서 저장하는 것을 말하고 '냉동 저장'은 식품을 동결점 이하로 저장하는 것을 말한다(그림 9-16 참조).

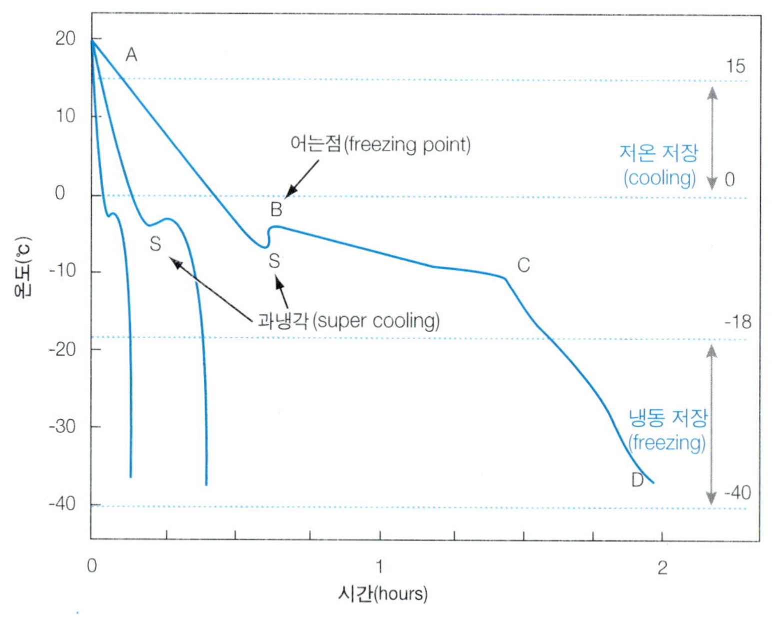

그림 9-16 동결 곡선에서의 시간-온도의 이력

(2) 냉장/냉동 식품 기본 원리

냉장 혹은 냉동을 식품에 적용하는 목적은 다양하나 일반적으로 다음과 같이 3가지 목적으로 분류할 수 있다.

① 특별한 가공 공정에 필요한 경우: 숙성(aging, churning), 육/소시지 가공 등.

② 특별한 구조/형태를 생성 혹은 유지를 위하여: 아이스크림, 단백질 용액 등.

③ 저장 기간을 증가/향상시키기 위하여: 대부분의 일반 냉장/냉동 식품.

냉장 혹은 냉동을 식품에 적용하는 온도 범위는 위의 3가지 분류 내에서도 제각기 다르다. 즉, 일반적으로 가공 공정에 필요한 경우에서도 숙성 온도 범위가 4~-8℃까지 다양하며 저장 기간의 증가를 위한 냉동 식품에서도 보통의 경우는 -18℃로 보관하나 특별히 변화하기 쉬운 식품에서는 초저온 냉동(-70℃)을 저장 온도로 사용한다. 따라서 최적의 온도라는 것은 식품의 처리 목적이나 저장 기간의 향상을 위한 냉동 온도로 경제적, 산업적 관점에 따라 다르다.

(3) 식품의 냉장법/냉동법 기본 원리

물과 염류 등을 제외한 대부분의 식품 원료들은 유기물들이라 쉽게 변질하는 특성을 가진다. 유기물들은 생물학적(효소, 미생물 등), 화학적(자체 성분 간의 반응, 비효소 갈변 등) 및 물리적(열, 빛 등) 요인에 의해 쉽게 변질된다. 이 요인들 중 식품에 가장 크게 영향을 주는 요인은 효소라 할 수 있는데, 이러한 효소들은 식품 자체에 존재하거나 미생물들이 식품에 침입하여 자체의 자가 분해가 원인이 되어 생성되거나 미생물이 밖으로 배출하는 효소라 할 수 있다. 효소의 활성에 영향을 중요하게 받는 것은 수분과 온도라 할 수 있다. 온도만 제어하여 효소의 활성을 낮추는 방법은 냉장법이라 할 수 있으며, 수분과 온도를 동시에 억제하는 방법이 냉동법이라 할 수 있다.

① 냉장법

냉장법은 주로 과채류와 육류 제품에 많이 사용되며 이러한 수분이 높은 변질하기 쉬운 원료를 단기간으로 저장하기 위한 목적으로 한다. 특히 이러한 식품을 냉장 저장하면 일반적으로 미생물 생육 억제, 각종 대사 작용(호흡, 증산 발근, 발아 등)의 억제, 각종 화학 반응에 의한 품질 저하 작용 억제 및 습도 조절로 인한 수분 손실 억제 등과 같은 장점을 가질 수 있다.

② 냉동법

일반적으로 온도만 조절하여 억제하는 냉장법은 단기간의 저장법에 이용되나 수분과 온도를 동시에 조절하는 냉동법은 장기간의 저장법으로 사용된다. 현재 냉동저장은 식품 중에 함유되어 있는 수분의 대부분을 빙결시켜서 저장하는 방법으로, 국제냉동협회에서는 -18℃ 이하의 온도에서 저장하도록 권장하고 있다. 단지 수분의 함량(즉 자유수 감소)을 낮추는 것만으로는 품질 변화를 모두 제어할 수 없다. 예를 들면 삼투압을 이용한 농축액(A_w: ~0.8 정도까지)을 볼 때 변질의 정도는 감소하나 진행은 계속되어 단기간의 저장법으로만 사용되지만 수분과 온도를 동시에 하는 냉동(일반적으로 A_w: ~0.75까지, -18℃ 이하)은 보다 효율적으로 생물학적 작용(미생물, 효소)과 화학적 변화를 억제하므로 장기 저장을 할 수 있다.

2) 냉매의 종류와 특성

냉매는 냉각시키는 매개체로서 크게 1차 냉매와 2차 냉매로 분류한다. 1차 냉매는 냉매가 상의 변화(기체에서 액체로 변화)를 거침으로써 열을 흡수하고 방출하는 역할을 하는 것으로 암모니아나 프레온 등이 있다. 2차 냉매는 냉매가 상의 변화 없이 열을 흡수하는 것으로 브라인이 있다. 냉매가 갖추어야 할 중요한 일반적인 성질은 액화가 용이해야 하며 독성, 기포성, 연소성, 부식성이 없으며 화학적으로도 안정성이 높아야 한다. 현재 사용되고 있는 냉매는 이러한 모든 점을 완전히 만족시키는 것은 없으나 상업적으로 다음과 같은 것이 널리 사용된다.

(1) 암모니아(Ammonia)

암모니아는 냉매로서 역사가 길고, 냉동 능력이 현재까지 사용되는 냉매 중에서 아주 크며 순환량을 적게 사용할 수 있어 중용량에서 대용량에 이르는 냉동기를 사용할 때 경제적이다. 하지만 응고점(-77.7℃)이 비교적 높아 초저온의 냉동기에는 사용할 수 없으며 수분을 함유한 암모니아 증기는 구리 및 구리 합금을 부식시킨다. 암모니아 증기는 심한 냄새와 독성이 있어 식품에 접촉하면 품질을 저하시킨다.

(2) 프레온(Freon)

프레온은 하나 이상의 플루오린원자(F)를 갖는 화합물들 냉매군을 말한다. 프레온계 냉매는 화학적으로 안정하며 독성과 금속에 대한 부식성이 적은 장점이 있으나 암모니아에 비해서 시설비가 많이 들며 가격이 비싸다는 단점이 있다. 현재 가장 많이 사용되는 프레온계는 F-12(CCl_2F_2: dichlorodifluoro methane)로 가정에서 사용되는 냉장고의 냉매로 널리 사용되고 있다. F-12 프레온은 환경을 파괴하는 원인으로 알려졌는데 오존층의 파괴를 일으키는 물질이라 이에 대한 대체 냉매가 활발히 연구 중에 있다.

(3) 브라인(Brine)

브라인은 그 상태가 변하는 일 없이 항상 액체로 존재하는 부동액으로 냉각시키고자 하는 대상물의 열을 낮추는 역할을 한다. 브라인에 의한 냉각은 브라인이 저온에서도 액체로 있는 것을 이용하므로 빙점이 낮아야 한다. 브라인의 경우에는 직접 식품에 접촉되는 것과 간접적으로 접촉되는 것이 있는데, 직접 접촉되는 브라인은 식품의 품질에 손상을 주거나 안전성이 보장되어야 한다. 많이 사용되는 브라인으로는 염화칼슘, 염화나트륨 등의 무기질 브라인과 에틸렌 글라이콜(ethylene glycol)과 프로필렌 글라이콜(propylene glycol)과 같은 유기질 브라인이 있다. 무기질과 유기질 브라인을 혼합하여 사용하는 경우도 있다. 염화칼슘 브라인이 가장 일반적으로 사용되나 식품에 접촉할 경우 품질을 손상시키는 단점이 있으며 에틸렌 글라이콜은 식품과 접촉이 금지되고 있다.

(4) 액체 질소(Liquid nitrogen)

액체 질소는 기화점이 -195.8℃로 주로 식품 표면에 직접 살포 혹은 침지하여 냉동하는 냉매로 사용된다. 액체 질소를 이용하면 장치가 간단하며 연속 공정을 이용할 수 있어 좁은 공간에서 많은 생산이 가능하다. 또한 다양한 식품의 크기에도 이용 가능하며 매우 낮은 기화점으로 냉동에 따른 품질 손상이 적다. 하지만 액체 질소는 상대적으로 브라인보다 가격이 높다.

3) 냉장/냉동고 기본 원리

냉장·냉동기로 현재 압축식이 가장 많이 사용되고 있다. 압축식 냉동기는 ① 압축기(compressor) ② 응축기(condensor) ③ 팽창 밸브(expansion valve) ④ 증발기(evaporator)의 4개 주요 부분으로 구성되어 있다.

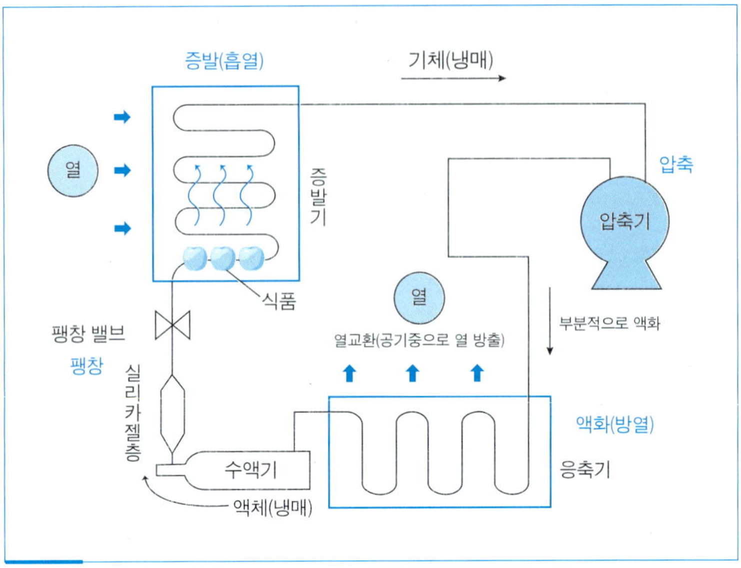

그림 9-17 냉동기의 원리(refrigeration cycle)

압축식 냉장·냉동기의 기본 원리는 다음과 같다(그림 9-17 참조).

① **압축기**에서 증기 형태의 냉매(가정용으로는 프레온 가스가 많이 사용됨)를 압축하면 체적이 감소하고 압력은 상승하여 냉매 증기의 온도가 상승하여 과열 증기(냉매가 압축되어 고온, 고압의 기체 상태가 됨)가 된다.

② **응축기**는 압축기에서 압축된 고온·고압의 냉매 가스에서 열을 외부로 제거하여 액화시켜 수액기(liquid receiver)로 보내는 장치이다. 즉, 통풍에 의해 냉각되어 고온, 고압의 기체 상태인 냉매가 액체로 되는 장치이다. 이때 냉매 가스로부터 열을 제거하기 위하여 물 또는 공기가 사용된다. 응축기에서 사용하는 물 또는 공기는 냉매의 응축 잠열과 압축열을 흡수하여 온도가 상승된다. 응축기의 입구 부분은 포화 증기로 되고 중간 부분에서는 포화액으로 되며, 배출 부근에서 상온 고압의 과냉각액이 된다. 이때 수액기를 응축기와 팽창 밸브 사이에 설치하여 응축기에서 액화된 액을 일시 저장시킨다.

③ **팽창 밸브**는 과냉각된 고압의 냉매를 팽창하여 감압되며 이때 액이 증발하며, 증발에 필요한 잠열을 냉매로부터 빼앗아 냉매를 저온 저압의 포화액으로 만드는 장치이다. 즉, 액체 냉매를 분사하는 장치이다.

④ **증발기**는 포화된 냉매액을 저온 저압으로 증발시켜 냉동 목적인 흡열 작용을

하는 장치이다. 즉, 압력이 낮아 액상 냉매가 저온에 증발하여 필요한 증발 잠열을 냉장고에서 빼앗는다. 증발기를 거친 기체 냉매는 다시 압축기로 이동하여 위와 같은 순환 공정을 계속 반복한다.

전반적으로 요약하면 기체 상태의 냉매가 압축기에서 압축되어 응축기로 보내지며, 응축기에서는 냉매의 열을 제거하여 액체 냉매로 응축하여 수액기에 보관된다. 액체 냉매는 팽창 밸브를 통과하면서 압력이 떨어져 증기-액체의 혼합물로 변하여 증발기로 들어간다. 증발기에서 액체 입자의 냉매는 기화하여 증기로 변하고, 이때 필요한 증발 잠열을 주위(냉장고 또는 식품)에서 흡수하여 냉장/냉동이 이루어는 원리이다.

4) 냉동 과정 및 특성

대부분의 식품은 많은 양의 수분을 함유하고 있고 수분은 냉동에서 매우 중요한 물리적 역할을 하므로 물과 얼음의 특성을 살펴보고자 한다.

(1) 물과 얼음의 특성

물은 식품의 가장 많은 부분을 차지하는 구성 성분으로 식품의 특성, 구조, 형태, 맛 및 안정성을 결정하는 데 결정적인 요인이다. 건조, 농축 및 냉동으로 물의 형태를 변화하거나 없애면 원래의 특성이 변화되나 대부분의 식품들은 저장성이 증가한다. 물의 변화를 바꾼 건조식품이나 냉동한 제품에 다시 물을 제공하거나 얼음을 물로 해동한다 하여도 원래의 식품 특성으로 다시 돌아올 수 없다.

물은 자연에 존재하는 어떠한 비슷한 분자량을 가진 분자들과 비교할 때 물의 녹는점(melting point)과 끓는점(boiling point)은 예외적으로 높으며(표 9-2 참조) 계면 활성(surface tension), 유전성(dielectric constant), 비열(heat capacity) 등 매우 독특한 성질을 가지고 있다. 일반적으로 물은 분자적 구조로 인해 한 분자

표 9-2 물과 수소를 갖고 있는 물질의 녹는점과 끓는점

수소화합물	분자식	분자량(Da)	녹는점(℃)	끓는점(℃)
Water	H_2O	18	0	100
Hydrogen sulfide	H_2S	34	-85.5	-60.7
Hydrogen selenide	H_2Se	81	-60.4	-41.5

의 물은 4개의 다른 물분자와 수소 결합을 형성할 수 있다. 즉, 여러 개의 물분자가 뭉쳤다 흩어졌다 하는 상태를 반복하는데 온도가 0℃ 이하로 내려가면 이러한 뭉쳤다 흩어졌다 하는 상태가 고정되어 보통 육각형 형태의 결정을 이룬다. 이러한 물분자 구조를 얼음이라 한다(그림 9-18 참조).

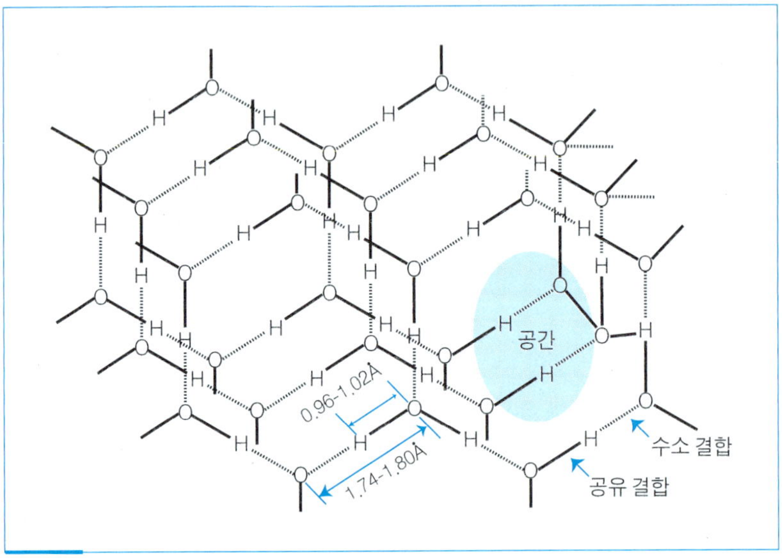

그림 9-18 얼음 구조와 수소 결합

0℃에서의 물과 얼음의 열전도도(thermal conductivity)를 비교하면 얼음이 물보다 4배가 빠르다. 즉, 움직이지 못하는 0℃의 물보다도 얼음 상태가 열전도를 빠르게 할 수 있다. 계산된 열확산도(calculated thermal diffusivity)는 얼음이 물보다 9배나 빠르다(표 9-3 참조). 따라서 같은 에너지(온도)에서 냉동과 해동을 비교하면 냉동 과정이 훨씬 빠르게 일어난다.

표 9-3 물과 얼음의 열확산도

	0℃의 물	0℃의 얼음	비고
비열(cal/g · ℃)	1.0	0.5	
밀도(g/mL)	1.0	0.9	
열전도도(W/m · K)	0.569	2.25	약 4배 차
계산된 열확산도(cm^2/sec)	0.0012	0.0111	약 9배 차

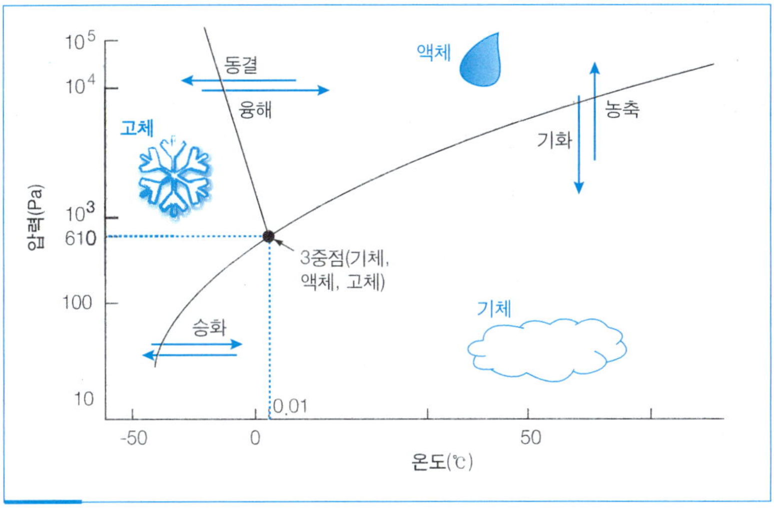

그림 9-19 물과 얼음의 상변화 그림

(2) 물의 결정화 과정 및 원리(Crystallization of water)

물과 얼음의 상변화 그림을 살펴보면 삼중점을 볼 수 있다(그림 9-19 참조). 물, 얼음, 기체가 함께 존재하는 정확한 온도와 압력은 각각 0.01℃와 610Pa이다. 삼중점에서 온도를 내리면 얼음이 생성되는데 일반적으로 물에서 얼음이 결정화되는 과정은 얼음 핵의 생성(nucleation)과 결정의 성장(crystal growth)으로 구분한다. 여기서 얼음 핵의 생성은 물분자들을 잘 정렬된 입자로 만들어 결정으로 성장할 수 있는 핵을 만드는 과정을 말하고, 결정의 성장은 형성된 핵에 물분자를 일정하게 첨가하여 핵이 커지는 현상이다.

① 얼음핵의 생성(Nucleation)

물이 얼음으로 변할때는 핵의 생성 과정을 거친 다음에만 입자의 성장이 가능하다. 순수한 물인 경우에는 과냉각(super cooling)이 되어야 핵의 생성이 진행되게 된다. 이러한 얼음핵 형성이 순수한 물과 얼음의 계에서 일어날 경우를 동질성 얼음핵 생성(homogeneous nucleation)이라 한다. 불순물이 섞여 있는 물에서 얼음핵 형성이 일어난 경우를 이질성 얼음핵 생성(heterogeneous nucleation)이라 한다. 이 경우에 물분자가 물속에 있는 이물질(먼지 등)에 결정 모양으로 모여서 얼음핵을 형성하게 되는데 대부분의 식품에서 발생하고 동질성보다는 이질성 얼음핵 생성 과정이 쉽게 일어난다. 즉, 얼음이 되기 위하여 물속에 핵(ice nuclei)이 존재해야 하는데, 핵은 물 이외의 불순한 다른 물질이거나 불순물이 존재하지 않는 상태에서는 물분자의 집합(clusters of water molecules)을 통하여 시작한다. 일반적으로 얼음은 육각형 형태(hexagonal crystal)의 구조를 갖게 되나 높은 압력하에서는 4각형, 심지어는 무정형의 형태도 나타난다.

② 결정의 성장(Crystal growth)

얼음이 결정화되는 제2단계는 얼음핵이 생성된 후 이를 기점으로 얼음이 성장을 하는 단계이다. 결정의 성장은 미세한 얼음핵이 형성된 후에 아직 얼음 결정이 안 된 물분자가 얼음핵으로 이동되어 얼음핵에 첨가되는 과정을 이룬다. 따라서 얼음핵에 첨가되는 물분자가 떨어져 나가는 물분자보다 많을 때는 성장이 계속된다. 또한 수분 함량이 많은 샘플을 냉동할 때 결정의 성장을 제한하는 요소는 열 전달(주로 전도 과정) 과정이다. 얼음 결정의 성장 속도는 열의 제거 속도가 감소함에 따라 크게 감소한다. 냉동 속도에 따라서도 결정의 성장에 영향을 미친다.

(3) 급속/완만 동결

① 냉동 곡선(Freezing curve)

식품이 냉동되는 과정을 시간과 온도의 관계식으로 나타낸 것을 냉동곡선이라 하고 그림 9-20과 같다. 식품을 냉동하면 그 품온은 급격히 직선적으로 강하하여 식품의 동결점에 도달한다. 이때 식품의 수분이 얼기 시작하는데 식품의 빙결점은

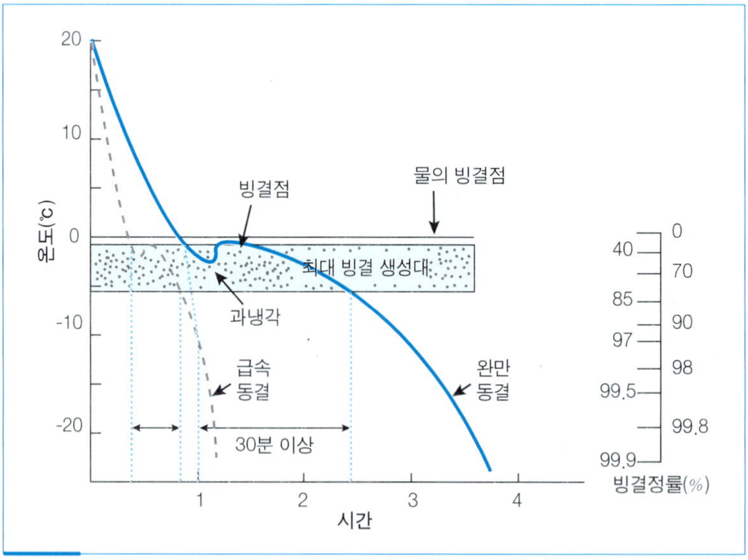

그림 9-20 식품의 동결 곡선

종류에 따라 차이가 있으며 대략 -1~-2℃의 범위에 있는 일이 많다. 그런데 빙결점에 도달한 식품은 그 수분 모두가 얼게 되는 것이 아니라 일부분만 얼게 되므로 완전히 빙결이 끝날 때까지는 다소의 시간이 필요하게 된다. 이와 같이 빙결에 필요한 시간은 주변 환경의 온도와 식품의 종류, 또는 그 특성에 따라 다소의 차이가 있게 된다.

식품이 냉각되어 식품 내에 얼음의 결정이 생성되면 식품 중 용액의 농도는 그만큼 증가하는 것이 되기 때문에 그 식품의 빙결점은 다소 하강된다. 그리하여 주변 환경의 온도가 내려감에 따라 식품 중의 물과 얼음의 비율이 차츰 달라지고, 육류와 어류의 경우 -5℃에서 전수 분량의 80% 정도가 얼음으로 변하므로 일반적으로 -1~-5℃까지의 범위를 최대 빙결정 생성대(zone of maximum ice crystal formation)라고 부르고 있다.

② 완만 동결과 급속 동결의 차이

식품을 냉동할 때 최대 빙결정 생성대는 중요한 의미를 가지며 이것을 통과하는 시간에 따라 식품의 품질이 좌우된다(그림 9-20 참조). 일반적으로 최대 빙결정 생성대를 통과하는 시간이 30분 이내면 급속 냉동법이라 하고, 그 이상의 시간이 걸리면 완만 냉동법이라 한다.

식품을 급속 냉동하게 되면 수많은 작은 얼음 입자들이 형성되고, 반면에 서서히 냉동하면 크기가 크고 수가 적은 얼음 입자가 형성된다. 어떤 식품을 냉동할 때 온도를 완만하게 내려주면 소수의 얼음핵만이 형성되어 서서히 성장하여 큰 얼음 결정을 만들 것이다. 즉 일정한 중량의 물을 얼음으로 전환시킬 때 얼음핵의 수가 소수이면 얼음 결정이 클 수밖에 없다. 반면에 이 식품을 빠르게 낮은 온도에서 냉동시키면 수많은 얼음핵이 형성되어 제한된 결정의 성장을 이룰 수 있다. 따라서 결정의 크기는 얼음핵의 수에 반비례하여 감소된다. 액체 식품의 경우 결정의 크기를 균일하게 조절하려면 냉동 중에 식품을 교반해 주면 된다(표 9-4 참조).

Tips 가정에서 아이스크림을 만들어 먹는 경우 시중에서 판매되는 아이스크림처럼 사르르 녹아 버리는 형태의 아이스크림을 만들 수 없다. 이것은 가정에서는 급속 냉동하기가 어렵기 때문에 완만 냉동에 의해 얼음의 결정이 크게 만들어지기 때문이다.

표 9-4 완만 동결과 급속 동결의 차이점

구분	완만 동결(slow freezing)	급속 동결(quick freezing)
최대 빙결정 생성대 통과 시간	보통 30분 이상	보통 30분 이하
얼음 결정 위치	세포 외부	세포 내부
동결 속도	보통 1℃/min 이하	보통 1℃/min 이상
빙결정의 크기 형태	결정이 크고(약 70μ 이상) 모양도 다양	결정이 작고(약 70μ 이하) 모양이 균일
식품(세포) 형태	찌그러진 모양의 냉동 상태 (세포의 형태 파손)	냉동 시 모양 변화 최소 (세포의 원형 유지 가능)
전반적 특성	냉각 속도 늦음 얼음 크기 큼 얼음 수 적음	냉각 속도 빠름 얼음 크기 작음 얼음 수 많음

(4) 저장 중 얼음 입자의 재결정(Recrystaliztion)

처음 형성된 얼음 결정은 냉동 저장 중 매우 불안정하여 얼음 결정의 수, 크기, 모양, 배열 등의 변화가 발생되는데 이러한 현상을 얼음 입자의 재결정이라 부른다(그림 9-21 참조). 순수한 물의 경우에는 -96℃에서도 재결정이 일어난다. 일반적으로 온도가 낮고 비수용액 물질의 양이 많을수록 재결정의 속도는 낮아진다. 재결정은 계(system)의 자유에너지가 최소에 이르는 평형 상태를 유지하려는 경향 때문에 생기는데, 재결정을 통하여 얼음 입자의 자유에너지는 감소된다.

얼음이 재결정되는 중요한 원인으로는 다음과 같다. 이동성 재결정(migratory recrystallization)은 크기가 작은 얼음 입자와 크기가 큰 얼음 입자가 섞여 있을 때 크기가 작은 얼음 입자가 큰 얼음 입자에 흡수되면서 얼음 입자의 크기가 증가하는 현상이다. 따라서 저장 기간이 오래되면 얼음 입자의 평균 크기는 증가하고 얼음 입자의 수는 감소하여 품질이 떨어지게 된다.

또 다른 원인으로는 동질량 재결정(iso-mass recrystallization)으로 얼음 입자의 무게에는 변화가 없으나 불규칙한 표면(irregular shape:표면이 울퉁불퉁하거나 표면 대 용적 비율이 큰 얼음 입자)에서 매우 응집된 구조(more compact structure: 표면 대 용적 비율이 작은 입자)로 형태가 바뀌지나 이러한 현상은 액체 식품이 극단적인 상태에 있을 때만 볼 수 있고 보통의 식품 냉동에서는 관찰할 수 없다.

부착성 재결정(accretive recrystallization)은 결정 간의 표면 접촉에 의해 얼음

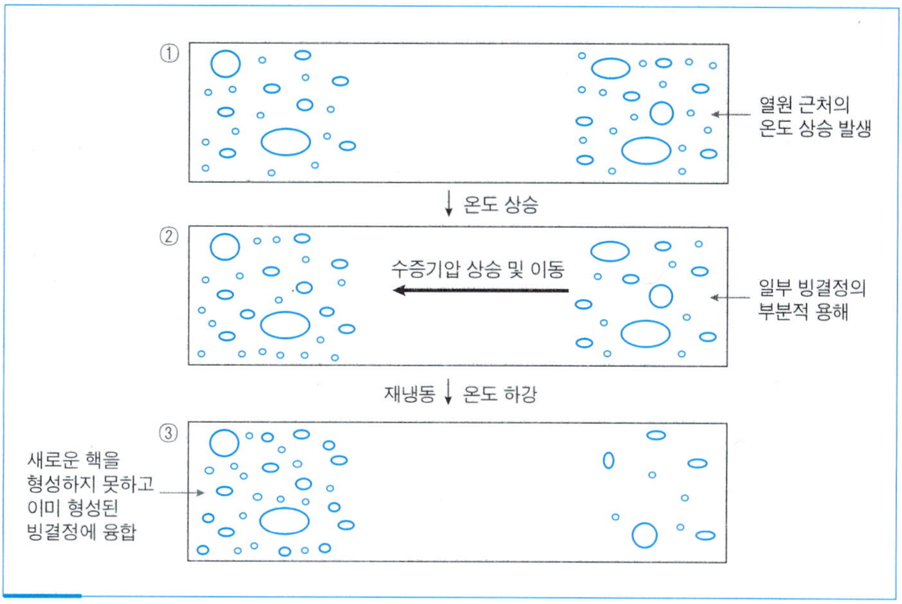

그림 9-21 얼음의 재결정화

입자가 커지고, 얼음의 수가 감소하는 반응으로 얼음 입자의 표면 에너지가 낮은 상태로 변하는 현상을 말한다. 냉동식품에는 부착성 재결정이 흔히 일어날 수 있다.

돌변성 재결정(irruptive recrystallization)은 수분 함량이 적은 식품의 경우에 일어나는데 급속 냉동에 의해 비결정 상태(non-crystalline state)를 유지하고 있다가 어느 한계점(critical point)까지 온도가 상승할 때 갑작스럽게 결정화가 일어나는 현상을 말한다. 수분 함량이 적고 비교적 점도가 큰 식품에서 저속 냉동에 의하여 부분적인 비결정 상태의 고체화가 이루어진다. 대부분의 식품은 수분 함량이 상당히 많아서 상업적으로 사용하는 냉동 방법으로 돌변성 재결정이 어렵다. 이러한 다양한 재결정 현상이 발생되며 식품의 품질에 중요한 요인이 되므로 주의를 하여야 한다.

5) 냉동 방법 및 장치

냉동 저장은 식품 중에 함유되어 있는 수분의 대부분을 빙결시켜서 저장하는 방법으로, 국제냉동협회에서는 −18℃ 이하의 온도에서 저장하도록 권장하고 있다. 일반적인 상업적 냉동 방법 및 장치는 다음과 같이 구분할 수 있다.

(1) 공기 동결법(Air freeziing)

보통 냉동된 실내에서 매우 차가운 공기를 이용하여 냉동하는 장치법이다.

① 정지 공기 동결법(Sharp freezing)

정지 공기 동결법은 일반적인 동결법으로 냉각관을 선반 모양으로 조립하고, 그 위에 식품을 얹은 다음, 동결실 내의 정지한 공기 중에서 동결하는 방법이다(그림 9-22 참조). 장점으로는 동결 장치가 간단하고, 모양에 구애됨이 없이 대량 처리가 가능하다는 점이 있다. 단점으로는 공기 순환이 느리거나 없어 완만 동결된다는 점이다. 효율성이 떨어져 최근에서는 잘 사용되지 않고 있다.

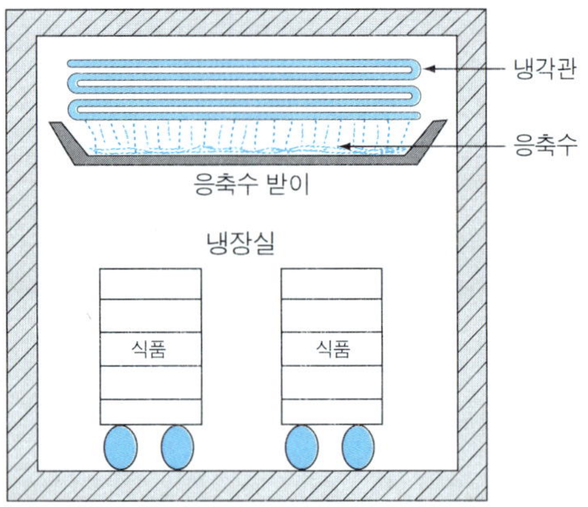

그림 9-22 정지 공기 동결법

② 송풍 동결법(Air-blast freezing)

송풍 동결법은 동결실이 상자 터널형(insulated tunnel : 보온 처리된 터널)이며 식품을 선반(tray rack)이나 컨베이어 위에 얹어 식품 표면에 차가운 냉풍(-30~-40℃)을 팬으로 순환(3~5m/s)시켜 단시간에 동결하는 방법이다(그림 9-23 참조). 이때 식품의 운반 방향과 공기의 방향이 같으면 순방향이라 하며, 반대이면 역방향이라 한다. 장점으로는 경제적이며 다양한 크기와 모양의 식품에 이용 가능하다. 단점으로는 포장이 안 된 식품의 경우 표면에서 과다한 증발이 발생 가능하며, 개별 포장된 식품에서도 바람직하지 않는 팽창이 일어날 수 있다.

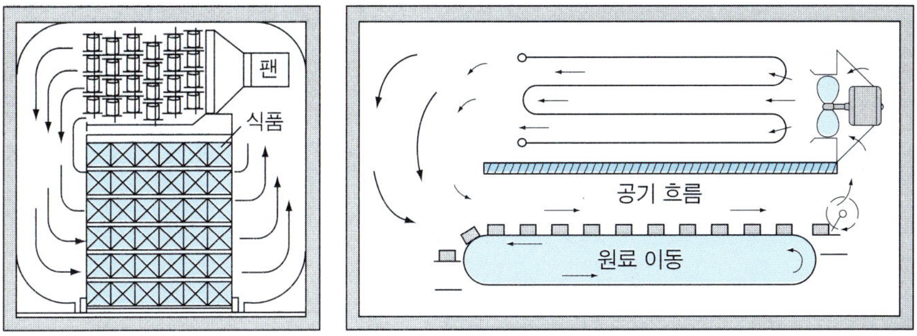

그림 9-23 송풍 동결법

③ 부상식 동결법(Fluidized-bed freezing)

작은 고체 입자나 분말형 식품을 다공판 벨트 위에 놓고 공기를 아래에서 위로 통과시키며 동결한다(그림 9-24 참조). 이 방법은 열 전달이 효율적이고 빠른 냉동이 가능하나 식품이 크거나 크기가 균일하지 않으면 적용하기 어렵다.

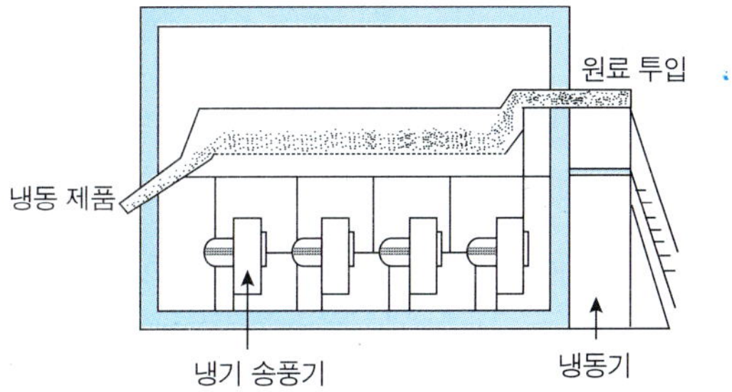

그림 9-24 부상식 동결법

(2) 접촉식 동결법(Contact freezing)

금속 접촉식 동결법은 냉각된 냉매 또는 염수를 흘려 금속판을 냉각(-30~-40 ℃)시킨 후, 이 금속판 사이에 원료를 넣고 양면을 밀착하여 동결하는 방법이다(그림 9-25 참조). 즉 금속판과 식품이 직접 접촉되어 공기 동결법에 비해 열 전달이 용이하고 포장이 부풀지 않은 장점이 있다. 또한 급속 동결이 되고, 동결품의 모양이 일정하며, 동결 장치가 차지하는 면적이 적은 등의 장점이 있으나, 식품의 형상

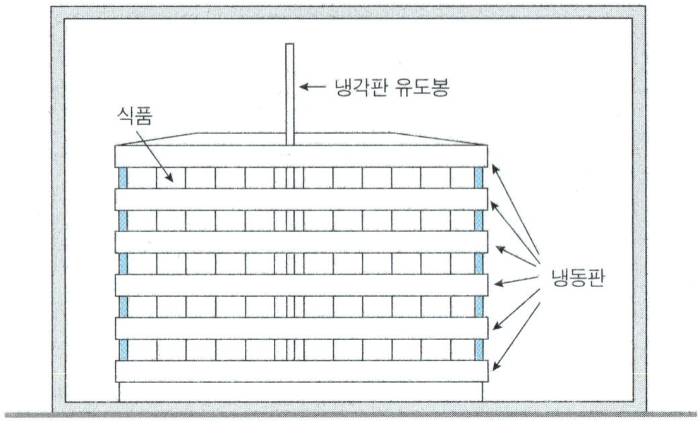

그림 9-25 접촉식 동결법 및 원리

및 두께 등에 제약을 받으며, 조작이 다소 번거롭다는 단점도 있다. 아이스크림과 같은 식품에 많이 사용된다.

(3) 침지식 동결법(Liquid immersion freezing)

침지식 동결법은 냉각 부동액 또는 브라인과 같은 2차 냉매를 이용한 액체 속에 식품을 침지하여 동결하는 방법이다(그림 9-26 참조). 초기에는 포화 식염수를 사용하여 고농도의 식염이 식품에 침투하여 영향을 주거나 오염될 우려가 있었으나 최근에는 방수 및 내한성이 있는 포장재 등이 발달되어 밀착 포장하여 침지액에 침지시킬 수 있다. 또한 식품을 포장하지 않고 사용하는 경우, 인체의 유해성 등으로 인해 식품에 직접 접촉 시 사용 허가가 곤란하였던 염화칼슘, 염화마그네슘, 프로필렌글라이콜 등도 이용할 수 있게 되었다. 이 방법은 동결 속도가 빠르고, 연속 조작이 가능하며, 조작이 간편하다는 장점이 있다. 단점으로는 저온에서의 냉매 점도 증가 및 냉매의 온도를 일정하게 유지하기 어렵다는 점이 있다. 닭고기와 같은 고체 식품의 냉동에 많이 이용된다.

Tips 냉동 circulator는 보통 -20℃를 유지하여 주는데 일반적으로 실험실에서 급속 냉각을 시키는 목적으로 사용된다. 여기에 순환 냉매로 프로필렌 글라이콜이 많이 이용된다.

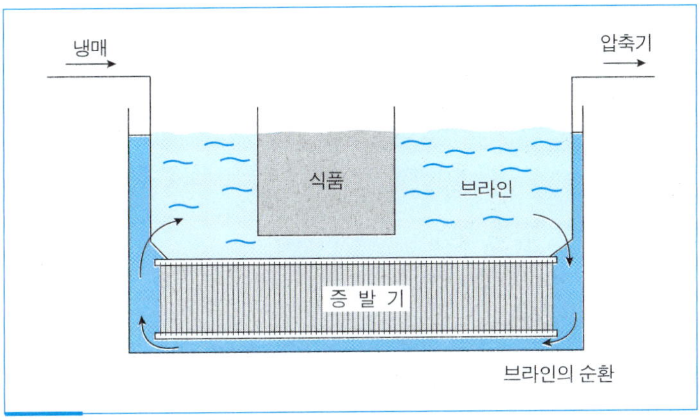

그림 9-26 침지식 동결법

(4) 분무식 냉동법(Spray freezing)

분무식 냉동은 무해하고 증발되는 액체 질소, 액화 이산화탄소 등의 냉매를 비포장 또는 얇게 포장된 식품에 직접 살포하여 급속 동결(very rapid freezing)하는 방법(그림 9-27 참조)으로 새우, 양송이버섯 등과 같은 고가 제품의 개별 급속 냉동(IQF: individual quick freezing)에 이용되고 있다. 하나씩 분리하여 개별 급속 냉동을 하면 고유의 모양을 유지시킬 수 있다. 이 방법이 침지식 동결법과의 차이점은 냉매가 상 변화를 일으킬 때 흡수하는 기화열을 이용하여 냉동한다는 점이다. 이때 냉매로 액체 질소(기화점: −195.8℃)가 많이 사용되는 식품을 매우 빠르게 냉동이 가능하다.

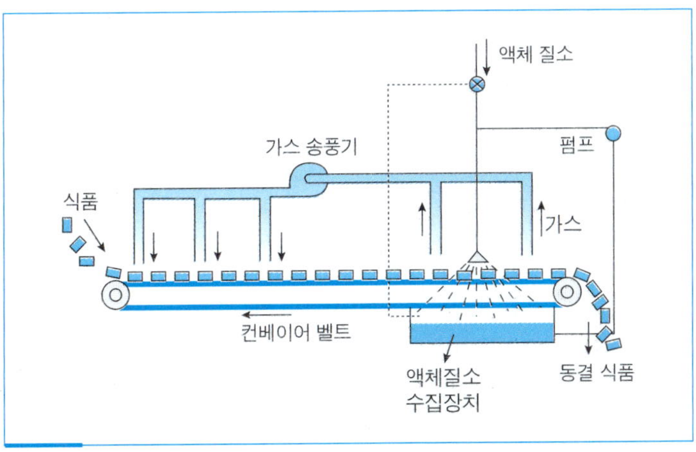

그림 9-27 분무식 냉동법

분무식 냉동법의 장점으로는 초급속으로 동결되고, 연속 작업이 가능하며, 동결 장치에 맞는 블록으로 하지 않아도 된다는 점 등이 있다. 단점으로는 설치비, 운영비가 많이 소요되고, 제품에 균열이 생길 우려가 있다는 점 등을 들 수 있다.

6) 냉동식품의 저장 및 유통 체계

(1) 냉동식품의 저장 및 유통

냉동식품에서 저장 기간이 진행되면 물리적 및 생물학적 반응이 점증적으로 진행되고, 축적되어 제품의 품질에 비가역적 변질이 발생한다. 제품을 소비하기 적절한 상태까지의 기간을 저장 기간(storage life)이라 한다. 고품질 저장 기간(high quality life)이란 처음의 높은 품질 상태(즉시 냉동한 상태)가 관능 검사에서 통계적($P<0.01$)으로 차이가 없는 상태까지의 저장 기간을 말한다. 실질적인 저장 기간(practical storage life; PSL)은 냉동 후에 저장한 기간이 소비하기에 적당하게 제품의 특성을 유지하는 것을 말한다.

따라서 실질적인 저장 기간을 많이 사용하는데, 일반적인 냉동고가 -18℃를 유지하는 이유는 상대적으로 -18℃ 이하에서 자유수는 대부분 얼고 결합수만 남으며 냉동된 식품의 동결률과 비동결률을 살펴봐도 -18℃ 이하에서 변화가 거의 없다. 일반 화학의 반응 경우에는 $Q_{10}=2$ 정도로 Q_{10}값(10℃ 간격에서의 변화 값)을 많이 사용하지만, 식품의 경우 Q_{10}값이 2~40으로 매우 크기 때문에 Q_1값(1℃ 간격에서의 변화 값)을 사용한다. 냉동 시 -18℃까지는 온도의 강하에 따른 Q_1값의 감소가 현저하나 -18℃ 이하에서는 Q_1값 감소율이 크게 감소하므로 경제성을 감안하여 -18℃에서 저장한다. 즉, 일반적인 냉동식품은 -18℃ 이하로 낮추어도 저장 일수가 현저히 증가하지는 않는다.

(2) 저장 온도와 식품 저장 기간

우수한 냉동식품을 생산하는 노력도 중요하지만 유통 과정에서 제품의 품질이 손상되지 않도록 유지하는 노력도 중요하다. 냉동식품의 생산에서 소비자의 손에 도달할 때까지 낮은 온도를 유지하는 것이 중요한데, 냉동식품의 생산에서부터 소비까지 전 구간을 적당한 저온으로 유지하며 냉동식품을 취급하는 것을 저온 유통 체계(cold chain system)라 한다. 주로 우유, 아이스크림, 육류, 농산물, 수산물 등에서 많이 사용된다.

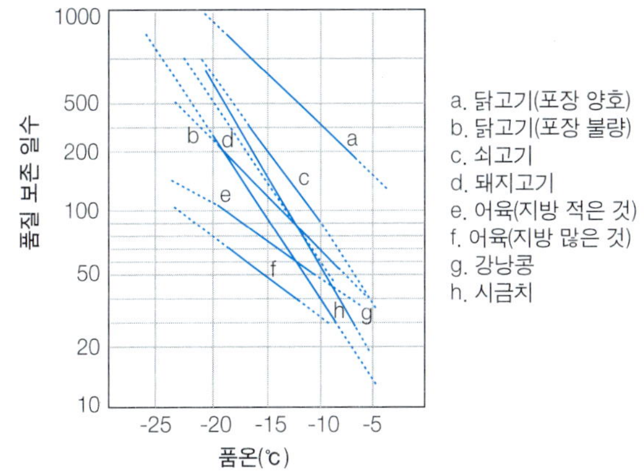

그림 9-28 품질 보존 특성 곡선
자료 : 김상순 외, 식품가공저장학, 수학사

냉동식품을 저장할 경우 소비자에게 도달되는 최종 품질은 저장 온도와 저장 기간에 의하여 결정된다. 냉동식품의 상품 가치를 허용하는(tolerance) 저장 시간(time)과 저장 온도(temperature)와의 관계를 Time-Temperature Tolerance(TTT)라 하며, 이를 표현한 그림을 품질 보존 특성 곡선(TTT-curve)이라 한다(그림 9-28 참조).

TTT-curve는 각각의 냉동식품을 여러 가지 온도에 나누어 저장하면서 품질보존 기간을 계산한다. 각각의 온도에서 1일간 품질 저하량을 계산할 수 있다. 예를 들면(표 9-5 참조), 쇠고기의 경우 각각 -20℃, -15℃, -10℃에서의 품질 보존 기간이 각각 500일, 200일, 100일이라 하면 각 온도에서의 1일당 품질 저하량이 0.002, 0.005, 0.010으로 나타난다. 따라서 예를 들면(표 9-6 참조) 생산지에서 저장한 것이 -20℃로 100일, 수송한 것이 -10℃로 25일, 소비자가 저장한 것이 -15℃로 95일 저장한 쇠고기의 품질은 각각의 온도에서의 1일당 품질 저하량을 저장 일수로 곱하면 계산할 수 있다. 이때 모두 합한 것이 0.925로 계산이 된다. 이는 상품 가치가 상실한 품질 저하량이 1.000이므로 1.000 이하인 0.925는 상품 가치가 유지된 것이다. 만약 품질 저하량이 1.000 이상이면 상품 가치가 상실된 것으로 판매하거나 소비하면 안 된다는 것을 의미한다. 즉, 1일 품질 저하량×기간=품질 저하량이 나오며, 이를 모든 기간 동안 합산한 값이 1 이하이면 식용이 가능한 품질을 유지한 상태라는 자료를 보여주는 것이다.

표 9-5 TTT로부터의 쇠고기 1일당 품질 저하량 계산 값 예제

품온(쇠고기)	품질 보존 기간(t)	1일당 품질 저하량(d)
−20℃	500일	1/500=0.002
−15℃	200일	1/200=0.005
−10℃	100일	1/100=0.010

표 9-6 쇠고기의 냉동 저장 기간에 따른 총 품질 저하량

저장 구분	품온(℃)	일수(t)	1일당 품질 저하량(d)	총 품질 저하량(D)
생산지 동결 저장	−20	100	0.002	0.002×100=0.200
수송 중	−10	25	0.010	0.010×25=0.250
소비자 동결 저장	−15	95	0.005	0.005×95=0.475
220일 경과한 시점의 품질 저하량(D)		220		0.200+0.250+0.475=0.925

(3) 냉동식품의 품질 확인 지시계(TTI)

TTT-curve는 냉동식품의 품질을 온도와 저장 기간으로 계산할 수 있는 장점이 있으나 소비자의 관점에서는 냉동된 상태의 식품의 유통 경로 및 1일 품질 저하량을 알 수가 없으므로 섭취를 결정할 수 없다. 따라서 많은 제조사에서는 안전하고 품질이 높은 냉동식품이라는 점을 소비자에게 확인하게 하고자 노력을 한다. 이러한 관점에서 소비자가 냉동식품의 품질을 확인할 수 있는 간편하고 저렴한 시간-온도 지시계(Time Temperature Indicator; TTI)를 제품에 이용한다.

현재 사용되는 지시계 물질로는 효소, 화학물질, 미생물, 마이크로칩 등이 연구되었다. 온도가 어느 정도 이상이 되면(즉, 보관을 잘못한 경우) 효소적 반응에 의해 pH 변화로 지시약의 반응으로 색변화가 나타나든가(그림 9-29 참조), 또는 녹는점의 차이를 이용하여 물성 변화를 나타내는 것도 있다. 또한 온도와 기간에 따라 저장하고 있는 동안 점차적인 색의 변화를 나타낼 수도 있다. 즉, 지난 시간 동안의 저장 온도에 대한 이력을 쉽게 알 수 있다. 하지만 현재 개발된 지시계의 대부분은 측정 시 식품의 품질 변화와 지시계의 반응이 완전히 일치하기 어렵고 비용이 많이 든다는 점에서 사용에 한계가 있다.

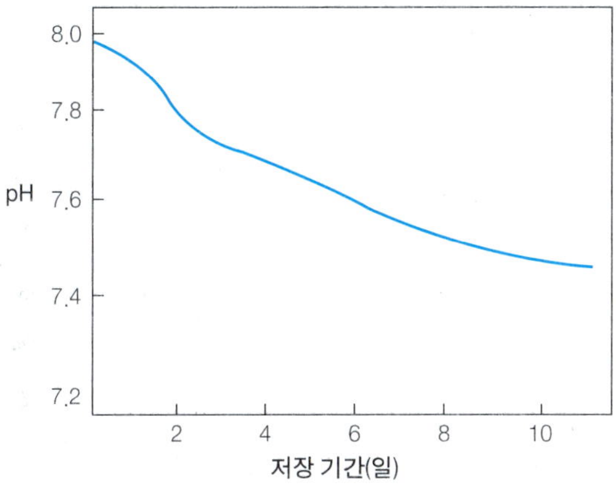

그림 9-29 시간-온도 지시계에 의한 저장 기간 중 pH의 변화

7) 냉동식품의 해동(Thawing)

냉동식품을 식용하거나 가공하기 위해서는 이를 녹여야 하는데 이러한 녹이는 조작을 해동이라 한다. 해동은 식품을 냉동 시키는 과정보다 물과 얼음의 열전도 등의 특성으로 인하여 더욱 많은 시간이 소요된다(그림 9-30 참조). 따라서 냉동식품에 품질이 변화되는 중요한 공정이다. 하지만 해동에 대한 과학적 접근은 많이 진행

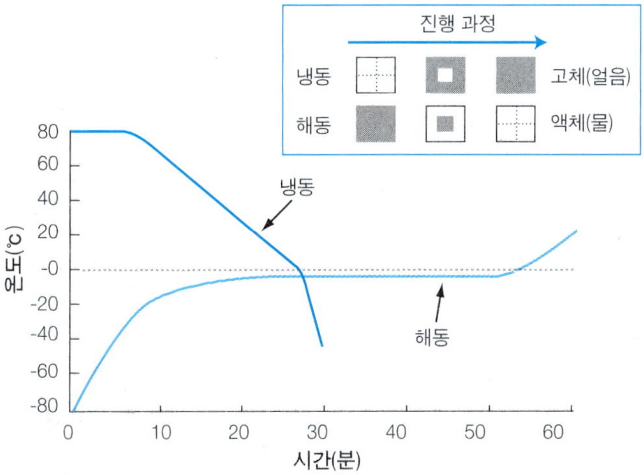

그림 9-30 냉동과 해동 곡선의 비교

되지 않고 있는 분야이다. 일반적으로 해동 과정 중에 수분이 식품 표면에 유출하게 되는데(drip 현상) 이는 식품의 상품적 가치를 손상시키는 경우가 많다. 또한 식품의 온도가 상승하는 해동이 장시간 소요되는 과정을 거치면서 구조적 변화가 일어나고 수분의 이동이 이루어지면서 손쉽게 미생물의 번식과 효소 반응이 일어나면서 영양소의 손실이 발생된다. 따라서 해동 온도와 속도를 적절히 조절해야 한다.

해동의 공통된 원칙으로는 내외 온도차에 의한 품질 변화가 적을 것, 조직(texture)변화를 최소화할 것, 드립(drip) 발생이 적을 것, 단백질의 변성을 최소화할 것, 해동 중 미생물의 번식을 적게 할 것, 선도 저하를 적게 할 것이다. 일반적으로 효율적인 해동을 위해 식품과 주변의 온도 차이를 적게하여 완만한 속도로 진행시키도록 권하고 있다. 이는 텍스처 변화 및 드립 발생을 최소화하고 냉동식품의 손상을 방지하는 데 유리하다고 알려졌다. 해동 방법으로는 공기 해동법, 수중 해동법, 고주파 해동법, 접촉식 해동법, 저온 고압 해동법 등 다양한 방법이 사용되고 있다.

09 연습문제

01_ 다음 중 121℃의 습열 살균이 필요한 식품의 pH는?

① pH 5 ② pH 4 ③ pH 3
④ pH 2 ⑤ pH 1

02_ 다음 탈기법 중 열에 예민한 식품이나 건조식품에 적용하는 방법은?

① 수증기 주입법 ② 기계적 탈기법 ③ 가열 탈기법
④ 일반 탈기법 ⑤ 열수 탈기법

03_ 온도 121℃에서의 D값이 1.5분인 어떤 세균 포자가 있다. 통조림 1개당 이 세균 포자 10개를 함유하는 통조림 식품을 121℃에서 6분간 가열 살균한다. 살균 후 통조림 식품이 이 세균 포자로 인해 변질될 수 있는 확률은 얼마인가?

① 1/10 ② 1/100 ③ 1/1,000
④ 1/10,000 ⑤ 1/100,000

04_ 온도 121℃에서 어떤 세균 포자를 99.99% 사멸시키는 데 필요한 F값은 2.0분이었다. 이 세균 포자의 121℃에서의 D값은 얼마인가?

① 0.2분 ② 0.4분 ③ 0.5분
④ 1.0분 ⑤ 2.0분

05_ 100℃에서 D값이 300초인 세균 포자의 Z값이 10℃라면 120℃에서의 D값은 몇 초인가?

① 3초 ② 30초 ③ 60초
④ 90초 ⑤ 150초

06_ 물이 어는 냉동 과정과 해빙 과정에서 열전도 및 속도에 대해 올바르게 서술한 것은?

① 물은 얼음보다 열전도도가 빠르다.
② 얼음의 열 전달이 물의 열전도보다도 더 빠르다.
③ 얼음이 녹아 물로 되는 해빙 속도가 냉동 속도보다 빠르다.
④ 열이 확산되는 열확산도의 경우 물이 얼음보다 빠르다.

07_ 다음 중 어느 방법을 사용하는 것이 온도를 빠르게 낮추어 저장 품질을 좋게 유지할 수 있다고 판단하는가?

① 정지 공기 동결법 ② 송풍 동결법
③ 접촉식 동결법 ④ 침지식 동결법

08_ 완만 냉동과 급속 냉동을 설명한 것 중 올바르게 설명하고 있지 못한 것은?

① 완만 냉동의 냉각 속도가 급속 냉동의 제품에 비하여 느린 편이다.
② 완만 냉동 중 얼음의 결정 수는 많고 결정의 크기가 적은 편이다.
③ 얼음 결정이 생성되는 위치는 완만 냉동의 경우 세포 외부에, 급속 냉동의 경우는 세포 내부이다.
④ 급속 냉동은 최대 빙결정 생성대 통과시간이 35분 이하이다.

09_ 해동 과정 중 고려해야 할 사항이 아닌 것은?

① 내외 온도차를 크게 유지하는 것이 바람직하다.
② 조직감의 변화가 최소화하도록 하여야 한다.
③ 드립 발생은 적게 일어나도록 주의하여야 한다.
④ 해동 중 미생물의 번식이 발생되지 않도록 주의한다.

10_ 냉매로서 적절하지 않은 것은?

① 프로필렌 글라이콜　② 염화칼슘
③ 황산나트륨　④ 액체 질소

11_ 냉장을 하게 되면 일어나는 현상들이 아닌 것은?

① 호흡 억제　② 발아 촉진
③ 미생물의 생육 억제　④ 각종 화학 반응

12_ 냉장이나 냉동을 하는 목적이 타당하지 않은 경우는 어느 것인가?

① 고기의 숙성을 위하여 0~4℃에서 숙성시킨다.
② 아이스크림의 구조 및 형태를 유지하기 위하여 −10℃ 이하를 유지한다.
③ 완두콩을 데치기 공정을 행한 후 냉동 저장하여 저장 기간을 증가시킨다.
④ 바나나는 4~8℃에서 냉장 보관하는 것이 좋은 품질을 유지할 수 있다.

13_ 냉동 과정을 통하여 제어되는 품질의 변질 요인은?

① 수분　② 햇빛
③ 산소　④ pH

14_ 물이 녹는 온도나 끓는 온도가 분자량이 비슷한 암모니아에 비하여 차이가 생기는 이유는?

① 물의 유전 상수 값이 크기 때문에
② 수없이 많은 반데아 발스 힘(van der Waals force)이 있기 때문에
③ 물분자를 이루는 공유 결합이 강하기 때문에
④ 수소 결합을 하고 있어서

15_ 냉동 과정에서 물의 어는 과정에 대하여 잘못 설명된 것은?

① 순수한 물에 과냉각 상태에서 먼지를 몇 개 뿌리면 얼음이 생성되기 시작한다.
② 순수한 물은 과냉각이 되어야 핵이 형성된다.
③ 동질성 얼음핵 형성이 이질성 얼음핵 생성보다 빠르게 일어난다.
④ 얼음이 어는 과정은 핵이 먼저 형성되고 그 다음 결정이 점차 성장해 나가는 과정 등으로 나누어 설명할 수 있다.

16_ 냉장/냉동고의 기본 원리에 대하여 설명하시오.

17_ 완만 동결과 급속 동결의 주요 차이점을 열거하고 각각에 대하여 설명하시오.

18_ 레토르트 살균 장치의 냉각 과정에서 압축 공기의 역할을 설명하시오.

19_ 식품의 pH 4.5를 기준으로 가열 살균 온도를 설명하시오.

20_ 121.1℃에서 *Clostridium botulinum* 포자를 99.999% 사멸시키는 데 필요한 F값은 1.2분이었다. 이 미생물 포자의 121.1℃에서의 D값은 얼마인가?

21_ 위 20번의 *Clostridium botulinum* 포자의 사멸을 위한 살균 값이 12라고 할 때, *Clostridium botulinum* 포자의 사멸을 위해 필요한 121.1℃에서의 필요한 살균 시간은 얼마인가?

22_ 어느 가열 살균 공정의 F_0는 2.88분이다. 만약 캔 1개에 D_0가 1.5분인 포자 10개가 함유되어 있다면 이 포자에 의한 변질 확률은 얼마인가?

23_ 어떤 캔 식품이 살균 공정 전에 캔 1개당 1,000개의 포자를 지니고 있고, 이 포자의 D_0값은 1.5분이다. 만약 살균 공정이 121.1℃에서 10분간 이루어진다면 이 캔 식품의 변질 확률은 얼마인가?

24_ (1) 어떤 캔 식품 한 개가 D_0값이 1.5분인 포자 100개를 갖고 있고 이 캔 식품을 250°F에서 살균할 때 변질 확률이 1/100,000이 될 수 있는 살균 시간을 구하라.

(2) 이 살균 조건하에서 *Clostridium botulinum*의 D_0가 0.2분이다. 위에서 계산한 살균 시간(F_0)은 *Clostridium botulinum*을 12D 감소시키는 데 필요한 살균 시간보다 큰가? 작은가? 아니면 같은가?

25_ *Clostridium botulinum*을 99.999% 사멸시키는 데 필요한 F_0는 1.1분이다. 이를 12D 사멸하는 데 필요한 F_0는 얼마인가? 또 Z값이 18°F라면 275°F(135℃)에서의 F값은 얼마인가?

26_ *Bacillus stearothermophilus* 포자를 10^{-5} 농도로 살균할 때 121.1℃에서 20분, 125℃에서 5.54분이다. *Bacillus stearothermophilus* 포자의 Z값을 계산하라.

27_ *Clostridium botulinum*을 115℃에서 1분간 살균할 때 치사율은 얼마인가? 이때 Z값은 10℃이다.

28_ 당도 8%의 복숭아 270g을 넣어 당도 19%인 통조림 430g을 만들려고 할 때 당도 몇 %의 설탕 시럽을 몇 g 넣어야 하는가?

정답 및 해설

01_ ① 02_ ② 03_ ③ 04_ ③ 05_ ① 06_ ② 07_ ④ 08_ ② 09_ ① 10_ ③ 11_ ② 12_ ④ 13_ ① 14_ ④ 15_ ③

16_ 냉장/냉동고의 중요 구성 인자 및 작동 원리 : ① 압축기 ② 응축기 ③ 팽창 밸브 ④ 증발기

17_ 냉동 속도 처리에 따른 중요 변화 인자 : ① 최대 빙결정 생성대 통과 시간 ② 얼음 결정 위치 ③ 동결 속도 ④ 빙 결정의 크기 형태 ⑤ 식품(세포) 형태

18_ 레토르트 살균 장치에서 가압 살균이 종료되어 냉각 과정에 들어가면, 통조림 내부와 외부의 압력차가 생겨 통조림이 팽창하게 된다. 이를 방지하기 위하여 레토르트 살균 장치에 압축 공기를 넣어주어 냉각되는 동안에도 통조림 내부와 외부의 압력이 균형을 이루도록 한다.

19_ pH가 4.5 이상인 저산성 식품은 121℃에서 가열 살균하고, pH가 4.5 미만인 산성 식품 또는 고산성 식품은 100℃ 이하에서 가열 살균한다.

20_ 99.999% 사멸은 100,000개에서 1개 생존을 뜻하므로 생균 수 5log 감소와 같은 뜻이고 살균가 5임을 의미한다. 따라서 아래 식에서 121.1℃에서의 D값은 0.24분이다.

$F_0 = SV \times D_0$

$D_0 = F_0 / SV = 1.2/5 = 0.24$분

21_ $F_0 = SV \times D_0 = 12 \times 0.24 = 2.88$분

22_ 100개의 캔 중에 12개가 변질될 확률이다.

$\log \frac{N}{N_0} = -\frac{1}{D} F_0$

$\log N = \log 10 - (2.88/1.5) = -0.92$

$N = 10^{-0.92} = 0.12$

23_ 10,000개의 캔 중에 2개가 변질될 확률이다.

$\log\frac{N}{N_0} = -\frac{1}{D}F_0$

$\log N = \log 1000 - (10/1.5)$

$N = 2 \times 10^{-4}$

24_ (1) 10.5분

$\log\frac{N}{N_0} = -\frac{1}{D}F_0$

$F_0 = D(\log N_0 - \log N)$

$N = 1/100,000 = 10^{-5}$ $N_0 = 100$

$F_0 = (1.5)(\log 100 - \log 10^{-5}) = 10.5$분

(2) 2.4분이므로 짧다.

$F_0 = SV \times D_0 = 12 \times 0.2 = 2.4$분

25_ $F_0 = 2.64$분, $F_{275°F} = 0.1078$분

$F_0 = SV \times D_0$ $D_0 = F_0/SV = 1.1/5 = 0.22$분

$F_0 = SV \times D_0 = 12 \times 0.22 = 2.64$분

$F = F_0 10^{(T0-T)/Z}$ $F_{275°F} = (2.64)(10^{(250-275/18)}) = 0.1078$분

26_ 7℃

$\log\frac{N}{N_0} = -\frac{1}{D}t$

$D_{T1} = -t/\log\frac{N}{N_0} = -(5.54)/\log\frac{10^{-5}}{1} = 1.11$분

$D_{T2} = -t/\log\frac{N}{N_0} = -(20)/\log\frac{10^{-5}}{1} = 4$분

$\log\frac{D_{T2}}{D_{T1}} = -\frac{1}{z}(T_2 - T_1)$

$z = (T_1 - T_2)/\log\frac{D_{T2}}{D_{T1}} = (125 - 121.1)/\log\frac{4}{1.11} = 7°C$

27_ 0.245

$L = F_0/F = 10^{(T-T_0)/z}$

$= 10^{(115-121.1)/10} = 0.245$

28_ 당도를 x라고 할 때, 설탕 시럽의 양 = 430g-270g=160g이므로

270g×8%+160g×x=430g×19%이므로 x=39%

즉 당도 39%의 설탕 시럽을 160g 넣어야 한다.

Chapter

10 기체 조절에 의한 식품 저장

배우는 목적

지구 환경을 구성하고 있는 기체의 분포는 질소(N_2) 75.5%, 산소(O_2) 20.9%, 탄산가스(CO_2) 0.03% 및 기타 미량의 기체가 혼합되어 대기 중에 존재하고 있다. 모든 생물은 이들 혼합된 기체 환경 속에서 적응하면서 호흡·생활하고 있지만 그 종류, 품종, 재배 조건 및 기타 여러 가지 조건에 따라 호흡량이 다르다.

산소나 탄산가스는 생물의 활성 기체로서 적절한 함량과 비율이 필요하며, 또 산소가 존재하면 분유, 마늘 및 양파 분말과 같은 지방 함량이 높은 식품은 오히려 산패가 일어나기 쉬우므로 질소 가스 등으로 치환시켜 보존하는 것이 요청되고 있다. 이 장에서는 이러한 기체 조절을 통한 저장 방법의 원리와 적용에 대하여 배우고자 한다.

1. 수확 후 생활 작용

1) 호흡 작용

수확된 농산물의 채소, 과실, 버섯, 곡류나 수산물의 활어패류 및 축산물 중의 난류는 살아 있는 생물이다. 비록 수확되기 전보다는 월등히 왕성하지 않지만 살아 있는 한 어느 기간까지는 대사 작용(metabolism)이 항상 진행되고 있으며 이로 인하여 호흡 작용(respiration)을 수행한다. 그러나 호흡 작용은 채소류, 과일류 및 활어패류와 같이 호흡이 왕성한 식품이 있는가 하면 곡류, 난류 등의 호흡량이 비교적 적은 식품도 있다.

이와 같이 신선한 식품은 정도 차이는 있을지라도 축적된 영양소를 소모하면서 발생하는 에너지를 이용하여 산소를 흡수하고 탄산가스를 방출하는 호흡 작용을 계속한다.

(1) 호흡률

생물이 호흡 작용으로 방출하는 탄산가스와 흡입하는 산소의 부피비를 호흡률(respiratory quotient, RQ)이라고 하며 이 값은 호흡의 원료 기질에 의하여 변화한다.

$$RQ = \frac{\text{방출하는 } CO_2 \text{ 부피}}{\text{흡수하는 } O_2 \text{ 부피}}$$

호흡 관련 화학 반응식과 RQ 계산의 예를 들면 다음과 같다.

포도당의 경우:

$$C_6H_{12}O_6 + 6O_2 \rightarrow 6CO_2 + 6H_2O$$

$$RQ = \frac{6}{6} = 1.0$$

포도산의 경우:

$$2C_4H_6O_6 + 5O_2 \rightarrow 8CO_2 + 6H_2O$$

$$RQ = \frac{8}{5} = 1.6$$

팔미트산의 경우:

$$C_{16}H_{32}O_2 + 23O_2 \rightarrow 16CO_2 + 16H_2O$$

$$RQ = \frac{16}{23} = 0.7$$

(2) 호흡량

수확 후의 호흡량, 즉 식물 1kg이 1시간 동안에 방출하는 CO_2의 mg 수는 호흡 속도라고도 하며, 식물체의 종류 및 품종, 숙도, 저장 환경 조건 등에 따라 다르다. 예를 들면 대체로 생장이 왕성하고 저장력이 약한 것, 즉 식물의 영양체가 바로 수확의 대상이 되는 엽채류의 호흡량은 저장 기관이 수확의 대상인 근채류에 비하면 훨씬 크고 과채류는 중간 정도이다. 같은 엽채류라 하더라도 비결구성인 것은 결구성인 것에 비해 크다.

수확 후 저장 기간 중의 호흡량의 변화 추세는 종류에 따라 차이가 있으며, 일반적으로 일정 기간이 지나면 대체로 안정화된다. 수확 직후의 호흡량이 매우 많은 것은 수확 작업에 따른 상처와 수확 시의 품온에 기인하는 것으로 알려져 있다.

호흡량의 크기는 1개체의 부위에 따라서도 다르다. 즉, 양파의 경우 인경체의 저반부가 호흡 작용이 왕성하며 효소 활성도 높다. 수확물의 성숙도에 따라서도 호흡량에 차이가 있는데, 이는 수확기 및 저장성과 관련되며 온도·습도 및 가스 조성의 영향을 크게 받는다.

호흡량은 온도의 상승에 따라 증가하는데, 채소의 Q_{10}값을 측정한 결과 0.5~10℃ 범위에서는 3~4이며, 10~24℃ 범위에서는 2~3으로서 채소는 온도를 10℃ 이하라면 호흡량이 크게 감소함을 알 수 있다. 그리고 호흡량은 대부분의 채소가 0℃ 부근에서 최소가 된다. 이러한 온도에서는 영양소의 소모가 적을 뿐만 아니라 미생물의 활동도 크게 억제되므로 변질 속도도 느리다. 그러나 호흡량의 변화는 0 → 10℃ 쪽이 10 → 20℃ 쪽보다 훨씬 급격하므로 냉장으로부터 꺼낸 후 급격히 상승한다.

(3) 발열량

호흡 작용은 체내에서 일어나는 일종의 생화학 작용으로서 탄수화물 분해 대사 과정의 일부분이다. 즉, 축적되어 있는 전분 혹은 포도당이 해당 과정(glycolysis)을 거치면서 분해되어 pyruvate를 경유하여 호기적으로는 TCA 회로에 들어가 완전산화에 의하여 탄산가스와 물을 생성하며 674kcal의 열량이 방출된다(아래의 반응식 참조).

$$C_6H_{12}O_6 + 6O_2 \rightarrow 6CO_2 + 6H_2O + 674\text{kcal}$$

호흡 작용에 수반되는 중요 현상 중의 하나는 호흡열의 발산이다. 호흡 작용에 의해서 생기는 에너지는 여러 가지 생리 작용에 쓰이지만, 저장 중에는 거의 전부가 열로 발산된다. 특히 엽채류와 같이 호흡 작용이 왕성한 채소에서 발산되는 호흡열은 대단한 양으로 대량의 채소를 쌓아 놓거나 밀폐된 상태로 두면 그 열이 축적되며 결국 고온과 증산에 의해 상대 습도가 높아져 곧 부패하게 된다.

그러므로 엽채류에서, 특히 비결구성 채소를 단시간이나마 저장 또는 포장하여 수송할 때는 이 열을 외부로 방출할 수 있게 통기에 유의해야 하며, 먼거리 수송에는 통풍차나 냉장차를 이용해야 한다. 반대로 고구마 등과 같이 비교적 고온을 요하는 것은 보온이 잘 되는 저장고에 저장함으로써 자체에서 발생되는 열로 적온을 유지할 수 있다.

한편 농산물 1톤이 24시간 동안에 발생하는 열량으로써 농산물의 발열량을 표시하는데, 청과물의 종류나 온도에 따라서 발열량(호흡열)이 큰 차이를 나타낸다.

특히 식품의 저장 시 발생하는 호흡량은 저장 온도의 영향이 가장 크다. 예를 들면 온도가 10℃ 상승하면 호흡량은 2~3배로 증가하고 변패 요인의 작용 속도도 2~3배로 증가하며, 10℃ 하강하면 $\frac{1}{2}$~$\frac{1}{3}$로 감소한다. 이와 같이 온도의 변화와 식물체의 호흡량과의 관계는 온도 계수(Q_{10})로 표시한다.

Q_{10}값은 0~10℃에서 가장 높은 수치가 되고 호흡량이 작은 것을 의미한다. 각종 식품의 Q_{10}값을 표 10-1에 표시하였는데 15℃로 5일간 저장할 수 있는 것이라면 5℃로는 10~15일간 저장할 수 있다는 것이다. 따라서 수확 후의 청과물은 가급적 예냉(pre-cooling)시켜 저장하는 것이 바람직하다.

표 10-1 과일, 채소 호흡량의 온도 계수 Q_{10}

과일 종류	0~10 (℃)	11~21 (℃)	16.6~26.6 (℃)	22.2~32.2 (℃)	33.3~43.3 (℃)	채소 종류	0.5~10 (℃)	10~24 (℃)
딸기	3.45	2.10	2.20			오이	4.2	2.0
복숭아	3.05	2.95	3.10			완두	3.9	2.0
	(4.10)	(3.15)	(2.25)			아스파라거스	3.5	2.5
레몬	3.95	1.70	1.95	2.00		시금치	3.2	2.6
오렌지	3.30	1.80	1.55	1.60		당근	3.3	1.9
그레이프프루트	3.35	2.00	1.45	1.65	250	고추	2.8	3.2
						감자	2.1	2.2
						토마토	2.0	2.3
						상추	1.6	2.0

호흡에 있어서 습도는 온도에 비해 2차적 요인이지만, 역시 호흡량에 어느 정도 영향을 미친다. 대체로 약한 건조는 습윤에 비해 호흡 작용을 억제한다. 그러나 채소의 종류에 따라서 그 영향의 정도가 다르며, 온도와 같이 결정적이지는 않다. 그러나 신선 상태와 예건(pre-drying) 상태인 시금치, 배추 등의 호흡량을 측정한 결과 예건을 실시한 것이 적은 것으로 보아 엽채의 수송 및 저장에 있어서 예건은 유효한 것으로 알려져 있다.

Tips 온도 계수(Q_{10}, 품질 열화도 계수)

Q_{10}값은 네덜란드의 화학자 Van't Hoff에 의해 이름 붙여졌는데 식품의 저장 온도가 10℃ 상승할 때 식품 내의 영양 성분이 변질되어 저급화되는 속도의 비율로 정의된다. 따라서, Q_{10}값과 호흡 속도와의 관계식은 아래 식 ⓐ와 같으며, Z값과의 관계는 ⓑ의 식으로 표현된다.

$$Q_{10}=\frac{R_2}{R_1} \quad \cdots\cdots ⓐ$$

R_1 : 부여된 온도에서의 호흡 속도

R_2 : 10℃ 높아질 때의 호흡 속도

$$\log(Q_{10}) = 10℃/Z \quad \cdots\cdots ⓑ$$

즉, Z값이 높아지면 Q_{10}값은 낮아짐을 의미하며, 보다 쉽게 설명하면 Z값이 높은 식품은 열에 둔감하거나 혹은 열에 대한 내성이 강한 특성이 있다고 표현할 수 있으며 '식품의 열화도'가 낮음을 의미한다.

2) 생장 작용

수확 후 원료 상태로 저장될 경우 수확 전의 상태처럼 생장은 왕성하진 못하지만 적절한 온도와 습도가 제공되면 미약하지만 생장(growth)을 계속하는 것이 있다. 고구마, 감자, 무 및 양파 등의 근채류는 발근 또는 발아를 하는 것을 볼 수 있다. 이와 같은 작용의 억제는 저온 상태로 하여 5℃ 정도 되면 생장 작용이 거의 정지 상태에 있으므로 냉장 저장이 요망된다.

배추, 셀러리 등 엽채류는 저장 중의 온도가 높으면 중심부로부터 잎 또는 꽃대가 자라나오며, 무, 당근, 양파, 감자 등은 싹과 뿌리가 자라는 수가 있다. 저장 중의 채소는 양분의 흡수 및 생산이 없으므로 생장은 저장 양분의 소모로 이루어진다. 따라서 생장이 심하면 배추, 셀러리 등에서는 외엽, 그리고 근채류에서는 뿌리, 유조직의 저장 양분이 먼저 소비되어 셀러리, 무 등에서는 바람들이 현상이 일어나고, 또한 수분의 상실과 더불어 품질을 저하시키는 원인이 된다.

3) 추숙 작용

채소는 미숙 상태에서 수확하는 것이 대부분이나 과실은 채소에 비해 거의 완숙 상태에서 채취된다. 따라서 과일은 수확 시기의 적절한 선정이 중요하며 밀감, 포도, 감, 배 등 대부분의 과일은 충분히 성숙한 것을 수확하는 것이 일반적이지만 서양배, 바나나, 토마토, 사과 등의 과일은 다소 미숙한 것을 수확하여 적당한 방법으로 추숙(after ripening) 과정을 거치는 효과를 볼 수 있다.

과일의 추숙은 각 품종에 따라 다르지만 일반적으로 녹색에서 암록색(avocado), 적색(토마토, mango), 황색(바나나, 서양배) 또는 오렌지색 등으로 변화된다. 또한 변질된 과육은 연해지고(softening), 신맛이 감소되고 단맛(당)은 증가되며, 향기가 좋아지지만 성숙도가 지나치면 병해는 물론 품질이 저하되고 특히 온도가 높아지면 숙도가 빨라진다. 따라서 이들 과일은 추숙을 전제로 하여 조기 수확 시기의 선택과 저온 처리에 의하여 추숙을 지연시켜 저장 기간을 연장함으로써 소비자는 신선한 완숙의 식품을 먹게 된다.

수확 과일의 호흡량이 최고조에 도달한 때를 Climacteric Rise(CR, 또는 climacteric maximum)라고 1925년에 Kidd에 의해서 정의되었으며 호흡 상승 이전을 pre-climacteric rise, 그 후를 post-climacteric rise이라 하여 3단계로 나눈다. 이러한 단계가 나타나는 시기와 정도는 과일의 종류, 품종, 수확기 등에 따라서 다르다.

대체로 climacteric maximum 때 또는 그 직후에 착색이 시작되며, post-climacteric rise 때부터 방향이 생기고 과육의 연화가 일어난다. pre-climacteric rise 때에는 과육이 신선하며 단단하지만, post-climacteric rise 이후부터 생리 기능의 변화로 저장력이 급속히 저하된다. 호흡에 상승 현상이 있는 채소는 대체로 탄수화물의 함량이 많고, 원예적 수확 숙도(이용할 수 있는 범위의 미숙과를 포함)에 달하면 수확 후에도 추숙 작용으로 완숙에 이른다.

과채류의 추숙 현상에 수반하여 ethylene이 생성되는 사실은 오래전부터 알려졌으며, 소량의 ethylene을 공급해도 착색과 성숙이 촉진된다. Ethylene은 chlorophyll을 분해하여 녹색을 소멸시키지만, 다른 색소에 대해서는 그러한 작용을 하지 않는다. 따라서 녹숙기의 토마토는 추숙 중에 녹색이 사라지고 carotene과 lycopene의 생성으로 고유의 색깔을 나타내게 된다. Ethylene이 호흡 작용의 부산물이라는 견해도 있으나, ethylene의 생성이 호흡의 상승 현상을 유도하여 성숙을 촉진한다는 견해가 일반적으로 받아들여져 성숙을 촉진하는 일종의 호르몬으로 생각하게 되었다.

그런데 수확 후의 호흡형에는 과일마다 달라 다음과 같이 분류한다.

① 과실의 성숙 시에 호흡량이 점차 감소하는 점진적 감소형으로 감귤류가 있다.

② 호흡량이 일시적 상승 후 완숙하는 일시 상승형으로는 바나나, 토마토, 서양배, 사과, 아보카도, 망고 등이 있다.

③ 완숙 시보다 과열기에 걸쳐서 호흡량이 최대로 되는 후기 상승형으로는 복숭아, 딸기, 일본배, 감 등이 있다.

수확 후 과일의 호흡형은 그림 10-1과 같다. 또한 그림 10-2와 같이 공기 중에서 climacteric rise형인 바나나와 non-climacteric rise형인 레몬의 호흡을 살펴보면 일반적으로 산소 농도가 감소하고 탄산가스 농도가 증가하여 바나나는 climacteric rise가 억제 내지 지연되어 추숙이 억제되고 장기 저장이 가능하게 된다. 그러나 탄산가스 농도가 높게 되면 레몬의 호흡과 같이 일시적으로 상승하여 climacteric rise와 유사한 현상이 나타난다.

이와 같이 저장 중에 산소 및 탄산가스 농도의 과일 생리 작용에 미치는 현상은 climacteric rise 유무에 따라 크게 다르기 때문에 CA(Controlled Atmosphere) 저장이나 MAP(Modified Atmosphere Packaging) 저장에서 이 점을 유의하지 않으면 안 된다.

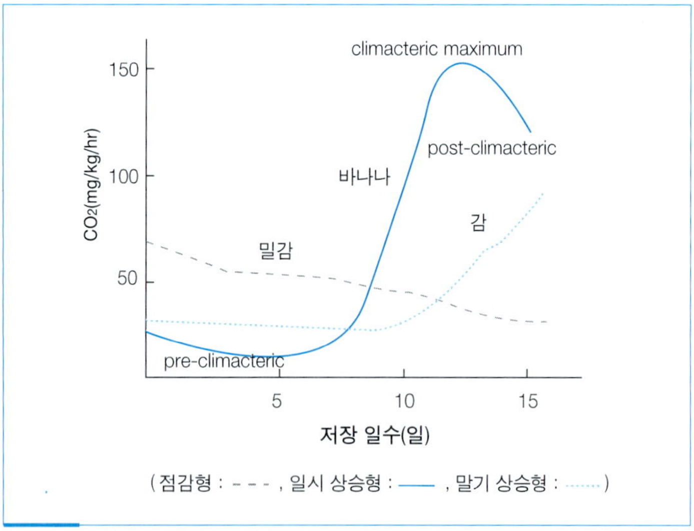

그림 10-1 수확 과실 호흡형

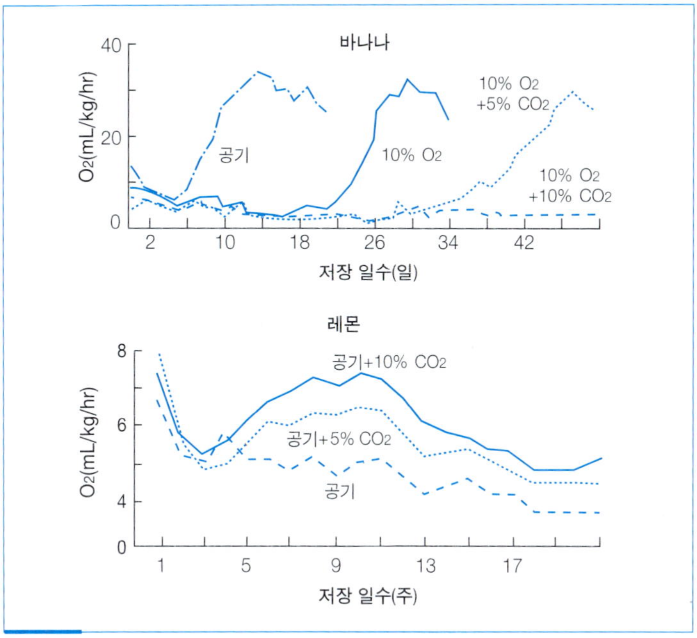

그림 10-2 동일 산소 농도하에서 CR형(바나나) 및 비CR형(레몬) 과실의 호흡에 대한 탄산가스의 영향

과실의 추숙기작에 대하여 연구된 이론(theory)을 요약하면 다음과 같다.

① 막투과설

추숙 과정에서 chloroplast, mitochondria 등의 세포소기관이 붕괴되어 구조의 변화를 일으킨다는 설.

② 단백질, 핵산, 효소 합성설

단백질, 핵산, 효소 합성이 되면서 추숙이 이루어진다는 설로서, 과일의 추숙 과정에서 단백질이 증가하는 것으로는 바나나, 서양배, 사과, 무화과, 참외 등이 알려져 있으며 핵산도 합성되는데 이것은 효소의 de novo 합성에 관여된다. 효소에는 cellulase, pectin methyl esterase, chlorophyllase, lipase, ethylene 생성에 관여하는 lipoxygenase 등이 추숙 과정에서 현저히 증가한다.

③ 호르몬 조절설

호르몬 작용에 의하여 추숙이 야기된다는 설이며, 과일의 추숙 생리를 조절하는 호르몬으로는 추숙 촉진의 ethylene, abscisic acid(ABA)와 추숙 억제의

gibberellin(GA), indole 3-acetic acid(IAA) 등이 있다.

④ 호흡 대사 변동설

식물의 호흡은 일반적으로 포도당을 주요 기질로 하여 이것이 해당 기작 EMP(Embden Meyerhof Parnas) 경로에 의해 pyruvate가 분해되고 이것이 TCA 회로로 들어가 산화하여 에너지를 생성하는 주경로와 EMP로부터 pentose phosphate 경로(HMP: Hexose MonoPhosphate)에 들어가는 부경로가 있다. 이들 경로에서 얻어지는 자유에너지는 산화적 인산화 반응에 의한 높은 에너지 인산 결합 생성, 즉 ATP의 생성에 사용된다.

4) 증산 작용

채소류나 과일은 90% 이상이 수분이고, 수분이 비교적 적은 석류도 60% 이상을 차지한다. 과채류는 이와 같이 수분 함량이 높아서 환경에 따라 그 수분을 상실하기 쉽고 이에 따라 중량 감소가 심하며 신선도를 유지하기가 어렵다.

증산 작용이 가장 심한 것은 역시 잎의 면적이 큰 엽채류, 특히 비결구성 채소류이다. 근채류는 증산 작용이 적지만, 역시 장기간 저장하면 점차 중량이 감소되고 풍미도 떨어진다. 과채류 중에서도 토마토나 성숙한 호박은 증산에 의해 수분 손실이 적지만 오이, 애호박, 가지 등은 수분 손실이 많아 시들거나 색깔과 광택을 잃기 쉽다. 저장 중의 중량 감소는 호흡에 의한 탄수화물의 손실도 있지만, 그로 인한 감량은 많은 종류가 10% 이내이며, 대부분은 증산 작용에 의한 수분의 손실이다. 증산은 cuticle층을 통해 이루어지는 증산과, 기공을 통해서 이루어지는 증산으로 나눌 수 있다. 중량에 비해 잎 면적이 큰 종류, 잎의 표면에 cuticle층이 발달하지 않는 종류가 증산이 심하다.

증산은 대기의 포차(vapor pressure deficit)에 대체로 비례한다. 포차는 현재의 수증기 압력과 주어진 온도에서의 포화 시 수증기 압력과의 차로서 상대 습도가 낮을수록, 또한 습도가 같다면 온도가 높을수록 크다. 또한 공기가 유동하면 식물체를 둘러싸고 있는 수증기가 제거되어 포차를 크게 하여 증산을 촉진하므로 저장 중에 바람에 노출되면 수분 손실이 심해진다. 그러므로 증산에 의한 수분의 감량을 적게 하고 신선도를 유지하려면 될 수 있는 대로 온도를 내리고 공기의 유동을 적게 하며 부패의 위험을 경계하면서 습도를 높게 유지해야 한다. 그러나 수확 직후의 식물체는 증산 작용이 왕성하므로 적당히 환기하지 않으면 과습에 의해 부패되기 쉬우므로 주의해야 하며, 저장 전에 수분을 어느 정도 증산시키는 것이 저장성을 높이는 방법이다.

2. CA 저장

1) CA 저장의 의의

수확된 식물체의 호흡이 생리 작용으로 인하여 탄산가스가 시간이 지날수록 많은 양이 배출되어 질식 상태까지 되며 산소를 흡수하여 대사가 왕성하게 야기되면 신선도가 빨리 떨어진다. 그러므로 1~5% 저농도의 산소와 2~10% 적당한 농도의 탄산가스하에서 호흡을 억제시키면 신선도를 오랫동안 유지시킬 수 있다. 보다 구체적으로 설명하면, 공기는 산소 21%, 이산화탄소 0.03%, 질소 77.5% 및 기타 성분으로 구성되어 있는데, 과채류는 이와 같은 기체 조성하에서는 정상적인 호흡 작용을 영위한다. 그러나 과채류를 이와 다른 공기 조성하에서 저장하면 호흡 작용에 변화를 가져와 저장력에 영향을 미치게 된다. 이런 원리를 이용해서 인공적으로 저장고 내의 기체 조성을 적당히 조절하고 내부에 냉장 상태까지 유지시키면서 저장하는 방법을 CA(Controlled Atmosphere) 저장 또는 가스 저장(gas storage)이라고 한다. 그리고 탄산가스 및 산소의 기체 조성 조절, 냉장 온도 이외에도 85~95%의 습도 유지가 필수 요건이다.

CA 저장은 호흡이 적은 곡류 같은 식품에는 호흡 농도가 낮기 때문에 별로 이용되지 않고 호흡이 왕성한 과일이나 채소류의 저장에 대부분 이용되고 있는 실정이다.

CA 저장에 적합한 공기 조성은 과채류의 종류와 품종에 따라 차이가 있는데, 사과 품종의 CA 저장에 알맞은 이산화탄소 및 산소의 함량을 보면 이산화탄소 1~5%, 산소 2~3%, 온도 0℃이다.

2) CA 저장 방법의 개요

공기 조성을 위한 조정 방법은 3가지로 나눌 수 있다.

① 사과와 같은 청과물을 밀폐된 공간에 저장하면 호흡 작용에 의하여 공기 중의 산소가 감소하고 이산화탄소가 증가한다. 이 현상을 이용한 방법으로는 영국에서

1929년 실용화한 이래 미국, 유럽, 일본 등지에서 행해져 왔던 것으로 재래식 방법이라고 한다. 이것은 냉장실 단위에서 공기 조성을 변화시키는 방법도 있지만, 최근에는 보통 냉장실 내에 포장 또는 천막을 이용하여 그 내부에 CA 저장의 효과를 보는 간이 저장 방법이다.

② 인공적으로 냉장실 내의 공기를 소정의 조성 공기로 변경시키는 방법이 있다. 이 방법은 최근 미국에서 개발된 방법으로 Tectrol식 또는 Arcagen식 등 인공 공기를 발생하는 generator 장치를 사용하여 소정의 조성 공기를 만들어 냉장실 내에 송입하는 방법과 질소가스를 흡입시켜 산소와 치환하여 저산소 공기를 만드는 oxytrol 방법이 있다.

③ 위의 두 가지 방법을 병용하는 방법으로 특수한 plastic 필름을 설치하여 호흡 작용에 의해 이산화탄소가 증가하고 산소가 감소하는 냉장실 내의 공기를 외기와의 사이에 이산화탄소와 산소의 확산 교환을 도모하여 냉장실 내의 공기를 목적하는 공기 조성으로 만드는 방법이다. 이것은 ①번 방법으로 저산소 공기를 빨리 만들고 ②번 방법으로 질소를 불어넣는 oxytrol 방법을 병용한 것으로 가스 확산 교환 방식이라고도 한다.

3) 기체 조성 방법에 의한 CA 저장법 구분

보통의 CA 저장 방법(표준 CA: conventional 또는 standard CA)에서는 2~5%의 산소와 2~5%의 이산화탄소 농도를 유지함으로써 저장 식품의 품질 변화를 지연시켜 왔다. 최근에는 CA의 효과를 극대화하기 위해 산소 농도를 1~2% 이하로 낮게 유지하는 저산소 CA(low O_2 CA), 1% 이하까지 낮추는 초저산소 CA(ultra low O_2 CA), 초기 급속 CA(rapid CA), 초기 저산소 및 고탄산가스 충격처리 CA(initial low oxygen or carbon dioxide shock CA), 저ethylene CA(low ethylene CA) 및 감압 CA(hypobaric CA) 등의 기술이 소개되고 있다.

(1) 저산소 CA 저장

저산소 및 초저산소 CA는 저장고 내 산소 농도를 1~2%(low oxygen CA, LO), 혹은 0.5~1%(ultra low oxygen CA, ULO)까지 낮추는 저장 방식으로 표준 CA에 비해 과일 품질 유지에 보다 효과적임이 입증되고 있다. 1.5% 산소 농도 저장은 대부분의 사과나 배의 장기 저장에 있어서 표준 CA에 비해 경도, 사각사각한 육질과 적절한 신맛 유지를 위해 보다 효과적이다. 국내산 후지 사과의 CA 저장에 있어서도 표준 CA(3% + 3%)에 비해 1.5%나 1%의 산소 농도가 경도 및 품질 유지에 보다 효과적인 것으로 보고되고 있다. 또한 저산소 CA 저장은 저장 중 발생하는 저장 표피 갈변 현상(storage scald)이나 과육의 생리적 장해를 감소시킨다.

그러나 저장 산물의 종류와 품종에 따라서는 낮은 산소 농도하에서 저산소 장해를 입게 되므로 저장 산물의 저장력에 관한 충분한 검토가 필요하다. 후지 사과의 경우 1% 이하에서의 장기적인 CA 저장은 과육의 갈변과 과피 변색 등의 저장 장해를 일으켜 저산소 장해에 민감한 반응을 보이므로 과일의 수확 시기와 재배 환경 등을 고려해야만 저산소 CA 저장의 효과를 볼 수 있다.

기타 작물에서의 저산소 CA의 효과는 사과, 배 이외에서는 밝혀지지 않고 있으나 기타 원예 산물의 신선도 유지에도 상당한 기여를 할 것으로 추정된다.

(2) 초기 급속 CA 저장

초기 급속 CA는 저장고에 식품의 입고가 끝나는 대로 되도록 빨리 산소 농도를 설정 수준까지 낮추고 이산화탄소 농도를 설정치까지 놓여 주는 방식을 말한다. 기존의 CA 저장은 대체로 입고 후 2~3주에 걸쳐 CA 조성이 완료되는 반면 초기 급속 CA의 경우 5일 이내에 CA 조성을 완료한다. 이러한 급속 CA 방식은 1차로 질소가스 치환 방식에 의해 산소 농도를 빠르게 저하시킴으로써 가능하게 되었고 이산화탄소 농도는 저장 식품의 호흡에 의한 축적에 의해 이룰 수 있다. 사과 저장의 경우 CA 조성의 속도가 빠를수록 과일의 품질은 장기간 유지되며 저장 장해도 감소한다.

(3) 저산소 및 고탄산가스 초기 충격 CA

저장 초기 0.5%의 산소나 10% 이상의 탄산가스 등 급격한 대기 조성의 단기 처리 방식은 CA 저장 효과를 보다 장기간 유지시킨다. 그러나 이처럼 낮은 산소농도나 높은 탄산가스 조건하에서의 장기간 저장은 저장 장해를 유발하므로 저장 직후에 단기간의 처리를 끝낸 후에는 다시 표준 CA나 저산소 CA 등의 안전한 저장 조건으로 돌아가야만 한다.

(4) 저ethylene CA

저농도 ethylene 저장은 ethylene의 지속적 제거에 의해 일정 수준 이상으로

ethylene 농도가 상승하지 않도록 수시로 농도를 측정하면서 흡착제를 교환해 주거나 분해기를 작동시키는 장치가 필요하다. 일단 ethylene 농도가 일정한 값 이상 증가하면 자가 촉매 반응에 의해 ethylene 생성이 급속히 증가하여 이후의 제어가 상당히 어려워진다. 따라서 저ethylene 저장을 위해서는 성숙 초기에 수확한 과일을 저장하여야 하고 저장 초기부터 ethylene을 제거하여 일정 수준의 값을 초과하지 않도록 해야한다.

전형적인 호흡 급등형 과일인 사과는 조기 수확을 할지라도 CA 저장 중 어느 정도 기간이 지나면 ethylene을 생성하여 저장고 내에 ethylene이 농축·집적된다. 집적된 ethylene은 자가 촉매 기작에 의해 더욱 많은 양의 ethylene을 생성·방출시킴으로써 과일의 노화를 촉발하게 된다. Ethylene 생성을 억제시키는 것으로 알려진 daminozide의 사용이 금지되면서 저장고 내의 ethylene을 지속적으로 낮게 유지하는 이른바 저ethylene CA 저장 방식이 발달하게 되었다.

미국에서는 McIntosh 사과의 CA 저장 시 지속적으로 ethylene을 제거함으로써 과일의 장기 저장 시 과일 경도와 유기산 함량 유지에 큰 효과를 보였다. 후지 사과의 CA 저장에서도 지속적인 ethylene 제거는 과일의 경도 유지에 효과를 보여 과일의 저장성을 증진시킨다. 현재까지 저ethylene CA 저장이 응용되는 작물은 사과, 참다래 등 몇 가지 과일에 불과하나 이후로는 ethylene에 감응도가 높은 과일, 채소류는 물론 카네이션과 같은 절화류 저장에 필연적인 저장 방식이 될 것이다.

한편 사과의 장기 저장 시, 저ethylene CA 저장의 효과를 높이려면 과일의 수확 시기 결정이나 저장고 운영 시 지켜야 할 점이 있다. 우선 장기 저장용 사과는 ethylene 발생률이 1 μL/kg·hr이 되기 전, ethylene climacteric rise 이전인 성숙 초기에 수확하여야 한다. 수확한 사과를 저장고에 적재할 때는 연료 연소식 지게차를 이용하지 말고 전동식 지게차를 이용하여 연료 연소 시 발생하는 ethylene의 영향을 받지 않도록 하며, 저장한 과일은 3일 이내에 적정 온도까지 냉각시킨다. 저장고 내 CA 조성은 가급적 빨리 이루어져야 하는데, 산소 농도 조절은 질소 발생 장치 등을 이용하여 3%까지 저하시키고 저장고는 적합한 밀폐도를 유지하여 CA 조성이 변하지 않도록 하다. 또한 저장고 규모에 알맞은 탄산가스 제거 장치와 ethylene 제거 장치가 필수적으로 구비되어야 함은 물론이다.

4) 기계적 구비에 의한 CA 저장법 구분

(1) 재래법

① 제한 환기식

저장고를 밀폐하면 사과는 호흡 작용으로 산소를 흡입하고 탄산가스는 방출한다. 그러므로 산소는 낮은 상태가 되고 탄산가스는 높은 상태가 된다. 새로운 공기의 표준 조성은 산소 20.9%, 탄산가스 0.03%로 2종류 가스의 합계는 약 21%이지만 호흡률은 1이므로 산소가 감소된 만큼 탄산가스는 증가하는 것이다.

따라서 CA 냉장의 산소와 탄산가스는 21% 이내로 하되 산소 5%, 탄산가스 3%로 하는 것이 좋다. 그러나 산소를 5%까지 낮추면 탄산가스는 18%에 달하므로 과잉이 된다. 이것을 해결하기 위하여 과잉의 탄산가스를 산소 21%, 질소 79%로서 탄산가스가 0%인 상태의 새로운 공기를 바꾸어 환기시키는 방법이 제한 환기(restricted ventilation)식이라고 한다. 이러한 방식은 그림 10-3에서 보듯이 벽은 방열 기밀 구조로 되어 있고 과잉 탄산가스를 환기하는 damber가 설치되어 있다. 이것의 단점은 소정의 인공 공기 조성에도 상당한 시간이 걸리고 조정이 번잡하며 냉장 중에 청과물로부터 발생하는 ethylene 가스가 충분히 제거되지 않는 것과 외기의 취입 시 냉동기의 과부하 등이다.

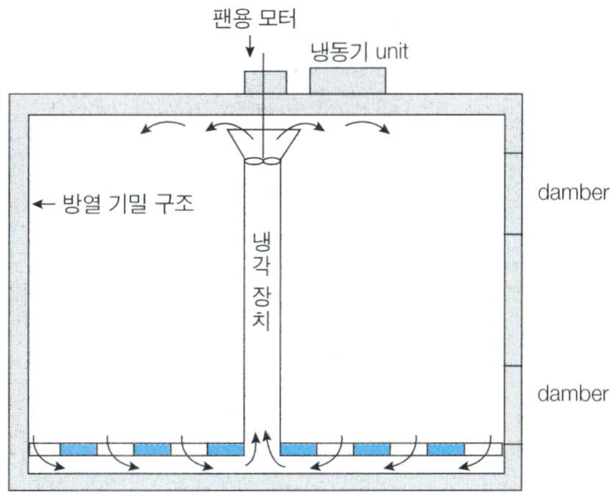

그림 10-3 제한 환기식 CA 냉장실

② 공기 세척식(Scrubber식)

산소 5%, 탄산가스 3%가 되도록 양 가스의 합계가 21% 이하의 공기 조성을 필요로 하는 CA 냉장의 재래법으로 가장 널리 보급되어 있는 것이다. 청과물의 호흡에 의한 산소의 감소와 탄산가스의 증가는 제한 환기식과 같지만 과잉으로 인한 탄산가스를 scrubber라고 하는 세척 장치에 흡수시켜 제거하는 것이 다른 점이다. 그 외에 질소가스 보급 장치, 가스 분석기, 압력도변, 탈취기, 온도계가 있다.

Scrubber에는 습식과 건식이 있는데 습식(wet scrubber)은 탄산가스를 잘 흡수하는 NaOH, Na_2CO_3, 석탄유, monoethanolamine, 또는 물 등이 사용되며, 이들을 샤워장으로 낙하시켜 세척한 인공 공기를 통과시켜 탄산가스를 흡수 제거한 후 CA 냉장실에 불어넣는 방식이다. 한편 최근 미국에서 많이 이용되고 있는 건식(dry scrubber)은 소석회를 포대에 넣은 그대로 선반에 얹어 놓고 이 사이에 인공 공기를 통과시켜 탄산가스가 소석회에 흡수되도록 하여 탄산가스를 제거시키는 방식을 말한다. 이러한 공기 세척식의 특징은 인공 공기 조성의 조절이 비교적 쉽지만 설비비가 조금 많이 드는 것이 결점이고 그 이외는 제한 환기식과 같다.

(2) Generator법

① Tectrol식

필요한 인공 공기를 저장고 외에서 만들어 CA 저장실 내에 공급하는 방법으로 가장 대표적인 것이다. 미국의 Whirl pool사가 1957년에 개발하여 1963년에 실용화한 새로운 방법으로 미국, 캐나다에서 사과 저장용으로 많이 이용되고 있다.

Tectrol식(total environmental control atmosphere)은 flushing type과 recirculatory type으로 나누는데 각각에 대한 설명은 다음과 같다.

Flushing type Generator라고 하는 인공 공기 발생 장치 내에서 외기를 연소시켜 산소를 감소시키고 질소 96%, 산소 2~3%, 탄산가스 1~2%로 조성시켜 혼합가스를 CA 냉장실 내에 연속적으로 유입시키는 것으로 주로 새로운 공기가 사용된다. 이때 외기는 brower를 통하여 LPG(liquid propane gas)나 천연 가스의 연료와 혼합하여 연소 장치인 버너에 넣는다. 연료는 연소하여 거의 탄산가스와 물이 되고 이 연소에 소비된 산소는 혼합한 공기 중의 약 1~2%가 남게 된다. 연소한 고온의 혼합 가스는 수냉식 condenser에 들어가 scrubber를 지나는 동안에 적당한 온도까지 냉각된다. Scrubber에서 연소시켜 발생한 탄산가스의 대부분이 제거되므로 CA 냉장실의 혼합 가스인 인공 공기가 보조 통로인 bulb의 조정에 의하여 유입된다.

Recirculatory type CA 냉장고에 공기를 넣고 이들의 조성을 조정하여 다시 CA 냉장고에 넣어 순환시키는 형식으로 재순환식이라고 한다. 이 방법은 generator 등 설비비와 연료비 및 전력 운전비가 많이 들며 냉각시키는 냉동 부하의 증가 등이 결점이다. 그러나 인공 공기 중의 산소 %를 낮추는 데 재래법에 비해 매우 빠르고 보통 냉장실을 Tectrol식으로 개조가 가능하다.

② Arcagen식

Arcagen식(Atlantic research controlled atmosphere generating system)은 CA 냉장실 내의 공기를 간단한 가스 발생 장치인 generator를 통하여 순환시키는 방법이다. 이 방법도 Tectrol식과 같이 propane 등을 연료로 하여 공기 중의 산소를 빠르게 낮추는 것이지만 Tectrol식 중의 flushing식과 본질적으로 다른 것은 Tectrol식에서는 탄산가스를 조정으로 한 인공 공기를 공급하고 있지만 Arcagen식에서는 탄산가스를 이용하되, 재래법과 같이 CA 냉장실 중에 그것이 농축되어 경과한 인공 공기를 scrubber를 통하여 과잉분을 제거하여 다시 CA 냉장고에 넣는 점이 다르다. 즉, 산소를 빠르게 낮추는 점은 동일하지만 Tectrol의 flushing식은 조정한 인공 공기의 환기적인 것에 비하여 Arcagen식은 제한 환기적인 점이 다르다.

5) MAP 저장(Modified Atmosphere Packaging storage)

(1) MAP 저장의 원리와 효과

MAP 저장이란 polyethylene 필름이나 피막제를 이용하여 원예 생산물을 외부 공기와 차단하고 생산물의 호흡에 의한 산소 농도의 저하와 이산화탄소 농도의 증가로 품질 변화를 억제하는 기술이다. 이때 사용하는 필름이나 피막제는 가스 확산을 저해하므로 MAP는 극도로 압축된 CA 저장이라 할 수 있다.

현재 사용되고 있는 MAP 기술은 주로 포장재의 개발과 함께 발전되었고 실제로도 유통 기간 연장의 수단으로 많이 이용된다. 따라서 단감을 제외한 다른 원예 생산물의 경우 MAP 저장이라기보다는 MA 포장·유통 기술이라는 것이 더 적절한 표현일 것이다.

MAP 처리는 수증기의 이동을 억제함으로써 증산이 감소하여 과일이나 채소류의 표면 위축 현상을 지연시킨다. 또한 필름 포장은 저온 장해와 고온 장해 발생 감소에 효과적이다. 개별 포장한 감귤류 과일과 토마토 과일은 물리적 손상이 적어지므로 표피 변색을 예방할 수 있다. 필름과 피막제 처리는 CA 효과를 나타내 궁극적으로 과육 연화 등 노화 현상을 지연시킨다. 그러나 이러한 MAP 저장은 종종 포장 내 과습으로 인한 생산물의 부패와 포장이나 피막제 처리의 효과를 최대화하려면 작물의 종류, 성숙도에 따른 호흡률, ethylene 발생 정도와 ethylene 감응도 및 필름의 두께와 종류별 가스 투과성(표 10-2 참조), 그리고 피막제의 특성을 고려해야만 한다.

표 10-2 MAP 저장 시 사용하는 필름의 종류별 가스 투과성

필름 종류	가스 투과성(mL/m²/0.025mm/day)		탄산가스 : 산소 비율
	탄산가스	산 소	
Polyethylene(저농도)	7,700~77,000	3,900~13,000	2.0~5.9
Polyvinyl chloride	4,263~8,138	620~2,248	3.6~6.9
Polypropylene	7,700~21,000	1,300~6,400	3.3~5.9
Polystyrene	10,000~26,000	2,600~2,700	3.4~5.8
Polyester	180~390	52~130	3.0~3.5

(2) MAP 저장의 이용

① 필름 포장

필름 포장은 딸기, 토마토, 바나나, 고추, 상추 및 감귤류 과일과 단감 등 인과류 과일의 저장과 유통에 사용되어 생산물의 품질을 유지시키는 효과를 보여주고 있다(그림 10-4 참조).

엽채류 및 비급등형에 속하는 과일의 필름 포장은 주로 수분 손실의 방지와 수분 스트레스에 의한 생리적 장해 및 노화 지연에 주목적을 두고 있다. 결구상추의 필름 포장은 유통 과정 중 수분 손실, 변색 혹은 생리적 장해를 줄임으로써 상품성 유지에 기여하고 있다. 결구상추의 포장용 필름으로는 polyethylene 필름이 polypropylene이나 polystyrene 필름보다 효과적이며 polyethylene 필름 저장 시 필름에 바늘 구멍을 뚫는 등 수분과 기타 가스의 투과율을 조절하여 과습에 의한 부패와 부적합한 가스의 집적을 방지하고 있다. 피망 고추의 polyethylene 필름 포장의 효과는 수확 후의 수분 스트레스를 경감하고 노화를 지연시키는 생리적

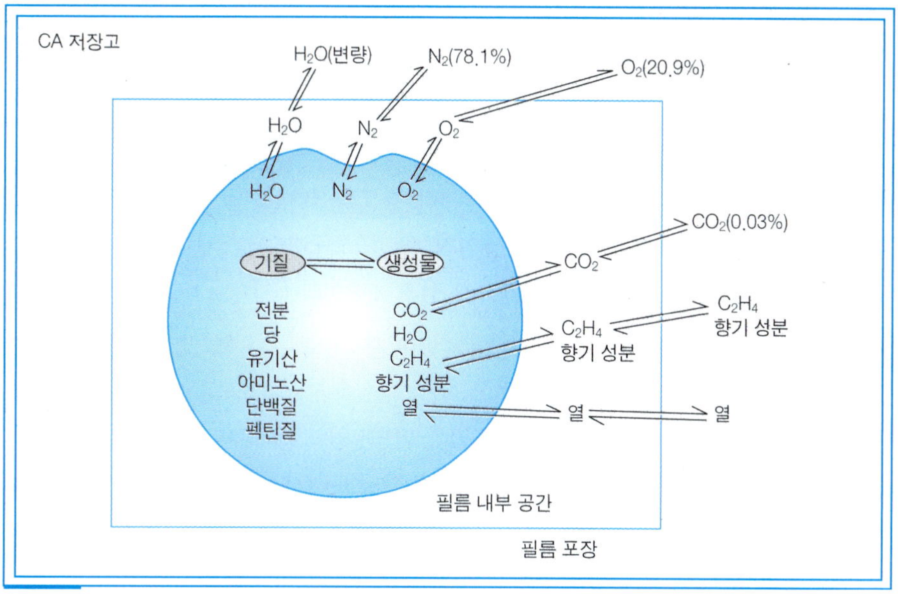

그림 10-4 식품의 MA 모델

기작의 결과이며, 감귤류 과일의 필름 포장은 수분 손실의 방지와 아울러 저온 수송 시 나타나는 저온 장해를 감소시킨다.

PVC 필름을 이용한 토마토의 포장 저장은 과일의 성숙도에 따라 3~9% 탄산가스+3~9% 산소 혹은 10~18% 탄산가스+2% 산소의 가스 조성이 가능하여 과일의 경도 유지와 노화 지연의 효과를 보인다. 또한 바나나의 생육 중 필름 밀봉 처리는 수확 후 후숙을 지연시키며 수확 후 0.03mm polyethylene 필름 포장과 ethylene 흡착제 처리는 후숙 과정을 지연시켜 유통 및 저장 중 상품성의 급격한 저하를 지연시킨다.

국내에서는 단감의 polyethylene 필름 저장이 대표적인 예라 할 수 있다. 단감은 주로 0.06mm 저밀도 polyethylene 필름 MAP 저장에 의해 4~5개월 장기 저장이 가능하다. 0.06mm polyethylene 필름을 이용한 단감의 MAP 저장 시 필름 봉지 내 가스 조성은 필름의 밀봉 상태에 따라 큰 변이를 보여 산소 농도는 5~12%, 탄산가스 농도는 3~7%로 유지된다. 바나나의 경우에는 필름 포장 내 ethylene 흡착제 처리에 의한 숙성 억제 효과가 있었고, 버섯의 경우 산소 흡착제 처리에 의한 CA 효과를 기대할 수 있다.

② 피막제의 이용

과일의 품질 보존을 위한 피막제 처리는 1942년 사과에 paraffin과 기름을 처리한 연구에서 비롯되었다. 원예 생산물의 저장이나 수송, 유통 중 품질 보존을 위해 사용되는 피막제로는 상업용 왁스를 비롯한 동·식물성 유지류 등이 다양하게 이용된다. 각종 피막제의 표면 코팅은 과일의 경도와 색택을 유지하고 유기산 함량 감소를 방지하는 효과가 있었으며, 상업적으로는 과일의 색감 증가나 표면의 광택 증진 등 외관을 좋게 하는 왁스 처리만이 실용화되었다.

최근에 당 복합 화합물의 일종인 Pro-long과 Nutri-Save라는 새로운 종류의 피막제가 소개되어 그 효과가 인정됨으로써 그 실용성이 검토되고 있다.

Pro-long(sucrose ester화합물)의 피막 처리는 바나나의 선도 유지와 chlorophyll 함량 감소를 억제하며, 사과나 서양배에서는 경도와 유기산 함량 유지에 효과적이다. 또한 다당류 중합체인 Nutri-Save 피막제 처리 역시 사과나 서양배의 품질 유지에 효과적인 것으로 나타났다. 반면 이러한 피막제 처리는 과일의 위축 현상, 상처과 및 장애과를 발생시키기도 하므로 원예 생산물의 종류에 따라 적합한 피막제를 선택하여 사용해야 한다.

10 연습문제

01_ 사과를 장기적으로 저장하는 방법으로서 가장 적당한 것은?

① 기체 조절에 의한 CA 저장
② -20℃로 급속 냉동에 의한 저장
③ Polyethylene 주머니에 포장하여 15℃에서 저장
④ 아황산가스로 대기를 포화시킨 가스실(10℃)에서의 저장
⑤ 가압 살균 처리한 후 냉장실에서 저장

02_ 다음 중 climacteric rise 현상이 뚜렷한 식품을 모두 고르시오.

① 쇠고기 ② 레몬 ③ 바나나
④ 포도 ⑤ 사과 ⑥ 서양배

03_ 다음 물음에 ○, ×로 답하시오.

(1) 1kg의 식물이 호흡 작용으로 1일 동안 방출하는 탄산가스의 양(mg)을 호흡량 또는 호흡 속도라고 한다. ( )

(2) 호흡 상승 현상이 있는 과채류는 그 호흡 상태에 따라 호흡 상승 이전을 pre-climacteric rise, 호흡이 최고조에 달한 때를 climacteric maximum, 그 후를 post-climacteric rise라고 지칭하면서 3단계로 나눈다. 이러한 단계가 나타나는 시기와 정도는 과채류의 종류, 품종, 수확기 등에 따라 다르다. ( )

(3) 수확된 식물체의 호흡이 생리 작용으로 인하여 탄산가스가 시간이 지날수록 많은 양이 배출되어 질식 상태까지 되며 산소를 흡수하여 대사가 왕성하게 야기되면 신선도가 빨리 떨어진다. 그러므로 1~5% 저농도의 산소와 2~10% 적당한 농도의 탄산가스하에서 호흡을 억제시키면 신선도를 오랫동안 유지시킬 수 있다. 즉, 인위적으로 저장고 내의 기체 조성을 적절히 조절하고 내부에 냉장 상태까지 유지시키면서 저장하는 방법을 CA 저장이라고 한다. ( )

(4) 보통의 CA 저장 방법에서는 2~5%의 산소와 2~5%의 이산화탄소 농도를 유지하고 있는데, 최근에는 CA의 효과를 극대화하기 위하여 산소 농도를 1~2% 이하로 낮게 유지하는 ① 저산소 CA ② 1% 이하까지 낮추는 초저산소 CA ③ 후기 급속 CA ④ 말기 저산소 및 고탄산가스 충격 처리 CA ⑤ 고ethylene CA 및 가압 CA 등의 기술이 개발되고 있다. ( )

(5) MAP 저장 시 사용하는 필름의 주요 종류에는 polyethylene, polyvinyl chloride, polyglycerol, polyphenol, polyester 등이 있다. ( )

04_ 사과산($C_4H_6O_5$)을 호흡의 기질로 하여 완전 산화가 이루어졌을 때의 방정식을 완성하고 RQ값도 계산하시오.

05_ 식품 성분의 저급화를 의미하는 열화도 혹은 온도 계수인 Q_{10}값과 식품 성분의 열에 대한 둔감도를 뜻하는 Z값과의 관계식을 유도하시오.

06_ 각종 농수산물의 수확 후 주요 생활 작용에는 ① 호흡 작용(respiration) ② 생장 작용(growth) ③ 추숙(after ripening) 과정 ④ 증산 작용(vaporization) 등이 있다. 이들 중 특히 추숙 과정에 대한 기작(mechanism)을 설명하는 여러 가지 설들이 있는데, 이들에 대하여 설명하시오.

07_ 기계적 구비에 따라 CA 저장 방법을 구분·분류하여 각각에 대하여 설명하시오.

08_ CA 저장은 시설 및 시설 유지비가 많이 소요되므로 고부가가치의 원료 농수산물을 저장할 때 이용 가능한 것이다. 이러한 단점을 보완하기 위하여 MAP 저장법이 고안되었다. MAP 저장법의 원리, 방법, 사용하는 필름 및 피막제에 대하여 상세히 설명하시오.

정답 및 해설

01_ ①

02_ ③⑤⑥

03_ **(1) (X)**

(2) (O)

(3) (O)

(4) (X) CA의 효과를 극대화하기 위하여 산소 농도를 1~2% 이하로 낮게 유지하는 ① 저산소 CA ② 1% 이하까지 낮추는 초저산소 CA ③ 초기 급속 CA ④ 초기 저산소 및 고탄산가스 충격 처리 CA ⑤ 저ethylene CA 및 감압 CA 등의 기술이 개발되고 있다.

(5) (X) MAP 저장 시 사용하는 필름의 주요 종류에는 polyethylene, polyvinylchloride, polypropylene, polystyrene, polyester 등이 있다.

04_ $C_4H_6O_5 + 3O_2 \rightarrow 4CO_2 + 3H_2O$

$RC=\frac{4}{3}=1.33$

05_ $-dC/dt = kC$,

적분하면, $\ln C - \ln C_1 = -k(t-t_1)$

$\therefore \log C = \log C_1 - (k/2.303)t$

$\log(C_1/10) = \log C_1 - (k/2.303)D$

$\therefore D = 2.303/k$ ——————————————— (1)

한편 정의에 의하여 $\log(D_2/D_1) = -(1/Z)(T_2 - T_1)$ ——————— (2)

(1)을 (2)에 대입하면, $\log(k_1/k_2) = (T_1 - T_2)/Z$ ——————— (3)

즉, $\log(Q_{10}) = \{(T_2 + 10) - T_2\}/z = 10℃/Z$ [Q_{10} = 식품의 열화도]

06_ 농수산물의 추숙 과정을 설명하는 이론에는 ① 막투과설 ② 단백질, 핵산, 효소 합성설 ③ 호르몬 조절설 ④ 호흡대사 변동설 등이 있다.

07_ 기계적 구비에 따라 CA 저장방법을 구분하면 ① 재래법 및 ② generator법으로 나눌 수 있는데, 재래법에는 제한 환기식과 공기 세척식 등이 있으며, generator법에는 Tectrol식과 Arcagen식 등이 있다.

08_ MAP 저장이란 polyethylene 필름이나 피막제를 이용하여 원예 생산물을 외부 공기와 차단하고 생산물의 호흡에 의한 산소 농도의 저하와 이산화탄소 농도의 증가로 품질 변화를 억제하는 기술이다. 이때 사용하는 필름이나 피막제는 가스 확산을 저해하므로 MAP는 극도로 압축된 CA 저장이라 할 수 있다. 현재 사용되고 있는 MAP 기술은 주로 포장재의 개발과 함께 발전되었고 실제로도 유통 기간 연장의 수단으로 많이 이용된다. 단감을 제외한 다른 원예 생산물의 경우 MAP 저장이라기보다는 MA 포장·유통 기술이라는 것이 더욱 적절한 표현일 것이다.

Chapter

11 첨가물 처리에 의한 식품 저장

배우는 목적

식품의 가공 및 저장 과정에서 식품의 변질, 부패, 변색 등의 품질 변화가 발생할 수 있다. 이러한 변화는 미생물의 대사 과정, 효소 반응 등에 의해 일어날 수 있으며, 빛, 열 등 외부 환경적 요인에 의해 촉진되기도 한다. 따라서 식품 제조 과정에서 보존제, 천연 항생제, 산화 방지제, 표백제 등을 첨가하여 식품 성분의 화학적 변화 및 품질 저하를 억제하는 기술이 광범위하게 사용되고 있다. 그러나 이러한 첨가물의 오남용은 식품 안전을 심각하게 위협할 수 있으므로, 여기에서는 다양한 식품 첨가물 첨가를 통한 식품 저장 기술과 함께 사용 기준 및 활용 범위에 대해 이해하도록 한다.

1. 보존제(방부제, Preservatives)

일반적으로 모든 미생물을 완전히 사멸하는 것을 살균(sterilization)이라 하고, 살균의 대상이 병원성 미생물인 경우 소독(disinfection)이라 한다. 한편 미생물을 사멸시키지 않고, 생리적 활동을 억제하고 생육을 저해하는 물질을 방부제(antiseptics)라 하며, 특히 식품에 첨가하여 저장성을 높여주는 방부제를 보존제(preservatives)라 한다. 넓은 의미에서 보존제는 식품의 변질, 부패, 변색 및 화학 변화를 방지하여 식품의 영양가와 신선도를 유지시키기 위해 사용되는 첨가물로서 살균제, 산화 방지제 등 다양한 첨가물을 포함할 수 있다. 하지만 여기에서는 좁은 의미로 식품 내 세균, 곰팡이, 효모 등 미생물의 증식을 억제하여 식품 저장성을 향상시키는 첨가물을 보존제로 정의하여 설명하고자 한다.

식품용 보존제로 사용되려면, ① 독성이 없고 ② 미량으로 효과가 있으며 ③ 첨가에 의한 식품 기호도 저하가 없고 ④ 사용이 간편하며 ⑤ 가격이 저렴하여야 한다. 특히 보존제는 허용된 품목이라도 사용 가능한 식품의 종류, 사용 기준 등을 준수하여 사용해야 하며, 반드시 제품 검사 기준을 통과한 것을 사용해야 한다.

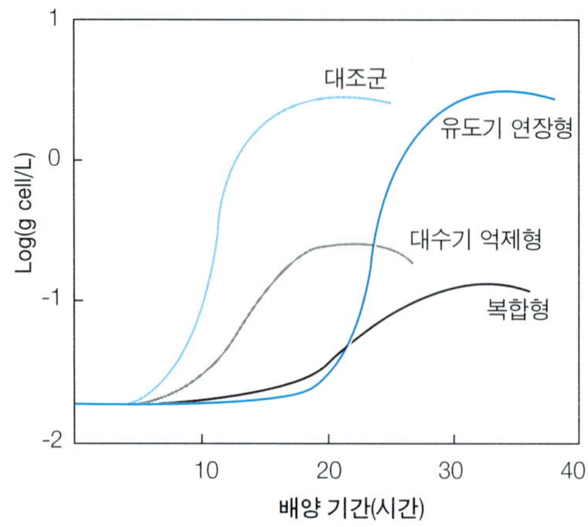

그림 11-1 보존제의 종류에 따른 미생물 생육 억제 효과

1) 보존제의 항균 작용 원리

(1) 항균 작용의 종류

미생물의 생장 곡선은 일반적으로 유도기(lag phase), 대수기(exponential phase), 정상기(stationary phase)로 나뉘며, 보존제 첨가 시 항균 작용으로 인해 생장이 억제되어 성장 곡선이 그림 11-1과 같이 다양하게 변화될 수 있다. 종류별로 보면, ① 유도기가 연장되며 대수기 및 정상기에는 변화가 없는 유도기 연장형 ② 균 생장 속도 및 최대 생육도를 낮추는 대수기 억제형 ③ 두 가지 형태가 복합되어 미생물 생육을 전반적으로 저해하는 복합형으로 구분할 수 있다.

(2) 항균 효과의 기작

식품 보존제에 의한 미생물 세포의 대사 저해 작용은 항균 작용이 직접적인 원인이지만, 그 기작은 명확하게 밝혀지지 않고 있다. 항균 화학 물질은 특이적 또는 비특이적으로 미생물 세포 내의 활성 부위에 대해 물리적인 상호작용을 일으키며, 따라서 항균 효과는 항균 물질의 농도와 활성 부위에 대한 비활성도에 의해 결정된다. 예를 들면 안식향산은 산성 영역에서는 세균에 대해 강력한 항균 효과를 나타내지만 알칼리성 영역에서는 항균 효과가 낮은데, 이것은 안식향산의 항균 작용이 비해리(undissociated) 분자의 비율과 관계가 있기 때문이다. 주어진 pH 조건에서 용액상에서 비해리와 해리 부분의 상대적 비율이 항균 효과를 결정하게 되는데, 보존료의 비해리 부분만 세포막을 투과 흡착하게 되므로 비해리 부분의 비율이 높은 소수성 안식향산의 세포투과 및 흡착 능력이 상대적으로 크다.

최종적으로 안식향산은 미생물 세포막의 투과로 세포 내의 기질 이동과 산화적 인산화 기능을 저해하며 결국 미생물의 정상적인 생육을 억제하게 된다. 미생물 생육에 필요한 필수 영양분의 세포막 투과를 저해하여 결국 세포 영양의 고갈상태를 유도하며 미생물의 생육이 저해된다. 식품 보존제의 항균 효과는 기작에 따라서 표 11-1과 같이 구분된다.

표 11-1 작용 기작에 따른 식품 보존제의 종류 및 특징

구분	식품 보존제 종류	특징
제1군 보존제	• 안식향산, 소브산, 프로피온산 등 (산류) • 파라옥시안식향산알킬에스터 등 (에스터류) • 페놀, 크레솔, 나프톨 등 (페놀류)	• 복합형 생육 저해 • 항균 효과가 흡착 정도에 의해 결정됨
제2군 보존제	• 벤조퀴논, 나프로퀴논 등 (퀴논류) • 5-나이트로-2-프릴아크릴산아마이드, 5-나이트로-2-플루푸세이카바졸 등 (나이트로퓨란류)	• 유도기 연장형 생육 저해 • 항균 효과가 세포막 투과 속도에 의해 결정됨

식품에 대한 항균 효과는 부패 미생물의 생육을 억제하는 데 필요한 보존제의 식품에 대한 첨가량으로 표시한다. 미생물 생육 배지는 수용액상의 균일계이나 식품은 ① 조직을 구성하는 고형상 ② 유리수에 의한 수용액상 ③ 두 가지 상에 분산되는 지질상으로 구분된다. 이 중 미생물은 수용액상에서 생육하므로 식품에 첨가된 보존료의 효과는 수용액상에 존재하는 보존료의 농도로 결정된다. 일반적으로 배지에 보존제를 첨가한 경우에 비해 식품에 첨가하면 항균 효과가 낮게 나타난다. 이는 보존료와 식품 간에 발생하는 화학적 반응성 및 효소 반응에 의한 보존료 분해(불활성화)에 기인하는 것으로 알려졌다. 특히 보존료를 단백질이나 지질 함량이 높은 식품에 첨가할 경우 식품 수용액상에서 보존료의 농도(유효 농도)가 현저히 감소한다.

한편 분배 계수가 큰 퀴논(quinone)류의 경우 식품 중 지질 존재 시 유효 농도가 크게 감소하여 효력이 반감된다. 나이트로퓨란(nitrofuran)류는 낮은 분배 계수로 비교적 안정하고 세균에는 유효하나, 효모나 곰팡이에는 효력이 없는 등 사용 범위가 제한적인 단점이 있다.

2) 보존제의 종류 및 특징

보존제를 사용할 경우 식품의 성질, 부패를 일으키는 미생물, 그리고 보존료의 성능 및 특징 등에 대한 정확한 지식을 필요로 한다. 식품에는 일반적으로 제1군 보존제가 널리 사용되며, 대표적으로 사용되는 보존제의 종류와 항균 효과에 대해 표 11-2에 정리하였다.

표 11-2 식품 보존제의 종류 및 항균 효과

식품 보존제	항균 효과 및 특징
데하이드로초산(DHA) 데하이드로초산나트륨염	· 곰팡이, 효모, 혐기성 Gram 양성균 · 산성 조건(pH 5.5)에서 0.05~0.1% 농도로 사용 · 살균력은 약하나 약산성 및 중성에서 강한 생육 억제 효과
소브산 소브산칼륨	· 사상균, 효모, 호기성 세균류의 생육 억제(약한 살균력) · 락트산세균, 혐기성 포자 형성균에 효과 없음 · 미생물의 탈수소 효소계 저해 효과 · pH 의존성 산형 방부제(pH 3.0~5.5에서 유효)
안식향산 안식향산나트륨	· 곰팡이, 효모, 산생성 세균류의 생육 억제 · pH 의존성 산형 방부제(pH 4.5 이하에서 유효)
파라옥시안식향산뷰틸 파라옥시안식향산에틸 파라옥시안식향산프로필	· 효모, 곰팡이류의 생육 억제(Gram 음성간균, 락트산세균 제외) · 세포막 파괴, 호흡 및 전자 전달계 효소 활성 저해 효과 · 산형 방부제(pH 4.0~6.5에서 유효)
프로피온산 프로피온산나트륨 프로피온산칼슘	· 곰팡이, 호기성 포자 형성균, Gram 음성균(효모 제외) · 미생물의 탈수소 효소계 저해 효과 · pH 4.5~5.5에서 0.2~0.4% 처리로 곰팡이 생육 저해

(1) 데하이드로초산(Dehydroacetic acid, DHA; $C_8H_8O_4$) 계열

DHA는 백색의 결정성 분말로 맛과 냄새가 거의 없으며, 물에 잘 녹지 않고 알코올, 에테르 등에 녹는다. 포화 수용액(0.1%)의 pH는 4이고 열에 안정하나 빛에 의해 황색으로 변하며, 가열하면 수증기와 함께 일부 비산하는 성질이 있다. 특히 각종 금속 이온과 반응하여 불용성 염을 형성하므로 금속 용기 사용 시 주의하여야 한다. 과산화수소에 의해 쉽게 분해되어 효능을 상실하므로 함께 사용하지 않는 것이 좋다. DHA는 물에 잘 녹지 않으므로 0.2~0.5 g/kg을 소금과 섞어 사용하거나, 알코올에 녹여 치즈나 버터 등 식품의 표면 또는 포장지에 분무하면 곰팡이 발

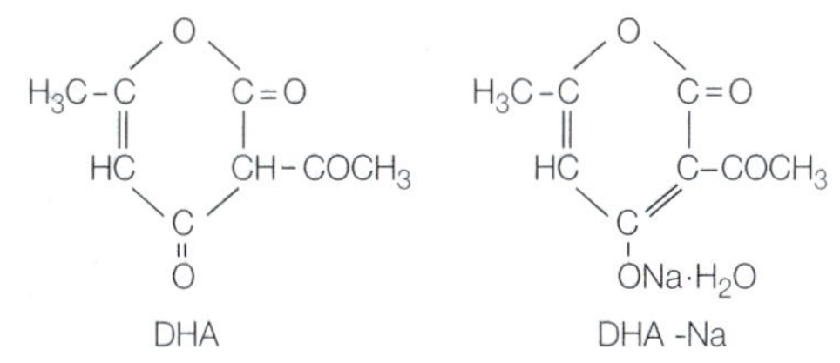

그림 11-2 데하이드록시초산 및 데하이드록시초산나트륨의 구조

생을 억제할 수 있다.

데하이드로초산나트륨의 경우는 백색 결정 분말로 냄새나 맛이 없으며, 물에 잘 녹아 수용성으로 식품 첨가 시 주로 사용한다. 프로필렌글라이콜, 글리세린에 녹고 알코올에도 일부 녹지만 에테르나 아세톤에는 잘 녹지 않는다. 수용액은 중성 또는 약염기성이며 열과 빛에 비교적 안정하다. 기타 특징은 DHA와 동일하다.

(2) 소브산(Sorbic acid, $C_6H_8O_2$) 계열

소브산은 무색 또는 백색의 결정 분말로 냄새가 거의 없으며, 물에 잘 녹지 않고 알코올, 아세톤, 프로필렌글라이콜, 에테르, 초산 등에 녹는다. 포화 수용액의 pH는 3.6이고 열이나 빛에 매우 안정하나 수용액을 가열하면 일부 비산하는 성질이 있다. 초산, 락트산, 프로필렌글라이콜, 알코올 등에 녹여 사용하며, 불가능한 식품의 경우는 중화한 용액을 사용하거나, 전분으로 희석하여 사용한다.

소브산칼륨(potassium sorbate)은 백색 또는 황갈색의 결정 분말로 물에 잘 녹고 아세톤, 에테르에 잘 녹지 않는다. 공기 중에 방치하면 수분을 흡수하고 산화 분해되어 착색될 수 있다.

(3) 안식향산(Benzoic acid, $C_7H_6O_2$) 계열

안식향산은 백색의 침상 결정으로 냄새가 없고 물에 잘 녹지 않으며 알코올, 에테르에 잘 녹고 수용액은 산성을 나타낸다. 안정한 화합물이나 승화성이 있어 수증기처럼 휘산하며 흡습성이 있다.

안식향산나트륨(sodium benzoate)은 백색 결정으로 약한 단맛이 있고 공기 중에서 안정하다. 안식향산보다는 효능이 낮으나 물에 잘 녹아 사용에 편리하며 수용액은 알칼리성이다.

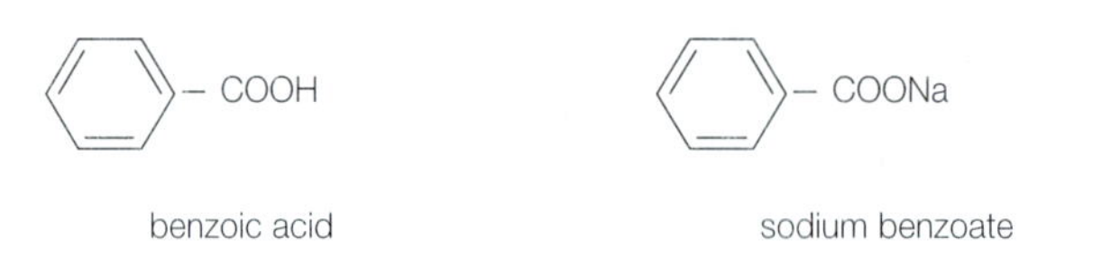

그림 11-3 안식향산 및 안식향산나트륨의 구조

(4) 파라옥시안식향산 에스터(*p*-Oxybenzoic acid ester) 계열

파라옥시안식향산 에스터류로서 식품 첨가물로 지정된 것은 에틸, 뷰틸, 아이소뷰틸, 프로필, 아이소프로필의 5종이다. 대부분 무색 또는 백색의 결정 분말로 냄새가 없고 물에 잘 녹지 않으나 알코올, 초산, 에테르, 수산화나트륨에 잘 녹는다. 페놀의 미생물 발효 억제력을 1로 볼 때, 파라옥시안식향산뷰틸(butyl *p*-hydroxy benzoate)은 40 정도에 해당하며, 프로필 에스터(propyl *p*-hydroxy benzoate)는 25, 에틸 에스터(ethyl *p*-hydroxy benzoate)는 8.5 정도이다. 일반적으로 에스터를 구성하는 알코올의 탄소 수가 많을수록 항균력이 높아지나, 독성은 역으로 탄소 수가 적을수록 강해지는 경향이 있으며, 파라옥시안식향산뷰틸이 강한 항균 효과로 인해 가장 널리 사용되고 있다. 탄소 수가 많으면 용해도가 감소하는 대신에 미생물 세포 내로 유입되는 안식향산기의 양이 증가하여 항균력이 높아지며, 2종 이상의 에스터를 함께 사용하면 항균 효과의 증대를 기대할 수 있다.

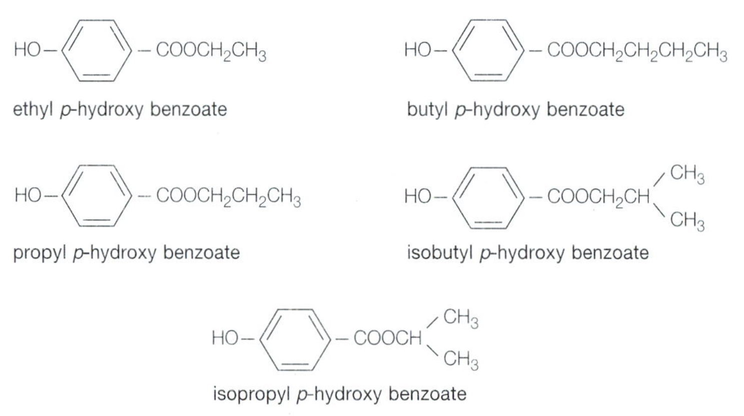

그림 11-4 파라옥시안식향산 에스터 화합물의 구조

(5) 프로피온산(Propionic acid, $C_3H_6O_2$) 계열

프로피온산칼슘(calcium propionate)과 프로피온산나트륨(sodium propionate)은 모두 백색 결정 분말로 냄새가 없고 물에 잘 녹으며 알코올, 아세톤, 에테르 등에 녹지 않는다. 수용액은 약알칼리성으로 열과 빛에 안정하나 흡습성이 있어 밀폐 용기에 보관하는 것이 좋다.

산성에서 프로피온산염으로부터 유리된 프로피온산이 세균에 대한 항균 효과를 나타내는데, 소브산에 비해 효과가 약하며 효모에는 효과가 없다. 나트륨염은 생과자, 케이크에 주로 이용하나 효모의 발효 활성을 저해하므로 제빵에는 칼슘염을 사용한다. 낮은 pH에서 항균력이 크므로 제1인산칼슘, 락트산, 초산 등을 첨가하여 pH를 조정한다.

> **Tips 라이소자임(Lysozyme)**
>
> 효소로서 세균의 세포벽을 분해하는 역할을 하므로 천연 방부제로 활용되기도 한다.

3) 사용 기준

보존제는 허용된 품목이라도 사용 가능한 식품의 종류, 사용 기준 등을 준수하여 사용해야 하며, 반드시 제품 검사 기준을 통과한 것을 사용해야 한다. 특히 항균 효과를 고려하여 과량을 첨가할 경우 식품 위생상의 문제가 발생할 수 있으므로, 표 11-3에서와 같이 규정된 용도와 사용 기준을 준수하여 이용하는 것이 필요하다.

> **Tips 번데기 통조림 속의 포말린!**
>
> 세상을 떠들썩하게 만들었던 사건이다. 그러나 법원에서는 자연 상태의 번데기나 골뱅이에서도 상당량의 포말린이 검출될 수 있으며, 피고인들이 제조한 완제품에서 원료에서보다 많은 양의 포름알데하이드가 검출되었다는 점만으로 천연 물질이 아니라 합성 물질인 포름알데하이드를 일부러 첨가한 것으로 볼 수 없다고 무죄 판결하였다.

표 11-3 식품별 보존제의 사용 기준 예

식품 보존제	사용 식품	사용 기준
데하이드로초산(DHA) 데하이드로초산나트륨	• 치즈, 버터, 마가린	0.5g/kg 이하
소브산 소브산칼륨	• 치즈 • 식육 가공품, 어육 가공품 • 젓갈류, 비건조 장류 제품, 땅콩버터 등 • 잼류 • 건조 과실류, 토마토케첩, 절임류 • 과실주 • 락트산세균 음료(비살균 제품)	3.0g/kg 이하 2.0g/kg 이하 1.0g/kg 이하 1.0g/kg 이하 0.5g/kg 이하 0.2g/kg 이하 0.05g/kg 이하
안식향산 안식향산나트륨	• 마가린, 마요네즈, 오이 초절임 • 잼류 • 과실, 채소류 음료, 탄산음료, 인삼 음료 • 식용 알로에 농축액, 알로에 젤 가공 식품 • 락트산세균 음료	1.0g/kg 이하 1.0g/kg 이하 0.6g/kg 이하 0.5g/kg 이하 0.05g/kg 이하
파라옥시안식향산뷰틸 파라옥시안식향산에틸 파라옥시안식향산프로필	• 캡슐류, 잼류 • 망고 가공품, 간장 • 소스류 • 식초, 과일 채소 음료류 • 과실, 채소(표피 부분)	1.0g/kg 이하 0.25g/kg 이하 0.2g/kg 이하 0.1g/kg 이하 0.012g/kg 이하
프로피온산나트륨 프로피온산칼슘	• 치즈 • 빵 및 케이크류 • 잼류	3.0g/kg 이하 2.5g/kg 이하 1.0g/kg 이하

4) 사용상 주의 사항

보존제가 미생물에 작용하는데 있어 그 활성은 미생물의 종류, 포자의 유무, 온도, 배지 중에 존재하는 물질 등에 의해 크게 달라진다. 따라서 보존제의 항균 효과에 영향을 미치는 인자에 대해 충분히 이해하고 사용하여야 하므로, 각각의 인자에 대해 살펴보도록 한다.

(1) pH(수소 이온 농도)

식품의 pH는 산형 보존제의 항균력에 큰 영향을 미치며, 일반적으로 산성 영역에서 그 보존제의 효과가 크다. 예를 들면 pH 3에서의 안식향산의 살균력은 pH 7

인 용액의 경우보다 10배나 더 크다. 이처럼 식품의 pH에 따라 보존제의 용해도 및 살균·정균 효과에 큰 차이가 있는 이유는 정균 작용이 보존제의 미생물 세포 투과 능력에 의해 좌우되기 때문이며, 중성 또는 알칼리 조건에서 완전히 해리된 산성 보존제는 음전하로 인해 미생물 세포막의 투과성이 감소되어 항균력이 감소하게 된다. 결과적으로 정균 작용은 비해리 분자 그룹(undissociated group; -COOH)의 농도에 의해서 결정된다고 할 수 있다.

$$pH = pK_a + \log\frac{[RCOO^-]}{[RCOOH]}$$

위 식에서와 같이 pK_a값은 일정하므로 pH가 낮아지면 $[RCOO^-]/[RCOOH]$의 비율이 낮아지고 결국 [RCOOH] 양이 증가하게 된다. [RCOOH]는 비해리 그룹으로 이 [RCOOH]의 농도가 커지면 지질 친화성이 증가하고 또 미생물에 대한 흡착력이 커지게 되므로 [RCOOH]의 증가에 의해 정균 작용이 커진다. 위의 식에 의해 각각의 pH 조건에서 안식향산의 비해리 정도를 살펴보면 표 11-4와 같다. 안식향산의 pK_a값은 4.19이므로, pH 3의 조건에서 수소 이온을 내놓지 못하고 93.5%가 비해리 상태로 존재하게 되고, 결과적으로 미생물 세포막 투과성이 높아져 항균력이 증대됨을 알 수 있다.

표 11-4 pH에 따른 안식향산의 비해리 정도

pH	비해리 정도(%)
3	93.5
4	59.8
5	12.8
6	1.44
7	0.144

(2) 식품의 수분 함량

식품 내 수분 함량이 높으면 미생물 생육이 용이하여 부패가 쉽게 일어날 수 있으며, 이러한 경향은 수분 활성도와 미생물 생육의 밀접한 관계에 기인한다. 따라서 보존제 첨가와 함께 수분의 적절한 조절을 통해 식품 저장 기간을 크게 연장할 수 있다. 최근에 수분 활성도를 감소시키는 다양한 탄수화물 소재를 첨가하여 수분 함량을 유지하면서도 미생물 생육에 필요한 자유수를 제한하는 기술들이 사용되고 있다. 물론 항균력을 가지는 보존제에 비해 그 효과는 낮으나, 식품의 기능성 및 안전성을 고려하면 그 활용 가치가 지속적으로 증가할 것으로 기대한다.

Tips 식품 제조 시 솔비톨, 자일리톨, 에리쓰리톨, 설탕, 올리고당 등의 다양한 탄수화물 소재들이 첨가되는데, 이들은 특유의 물성 및 감미도로 인해 식품의 맛과 식감을 향상시킨다. 특히 이러한 탄수화물 소재는 식품 중의 수분과 결합하여 수분 활성도를 낮춤으로써, 실질적으로 미생물이 이용 가능한 자유수 함량을 감소시켜 식품의 저장성을 증진시킬 수 있다. 따라서 적절한 첨가물의 선택을 통해 수분 함량이 높아 촉촉한 느낌을 주면서 유통기한이 긴 제품 개발이 가능하다.

(3) 식품 성분의 종류

식품은 매우 다양한 성분들이 혼합된 대표적인 복합계이며, 따라서 각각의 식품 성분의 종류와 조성에 따라 오염되는 미생물의 종류와 생육 속도 등이 달라진다. 특히 당분이나 염분 등 부원료의 함량에 따라서도 부패 양상이 매우 다르므로 식품 자체에 대한 폭넓은 이해가 필요하다.

(4) 미생물 오염도

식품 내 미생물 오염도가 높을수록 보존제의 항균 작용이 감소하므로 원료, 기구, 용기, 제조 공정, 공장의 위생 환경 등을 효과적으로 관리하여야 한다.

(5) 식품 가공 온도

식품 제조 시 보존제 첨가와 함께 가열 처리가 이루어지면 미생물 사멸 효과가 비약적으로 증가한다. 특히 내열성 포자 형성균과 같이 열처리에 강한 미생물의 억제를 위해 가열 처리 후 보존제 첨가를 통해 보다 효율적인 항균 작용을 기대할 수 있다.

(6) 보존제 첨가 방법

일반적으로 보존제의 첨가량은 매우 적으므로 복합계인 식품에 균일하게 분포하도록 혼합하는 과정 또한 매우 중요하다. 따라서 고형의 분말 상태보다는 적절한 용매에 녹여 분산시키는 것이 일반적이므로 각 용매에 대한 용해도를 충분히 고려해야 한다. 보존료의 미생물에 대한 항균력이 서로 다르므로, 식품의 기호도가 감소되지 않는 범위 내에서 2종 이상의 보존제를 병용 처리하는 것이 바람직하다(16장 참조).

2. 살균제(Bacteriocides 또는 Germicides)

보존제는 식품 내 미생물의 생육을 억제하는 정균 작용을 목적으로 하지만, 살균제는 식품 보존과 함께 미생물 사멸을 위한 살균작용에 중점을 두는 것이며 식품에 직접 첨가하여 사용하는 경우는 많지 않다. 이와 별도로 미생물을 사멸시키고 생육을 억제하는 데 항생 물질(antibiotics)이 널리 사용되나, 현행 법규상 식품에 사용이 불가하므로 식품에 사용 가능한 천연 항생 물질에 대해 별도로 다루기로 한다.

1) 살균제의 종류 및 특징

빠른 시간 내에 순간적으로 균을 사멸시키기 위해서는 살균력이 강한 염소계 살균제를 사용하지만, 식품 첨가 시 식품 성분의 변화를 유발하거나 특유의 냄새로 인해 소비자의 기호를 감소시키므로 주로 용기의 살균에 이용된다. 그 외에 식품 첨가에 적합한 살균제의 종류에 대해 살펴보도록 한다.

(1) 표백분[Bleaching powder, $Ca(OCl)_2$ 또는 $CaOCl_2$]

표백분은 차아염소산 및 염화수소산 칼슘염의 혼합물로 강한 산화 작용이 있으며, 백색 또는 유백색의 분말로 강한 염소계 냄새를 풍긴다. 물과 에탄올에 녹으며 수용액은 알칼리성이다. 차아염소산의 비율이 높으면 산화력도 증가하며, 유기물과 접촉하면 산화 분해에 의해 염소를 발생한다. 일반적으로 2% 수용액은 5분 이내에 영양 세포를 살균시킬 수 있으며, 20% 수용액을 사용하면 10분 내에 포자를 사멸할 수 있다. 고도표백분[calcium hypochlorite, $CaOCl_2 \cdot Ca(OH)_2$ 또는 $CaOCl_2 \cdot 2Ca(OH)_2$]의 경우는 표백분과 동일하게 사용되며 유효 염소량이 70% 이상으로 높아 물에 녹인 후 채소 소독에 사용한다.

(2) 차아염소산나트륨(Sodium hypochlorite, NaClO)

엷은 황록색 액체로 염소계 냄새를 가지며, 물에 녹아 유리 산소를 발생시킴으로써 강한 산화, 표백 및 살균 작용을 나타낸다. 열과 빛에 의해 분해되어 살균력이 감소되므로 밀폐 용기나 냉암소에 보관한다. 대체로 낮은 pH 영역에서 살균력이 증가하며, 또한 강한 산화력으로 세균 내 효소를 변성시켜 식품 보존에 기여한다.

(3) 기타 살균제

이염화아이소시아누르산나트륨(sodium dichloroisocyanurate, $C_3Cl_2N_3NaO_3$)은 유효 염소 64% 이상의 백색 결정 분말로 염소계 냄새를 가지며, 물에 녹아 차아염소산을 생성한다. 식품에 직접 사용하지 않으며, 식품 제조용 기계, 기구, 용기, 포장의 소독 목적으로 이용된다.

훈증제의 일종인 에틸렌옥사이드(ethylene oxide, CH_2CH_2O)는 미생물 억제 및 살균, 살충 목적으로 식품에 사용되는 기체로 훈증 공정을 통해 곡류 식품 처리에 주로 이용된다.

3. 천연 항균 물질(Bacteriocins)

항생 물질(antibiotics)은 의약품으로 널리 사용되며, 방부 효과를 나타내지만, 섭취 시 장내 미생물 균총을 변화시키고 내성 균주를 만들거나 알레르기 증상을 나타내는 등 부작용이 많은 것으로 알려져 있다. 따라서 현재 식품 첨가물로의 사용이 엄격히 제한되고 있으므로 여기에서 자세히 다루지 않기로 한다.

최근 특정 식품에 나이신(nisin)과 나타마이신(natamycin) 등 천연 항생제의 이용이 허가되었으며, 이를 식품 보존제로 활용하는 기술의 특징과 장단점에 대해 알아보기로 한다.

1) 박테리오신(Bacteriocin)의 작용 원리

박테리오신은 세균이 생산하는 항미생물성 펩타이드 또는 단백질을 말한다. 원래 세균 증식 조절제 또는 세포 간 정보 전달 물질로서 경쟁 상대인 다른 세균의 성장을 저해하는 목적으로 생산되는 것으로 알려졌으며, 그 작용 기작은 의학용 항생제와는 달리 주로 미생물에 침투하여 세포막을 파괴시킴으로써 미생물을 신속히 사멸시키는 특징을 가진다. 널리 알려진 펩타이드 형태의 박테리오신은 주로 락트산세균으로부터 생산되며, 각각 생화학적·유전적 특징에 따라 표 11-5와 같이 3개 그룹으로 나뉜다.

표 11-5 박테리오신의 분류 및 특징

분류	특징	박테리오신
Class I	lantibiotics 박테리오신 계열(lanthionine 아미노산을 포함한 저분자 펩타이드 형태)	nisin, subtilin, epidermin, mersacidin, actagardin 등
Class II	고분자 펩타이드 박테리오신 계열	plantaricin, lactococcin 등
Class III	단백질 박테리오신 계열	helveticin, millericin 등

대표적인 박테리오신인 나이신의 경우, 미생물 세포막에 침투하여 구멍을 형성함으로써 세포 내의 이온, 아미노산, ATP 등 저분자 물질의 유출을 일으켜 미생물의 생장을 저해하고 사멸시키는 것으로 보고되었다.

2) 박테리오신의 종류

(1) 나이신(Nisin)

현재까지 다양한 미생물 유래 박테리오신이 보고되었으나, 실제로 나이신이 식품 보존제로 사용되는 유일한 박테리오신이다. 락트산세균인 *Lactococcus lactis* 균이 생산하는 나이신은 그림 11-5와 같이 펩타이드 형태의 박테리오신이며, Gram 양성균에 효과가 있으나 Gram 음성균이나 곰팡이, 효모에는 효과가 거의 없다.

나이신은 열처리 가공식품과 pH가 낮은 식품의 미생물 변질을 억제하는 데 이

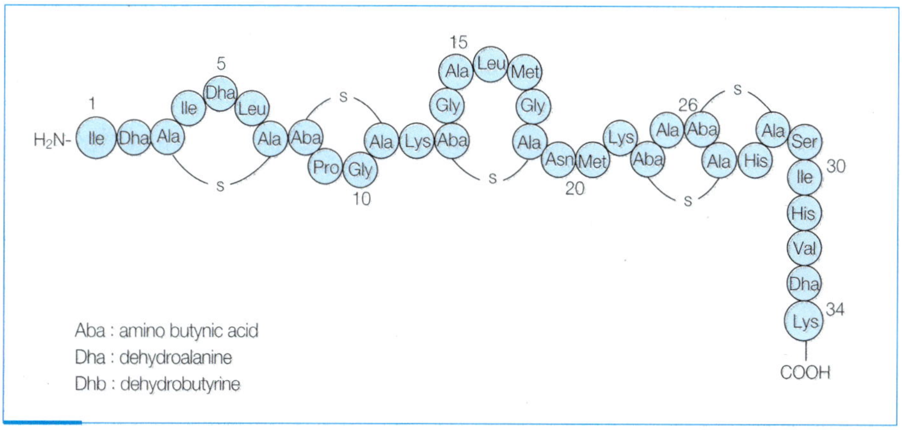

그림 11-5 나이신(nisin)의 구조

용되며, 특히 UHT(ultra-high temperature) 처리 유제품에서 문제가 되는 호열성 포자 형성균인 *Bacillus stearothermophilus* 균의 제어에 효과적이다. 현재 열처리 통조림 식품, 가공 치즈, 치즈 스프레드, 소스류 등에 폭넓게 이용된다.

(2) 나타마이신(Natamycin)

나타마이신은 *Streptomyces* 속이 생산하는 polyene계 항곰팡이제이며, 주로 슬라이스 치즈의 표면 항곰팡이 제재로 허가되었으나, 식품에의 활용 범위가 넓지 않으며 주로 곰팡이성 각막염 치료 등에 이용된다.

3) 박테리오신의 이용 가능성

박테리오신은 발효유 제품, 염지 육류를 포함한 발효 식품에서 발견되었으며, 결과적으로 이러한 박테리오신의 생산 균주가 락트산세균 등 식품에 허용되는 GRAS(Generally Recognized As Safe) 균주이므로 식품에의 사용에 문제가 없다. 또한 최근 들어 열 및 pH에 상대적으로 안정한 박테리오신을 식품 포장재에 첨가하여 저장 기간을 연장하고, 미생물의 오염을 막는 기술이 개발되는 등 발전 가능성이 매우 높은 분야로 기대를 모으고 있다.

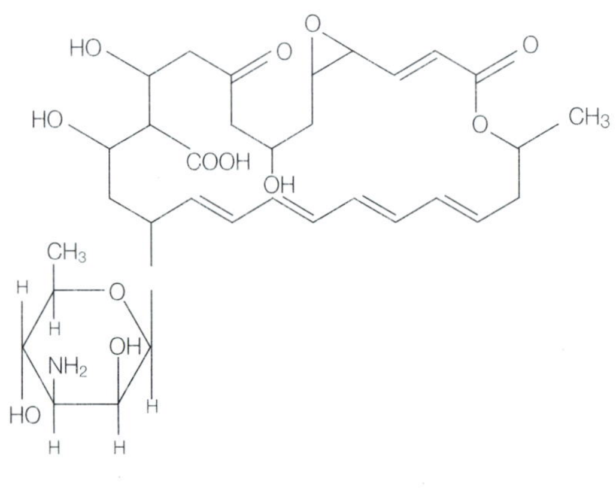

그림 11-6 나타마이신(natamycin)의 구조

Tips 박테리오신 이외에도 항산화제 등을 포장에 코팅한 Drug Delivery Release 시스템을 이용하면 유효 항산화 성분이 순차적으로 조금씩 유출되어 그 효과가 오래 지속될 수 있다. 따라서 한 번에 많은 양이 식품을 통하여 섭취되지 않도록 하는 기술들이 적용되고 있다.

4. 산화 방지제(Antioxidants)

식품은 제조 및 보존 과정에서 공기 중에 존재하는 산소, 빛, 열 등에 의해 산화되어 변질될 수 있다. 특히 유지의 산패가 대표적인 예로서, 산화, 분해 등 화학 반응의 발생으로 변색, 퇴색의 외관상 변화와 함께 맛과 향의 변질을 초래할 수 있다. 일반적으로 가열 처리한 보존 식품, 건조 식품, 분말 식품, 액상 식품에서 유지 및 지방 성분의 산화, 색소의 퇴색, 비타민과 같은 영양 성분의 파괴가 일어날 수 있다. 결과적으로 식품 성분의 변화는 영양 성분의 감소 및 유해 성분의 생성으로 이어져 식품 가치의 하락과 안전성 문제를 유발하게 된다.

산화 방지를 위해서는 통조림, 포장 기술 등을 이용하여 공기와의 접촉을 차단하거나, 산화 방지제를 첨가하는 방법이 주로 사용된다. 식품용 항산화제에는 수용성인 아스코브산, 에리쏘브산과 유용성인 몰식자산에스터류, 토코페롤 등 페놀성 화합물이 있다. 수용성 항산화제는 주로 색소의 산화 방지에, 그리고 유용성 항산화제는 유지의 산화 방지에 사용된다. 이외에도 직접 산화 방지 작용을 하지 못하지만, 다른 산화 방지제의 작용을 촉진하는 구연산 등의 유기산도 있는데, 이를 상승제(synergist)라 한다. 최근에는 천연 소재로부터 산화 방지 활성이 높은 천연 물질들을 발견하여 기존의 화학적 산화 방지제를 대신하는 방향으로 관심이 집중되고 있다.

1) 산화 방지제의 작용 원리

유지의 산화는 앞에서 언급한 바와 같이 주로 자동 산화 또는 효소에 의한 산화에 의해 발생한다. 유지에 함유된 불포화 지방산의 2중 결합 탄소에 산소가 작용하여 유리기(free radical) 또는 과산화물을 생성하고, 다시 연쇄적으로 알데하이드, 케톤, 산 등으로 분해된다. 식품 중에 금속염이나 효소가 존재하면 촉매 작용을 하고, 열 또는 빛에 의해 산화가 촉진되며, 일반적으로 불포화도가 높은 유지의 경우 산화 반응의 속도가 빠르다. 산화 방지제는 산화 반응으로 생성된 유리기 또는 과산화물에 작용하여 스스로 산화함으로써 산화의 연쇄 반응을 억제한다. 따라서 이미 산패된 유지에 산화 방지제를 첨가하면 그 효과가 감소하게 되나, 신선한 유지에 사용하면 산화에 의한 품질 변화를 지연시키거나 억제할 수 있다.

2) 산화 방지제의 종류 및 특징

(1) 다이뷰틸하이드록시톨루엔(Dibutyl hydroxy toluene, BHT: $C_{11}H_{16}O_2$)

무색 결정 또는 백색의 결정성 분말로 냄새와 맛이 없다. 물, 글리세린, 프로필렌글라이콜에 녹지 않으나, 상온에서 에탄올, 석유에테르, 대두유, 광물유, 메탄올, 벤젠, 아세톤에 쉽게 용해된다. 빛과 열에 안정하고, 철 등 금속 이온과 반응하여 착색되지 않으며, 가장 안정한 항산화제이다. 일반적으로 에탄올에 녹여 첨가하는데, 구연산 등 유기산과 함께 사용하면 상승 효과를 기대할 수 있다.

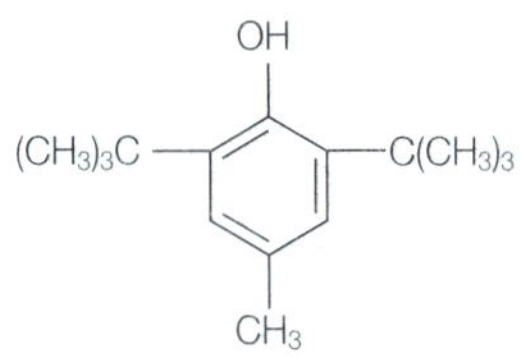

BHT

그림 11-7 다이뷰틸하이드록시톨루엔의 구조

(2) 뷰틸하이드록시아니솔(Butyl hydroxy anisole, BHA: $C_{15}H_{24}O$)

무색이나 연황갈색 결정 또는 백색의 결정성 분말로 특유의 냄새와 자극성 맛이 있다. 물, 글리세린에는 잘 녹지 않으나, 프로필렌글라이콜, 알코올, 아세톤에 녹고, 열에 안정하지만, 빛에는 불안정하여 착색될 수 있다. 3-BHA와 2-BHA의 두 가지 이성질체가 혼합된 형태로 사용되며, 일반적으로 3-BHA가 1.5~2배 높은 항산화력을 나타낸다. 역시 BHT 및 유기산과의 혼합 사용으로 상승 효과를 얻을 수 있다.

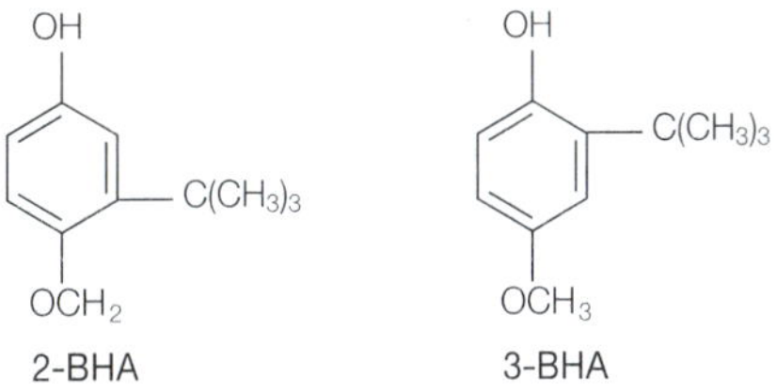

그림 11-8 뷰틸하이드록시아니솔의 구조

(3) 몰식자산프로필(Propyl gallate, PG; $C_{10}H_{12}O_5$)

백색 또는 담황갈색의 결정성 분말로 냄새가 없으며, 약한 쓴맛을 나타낸다. 물에 잘 녹지 않으나, 알코올, 에테르, 아세톤에는 잘 녹는다. 열에 안정하고 유지에 대한 항산화력은 높으나, 용해도가 낮고 빛에 약하며 철이온과 반응하여 착색되는 단점이 있다.

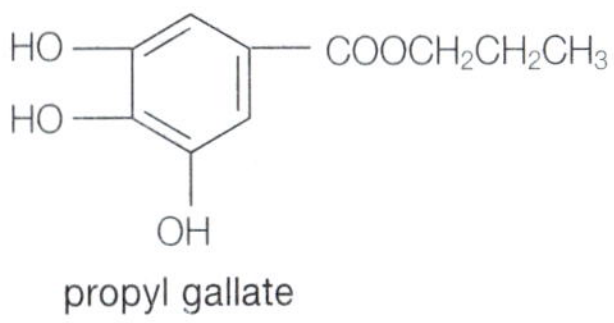

그림 11-9 몰식자산프로필의 구조

(4) 아스코브산(Ascorbic acid, $C_{12}H_{15}O_{12}$) 계열

비타민 C의 다른 이름인 아스코브산은 백색 또는 황백의 결정성 분말로 냄새가 없으나, 신맛을 나타낸다. 열, 빛, 그리고 공기 중 산소에 의해 산화 분해되며 물과 알코올에는 녹지만, 에테르 등 유기 용매에는 잘 녹지 않는다.

일반적으로 아스코브산나트륨(sodium ascorbate, $C_{12}H_{14}O_{12}Na$) 또는 아스코브산칼슘(calcium ascorbate, $C_{12}H_{14}O_{12}Ca$) 형태로 사용되는데, 특성은 비타민 C와 유사하나 약한 짠맛이 있고 물에 대한 용해도가 높다. 특히 식품 산화에 의한 갈변 방지 및 발색 보조 효과를 기대할 수 있으며, 과량 첨가 시 pH 저하로 인해 보수성에 영향을 줄 수 있으므로 주로 과일 통조림, 주스, 잼, 사탕 등에 사용한다.

이외에도 아스코빌스테아레이트(ascorbyl stearate, $C_{14}H_{42}O_7$), 아스코빌팔미테이트(ascorbyl palmitate, $C_{22}H_{38}O_7$)의 형태로 사용되는데, 백색 또는 담황색의 분말로 과실 향이 나며, 물에는 잘 녹지 않으나 알코올에는 잘 녹는다. 유지 및 유지를 함유한 식품에 널리 사용되며 아스코브산과 달리 신맛이 나지 않아 식품 첨가 시 맛의 변화가 없다는 특징이 있다.

아스코브산 계열의 산화 방지제는 건조 상태에서는 비교적 안정하지만 수용액 상태에서는 매우 불안정하며, 빛을 차단한 밀폐 용기에 보관한다. 최근 들어 효소의 당 전이 반응을 이용한 아스코브산글루코스 등이 연구되어 산화안정성 및 용해도가 개선된 제품이 개발되었다.

(5) 에리쏘브산(Erythorbic acid, $C_6H_8O_6$) 계열

백색 또는 황백색의 결정성 분말로 냄새가 없으며, 신맛이 있다. 물, 아세톤, 알코올에 녹고, 에테르, 벤젠에는 녹지 않는다. 환원성이 강하고, 열과 빛에 불안정하며 중금속 이온에 의해 산화가 촉진된다. 아스코브산(ascorbic acid)의 입체 이성질체로서 과일 중의 페놀성 물질을 환원하여 갈변 방지, 풍미 유지 등에 이용된다. 한편 에리쏘브산나트륨(sodium erythorbate, $C_6H_7O_6Na \cdot H_2O$)의 경우, 백색 또는 황백색 결정성 분말로 냄새가 없으나, 약간 짠맛이 있다. 알코올에 녹지 않고 물에 녹으며, 수용액은 금속, 열, 빛에 의해 분해된다. 특성은 에리쏘브산과 유사하다.

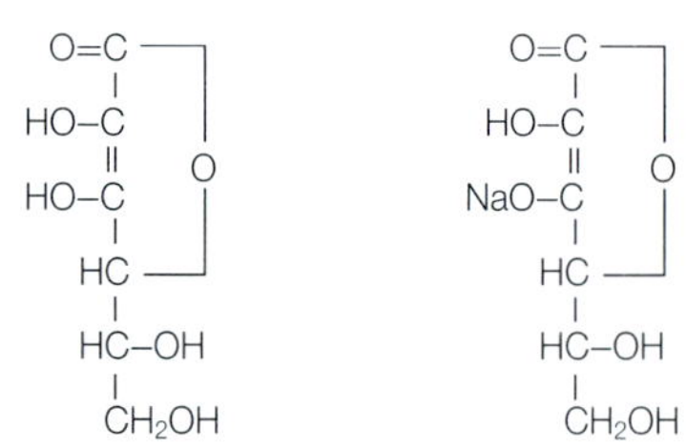

erythorbic acid　　sodium erythorbate

그림 11-10 에리쏘브산 및 에리쏘브산나트륨의 구조

(6) 토코페롤(Tocopherol) 계열

D-α-토코페롤 농축물은 주로 식물성 기름에 함유된 비타민 E의 한 형태로 주요

성분은 D-α-토코페롤이다. 적색의 점조성 기름으로 열과 산 등에는 안정하나 빛 또는 공기 중의 산소, 철 이온 등에 의해 산화되어 서서히 암적색으로 변색된다. 물에 녹지 않으며, 알코올에 녹인 후 식물성 기름에 혼합하여 사용한다. 비타민 E는 식품의 영양 강화 및 산화 방지의 목적으로 유지, 버터 등에 사용되며 항산화력은 BHA, BHT에 비해 떨어지나 독성이 낮아 사용 제한이 없는 장점이 있다.

혼합형 토코페롤 제품의 경우는 다양한 D-토코페롤 농축 혼합물의 형태이며, 적갈색의 액체이다. D-α-토코페롤의 함유량이 높은 제품은 비타민 E의 효능과 산화 방지제의 효과를 동시에 얻을 수 있으며, 저농도 D-α-토코페롤 함유 제품의 경우는 산화 방지제로만 사용이 가능하다.

(7) EDTA(Ethylene diamine tetraacetate, $C_{10}H_{12}N_2O_8$) 계열

EDTA나트륨(disodium ethylene diamine tetraacetate, $C_{10}H_{14}N_2Na_2O_8$) 및 EDTA칼슘나트륨(calcium disodium ethylene diamine tetraacetate, $C_{10}H_{12}CaN_2Na_2O_8$) 형태로 사용되며, 백색 분말로 약간의 짠맛이 있고 물에 잘 녹는다. 유지 변질의 원인이 되는 각종 금속 이온과 킬레이트(chelate) 화합물을 형성하여 제거함으로써 항산화 작용을 나타낸다.

(8) 기타 항산화 물질

터셔리뷰틸하이드로퀴논(*tert*-butylhydroquinone, TBHQ)은 백색 결정으로 알코올과 에테르에 녹고 물에는 녹지 않으며, 주로 식용 유지, 버터류, 건어물 등에 사용한다. 또한 부분적으로 산화된 스테아린산 및 다른 지방산의 글리세라이드 혼합물인 옥시스테아린(oxystearin)은 황갈색 지압질로 식용 유지 및 효모 식품 등에 첨가한다. 이외에도 버터나 유지에 사용하는 구아이악수지(guaiac resin)와 미강, 배아유로부터 추출된 감마-오리자놀(γ-oryzanol) 등이 천연 산화 방지제로 사용된다.

Tips 산소를 제거하여 산화 반응을 억제할 목적으로 포도당과 함께 효소 glucose oxidase와 catalase를 첨가한다. Glucose oxidase는 포도당과 산소를 기질로 하여 효소 반응을 하면서 산소를 제거하고 과산화수소를 만들어 낸다. 이 과산화수소는 다시 catalase에 의해 분해된다. 이들 효소는 지방 산패나 갈변화를 억제할 목적으로 감자칩, 마요네즈 등에 첨가하여 활용된다.

3) 사용 기준

산화 방지제는 이미 산패가 진행된 유지 및 유도 기간이 경과된 유지에 첨가하면 산패 방지 효과를 기대하기 어렵다. 따라서 신선한 유지 제품에 첨가하여 유도 기간을 연장하는 것이 일반적이며, 과량을 첨가할 경우 오히려 산화 방지에 대해 역효과가 나타날 수 있으므로 표 11-6에서와 같이 통상적인 사용 기준을 준수하여 이용하는 것이 필요하다.

표 11-6 식품별 산화 방지제의 사용 기준 예

산화 방지제	사용 식품	사용 기준
다이뷰틸하이드록시톨루엔 (BHT)	어패 냉동품(고래 냉동품 포함)	1.0g/kg 이하
	추잉껌류(인삼껌 포함)	0.75g/kg 이하
	식용 유지, 버터류, 어패 건제품/염장품	0.2g/kg 이하
	식용 가금류	0.1g/kg 이하
	마요네즈	0.06g/kg 이하
	식사 대용 곡류 가공품(이유식류 제외)	0.05g/kg 이하
뷰틸하이드록시아니솔(BHA)	마요네즈(그 외는 BHT와 동일 기준 적용)	0.14g/kg 이하
몰식자산프로필	식용 유지, 버터류	0.1g/kg 이하
아스코브산나트륨	분유	0.4g/kg 이하
	과일 통조림	0.3g/kg 이하
아스코빌팔미테이트	식용 유지류, 마요네즈	0.5g/kg 이하
	이유식류	0.2g/kg 이하
에리쏘브산	과일 통조림	1.5g/L 이하
	육류, 어류(발색 보조)	1.0g/kg 이하
	맥주	0.27g/L 이하
	과일(갈변 방지)	0.25g/kg 이하
토코페롤	마가린	0.5g/kg 이하
	소시지	0.1g/kg 이하
EDTA나트륨	통조림 및 병조림	0.25g/kg 이하
	드레싱 및 소스류	0.075g/kg 이하
	캔 또는 병 포장 청량음료	0.035g/kg 이하
뷰틸하이드로퀴논(TBHQ)	어패 냉동품	1.0g/kg 이하
	추잉껌류(인삼껌 포함)	0.75g/kg 이하
	식용 유지, 버터, 어패 건제품	0.2g/kg 이하
옥시스테아린	식용 유지	1.25g/kg 이하

4) 사용상 주의 사항

사용 목적에 맞게 적정량을 첨가하여 사용하며, 제품에는 규정에 따라 표시를 하여야 한다. 특히 항산화제는 유지 등 산패가 발생할 수 있는 제품에 첨가하게 되는데 과산화물의 생성 전에 소량을 첨가하며 산화 진행 후에 과량을 첨가할 경우 오히려 역효과가 날 수 있으므로 주의하여야 한다. 산화 방지제는 대부분 빛을 차단하여 저온에 보관하며, 공기 중 산소와의 접촉을 차단하거나 제품 포장 내 공기를 다른 기체로 치환할 경우 항산화제의 효과가 증가될 수 있다. 이외에도 금속 이온의 식품 내 혼입을 최소화하거나 유기산의 혼용을 통해 상승 작용을 유도함으로써 효과를 기대할 수 있다. 일반적으로 사용량이 적으므로 식품 제조 과정에서 분산 및 혼합이 적절하도록 주의한다.

5. 표백제(Bleaching agents)

식품의 제조 및 가공 공정에서 식품 중에 존재하는 색소가 산화 반응 등에 의해 변색 또는 착색되어 식품의 외관을 변화시키고 소비자의 기호도를 감소시키는 경우가 있다. 이러한 경우에 색소 및 발색 물질을 무색의 화합물로 변화시켜 식품 내 갈변, 착색 등의 변화를 억제하는 식품 첨가물을 표백제라 하며, 작용 방식에 따라 환원 표백제와 산화 표백제로 분류된다.

1) 환원 표백제

(1) 종류 및 특징

일반적으로 환원력이 강한 아황산을 만들고 이것이 황산으로 산화될 때 색소나 착색 물질의 산소를 빼앗는 환원 반응에 의해 강한 표백 작용이 일어난다. 식물성 식품의 갈변은 주로 polyphenol oxidase 효소가 관여하는데, 아황산이 효소 반응을 강하게 저해하여 갈변 방지에 이용된다. 또한 당과 아미노 화합물의 축합으로 발생하는 비효소적 갈변의 경우에도 반응의 중간체인 deoxyglucosone이 아황산과 반응하여 갈변 방지 역할을 수행한다. 이외에도 아황산은 미생물을 억제하여 방부 또는 발효 억제 효과를 나타낸다. 대표적인 환원 표백제의 종류, 특징 및 용도를 표 11-7에 나타내었다.

표 11-7 환원 표백제의 종류, 특징 및 용도

표백제의 종류	특징
메타중아황산칼륨 (potassium metasulfite, $K_2S_2O_5$)	• 백색의 결정성 분말로 나트륨염에 비해 안정 • 조직 침투력이 빠르고 냄새가 적으나 값이 비싸 주류에 사용
무수아황산 (sulfur dioxide, SO_2)	• 무색의 기체로 물에 녹으면 산성의 아황산이 됨 • 기체로서 취급이 불편하여 훈증 이외에 사용 불가
산성 아황산나트륨 (sodium bisulfite, $Na_2S_2O_5$)	• 백색 분말로 흡습성이 있으며 가열하면 알데하이드 생성 • 냄새가 적으나 불안정하며, 과일 및 채소의 방부제로도 사용 (효모, 곰팡이 억제)
아황산나트륨 (sodium sulfite, Na_2SO_3)	• 무색 결정으로 수용액은 알칼리성이고 냄새가 강함 • 중성~약산성에서 효과가 크므로 중화하여 사용 • 산화 방지제, 방부제, 탈염소제 등으로도 사용
차아황산나트륨 (sodium hyposulfite, $Na_2S_2O_4$)	• 백색 결정성 분말로 산성에서 불안정함 • 열에 의해 자가 분해되므로 저온 또는 중온에서 사용 • 환원력 및 표백력이 강하여 가장 널리 사용

(2) 사용 기준

대개의 경우, 시간이 경과하여 환원 표백제가 소실되면 공기 중의 산소에 의한 산화 반응으로 다시 착색될 수 있으나, 이를 막기 위해 과량의 표백제를 사용하는 것은 식품 안전성에 문제를 일으킬 수 있으므로, 반드시 표 11-8과 같이 식품 중 잔류 이산화황의 양으로 규정된 허가 기준을 초과하지 않도록 사용하여야 한다.

표 11-8 식품별 환원 표백제의 허용 기준 예

사용 식품	허용 기준(이산화황 최대 잔존량)
박고지(박 건조 제품)	5.0g/kg 이하
건조 과실류	2.0g/kg 이하
곤약분(구약나물 가공 제품)	0.9g/kg 이하
엿	0.4g/kg 이하
과실주	0.35g/kg 이하
당밀 및 물엿	0.3g/kg 이하
천연 과즙(5배 이상 농축액)	0.15g/kg 이하
새우살	0.1g/kg 이하
설탕	0.02g/kg 이하

(3) 사용상 주의 사항

아황산계 표백제는 아황산 냄새가 강하므로, 향료 등 기타 첨가물을 함께 사용하는 경우가 많다. 일반적으로 식품의 증발, 농축, 수세 과정에서 아황산의 3분의 2 정도가 잔류하며, 잔존량이 많을 경우 통조림 관을 부식시키거나 황화수소를 발생할 수 있다. 또한 식품 제조에 사용되는 용수의 금속 이온을 제거하여 아황산의 산화 또는 환원을 막으면, 색소의 산화 복원을 억제할 수 있다.

2) 산화 표백제

(1) 종류 및 특징

산화 작용에 의해 착색 물질 및 색소를 파괴하여 무색 또는 백색으로 탈색시키는 표백제로 환원 표백제에 비해 효과가 강하고, 표백 후 색이 복원되지 않는다. 단, 식품 조직의 부분적 손상이나 영양 성분의 손실을 유발할 수 있다. 이러한 첨가제에는 과산화수소(hydrogen peroxide, H_2O_2), 과산화벤조일, 과황산암모늄, 차아염소산나트륨 등이 있으나, 과산화수소가 표백제 및 살균제로 이용되며, 나머지는 살균제 및 밀가루 개량제 등으로 사용되고 있다.

대표적인 산화 표백제인 과산화수소(30~35%)는 무색 투명한 액체로 강한 산화력을 이용한 표백 및 살균 작용을 나타낸다. 염소계 표백제 및 아황산계 표백제와 달리 알칼리성(pH 10~12)에서 강한 표백력을 보이며, 식품에 사용하면 산소와 물로 분해되어 유해 물질이 남지 않는다.

(2) 사용 기준

대개 0.05~0.1% 정도로 사용하는데, 최종적으로 식품의 완성 전에 분해 또는 제거하도록 규정되어 있다. 강한 산화성으로 피부의 변성 및 통증을 유발할 수 있으므로 식품에 잔존해서는 안 된다.

(3) 사용상 주의 사항

pH 9 이상에서 해리가 촉진되므로 알칼리 조건에서 효과가 크다. 비교적 오래 잔류하므로 침지 후 잔류물은 물에 씻어 제거하는 것이 좋으며, 희석할 때는 순수한 물을 사용한다. 금속, 빛, 열에 의해 쉽게 분해되므로 인산, 구연산 등 안정제를 첨가하거나 합성 수지 용기에 담아 냉암소에 보관한다.

6. 기타 첨가물

이미 앞에서 설명한 각종 첨가물을 통해 식품의 저장 기간 증대 및 품질 유지를 기대할 수 있다. 이외에도 다양한 첨가물이 허가되어 있으나, 그 사용 범위가 극히 제한적인 경우가 대부분이다. 따라서 각종 첨가물 중 식품 저장의 목적으로 활용 가능한 것들을 정리해 보았다.

1) 피막제(Coating agents 또는 Glazing agents)

주요 식품 소재인 각종 과일, 채소 등 농산물은 호흡 및 증산 작용을 통해 수확 후 숙성 과정이 진행된다. 이 과정에서 과일 및 채소의 영양 성분이 분해되고 수분이 증발되는 등 품질이 변화될 수 있으므로 표면에 피막제를 도포하여 신선도를 유지하고 장기 보존 시 가스 교환을 억제할 수 있다. 또한 사탕, 과자 등의 표면 코팅제로 사용하여 손에 묻지 않게 하는 기능성을 부여하는 등 다양한 식품 가치 향상 기술에 응용될 수 있다.

이러한 피막제로는 모폴린지방산염(morpholine fatty acid salt), 쉘락(shellac), 왁스(wax)류 등이 사용되며, 각각의 특징 및 용도는 표 11-9에 나타내었다.

표 11-9 피막제의 종류, 특징 및 용도

피막제의 종류	특징 및 용도
모폴린지방산염	• 밀랍 모양의 황갈색 물질로 물에 녹이면 젤(gel)화됨 • 분무 또는 포말로 사용 • 과실 및 과채류의 표피 피막제로만 사용
쉘락	• 회백 또는 황백색 무정형 수지 • 물에 녹지 않고, 알코올에 잘 녹음 • 사탕 및 카카오 제품의 표면 처리, 껌 기초제, 광택제로 사용
왁스류	• 석유 또는 식물류의 왁스 성분을 추출·정제하여 얻음 • 옅은 황색 또는 갈색의 덩어리로 특유의 냄새가 있음 • 캔디 피막제, 광택제, 피막 형성제로 사용

2) 향신료(Spices)

향신료는 식품의 풍미를 증진시키기 위해 첨가하는 부재료이나, 일부의 경우 생리 기능성과 함께 항균 작용을 나타내는 것으로 알려졌다. 따라서 적절한 향신료 첨가를 통해 식품에 기능성과 향미, 그리고 항균 효과를 동시에 부여할 수 있다.

다만 향이 강한 특징을 가지므로 사용 가능한 향신료의 종류는 매우 제한적이며, 과량을 첨가할 경우 소비자의 기호를 감소시켜 식품의 가치가 저하되는 부작용이 있으므로 사용에 주의하여야 한다. 대개 후추, 고추, 겨자, 박하, 마늘 등의 식물에서 유래한 기름 또는 추출물의 성분이며, 천연 약초 추출물 등도 그 대상이 될 수 있다.

3) 생장 조절제

호흡 작용이 이루어지는 채소류 및 과실류 등을 수확하기 직전에 생장 조절제를 살포하면 수확 후 발아 과정의 지연 및 방부 효과를 기대할 수 있어 저장 개선에 도움이 된다. 이는 식물의 종류에 따라 효과가 다르므로, 각각의 살포 시기나 농도를 고려하여 적절한 처리를 하는 것이 필수적이다.

생장 억제제로 maleic hydrazide, N-benzyladenine, 2,4-dichlorophenoxy acetic acid, 2,4,5-trichlorophenoxy acetic acid와 각종 ethylene 유도체가 사용되며, 식물 호르몬인 naphthyl-1-acetic acid도 널리 이용된다.

이외에도 농작물의 재배 시에 칼슘을 처리하여 과육을 단단히 하고, 저장 중의 노화나 생리 장해를 막는 기술도 개발되어 적용되고 있으나, 이러한 생장 조절제 첨가는 현대 식품의 가공 저장 기술보다는 농산물 저장 및 선도 유지 기술에 가깝다고 하겠다.

11 연습문제

01_ 다음 중 식품에 사용 가능한 천연 항균 물질(박테리오신)은 무엇인가?

① tetracycline ② aureomycin
③ nisin ④ kanamycin

02_ 다음 중 산화 방지제가 아닌 것은?

① 다이뷰틸하이드록시톨루엔 ② 안식향산나트륨
③ 몰식자산프로필 ④ 토코페롤

03_ 다음 중 천연 첨가물이 아닌 것은

① lysozyme ② glucose oxidase
③ epidermin ④ BHA

04_ pK_a값이 4인 보존료가 있다. 어느 pH에서 살균력이 제일 강한가?

① pH 3 ② pH 4
③ pH 5 ④ pH 6

05_ 항산화제나 보존료를 식품에 첨가하려 한다. 어떤 방법으로 첨가하는 것이 효과적이면서도 인체에 덜 유해하다고 예상하는가?

① 식품 원료와 보존료(또는 항산화제)를 함께 혼합하여 가공 제조한다.
② 상하기 쉬운 부위에만 보존료(또는 항산화제)를 바른다.
③ 미세 캡슐화하여 식품과 혼합한 다음 순차적으로 유출되도록 속도를 조절한다.
④ 포장지에 코팅하여 drug delivery system에 따라 순차적으로 유출되도록 한다.

06_ 식품용 보존제로서 갖추어야 할 특징을 설명하시오.

07_ 다음 그림에서 복합형 항균제를 처리한 실험구는 무엇인가?

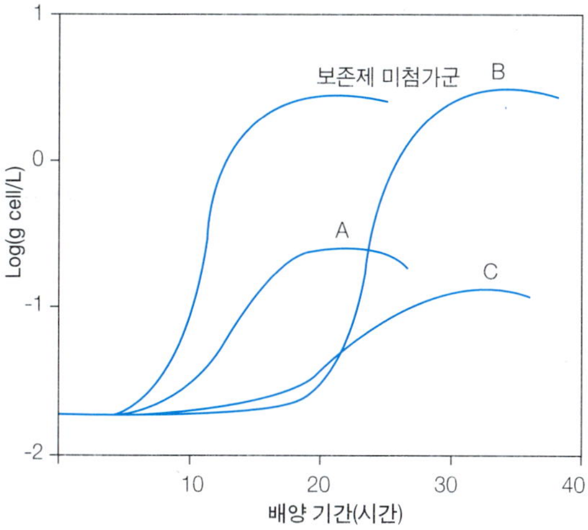

08_ 산형 방부제가 상대적으로 낮은 pH 영역에서 항균력이 높은 이유는 무엇인가?

정답 및 해설

01_ ③ 02_ ② 03_ ④ 04_ ① 05_ ④

06_ ① 독성이 없어야 한다. ② 미량으로 효과가 있어야 한다. ③ 첨가에 의한 식품 기호도 저하가 없어야 한다. ④ 사용이 간편해야 한다. ⑤ 가격이 저렴하여야 한다.

07_ C

08_ 낮은 pH 범위에서 해리되기 어려우며, 전하를 띠지 않은 산형 방부 물질은 세포막에 대한 투과도를 향상시키기 때문이다.

Chapter

12 포장에 의한 식품 저장

배우는 목적

식품을 포장하는 목적은 외부의 변질 요인들에 대항하여 식품이 지닌 품질을 유지하는 데에 있다. 이 장에서는 포장재의 방습성이나 기체 차단성 등의 물성의 기본 개념을 알고 차단성을 증진시키기 위한 포장재 가공 방법도 아울러 이해한다. 또 최근 관심을 끌고 있는 생고분자 필름과 그 특성에 대해서도 이해하고, 기존에 많이 사용하고 있는 다양한 종류의 플라스틱 필름의 제조 방법이나 특성, 그리고 용도도 파악한다.

1. 포장재의 식품 보호 기능

플라스틱 필름 등에 포장된 식품의 품질 보존은 주로 외부의 변질 요인들에 대해 원래 식품의 품질을 유지하는 것에 달려 있다(표 12-1 참조). 이러한 품질 보존은 포장재의 방습성이나 기체 차단성 등의 차단성(barrier property)에 달려 있다. 차단성은 단층 필름(single-layered film)보다 다층 필름(multi-layered film)이 우수하고, 다층 필름은 서로 다른 고분자 필름이나 알루미늄박을 적층하거나 다른 고분자를 코팅함으로써 차단성을 증진시키게 된다. 포장재의 방습성이 부족하여 수분이 손실되면 제품의 텍스처나 물성이 변하여 제조자의 의도에 맞지 않게 된다. 반면에 포장된 식품이 수분을 흡습하여 수분이 증가하면 수분 활성도가 미생물의 번식이 가능한 범위로 변할 수 있다.

산소, 질소, 이산화탄소 등의 기체도 포장재를 투과하는데, MA 포장(Modified Atmosphere packaging)의 경우는 질소나 이산화탄소 등을 원하는 조성대로 유지해야 한다. 산소의 경우는 대부분 차단되는 것이 지질 산화로 인한 산패 방지에, 특별히 빛이 투과되는 경우의 산화 방지에 효과적이다.

포장재를 통해 식품의 색깔이나 냄새 및 맛의 변화도 방지되어야 하고, 포장재로부터 잔류성 단량체나 첨가물이 식품으로 이행되어 독성을 유발하는 경우도 있으

표 12-1 식품과 포장재와 외부 환경의 상호 작용

식 품	포장재	환 경
변색 영양소 분해	←←←←←←←	빛
첨가물, 단량체, 냄새, 맛, 독성 물질의 이행	←←←	
산소에 의한 산화	←←←←←←←	
	→→→→→→→	이산화탄소 손실
수분 흡습 텍스처 변화 미생물에 의한 변질	←←←←←←←	
	→→→→→→→	수분 손실(건조)
냄새 투과 (좋지 않은 냄새)	←←←←←←←	
	→→→→→→→	냄새의 강도 손실
냄새의 강도 손실 (포장재에 의한 향기 흡수)	→→→	

며, 또 포장재에 의해 식품의 향기 성분이 흡착되어 식품의 향기 성분이 직접적으로 소실되기도 한다.

2. 생고분자 포장(Bio-packaging)

생고분자 포장재로는 셀룰로스와 그 유도체, 전분과 그 유도체, 껌 등과 같은 다당류, 젤라틴, zein, 글루텐 등과 같은 단백질, 왁스, 지질과 그 유도체 등의 지질, poly-D-β-hydroxybutyrate, polylactic acid 등의 polyester 등이 있다. 다당류나 단백질은 적절한 기계적 성질과 광학적 성질이 있으나 습기에 민감하여 투습성이 크다. 반면 지질과 polyester는 방습성은 우수하나 불투명하고 상대적으로 유연성이 부족하며 부스러지기 쉽고 특히 지질 필름의 경우 산패로 인해 불안정하다.

> **Tips** **PLA**
>
> Polylactic acid(PLA)는 최근 관심을 끌고 있는 생분해성 소재이다. PLA는 옥수수를 원료로 하여 발효 과정을 거쳐 얻은 락트산(전분→포도당→락트산)을 중합하여 제조한다. PLA는 물성 유지 기간이 6개월에서 1년이기 때문에 수술용 봉합사, 골절된 뼈의 접합재, 약물 방출 시스템(drug delivery system) 등에 이용되어 왔으며 최근 필름이나 섬유 등의 보편적 용도로의 이용을 위해 연구가 진행되고 있다.

3. 각종 식품 포장재

1) Polyethylene(PE)

PE는 ethylene의 중합으로 얻어지는 열가소성 수지이다(그림 12-1 참조). PE는 밀도에 따라 저밀도 PE(low-density polyethylene; LDPE), 중밀도 PE(medium-density polyethylene; MDPE), 고밀도 PE(high-density polyethylene; HDPE)로 나뉜다(그림 12-2 참조).

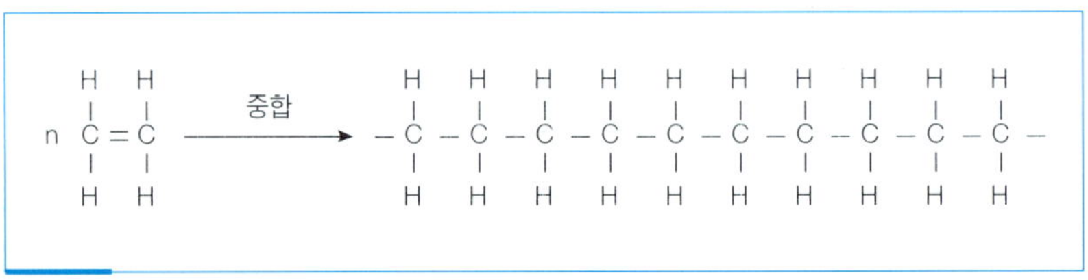

그림 12-1 PE의 제조

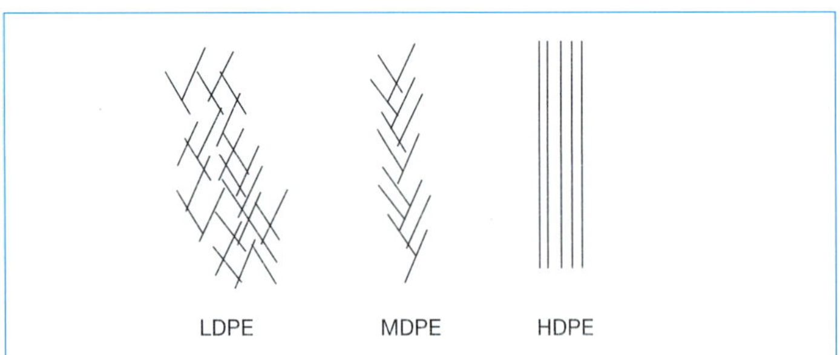

그림 12-2 PE의 종류

LDPE는 1,000~2,500기압의 압력과 100~300℃의 온도에서 산소와 유기 과산화물(organic peroxide)을 반응 개시제(initiator)로 하여 제조한다. LDPE는 투명하고, 화학적으로 안정하며, 수증기 차단성과 열 봉합성이 있으며, 내충격 강도가 크고 강인하고, 유연성이 있고, 가공이 용이한 장점이 있다.

MDPE는 Phillips-type 산화 크롬 촉매 존재하에서 90~150℃, 30~40기압의 조건에서, HDPE는 사염화티타늄($TiCl_4$)과 알킬알미늄[$Al(C_2H_5)_3$]을 촉매로 100℃ 이하, 1기압의 조건에서 제조한다. HDPE 또는 MDPE는 투명하지 않고 뿌연 외관이 특징이며, 화학적으로 안정하고, 수증기 차단성이 우수하고, 내충격 강도가 크고, 가공이 용이한 장점이 있다.

2) Polypropylene(PP)

PP는 propylene의 중합으로 얻어지는 열가소성 수지이며(그림 12-3 참조), methyl기(CH_3)가 탄소 원자 하나 건너에 존재한다. PP는 PE보다 더 질기고 융점이 높으며 인장 강도도 크다. 화학적으로 안정하고 수증기 차단성이 우수하며 투명하고 열봉합성이 있으나 산소 차단성이 좋지 않고 인쇄가 어려운 단점이 있다.

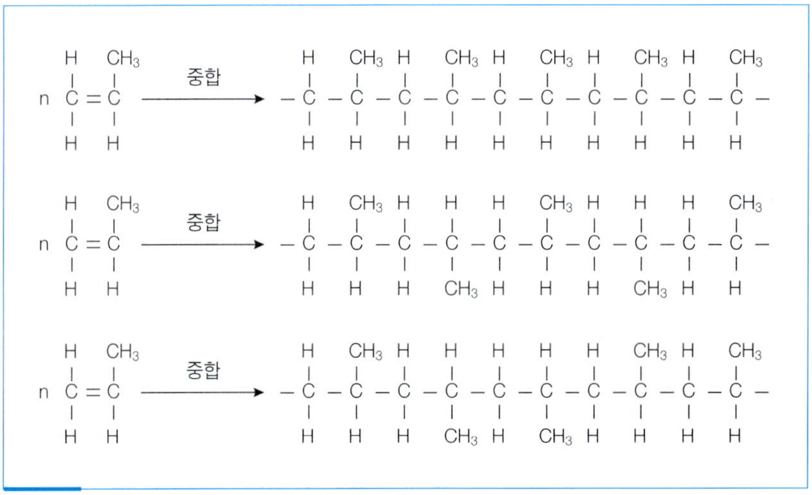

그림 12-3 PP의 제조

3) Polystyrene(PS)

PS는 styrene의 중합으로 얻어지는 열가소성 수지이다(그림 12-4 참조). 가격이 저렴하고 가공성이 용이하며 투명, 무색이고, 광학적성질이 우수하며 질긴 특성이 있다.

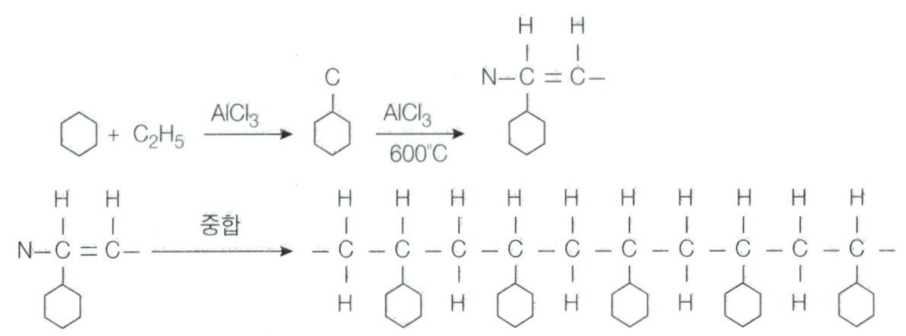

그림 12-4 PS의 제조

4) Polyvinyl chloride(PVC)

PVC는 vinyl chloride의 중합으로 얻어지는 열가소성 수지이다(그림 12-5 참조). PVC는 열 안정성이 낮기 때문에 납 등의 금속성 유기 화합물로 이루어진 안정제를 사용하여 열 안정성을 증진시킨다. 또한 유연성을 증진시키기 위해 가소제(plasticizer)를 사용한다. PVC는 투명하나 수증기나 기체에 대한 차단성이 낮다.

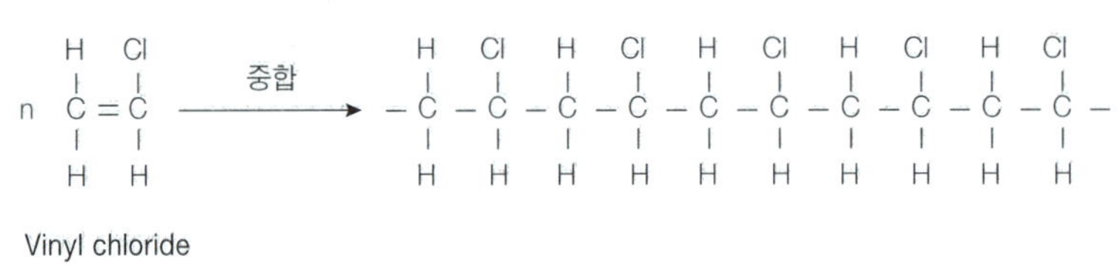

그림 12-5 PVC의 제조

5) Polyvinylidene chloride(PVDC)

PVDC는 vinylidene chloride의 중합으로 얻어지는 열가소성 수지이다(그림 12-6 참조). PVDC는 화학적으로 안정하고 기체, 수증기, 냄새 등에 대한 차단성이 크며 신선육, 가공육, 치즈, 가금육 등의 포장에 사용된다.

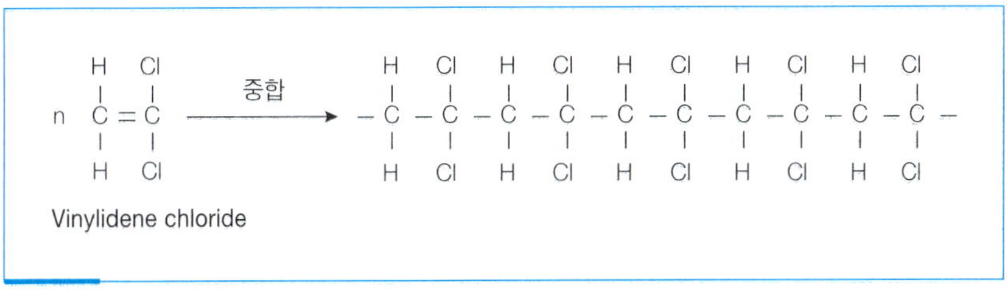

그림 12-6 PVDC의 제조

6) Polycarbonate(PC)

PC는 bisphenol A와 carbonyl chloride가 결합된 carbonyl ester를 단량체로 하여 중합하여 얻어지는 열가소성 수지이다(그림 12-7 참조). PC는 투명하고 질기며 내열성이 있고 잘 깨지지 않기 때문에 물병, 전자레인지용 용기, 식품 저장 용기 등으로 사용된다.

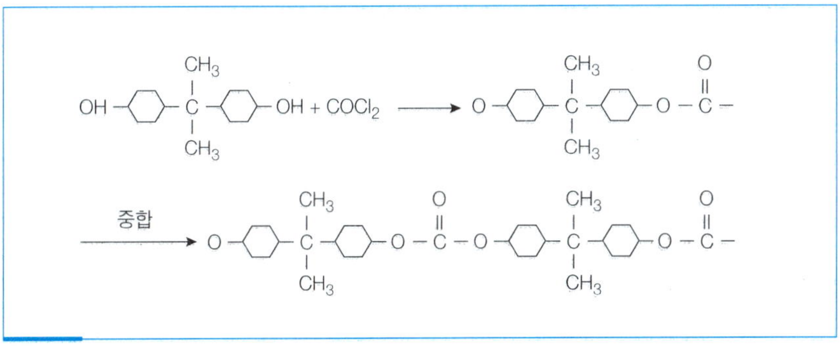

그림 12-7 PC의 제조

7) Polyester(Polyethylene terephthalate; PET)

PET는 ethylene glycol과 terephthalic acid의 축중합으로 얻어지는 열가소성 수지이다(그림 12-8 참조). PET는 투명하고 강도가 크고 질기며 화학적으로 안정성이 있고 인쇄가 잘 되며 융점이 높다(250℃). PET는 식품, 음료, 술, 레토르트 파우치에 사용된다.

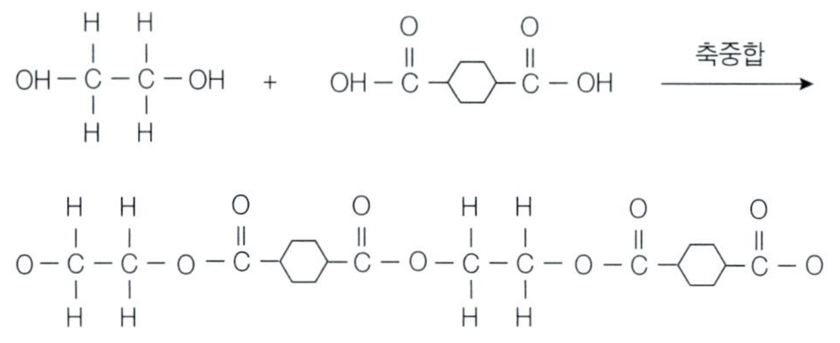

그림 12-8 PET의 제조

8) Polyvinyl alcohol(PVA)

PVA는 vinyl alcohol의 중합에 의해 얻어지는 열가소성 수지이다(그림 12-9 참조). PVA는 유연하고 신장성이 좋고 내유성이 크지만 수증기나 기체 투과성은 크다. 단일 필름으로는 잘 사용되지 않고 적층 포장재로 식품에 사용된다.

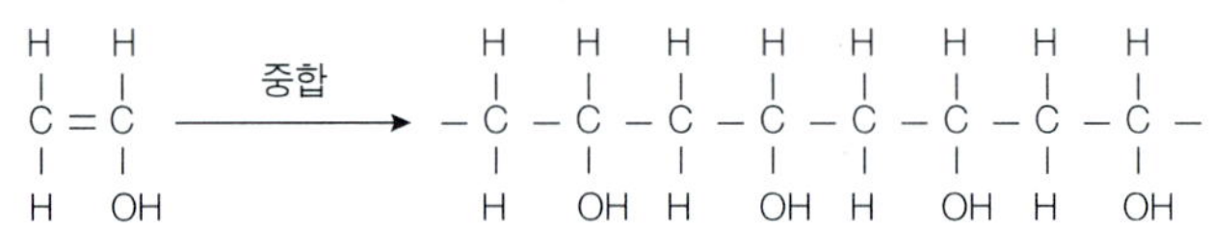

그림 12-9 PVA의 제조

9) Polyamide(Nylon)

Polyamide(nylon)는 단백질처럼 amide기가 반복되는 구조를 지닌 열가소성 수지이다. 그중에 nylon-6/6은 탄소 6개의 adipic acid와 탄소 6개의 hexamethylene diamine이 중합된 hexamethylene adipamide이다(그림 12-10 참조). 이에는 nylon-6, -6/6, -6/10, -6/12, -11, -12 등 여러 가지 종류가 있다. 나일론은 특별히 고온에서 강도가 크고, 저온에서 질기며, 마찰이나 반복 사용에 강하고, 화학적으로 안정하며, 산소 투과도도 낮으나 흡습성이 크다. 나일론은 전자레인지 가열 백, 소시지 케이싱, 냉동식품 포장, 레토르트 파우치용으로 사용된다.

$HOOC-(CH_2)_4-COOH$ + $H_2N-(CH_2)_6-NH_2$

Adipic acid　　Hexamethylene diamine

↓ 중합

$HOOC-(CH_2)_4-COHN-(CH_2)_6-NHCO-(CH_2)_4-COHN-(CH_2)_6-NH_2$

Nylon-6/6 (polyhexamethylene adipamide)

그림 12-10 Nylon-6/6의 제조

10) Ionomer

Ionomer는 사슬 사이에 이온 결합이 있는 열가소성 수지이다(그림 12-11 참조). 천공이나 충격에 강하고 저온에서 질기며 내열성이 있고 용매나 기름에 화학적으로 안정하며 투명하고 열 봉합성이 있다. Ionomer는 육류, 치즈, 스낵 식품에 사용된다.

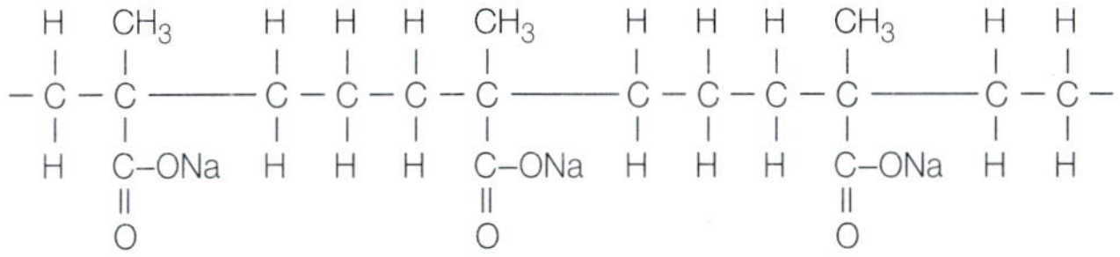

그림 12-11 Ionomer의 제조

11) 알루미늄박(Aluminium foil)

금속박(metal foil)은 금, 은, 구리, 알루미늄 등의 금속을 종이와 같이 얇고 판판하게 늘인 것이다. 알루미늄박(aluminium foil; Al. foil)은 신전성과 내식성이 우수하고 황화수소에 의한 흑변이 없으며 가격이 저렴한 장점이 있는 반면, 강도가 부족하고 인쇄성이 나쁘며 heat seal성이 없어 PE, 종이, cellophane 등과 적층(laminate)하여 사용한다.

알루미늄박의 제조는 압연을 통해 이루어지는데 압연 방식에는 열간압연(熱間壓延)과 냉간압연(冷間壓延)이 있다. 열간압연은 고온에서 압연하는 방법으로 압연 동력이 작고 변형을 쉽게 얻을 수 있으나, 표면 산화가 발생할 수 있고 치수의 정밀도가 부족하며 두께를 얇게 만들기 어려운 단점이 있다. 이에 비해 냉간압연은 저온에서 압연하는 방법으로 표면 산화가 없고, 치수 정밀도가 우수하며, 두께를 얇게 만들 수 있다. 두께 0.3~0.5mm 알루미늄판을 압연기로 수차례 냉간압연을 반복하면, 1회당 압연율이 50% 전후가 되므로 5~6회 압연 시 0.007~0.009mm 두께의 제품을 얻을 수 있다.

알루미늄박의 가공 방법에는 착색 가공, 수지 코팅 가공, laminate 가공, 성형 가공 등이 있다. 착색 가공은 유색 lacquer를 도포하여 착색하는 것으로 포장용, 장식용으로 쓰이고, 수지 코팅 가공은 PE 등의 합성수지를 코팅하여 가열 접착성, 내식성, 물리적 강도 등을 향상시키는 방법이며, laminate 가공은 플라스틱 필름, 종이, cellophane 등을 접착제로 적층(laminate)하여 강도를 보완하는 방식이고,

Tips 테트라 팩이란?

스웨덴 테트라 팩(Tetra Pak)사의 Ruben Rausing 박사는 1951년 플라스틱이 코팅된 종이를 사용해 롤 형태의 튜브를 만들고 그 속에 살균한 음료를 채우며 아래위를 각각 밀봉한 삼각 사면체 패키지인 Tetra Pak Classic을 고안했고, 그 후 1969년에 출시된 직육면체 모양의 테트라 브릭 어셉틱(Tetra Brick Aseptic)으로 발전했다. 초고온(ultra-high temperature) 살균된 음료를 종이와 알루미늄박과 PE로 이루어진 테트라 팩에 무균 충전 포장(aseptic packaging)하면 상온에서 1년까지 저장이 가능하다(그림의 2는 종이, 4는 알루미늄박, 나머지 번호는 PE임).

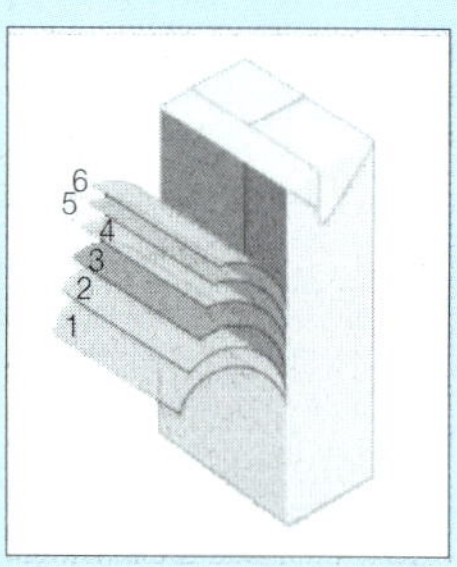

성형 가공은 두꺼운 알루미늄박을 프레스로 눌러 컵, 접시 등의 형태로 제조하는 것이며, 그 밖에 마크나 문자를 오목 볼록 모양으로 가공하는 엠보싱 등이 있다.

알루미늄박의 종류로는 우선 경질박과 연질박이 있는데, 경질박은 압연한 그대로의 것(금속은 가공할수록 단단해진다)이고, 연질박은 압연한 박을 가열한 후 서서히 식혀 연화(annealing)시킨 것이다. 또 편면 광택박과 양면 광택박이 있는데, 편면 광택박은 두께 0.015mm 이하의 얇은 박을 끊어지지 않도록 2장을 겹쳐서 압연한 후 분리한 것으로 바깥 면은 롤(roll)에 접촉하여 광택이 나고 안쪽 면은 광택이 없는 반면, 양면 광택박은 두께 0.015mm 이상의 알루미늄박 1장을 압연하였기 때문에 양면에 광택이 있는 제품이다.

알루미늄박의 장점으로는 경량, 광택, 차단성(방습성, 기체 차단성, 보향성), 차광성, 무독성, 내열성, 내한성, 가공성(laminating, coating 등), 기계적성(자동 포장) 등을 들 수 있다.

12 연습문제

01_ 다음 플라스틱 포장재 가운데 기체 차단성이 가장 우수한 포장재는?

① polyethylene(PE) ② polypropylene(PP)
③ cellophane ④ polyvinyl alcohol(PVA)
⑤ polyvinylidene chloride(PVDC)

02_ 다음 플라스틱 포장재 가운데 열 접착성이 가장 우수한 포장재는?

① polyethylene(PE) ② cellophane
③ polystyrene(PS) ④ polyester(PET)
⑤ nylon

03_ 다음 포장재 가운데 내산성이 가장 약한 포장재는?

① polyethylene(PE) ② cellophane
③ polystyrene(PS) ④ Aluminium-foil
⑤ polycarbonate(PC)

04_ 식품 포장에 Aluminium-foil 재료를 사용하는 이유와 가장 먼 것은?

① 방습성 우수　　② 기체 차단성 우수
③ 내열성 우수　　④ 보향성 우수
⑤ 차광성 우수

05_ 다음 중 생분해성인 재료가 아닌 것은?

① ionomer　　② poly-D-β-hydroxybutyrate
③ cellulose　　④ zein
⑤ polylactic acid

06_ 알루미늄박의 종류에 대해 설명하시오.

07_ 테트라 팩에 대해 설명하시오.

정답 및 해설

01_ ⑤ **02_** ① **03_** ④ **04_** ③ **05_** ①

06_ 경질박은 압연한 그대로의 것이고, 연질박은 압연한 박을 가열한 후 서서히 식혀 연화(annealing)시킨 것이다. 편면 광택박은 두께 0.015mm 이하의 얇은 박 2장을 겹쳐서 압연한 후 분리한 것으로 바깥 면만 광택이 있는 반면, 양면 광택박은 두께 0.015mm 이상의 알루미늄박 1장을 압연한 것으로 양면에 광택이 있다.

07_ 종이와 알루미늄박과 PE로 이루어진 정사면체 또는 직육면체 모양의 포장재로서 초고온(ultra-high temperature) 살균과 무균 충전 포장(aseptic packaging)을 병용할 경우 상온에서 1년까지 저장이 가능한 장점이 있다.

Chapter

13 방사선 조사에 의한 식품 저장

배우는 목적

식품을 안전한 상태로 충분히 공급하는 것은 쉽지 않은 일이다. 미생물은 식품을 변질시키므로 오염에 의해 변질된 식품을 섭취하면 위험할 수 있다. 수세기 동안 식품을 보존하고 미생물과 해충의 침입을 막기 위한 방법을 찾는 데 많은 노력이 있었다. 다량의 식품 재료를 신속하게 그러면서 안전하게 처리할 수 있는 방법의 하나로 방사선 조사 방법을 들 수 있다. 하지만 방사선 조사가 미국, EU를 비롯한 세계 각국에서 이미 폭넓게 사용되고 있음에도 불구하고 소비자들은 거리를 두고 기피하고 있으며 잘못 이해하고 있는 부분들이 있다. 이 장에서는 방사선 조사 기술에 대한 기본적인 개념과 응용에 대하여 살펴보고 방사선 조사 식품의 품질과 안전성에 대해 흔히 갖는 의문점들에 대하여 올바른 이해를 돕고자 한다.

1. 방사선 조사의 정의 및 종류

식품 조사(食品照射)란 방사능 물질에서 나오는 에너지, 즉 이온화된 방사선 에너지를 식품에 쪼이는 것을 말하며, 이때 방사선을 이용하기 때문에 방사선 조사라고도 한다.

방사선 조사에 많이 이용되는 조사 선원으로는 감마선(^{60}Co 또는 ^{137}Se)이나 X-선 등을 식품에 쬐어 식품이 갖고 있는 원래의 성질에는 변화가 없으면서 식품의 발아를 억제시키거나 숙도를 지연시켜 식품의 병원균, 기생충 및 해충을 사멸시키고 위생적인 식품을 만든다. 현재 많이 사용되는 살균법인 자외선(UV) 살균과 마찬가지로 처리되는 살균법 중의 하나이다.

과거 우리 주변의 생활용품 및 식품에 존재하는 수많은 유해 세균과 곰팡이들을 사멸시키기 위해 많은 종류의 화학 약품을 사용해 왔으나 인체에 치명적으로 해를 주고 환경을 파괴하는 약품들이 많아서 오늘날 대부분의 선진국에서는 경제적이고 효율성이 좋으면서 또 인체에 무해한 방사선 조사 방법을 활발히 이용하고 있다.

여기서 많은 사람들이 잘못 이해하고 있는 방사선 조사 식품과 방사능 오염 식품의 차이점에 대하여 알아보고자 한다. 방사선 조사 식품이란 발아의 방지나 식중독균의 살균과 같은 유익한 현상을 일으키기 위해, 어떤 종류의 방사선 에너지를 처리한 식품을 말하며, 방사능 오염 식품이란 핵 반응기 누출 사고 또는 핵실험에서 발생된 방사능 오염 물질이 우발적으로 오염된 식품을 말한다. 따라서 방사능 오염 식품은 보존이나 위생적인 품질을 향상시킨 조사 식품과는 전혀 다른 것이다.

식품 조사는 식품 밖에서 조사하는 것이므로 식품에 쬐인 감마선은 열로 변하거나, 식품을 통과하여 빠져나가 버리므로 식품 속에 잔류되어 방사선을 내보내거나 식품 내의 물질이 방사능을 띠게 하지는 않는다.

물질을 처리하기 위해 사용하는 방사선은 고에너지의 감마선, 엑스선, 가속 전자선으로 한정되어 있다. 이러한 방사선을 전리 방사선이라고도 한다. 감마선이나 엑스선은 전파, 마이크로파, 자외선, 가시광선과 같은 전자파의 일종이며, 전자파 중에서도 단파장 영역, 즉 고에너지 영역에 속한다(표 13-1 참조).

감마선과 엑스선은 그 발생원에 주된 차이가 있긴 하지만, 물질에 대한 특성이나 효과는 같다. 엑스선은 기계에 의해 발생되는 것으로 그 에너지는 항상 가변적이다. 한편 감마선은 고유의 에너지를 가지고 있으며 방사성 핵종의 자연 붕괴에 의해 발생된다.

표 13-1 방사선의 성질과 종류

	종류	본체	전하	전리능	투과력	방사선원
자연	α	He^{++}	+2	강	약	Radioactive isotope
	β	고속전자속	−1			Radioactive isotope, 전자 가속기(≤10MeV)
	γ	전자파	0	약	강	Radioactive isotope
인공	X	전자파	0			X선 발생 장치(≤5MeV)
	n	중성자속	0			원자로

$$^{232}_{90}Th \longrightarrow {}^{228}_{28}Ra + {}^{4}_{2}\alpha$$

$$^{27}_{13}Al + {}^{1}_{0}n \longrightarrow {}^{28}_{13}Al + \gamma$$

$$^{228}_{28}Ra \longrightarrow {}^{228}_{89}Ac + \beta$$

자연에 존재하거나 인공적으로 만들어지는 방사성 핵종을 방사성 동위원소라고 말하며, 이것은 매우 불안정하므로 자연적으로 붕괴하여 안전 상태에 이르렀을 때 방사선을 방출하게 된다. 방사성 핵종이 초기 방사선 레벨의 절반까지 붕괴하는 데 소요되는 시간을 반감기라 하며, 이것은 개개의 방사성 핵종마다 고유의 값을 가진다.

특정 종류의 방사선원만이 식품 조사(방사선 조사)에 사용될 수 있다. 코발트-60이나 세슘-137의 방사성 핵종이, 5백만 전자볼트(5MeV) 이하의 에너지를 가진 엑스선 발생 장치나 10MeV 이하의 에너지를 가진 전자선 장치로부터 방사선 에너지를 발생하여 식품을 조사하게 된다. 이때 방사능을 유발하지 않는 아주 낮은 수준이 적용된다. 한편 코발트-60은 원자로 안에서 금속의 코발트-59에 중성자로 충격을 주어 만들어지며 세슘-137은 우라늄의 붕괴로 생성되며 사용된 핵원료를 재처리함으로써 얻어질 수 있다. 이 두 가지의 장단점을 보면 다음 표 13-2와 같다.

표 13-2 조사선원 ^{60}Co와 ^{137}Se의 장단점

구분	장점	단점
코발트-60	• 침투력이 좋고 균일하게 조사된다. • 쉽게 이용할 수 있다. • 환경에 유해한 위험도가 적다. • 길고 호의적인 역사를 가진다.	• 반감기가 5.3년으로 짧다. • 다소 식품 가공 속도가 느리다.
세슘-137	• 반감기가 30년으로 길다. • 방출 에너지가 적어 차폐기물이 작아도 된다.	• 침투력이 약하고 균일하게 조사되지 않고 공정 속도가 느리다. • 수용성과 낮은 융점 때문에 환경 유해성이 크다. • 연료 보급이 핵폐기물에 의존하므로 공급이 한정된다.

식품에 조사되는 감마선원은 코발트-60만 사용하는데 코발트-60은 조사 시설 안에서 사용되는 동안에 누출되지 않도록 연필 모양의 스테인리스 캡슐 속에 봉입되어 있다. 이런 감마선원은 사용하지 않을 때는 보호되어야 하므로 물이 있는 용기 속에 저장하며, 사용하고자 할 때는 이 선원을 수중 pool에서 잘 보호된 조사실로 옮겨 식품에 조사한다. 작업이 끝나면 조사선원은 간단히 기계장치에 의해 수중 pool 속으로 들어간다.

조사된 물질이 방사선을 얼마만큼 받았는지, 받은 선량은 그 물질이 받은 에너지

로 표시할 수 있다. 방사선이 어떤 물질을 투과할 때 그 물질의 분자를 이온화시킴으로써 에너지를 받게 된다. 이때 단위 질량당 방사선에 의해 부여된 에너지의 양을 흡수 선량(absorbed dose)이라 한다.

(1) 그레이 : Gy(Gray) 흡수 선량

식품이 조사될 때에 흡수하는 방사선의 에너지 양이며 그레이(Gy)라는 단위로 나타낸다. 1Gy는 1kg의 식품이 조사될 때 1J의 에너지가 흡수되는 것과 같은 양의 에너지이다.

$$1000\text{Gy} = 1\text{kGy}$$

(2) 래드 : rad(radiation absorbed dose)

물질 1g당 100erg의 에너지의 흡수 선량을 나타낸다. 그리고 래드(rad)라는 단위를 사용하기도 한다.

$$1\text{rad} = 100\text{erg/g absorbant} = 0.01\text{J/kg absorbant}$$

$$1\text{Gy (Gray)} = 100\text{rad} = 1\text{J/kg absorbant}$$

(3) 큐리 : Ci(curie)

방사능의 단위로 1Ci는 1g의 순수 라듐과 같은 붕괴 속도를 나타내는 물질의 양으로 매초 3.7×10^{10}개의 핵이 붕괴하는 방사능의 양을 말한다.

$$1\text{Ci} = 3.7 \times 10^{10}\ \text{dps (disintegration per second)} = 3.7 \times 10^{10}\ \text{Bq}$$

(4) 뢴트겐 : R(Roentgen)

표준 상태의 공기 1cc(0.001293g) 중에 음(−), 양(+)을 합하여 1esu의 전하를 갖는 이온 수를 생성하는 X선 또는 γ선의 양을 말한다.

$$1.07\text{R} = 1.0\text{rad}$$

(5) 전자 볼트 : eV(electron volt)

방사선의 에너지를 나타내는 단위로 전자가 1볼트의 전장을 통과할 때 얻어지는 운동 에너지를 1eV라 한다.

$$1\text{eV} = 1.602 \times 10^{-12}\ \text{erg}$$

(6) 베크렐 : Bq(Besquerol)

1Bq는 초당 1개의 원자가 변환 또는 붕괴되는 방사성 물질의 양을 말한다.

$$1Bq = 1dps = 2.7 \times 10^{-11} Ci$$

〈예제〉 4pCi는 몇 Bq(베크렐)인가?

〈풀이〉 1Ci(큐리) = 3.7×10^{10} Bq이다.

4pCi (=4×10^{-12}Ci)이므로

이 값은 4×10^{-12}(Ci) $\times 3.7 \times 10^{10}$Bq/Ci가 되므로

0.148Bq가 된다.

2. 방사선 조사에 의한 효과

방사선이 생체 조직의 구성 물질을 이온화함으로써 에너지를 부여하게 되는데 이때 생체에 영향을 미친다. 그러나 이런 과정에서 생체에 흡수되는 에너지는 매우 적은 양에 불과하다. 사람이 만일 400rad의 선량을 전신의 몸에 한순간에 받으면 죽게 되는데 이때 부여되는 에너지의 양은 우리 몸의 체온을 약 0.001℃ 올리는 정도로 매우 미약하다. 이렇게 적은 양의 에너지가 어떻게 생명에 영향을 미치는가에 대하여 두 가지로 설명을 하고 있다.

(1) 직접 작용설(Hit theory, target theory)

생체 내에는 생명 현상을 지배하는 부분(핵, DNA)이 있는데 이 부분은 방사선에 매우 약하여 이 표적에 방사선이 적중하면 전리가 일어나 치사 효과가 나타난다는 이론이다.

(2) 간접(작용)설(Indirect action theory, diffusion theory)

생체 중의 물이나 다른 구성 부분이 방사선의 전리 작용에 의하여 free radical이나 이온을 생성하고 이들이 화학 작용을 하여 치사 효과를 나타낸다는 이론이다.

$$H_2O \longrightarrow H\cdot + OH\cdot$$
$$OH\cdot + OH\cdot \longrightarrow H_2O_2$$
$$H\cdot + O_2 \longrightarrow HO_2$$

이상과 같이 물분자는 방사선 작용에 의해 H•, OH•, O_2•, H_2O_2, H^+, OH^-을 생성하며 이것들이 강한 산화제와 환원제로 작용하면서 미생물에 영향을 주게 된다. 미생물의 세포에 전자선이나 감마선이 조사되면 미생물 속에 존재하는 물분자가 여기 상태(excited state)가 되거나 전리되면서 미생물의 기능이 치명적인 영향을 받게 되어 결국은 죽는다. 조사선량에 따라 미생물이 죽고 살아남는 관계를 생존곡선 관계로 나타낼 수 있는데, 일반적으로 같은 속, 균종 간에도 균주에 따라 각각 다른 양상을 보인다.

방사선 조사는 식품 가공에 많이 사용되고 있으며, 대부분 식품의 안전성과 품질을 높여 주거나 유통 기간을 늘려 준다. 여러 목적에 따라 다양한 방사선 조사량이 이용되며, 대표적인 예는 표 13-3에 표시되어 있다.

표 13-3 다양한 식품에서의 방사선 조사 적용

식품 방사선 조사 유형	조사량(kGy)	처리 효과
육류, 가금류, 어류, 조개류, 채소류, 구운 식품, 조리식품	20~71	멸균(상온에 보관해도 부패 없음)
양념, 기타 조미식품	max 30	미생물, 해충 감소
육류, 가금류, 어류	0.1~10	절이지 않은 냉장식품에서 미생물 수 줄여 부패 지연. 일부 식중독 원인 세균을 살균, 질병 유발 기생충 무해화
딸기와 기타 과일	1~5	곰팡이 성장 지연-저장 기간 연장
곡류, 과일, 채소 등	0.1~2	살충/해충 감염 재발이 잘 되는 식품으로부터 방어, 훈증제 대체 효과
바나나, 아보카도, 망고, 파파야, 비감귤류 과일 감자, 양파, 마늘, 생강	max 1.0 0.05~0.15	숙성 지연 발아 억제
곡류, 탈수 채소, 기타 식품	다양	바람직한 물리적 변화, 재수화 시간 단축

1) 저온 살균(Radiation pasteurization), 멸균 등의 효과

완전 소독을 하지 않고 식품 속에 있는 미생물 수를 감소시키는 방법의 살균으로 우유에 있을 수 있는 병원 미생물들을 파괴시키고, 부패 미생물 수를 크게 줄여 부패를 지연시킨다. 저온 살균은 우유의 맛과 영양에는 거의 영향을 미치지 않으며, 완전한 멸균이 이루어지는 것은 아니다.

식품의 살균에는 멸균보다 낮은 양의 방사선 조사가 사용되는데, 이 방법은 부패가 잘 되는 신선한 생선류나 조개류의 부패를 지연시키고, 양념 속의 미생물 수를 줄여주며, 육류와 가금류의 병원성 세균과 기생충을 파괴시키거나 수를 감소시킨다.

방사선 살균은 신선한 육류와 가금류의 안전성 확보에 아주 유용한 방법일 수 있다. 이 식품들은 살모넬라(장티푸스균)와 캄필로박터와 같은 병원성 세균에 의한 오염이 자주 발생한다. 방사선 살균은 또 햄버거 고기의 대장균 O157:H7에 의한 치명적인 위험 가능성을 제거할 수 있다.

익히는 것 역시 이러한 병원성 미생물을 죽이기 때문에, 육류와 가금류 식품을 적절히 익히면 방사선 조사를 하지 않아도 위험하지 않다. 그러나 육류와 가금류를 잘못 익혀서 미생물에 의한 식중독이 매년 많이 발생하고 있기 때문에 덜 익히거나 날것인 상태로 오염된 육류나 가금류를 섭취하면 식중독을 일으킬 수 있다. 더구나 오염된 육류나 가금류에 포함된 미생물은 용기나 씻은 물을 통해 직접 다른 음식에, 또는 손, 입, 음식과 접촉하는 표면에 옮길 수 있다.

즉석식품으로 많이 보급되고 있는 김밥은 항상 위생적인 위험도가 높은 것으로 알려져 있다. 이는 김밥 내에서 대장균군이나 포도상구균 등의 검출이 자주 보고되고 있어 이를 저감화할 수 있는 방안에 하나로 방사선 조사가 활용될 수 있다. 실제 김밥에 감마선 조사 효과를 관찰한 결과 매우 효율적인 것으로 나타났다(표 13-4 참조).

표 13-4 방사선 조사 처리를 한 김밥 중의 총 균 수와 곰팡이 수의 변화(20℃)

조사량(kGy)	총 균 수(Log CFU/g)			곰팡이(Log CFU/g)		
	0시간	8시간	24시간	0시간	8시간	24시간
0	8.73	8.86	8.95	5.08	5.28	5.17
1	5.55	6.46	7.04	4.27	4.07	3.80
2	4.33	5.41	5.16	3.91	3.06	3.68
3	3.29	3.47	3.54	3.20	3.53	3.58

자료 : 변명우 외, 한국식품과학회지, 37: 279-286, 2005

병원성 세균은 매년 발생하는 식품 매개 질환 집단 발생의 원인이 된다. 식품 조리 과정의 개선으로 이러한 질환의 발생 빈도를 줄였지만, 방사선 살균은 그 문제를 해결하는 다른 하나의 보완 수단이 될 수 있다. 결국 과실, 채소, 육류, 닭고기,

생선, 해산물의 보존성 연장은 냉장과 저선량 조사를 병용함으로써 크게 연장할 수 있으며, 이와 같은 처리를 하여도 맛과 향에 변화는 일어나지 않는다.

고추장과 같은 장류 제품의 저장성을 높이기 위하여 감마선을 조사한 결과는 표 13-5와 같다. 이것은 실제로 허용 가능한 범위의 조사량을 적용한 것으로 조사량에 따라 미생물의 균 수가 감소함을 볼 수 있다.

표 13-5 메주를 이용하여 만든 고추장 제품의 감마 조사량에 따른 세균 수

미생물	감마 조사량(kGy)			
	0	1	3	5
호기성 세균	2.3×10^9	6.0×10^8	7.3×10^7	6.4×10^7
혐기성 세균	6.4×10^8	7.3×10^7	3.3×10^7	2.6×10^7
효모	1.3×10^3	4.5×10^2	–	–
곰팡이	1.3×10^3	–	–	–

자료 : Chun et al., Foods Biotechnol, 1(2): 117-122, 1992

2) 방사선 멸균(Radiation sterilization)

방사선 조사는 멸균 대상 의료비품(거즈, 수술 장갑, 보급품 포함)의 멸균을 위해 사용되기도 하는데, 상대적 고용량 방사선 처치는 식품에서 자랄 수 있는 모든 미생물을 제거할 수 있다. 멸균된 식품은 상온에서 오랫동안 밀폐 용기에 저장해 두어도 미생물에 의한 부패가 일어나지 않는다. 그것은 동일한 저장 상태로 만들기 위해 열처리를 이용하는 통조림 저장과 유사하다.

미국 야전군을 위한 양질의 음식을 생산할 목적으로 방사선 멸균이 적용되었고, 또 NASA의 우주비행사와 면역 체계가 이상이 있는 일부 환자들을 위한 식품에 방사선 멸균이 사용되어 왔다.

3) 살충(Disinfestation)

방사선 조사는 과일과 채소의 지역 간 또는 국가 간 수송을 용이하게 해줄 수 있다. 해충 문제에 대한 우려 때문에 많은 주와 국가들이 살아 있는 해충이나 그 알로 오염되어 있을 것을 생각해 식품의 수입을 금지한다. 1981년에 캘리포니아와

플로리다에서 지중해 과일파리의 오염으로 인한 상당한 경제적 손실이 발생했다. 1990년대에 하와이는 사탕수수와 파인애플 생산 감소로 세입이 줄어 열대산 과일 수출 필요성이 커졌지만, 해충 오염에 대한 바이어들의 우려 때문에 어려움이 있었다. 방사선 조사를 사용하면 생산자들은 해충 오염을 확산시킬 위험 없이 농산물을 비오염 지역으로 실어 보낼 수 있을 것이다.

소비자 입장에서는 방사선 조사에 의한 해충 박멸은 과일의 품질 향상이라는 의미가 있다. 예를 들어 과일파리 오염에 대한 전통적인 방법으로는 배 선적 전에 오염된 과일을 광범위하게 냉장 처리하거나 뜨거운 물에 담그는 방법이 있다. 두 방법 모두 처치된 과일의 품질에 영향을 미칠 수 있다. 또한 방사선 조사는 식품에 잔류 화학 물질이 거의 없는 장점도 있다. 한 가지 단점은 열처리처럼 식품 포장을 열었을 때 재오염을 막을 활성 물질이 남아 있지 않다는 것이다.

0.5kGy 이하의 저선량의 감마선으로 유충, 난을 포함하여 모든 경우의 저장 해충을 살충하거나 불임화시킬 수 있다. 그러나 대장균군, 포자 형성균 나아가 포자나 바이러스의 경우보다 높은 선량을 조사해야 한다. 대체로 해충을 비롯한 균들의 감수성은 해충 〉 대장균군 〉 무포자 형성균 〉 포자형성균 〉 포자 〉 바이러스 순으로 차이가 있다(표 13-6 참조).

표 13-6 해충 및 미생물의 종류에 따른 사멸 선량

사멸 선량(kGy)	종 류
0.5~3	화랑곡나방, 권련벌레, 가루진드기, 바퀴벌레, 딱정벌레, 바구미 등 저곡 해충류
1~5	대장균, 살모넬라, 장티푸스균, 리스테리아, 이질균, 폐렴균(레지오렐라)
5~10	비브리오균, 녹농균, 탄저균, 고초균, 포도상구균, 연쇄상구균 등 각종 곰팡이
10~20	포자, endotoxin, exotoxin, 곰팡이독(Mycotoxin), 아플라독소, 보툴리늄독소 생성 억제
30kGy 이상	구제역, 에볼라 등 각종 바이러스

방사선 조사에 의한 살충은 지금은 금지된 이전의 훈증제인 에틸렌 다이브로마이드(ethylene dibromide) 사용을 대신할 수 있다. 현재 에틸렌 다이브로마이드 대신 사용되는 화학 훈증제들도 심각한 단점들을 갖고 있기 때문에, 미국에서 방사선 조사가 다시 관심의 대상이 되었다. 방사선 조사는 저장 곡물 훈증제의 대체 방식으로 이용될 가능성이 높다. 방사선 조사로 처리하면 식품에 살충제 잔류를 거의 없앨 수 있다. 그러나 방사선 살충을 위한 적정 조사량과 조건을 정하는 것이 필요하다.

4) 식중독의 억제

미생물에 의하여 발생되는 식중독을 막기 위하여 방사선 조사를 이용한다. 감마선 조사를 통하여 동물육의 고체 식품이라든가 건조식품을 살균할 수 있다. *Salmonella*, *Campylobacter*, *Listeria*, *Yersinia* 등의 식품 중의 포자 비생성 병원균은 저선량으로도 살균할 수가 있어 이와 같은 저선량 조사는 이들 미생물에 의한 중대한 공중위생상의 문제를 해결하는 데 대단히 유용하다(표 13-7 참조). 식품 속에 바람직하지 않은 변화를 일으키지 않을 정도의 선량을 조사함으로써 쇠고기, 돈육, 어류 속의 포자 비생성 병원균을 살균할 수 있으며, 특히 냉동한 육류 식품을 조사하는 데 아주 실용적이다.

표 13-7 조사 선량에 따른 식품별 살균 효과

조사 선량(kGy)	살균 효과
2~7	냉동 육류, 닭고기, 달걀, 새우 등의 내부 병원균 살균
3~10	향신료, 건조 채소, 향료, 전분 등의 식품 산업용 효소 체제 살균
15~25	장기 저장용 우유, 유제품, 주스 등의 포장재 멸균

일반적으로 곰팡이의 D_{10}값은 0.2kGy 내외이고 세균의 D_{10}값은 0.1~2.0kGy이다. 신선한 고기에 방사선 조사를 할 경우 미생물별 D값을 비교하여 보면 표 13-8과 같다.

표 13-8 신선한 고기에 방사선 조사를 행할 때 식중독 미생물의 파괴 정도

미생물	D값(kGy)
Salmonella	0.40~0.50
Campylobacter	0.14~0.32
Listeria	0.40~0.60
Yersinia	0.14~0.21
E. Coli O157:H7	0.25~0.35
Aeromonas	0.14~0.19

5) 발아 억제(Sprout inhibition)

극미량 방사선 조사 처치는 토마토, 양파, 마늘과 같은 채소의 발아를 억제한다. 방사선 조사는 이런 목적으로 현재 사용되어 왔던 화학 물질들을 대신할 수 있다.

미국과 많은 다른 나라들은 감자와 마늘의 발아 억제 목적으로 방사선 조사를 승인하였다. 일본에서는 상업적 목적으로 사용되고 있다.

감자, 고구마의 발아 억제 : 0.08~0.04kGy(일본 등)
양파, 마늘의 발아 억제 : 0.03~0.12kGy(독일, 헝가리 등)
대맥아의 발아 억제 : 0.25~0.50kGy

극히 소량(0.01~0.1kGy)의 감마 선량을 대맥에 조사하면 오히려 발아가 촉진되어 맥아 제조 기간을 단축시킬 수 있다.

6) 과실, 채소의 숙성 속도 지연(Delay of ripening)

딸기, 바나나, 망고, 파파야, 구아바(guava), 체리, 토마토, 아보카도 등의 과일이나 채소에 저용량의 방사선 조사를 하면 숙성이 지연되기도 하고 일부 과일의 보전성이 연장되는데 맛에는 거의 영향을 미치지 않는다(표 13-9 참조). 성숙도가 지연되는 정도는 선량의 정도에 따라, 또 조사 시 얼마큼 성숙되었느냐에 따라 차이가 있다. 경우에 따라서는 숙성도가 촉진되기도 하고 억제되기도 한다.

표 13-9 과일의 숙성 속도 지연

조사 선량(kGy)	숙성 속도 지연
0.3~1.0	망고(약 1주간), 바나나(약 2주간) 보존성이 연장
1.0~1.5	양송이, 아스파라거스의 성숙도 지연
1 내외	파파야의 살균 및 성숙도 지연

7) 돼지고기에 의한 선모충 감염 위험 제거(Eliminating *Trichinella* Hazard in Pork)

채소의 발아 억제나 과일 숙성 지연에 사용되는 정도의 저용량 방사선은 고기의 맛이나 육질에 영향을 별로 주지 않고 생 돼지고기에 의한 선모충(선모충증-돼지고기 매개 기생충 질환. 우리나라에서는 1998년 처음 보고)의 감염 위험성을 없앨 수 있다. 방사선 조사가 행해진 돼지고기는 덜 익히거나 날것으로 먹더라도 선모충증을 일으키지 않는다. 방사선 조사 처치는 선모충증을 일으키는 기생충인 선모충(*Trichinella spiralis*)의 발생을 방해함으로써 생활 환경을 거쳐 사람에게 병을 일으키는 상태로 성숙하지 못하게 한다.

8) 물리적 특성 향상(Physical Improvements)

방사선은 일부 식품의 물리적 특성을 향상시킬 수 있다. 방사선 조사된 밀로 만든 빵은 특정 반죽제를 쓰면 더 많이 부풀릴 수 있으며, 방사선 조사된 건조 채소는 조사하지 않은 것보다 더 빨리 원래 형태로 회복된다.

3. 식품 저장에 방사선 이용

식품을 저장할 목적으로 방사선 조사가 이루어질 때 각기 목적에 따라 선량의 범위가 다르게 적용이 되는데, 국제식량기구와 세계보건기구는 이에 대한 기준을 제시한 바 있다. 표 13-10에서 보는 바와 같이 목적에 따라 저선량 조사, 중선량 조사, 고선량 조사의 3가지로 구별하여 제시하였다.

표 13-10 방사선 조사량의 식품에 대한 기준(WHO/FAO, 1988년 채택)

구분	조사량(kGy)	적용 식품
저선량 조사(1kGy 이하)		
• 발아 억제	0.05~0.15	감자, 양파, 마늘, 생강 등
• 해충, 기생충의 살충	0.15~0.50	곡물, 콩, 생선, 과실, 건조식품, 생돈육 등
• 성숙의 지연	0.50~1.00	과실, 채소 등
중선량 조사(1~10kGy)		
• 선도의 연장	1.00~3.00	생선, 딸기 등
• 식품 소재 또는 첨가물의 살균	1.00~7.00	생수산물, 냉동 수산물, 생육, 냉동육 등
• 식품 특성의 개선	2.00~7.00	포도(주스의 수율 향상), 건조 채소 등
고선량 조사(10~50kGy)		
• 멸균, 비열의 병용	30.0~50.0	육류, 닭고기, 수산물, 가공식품, 환자식
• 식품소 재 또는 첨가물의 살균	10.0~50.0	향신료, 효소 세제, 천연 가스 등

1) 저선량 조사

저선량 조사에서는 살균 효과보다는 발아 억제와 기생충이나 해로운 곤충의 살충에 그 목적을 두고 이용한다. 감자의 경우 수확 후 3개월 정도 지나면 발아하기 시작하면서 상품 가치가 떨어지는데 발아 억제제를 사용하는 경우 발아는 억제되나 환원당이 축적되고 미생물의 오염이 발생할 수 있다. 0.05~0.15kGy 정도의 저선량 조사만으로도 감자의 품질에 영향을 미치지 않으면서 6개월 이상 발아 억제가 가능하다.

발아 억제를 위해 주로 사용되는 화학 약제는 유독성이 잔류하는 문제가 있고 이들은 주로 밀폐된 저장 창고나 저장 상자 등을 요구하고 있어 이미 포장이 이루어진 경우 사용상에 문제가 있다. 반면 방사선 조사는 포장을 한 상태에서도 그 효과가 나타나며 유해 물질의 잔류성이 없기 때문에 관심을 갖게 된 것이다.

쌀, 밀, 밀가루, 돼지고기의 선모충, 건조식품, 향신료의 해충 등을 살충할 목적으로 저선량 조사로 사멸시킬 수 있다.

2) 중선량 조사

1~10kGy 정도의 선량으로 완전 살균은 아니더라도 육류, 채소, 과일, 어패류 등의 품질에 영향을 미치거나 흡착된 부패균을 사멸시킬 수 있다. 냉장과 병용하여 실시한다면 저장 기간을 연장하는 데 보다 효과적이다. 냉장 이외에도 진공 포장을 한다거나 질소가스를 충진하거나 가벼운 열처리를 함께 실시한다면 선량을 줄일 수 있고 또 저장 기간을 연장시키는 효과를 기대할 수 있다. 이처럼 몇 가지 방법을 함께 사용함으로써 지나친 품질 변화를 최소화할 수 있는 방법을 허들 기술이라 한다(16장 참고).

3) 고선량 조사

방사선 조사만으로 식품에 존재하는 모든 미생물의 완전 살균이 가능하다. 그러나 식품 조직 내에 존재하는 효소까지 불활성화시키는 것은 어렵다. 그렇게 되면 미생물은 사멸되었어도 식품 내에서 효소에 의한 바람직하지 못한 반응이 계속 일어나 품질을 떨어뜨리고 만다. 뿐만 아니라 방사선의 side reaction에 의해서도 품질 변화가 심하게 일어나는 식품 등도 있다. 이런 side reaction에 의한 피해를 줄이기 위해 여러 가지 방법들이 이용되기도 한다.

예를 들면 식품 내에 생성된 유리기가 이동하는 것을 방지하기 위해 동결 상태에서 방사선 조사를 할 수도 있다. 지방이 많이 함유된 식품의 경우 산패가 우려되므로 진공 상태를 유지하거나 질소를 충진한 상태에서 조사를 함으로써 산화되는 것을 억제시킬 수 있다. 또 조사로 인한 조사취가 발생되는데 이를 masking할 목적으로 다른 향신료나 소스류를 첨가하기도 한다. 중선량 조사와 마찬가지로 허들 기술을 함께 적용하는 것이 바람직하다.

4. 방사선 조사가 식품 성분과 기능에 미치는 영향

식품을 조사할 때 생성되는 화합물의 종류 또는 방사선 분해 산물의 생성에 영향을 주는 요인(온도, 습도, 효소의 유무 등)에 관하여 많은 것이 새롭게 인지되었다. 가장 중요한 것은 선량이며, 곡물의 해충 방제에 필요한 선량 0.5kGy 이하에서는 조사한 식품 속의 화학적 변화를 검출할 수 없었다. 그러나 멸균에 필요한 선량 300kGy과 같은 고선량에서는 많은 화학적 변화가 일어났으나 이들도 아주 소량이 검출되었으며, 조사하지 않은 식품에서도 이런 화합물들이 검출되었다. 60kGy로 조사한 식품 속에 약 60종류의 방사선 분해 생성물이 검출되었으나 대부분 소량만 생성되었을 뿐이며 이러한 화합물들 모두가 조사하지 않은 여러 식품 중에서도 검출되었다.

또한 아미노산, 비타민, 당 등 개개의 식품 성분은 감마선 조사에 의하여 분해되나 복합계인 식품에 조사되었을 때에는 이와 반대로 보호적인 효과도 나타난다는 사실이다. 따라서 10kGy 이하로 조사하는 저선량에서는 방사선 조사에 의한 심각한 화학적인 변화는 찾아볼 수 없었으며 또한 이런 화합물들이 조사 식품에만 특이하게 생성되는 것이 아니라는 사실이 관찰되었다.

1) 지방질

지방의 산패는 산소에 의하여 크게 좌우된다. 산소가 존재하면 지방 산패 속도는 매우 빨라진다. 방사선 조사에 의해 지방의 산패는 더욱 가속화되는데 산소가 없는 조건하에서는 수소가스가 생성되고 메탄과 알칸이 미량 생성된다. 그러나 산소가 있는 조건하에서 방사선 조사는 과산화물이 생성되고 이어 이들 산화물로부터 알데하이드, 케톤류가 생성된다. 특히나 이중 결합이 있는 불포화 지방산은 쉽게 산화를 받는다. 대두유 성분이 방사선 조사에 의해 산패되는 정도를 보면 표 13-11과 같다. 조사량이 많아질수록 산패를 나타내는 과산화물가, 산가 등은 높아지고 이중 결합이 줄어드는 데 반하여 검화가는 거의 변화가 없어 분자량의 크기 변화는 거의 없다. 이런 결과를 토대로 지방 함량이 높은 식품의 경우 진공 포장을 한 뒤 방사선 조사를 하는 것이 좋다.

표 13-11 대두유에 방사선 조사를 하였을 때 화학적 성질의 변화

조사량(Mrad)	과산화물가(mg/kg)	산가	요오드가
대조구(0)	4.7	0.19	133
2.5	11.2	0.3	133
10	27.7	1.38	131
50	71.0	3.87	127

지방 산패를 촉진시키는 물질에 하나인 감광체(photosensitizer)로서 클로로필은 광산화를 유발하는 물질이다. 이런 감광체를 방사선 조사를 통하여 제거함으로써 지방의 산패를 억제시킬 수 있다(표 13-12 참조). 리놀렌산을 인위적으로 광산화 반응을 유도한 경우에도 감광체 물질은 제거되어 산패를 억제할 수 있었다(표 13-13 참조).

표 13-12 클로로필(3ppm)에 방사선 조사를 하였을 때의 잔존량

조사량(kGy)	클로로필 잔존량(ppm)
0	3.0
0.5	2.6
1.0	1.3
1.5	0.8
2.0	0.4
2.5	0.0

표 13-13 클로로필(3ppm)을 함유한 리놀렌산에 방사선 조사를 한 후 광산화 반응 시간에 따른 클로로필의 잔존량

광산화 반응 시간(hr)	클로로필 잔존량(ppm)	
	조사량(0kGy)	조사량(20kGy)
0	2.91	검출 안 됨
1	2.99	검출 안 됨
2	2.34	검출 안 됨
4	1.81	검출 안 됨
6	1.51	검출 안 됨

자료 : 변명우 외, 한국식품과학회지, 33: 693-699, 2001

2) 탄수화물

탄수화물에 방사선을 조사하면 전분 결합이 끊어져 중합도도 떨어지는 상태로 분해되면서 저분자량의 덱스트린이 생성된다. 따라서 분자량이 큰 탄수화물이 분자량이 적은 상태로 바뀌면서 점도가 저하되고(표 13-14 참조), 기계적 강도가 저하되며, 가수 분해가 용이하게 변하여 세균에 대한 저항성도 약하게 변한다. 또 효소에 의한 가수 분해도 쉽게 일어난다. 이외에도 용해도가 증가하고 팽윤력이 감소하는 현상이 일어나기도 하는데, 이런 특성을 활용하여 옥수수의 변성 전분을 개발하는 데 감마선을 이용하기도 한다. 셀룰로스나 펙틴에 적용하면 조직이 연화되어 과일의 숙성을 촉진시킬 수도 있다.

표 13-14 방사선 조사된 도토리 전분의 점도 특성

조사량(kGy)	Peak viscosity (RVU)	Holding viscosity (RVU)
0	311	197
0.5	291	174
1.0	285	158
3.0	269	127
5.0	235	90
10.0	155	57

자료 : 변명우 외, 한국식품과학회지, 34: 1007-1012, 2002

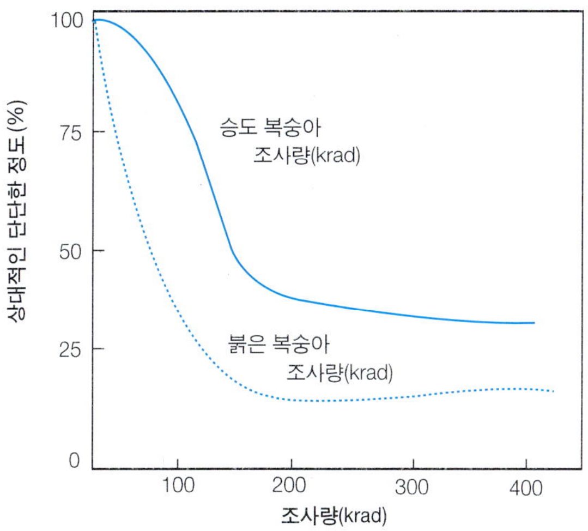

그림 13-1 감마 방사선 조사가 복숭아 과실의 조직 연화에 미치는 영향

그림 13-1에서 보는 바와 같이 방사선 조사량을 증가시킴에 따라 복숭아의 경도 값이 떨어져 부드러워지는 것을 보여주고 있다. 이런 현상은 조사 중에 녹말과 펙틴의 변화와 관련이 있는 것이다.

3) 단백질

단백질에 살균 선량 정도의 방사선 조사를 하면 별다른 변화를 발견하기가 어려우나 그 이상의 선량을 조사하게 되면 고단백질 식품의 경우 향미에 변화가 일어난다. 특히 탈아미노화가 일어나면 암모니아가 생성된다. 또 황을 함유하고 있는 황아미노산으로부터 -SH기가 이황화 결합(-S-S-)으로 또는 $-SO_2H$, $-SO_3H$로 변화되고, 휘발성 유황 화합물이 생성된다.

4) 비타민과 무기질

방사선 조사에 따른 비타민의 파괴 정도는 현저하나 비타민의 종류와 조사 환경에 따라 그 정도는 다르게 나타난다. 지방에서와 마찬가지로 지용성 비타민의 경우 산소가 있는 경우보다는 산소가 없는 경우 손실 정도가 적다. 수용성 비타민의 경우 비타민 B_1, C 등이 감수성이 크며 B_2, B_6, 나이아신 등은 안정하다. 비타민

C(환원형)는 식품 내의 산소와 반응하여 자신이 환원형으로부터 산화형으로 되어 산화 방지 역할을 하게 되는데, 비타민 C로서의 영양학적인 역할은 감소되지만 식품의 품질을 보호하고 안정화시키는 역할을 한다. 채소 중의 비타민 C의 파괴율은 표 13-15와 같다. 18.6kGy가 조사되었는데 실제로 이 정도는 상당히 많은 양에 해당된다. 채소의 경우 이보다 훨씬 적은 양이 적용되고 있다.

표 13-15 채소 중의 아스코브산의 손실률(조사량: 18.6kGy)

채소	손실률(%)
그린피스	92
모란채	86
아스파라거스	71
시금치	64

무기질들과 미량 원소는 방사선 조사에 의하여 영향을 받지 않으며 조사된 식품이 일반적인 가공 과정을 거친 비조사 식품과 영양학적으로 거의 같다는 사실이 많은 조사에 의해 나타났고 조사 온도와 공기 누출, 저장 조건이 모두 영양소 함량에 영향을 미칠 수 있다.

5) 식품 속의 효소

효소는 방사선 조사에 의하여 불활성화될 수 있다. 그러나 식품 속에 존재하는 효소는 용액 상태로 효소만 있을 때에 비하여 식품 성분에 의해 보호를 받기 때문에, 효소를 불활성화하기 위해 제공되어야 하는 조사량은 단순히 미생물을 살균시키는 경우보다도 훨씬 더 많이 요구되며 경우에 따라서는 5배까지 많은 조사량이 필요하기도 하다.

6) 관능적 변화

식품에 방사선 조사를 할 때 저선량이라할지라도 바람직하지 않은 반응을 야기시킬 수도 있다. 우유 같은 유제품은 감마선에 대해서 소비자가 감지할 수 있을 정도로 이상한 냄새가 난다. 멸균에 필요한 고선량의 방사선을 조사하면 육류에서도 바람직하지 않은 냄새의 변화가 일어난다. 이것은 적색육에서 많이 발생하며 돼지고기보다는 쇠고기에서 더 많이 발생된다. 그러나 조사한 직후 느꼈던 냄새는 식품을 저장하거나 요리하는 동안에 감소하거나 소멸된다. 이런 냄새를 줄이기 위해 저온에서 육류를 조사하거나 혹은 효소를 먼저 불활성화시킨 후 −30℃에서 50kGy로 조사한다면 육류에서 어떠한 냄새의 변화도 감지할 수 없다.

방사선 조사된 감자나 전분이 함유된 수프의 점도가 저하되어 또 다른 조직감을 느낄 수 있으며 요리 시간이 단축될 수 있다. 이외에도 건조한 과실의 복원성을 개선시킬 수도 있다. 전반적으로 현재 식품 조사에 이용되는 10kGy 미만의 선량은 식품의 관능적 품질(색, 맛, 풍미) 등에 아무런 영향도 미치지 않는다고 세계보건기구에서 발표하였다.

5. 방사선 조사 식품의 안전성

여러 가지 동물 연구들이 과거 몇십 년간 이루어져 왔으나 조사된 식품의 소비가 해로운 효과를 유발한다는 증거는 없었다. 독성학의 모든 면을 다룰 수 있는 만성, 아만성 효과, 생식, 기형학, 돌연변이 유도들에 대한 시험을 통해 조사된 식품을 소비하였을 때 나쁜 독성학적 효과가 없었으며, 국제적 계획 사업에 의해 1970년에서 1982년까지 수행된 다수의 동물 투여 실험에 대한 각종 보고서에도 어떤 독성학적인 효과가 유도되었다는 증거는 없었다는 점이다.

포유동물이나 영양이 부족한 아이들에게 나타난 다배수 염색체의 유도와 관련된 연구에서도 방사선 조사된 밀을 소비한 것이 다배수 염색체에 영향을 주지 않았다는 광범위하고도 통계적으로 유효한 연구 결과를 보고하였다. 따라서 전체적으로 볼 때 조사된 식품을 투여하였을 때 나쁜 효과는 관찰되지 않았다.

1992년 5월 제네바에서 과거 40년간의 식품 조사에 관한 다양한 연구 보고서를 토대로 세계보건기구, 국제식량농업기구, 국제원자력기구 등을 비롯한 국제기구와 국제소비자연맹 등은 다음과 같은 결론을 내렸다.

① 방사선 조사는 건강에 해로움을 줄 수 있는 식품 성분의 변화를 초래하지 않는다. 10kGy 이하로 조사하는 저선량에서는 방사선 조사에 의한 심각한 화학적인 변화는 찾아 볼 수 없고 또한 이런 화합물들이 조사 식품에만 특이하게 생성되는 것이 아니라는 사실이다.

② 조사 식품은 위생적인 측면에서 안전하며, 해로운 미생물의 변화를 초래하지 않는다. 전리방사선은 미생물을 죽이거나 불활성화시킬 수 있는 화학적 변화를 미생물 내부에 일으켜서 식품 내의 미생물의 수와 종을 상당히 감소시키며 또한 방사선 조사는 생존하는 병원균의 유독성을 더 감소시킨다.

③ 조사 식품은 소비자에게 영양적인 측면에서 어떠한 영양적인 손실을 초래하지 않는다. 10kGy 이하의 선량으로 조사된 식품은 비조사 식품과 영양적인 차이가 거의 나지 않았으며 저선량, 낮은 온도, 산소 접촉이 없는 조건에서는 조사에 의한 비타민 손실을 막을 수 있다. 거대 영양소, 미량 원소, 무기질은 조사에 의한 손실을 초래하지 않는다.

④ 방사선 조사 식품은 어떠한 유전적인 영향도 미치지 않아 조사 식품을 먹은 결과로 염색체 이상이 일어나지 않는다.

현재 방사선 조사 식품을 허용하고 있는 나라에서 허가된 품목 수는 표 13-16과 같으며, 주요 국가의 허가 품목은 표 13-17과 같다. 주요 대상 식품은 향신료, 건조채소류, 근채류, 가금류 등이다.

표 13-16 방사선 조사 식품의 허가국과 품목 종류 수

허가국	종류	허가국	종류	허가국	종류	허가국	종류
미국	55	체코	5	베트남	7	아르헨티나	13
벨기에	13	이탈리아	3	네덜란드	20	한국	16
유고	23	우루과이	1	스페인	2	파키스탄	24
크로아티아	30	영국	47	중국	22	인도	5
이란	18	덴마크	2	시리아	21	필리핀	5
브라질	24	헝가리	13	러시아	16	인도네시아	12
일본	1	이스라엘	26	프랑스	41	코스타리카	15
방글라데시	20	멕시코	34	핀란드	2	쿠바	16
캐나다	7	칠레	18	폴란드	6	우크라이나	16
노르웨이	3	태국	28	남아연방	92		

* 세계보건기구, 유엔식량농업기구, 국제원자력기구는 모든 식품에 조사를 허용하고 권장 및 홍보하고 있음.

표 13-17 방사선 조사 식품의 허가국과 허가 품목

국가	허가 품목
미국(55)	쌀, 밀, 배, 향신료, 조미 건조 채소, 건포도, 자두, 감자, 사과, 밀 가공품, 귤, 여지, 마늘, 닭고기, 샤롯, 부분 가금육, 딸기, 토마토, 파파야, 견과류, 뿌리 및 괴경, 건조 완두콩, 건조 살구, 건조 과일, 가금육(생 또는 냉동), 복숭아, 살구, 붉은 건포도, 과일, 옥수수 분말, 건조 버섯, 대추야자, 커피콩, 돼지고기, 코코아콩, 버섯, 허브, 밤, 두류, 건조콩, 체리, 망고, 옥수수, 곡류 분말, 건조 대추, 채소, 건조 효소 제제, 건조 채소, 포도, 식물성 식품, 구근류, 적육
영국(47)	쌀, 밀, 곡류 분말, 배, 건조 버섯, 샤롯, 망고, 딸기, 버섯, 양파, 건포도, 자두, 어육, 토마토, 밀 가공품, 견과류, 귤, 옥수수, 조미 건조 채소, 건조 채소, 부분 가금육, 과일, 사과, 새우, 냉동 해양 식품, 여지, 마늘, 포도, 건조 어육, 건조 두류, 건조 과일, 체리, 닭고기, 대추야자, 건조 살구, 붉은 건포도, 조미료, 어패류, 살구, 가금육, 복숭아, 건조 완두콩, 나무딸기, 건조대추, 향신료
프랑스(41)	곡류, 곡류 분말, 가금육, 동물 혈병, 건조 완두콩, 동물 혈장, 난백, 동물 피, 개구리 다리, 허브, 건조 채소, 곡분, 대추야자, 딸기, 건포도, 건조 무화과, 켐버트 치즈, 아라비아 껌, 닭고기, 감자, 양파, 마늘, 카세인, 샤롯, 옥수수, 향신료, 곡류 플레이크, 조미용 건조 야채, 부분 가금육, 곡류 씨앗, 마늘 분말, 새우, 건조 버섯, 난백, 건조 대추, 건조 과일, 양파 분말, 건조살구
네덜란드(20)	곡류 플레이크, 두류, 건조 과일, 허브, 향신료, 가금육, 조미 건조용 채소, 개구리 다리, 아라비아 껌, 건조 채소, 부분 가금육, 건조 완두콩, 대추야자, 닭고기, 건조 버섯, 건조 인디안 대추, 건포도, 새우, 두류, 환자식

방사선 조사가 절대적으로 안전하기 위하여 각국 정부는 조사 식품 또는 식품 조사에 관한 법률을 제정하고 있으며, 규제 당국은 방사선 조사 하는 종류와 목적을 결정하여 개개의 식품 조사 목적에 부합되는 정확한 방사선량을 결정한다. 또한 규제 당국은 식품 조사의 표시에 기재되어야 할 식품 조사에 관계되는 정보의 종류에 대해서도 규정하고 이 사항에 대해서는 포장 식품의 표시에 관한 국제 일반 규격(Codex Alimentarius General Standard Labeling of Prepackaged Foods)이 전리 방사선으로 처리한 식품에 대하여 그 사실을 기입한 표시를 하게끔 명확하게 규정하고 있다. 검사를 받는 것은 물론, 감마선조사 사항의 안전성에 대하여 책임을 맡고 있는 당국에 의해 감독을 받아야 한다. 이 같은 2종의 관리를 행함으로써 식품 조사의 종사자, 조사 식품의 소비자, 환경이 부당한 위험에 직면할 수 있다는 것을 예방할 수가 있다.

13 연습문제

01_ 방사선 조사에 사용될 수 없는 것은?

① ^{60}Co　② ^{137}Se　③ ^{131}I　④ X-선

02_ 방사선 조사를 시행함으로써 다음 품목의 역할을 대체할 수 있는 것이 아닌 것은?

① 안식향산나트륨　② 에틸렌옥사이드(ethylene oxide)
③ 메틸브로마이드(methyl bromide)　④ BHA

03_ 방사선 조사에 사용되는 단위로서 적절하지 못한 것은?

① kJ　② kGy　③ Mrad　④ Bq

04_ 다음 설명 중 올바르게 연결되어 있지 못한 것은?

① 1rad=1000erg/g absorbant　② 1Mrad=10kGy
③ 1Ci=3.7×10^{10}Bq　④ 1.07R=1.0rad

05_ 방사선 조사를 통하여 얻고자 하는 목표로서 적절치 않은 것은?

① 발아 억제　② 훈증제 대체 효과
③ 저장 기간 연장　④ 해충 감소
⑤ 곰팡이의 성장 촉진

06_ 어느 액체 식품에 함유된 미생물의 농도가 1×10^{7}cells/mL이다. 이 액체 식품을 감마선 조사를 실시하여 1×10^{3}cells/mL으로 줄이고자 한다. 만일 이 미생물의 D_{10}값이 0.3kGy라고 한다면 얼마만큼의 조사량이 필요한가?

① 0.3kGy　② 0.6kGy　③ 0.9kGy　④ 1.2kGy

07_ 다음 중 잘못 설명하고 있는 것은?

① 지방이 함유된 식품의 경우 산소를 제거하고 난 후에 방사선 조사를 하는 것이 산소 제거 없이 방사선 조사를 행한 것보다도 효과적이다.
② 탄수화물을 주로 함유하고 있는 식품은 방사선 조사 후 저분자 형태로 끊어져 방사선 처리하기 전에 비하여 액상화하면 점도가 낮아진다.

③ 곡류 제품에 저선량 조사를 한 것이 고선량 조사를 한 것보다 관능 면에서 선호도가 낮으며 이취를 느낄 수 있다.

④ 방사선 조사로 미생물은 살균이 되나 효소는 좀체로 불활성화되기가 어렵다. 이는 식품 성분들이 보호한 탓으로 조사 선량이 5배 정도 높아야 살균이 된다.

08_ 방사선 조사를 식품에 적용한 후 나타난 현상 중 잘못 설명하고 있는 것은?

① 지방 함유 식품의 경우 조사받게 되면 과산화물가가 증가한다.

② 지방이 많이 함유된 식품의 검화가는 거의 변동이 없다.

③ 아미노산의 경우 탈아미노 현상이 일어나 암모니아가 발생하기도 한다.

④ 비타민이나 무기질의 경우 아무런 영향을 받지 않는다.

09_ 방사선 조사의 장점이라고 보기 어려운 것은?

① 잔류 농약이 없어짐

② 강력한 투과력

③ 다량 연속 처리가 가능

④ 식품의 온도가 올라가지 않음

⑤ 포장한 채로 살균이 가능

10_ 방사선 조사 식품과 관련하여 올바르게 설명하고 있는 것은?

① 방사선 조사와 다른 가공 기술을 함께 병행하는 것이 방사선 조사량을 더 줄일 수 있기 때문에 효과적이고 바람직하다. 이런 기술을 허들 테크놀로지라고 한다.

② 방사선 조사를 심하게 받은 식품은 방사성 물질이 나올 수 있다.

③ 방사선 조사를 받은 원료들을 함께 모아 최종적으로 한 번 더 방사선 조사를 행할 수 있다.

④ 방사선 조사를 행한 식품의 원료가 1/2 이상은 되어야 포장 재료에 방사선 처리 표시로 초록색의 (마크) 표시를 할 수 있다.

정답 및 해설

01_ ③ 02_ ④ 03_ ① 04_ ① 05_ ⑤ 06_ ④ 07_ ③ 08_ ④ 09_ ① 10_ ①

Chapter

14 최신 유망 저장 기술

배우는 목적

식품의 저장을 위한 처리 방법은 일반적으로 열수나 스팀을 이용한 외부 가열이 전통적으로 사용되어 왔다. 최근 식품의 품질 파괴를 최소화하면서 식품을 보존하기 위한 비전통적 방법들이 사용되고 있다. 이러한 방법들은 많은 소비자들이 가열 처리된 식품보다는 가능한 가볍게 처리되고 생리 활성이나 영양가는 그대로 유지되는 천연 식품에 가까운 것을 원하고 있기 때문에 이런 소비자들의 요구를 충족시킬 수 있는 저장 기술 중의 하나이다. 이 장에서는 고전압, 옴 가열(ohmic heating), 마이크로파 가열, 초고압, 초음파 기술 등의 내부 가열 또는 비열 처리를 기본으로 하는 비전통적 기술을 살펴보고자 한다. 이러한 방법만 사용하기보다는 다른 저장 기술과 접목을 하면 효과적이며 이러한 기술의 원리와 적용 가능성에 대하여 배워 보고자 한다.

1. 고전압에 의한 식품 저장

1) 고전압 펄스장(High voltage pulsed electric field; PEF)의 원리

고전압 펄스장(PEF)은 10kV/cm 이상의 고전압을 짧은 시간에 방전하여 식품에 저장성을 부여하는 저장법이다. 이 장치(그림 14-1 참조)는 직류 전원 장치(DC power supply), 충전기(capacitor), 방전 스위치(discharge switch), 처리 용기(treatment chamber)로 이루어져 있다. 방전 시간은 ms 또는 μs 단위로 아주 짧으며, 이 방전의 곡선(그림 14-2 참조)에는 지수형(exponential decay wave), 각형(square wave)이 있는데 후자가 더 효율적이다.

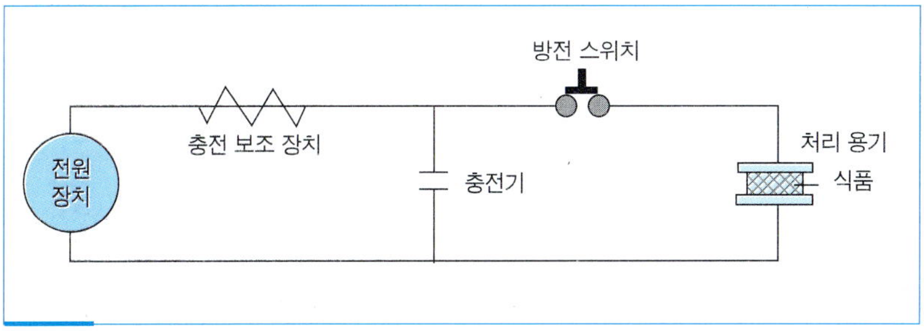

그림 14-1 고전압 펄스장 처리 장치

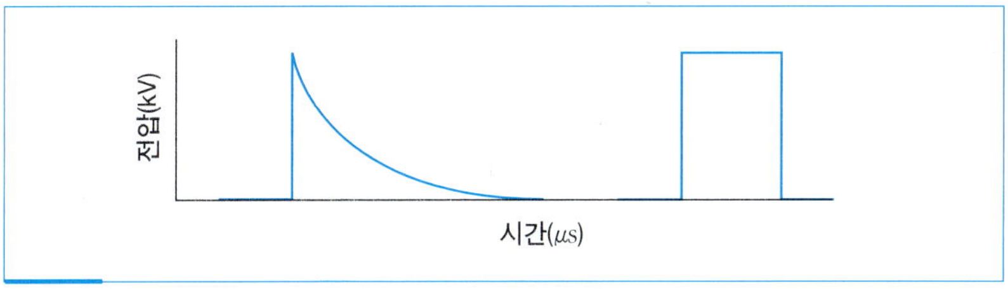

그림 14-2 PEF 방전의 곡선(좌측 지수형, 우측 각형)

2) PEF의 미생물에 대한 영향

PEF 처리를 하면 세포막의 전기적 파괴가 일어나는데, 처음에는 가역적 파괴가 일어나지만 곧 비가역적 파괴로 이어지며, 파괴가 일어나는 임계 전기장 강도(Ek)는 25kV/cm 정도이다(그림 14-3 참조). 세균보다 효모의 세포막이 쉽게 파괴되고 대수기의 경우가 유도기나 정지기의 경우보다 파괴되기 쉬우며 포자는 PEF에 의해 파괴하기 어렵다. *E. coli*를 PEF 처리하였을 때 전기장 강도가 클수록, 처리 횟수가 많을수록 사멸률이 높았고(그림 14-4 참조). *Saccharomyces*, *Candida*, *Pseudomonas*, *Micrococcus*를 PEF 처리하였을 때 전기장 강도가 클수록 사멸이 잘 되었다(그림 14-5 참조).

또 농축 사과 주스에 50kV/cm로 2μs간 10회 처리하면 20℃에서 4주간 저장할 수 있고, 신선한 사과 주스를 50kV/cm로 2μs간 16회 처리하면 5℃에서 3주간 저장할 수 있다. 탈지유를 40kV/cm로 2μs간 20회 처리하면 5℃에서 2주간 저장할 수 있고, 액란을 35kV/cm에서 2μs간 처리하면 5℃에서 4주간 저장할 수 있다.

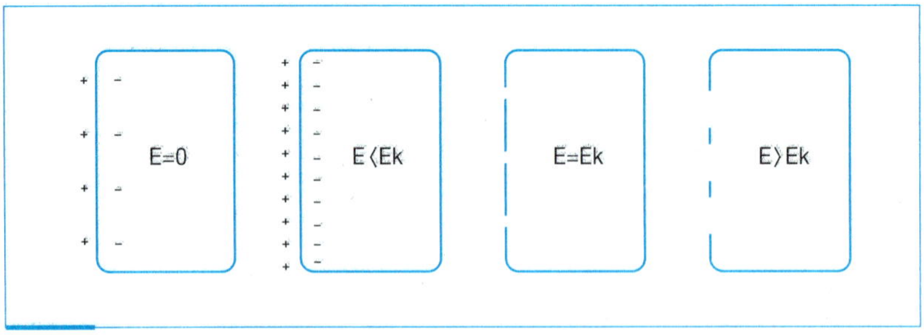

그림 14-3 PEF에 의한 미생물 세포막의 파괴(E : 전기장, Ek : 임계 전기장)

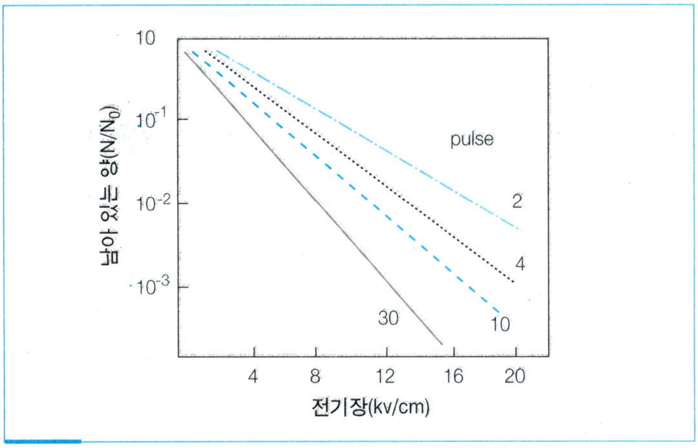

그림 14-4 PEF 처리 횟수와 전기장 강도에 따른 *E. coli*의 사멸률

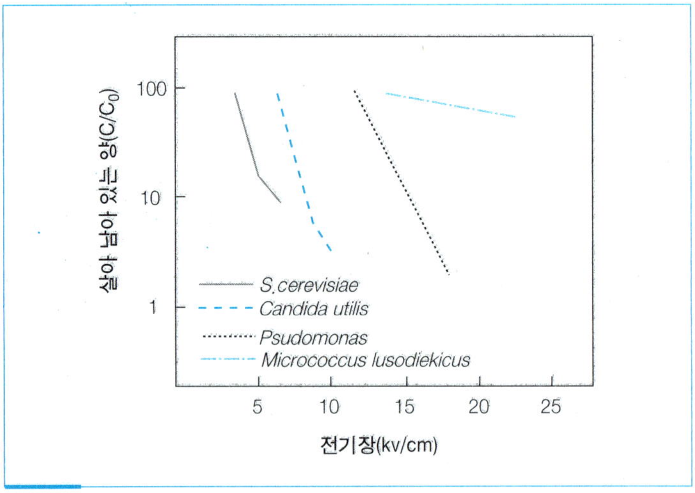

그림 14-5 PEF 처리 횟수와 전기장 강도에 따른 여러 가지 미생물의 사멸률

2. 옴 가열(Ohmic heating)에 의한 식품 저장

1) 옴 가열의 원리

전통적인 가열 방법은 열이 식품의 바깥쪽에서 안쪽으로 전달되는 외부 가열 방식이다. 일반적으로 식품은 열 전도도나 열 확산도가 작아 열전달이 느리기 때문에 식품의 중심부를 원하는 온도까지 가열하는 데 시간이 걸리고, 그동안 식품의 바깥쪽은 과열(overheating)되어 영양 성분의 손실, 가열취의 발생, 맛이나 조직감의 변화, 색깔의 변화 등 품질 저하가 일어나기 쉽다. 이에 반해 내부 가열 방식은 식품의 내부에서 열이 발생하여 가열되기 때문에 외부 가열 방식에 비해 신속하고 균일하게 가열(overheating)할 수 있어 식품 외부의 과열에 기인된 품질 저하를 막을 수 있다. 이러한 내부 가열 방식의 예로서 옴 가열(ohmic heating)과 마이크로파 가열(microwave heating)을 들 수 있다.

옴 가열은 식품의 전기 저항을 이용한 가열(그림 14-6 참조)로서 저항 가열(electrical resistance heating)이라고도 부른다. 즉, 식품에 교류 전류를 통과시키면 식품이 완전한 전도체가 아니라 전기 흐름에 저항이 있기 때문에 전기에너지가 열에너지로 전환되어 식품 내부에서 급속히 열이 발생되는 원리를 이용하는 것이다.

전기로 인해 발생되는 열에너지는 식(14-1)로 나타낸다.

$$Q = kE^2 \qquad (14\text{-}1)$$

여기서 Q : 열에너지(W/m^3), k : 식품의 전기 전도도(S/m), E : 전기장 강도(V/m)

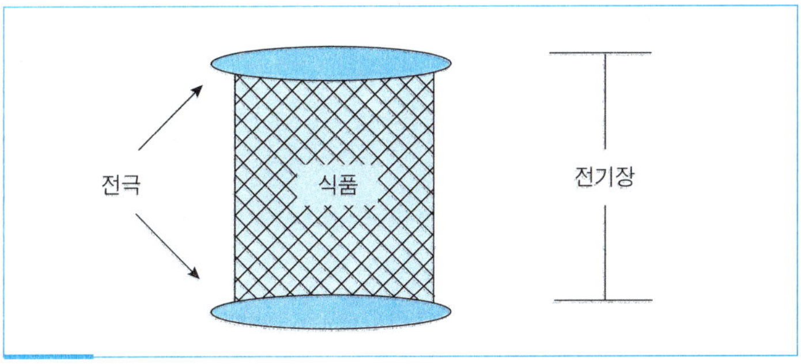

그림 14-6 옴 가열의 원리

이다. 식(14-1)에서 보듯이 옴 가열에 의해 발생되는 열에너지는 식품의 전기 전도도와 가해진 전기장의 전압의 제곱에 비례하기 때문에 식품의 전기 전도도가 크게 변하지 않는 한 가열의 주된 원동력(driving force)은 전압이 된다.

또 식품의 시간에 따른 온도 상승 속도는 식(14-2)에서 구할 수 있다.

$$\frac{dT}{dt} = \frac{Q}{\rho \cdot C_p} = \frac{kE^2}{\rho \cdot C_p} \qquad (14-2)$$

여기서 T : 온도(K), t : 시간(s), ρ : 밀도(kg/m^3), C_P : 비열(J/kg · K)이다. 위 식에 나타나 있듯이 옴 가열의 경우 식품의 온도는 식품의 전기 전도도나 밀도, 비열이 크게 변화하지 않는 한 직선적으로 증가하고 온도가 증가하더라도 driving force가 감소하지 않는 장점이 있다.

2) 옴 가열의 적용

옴 가열은 전원으로 50~60Hz의 100~200V 교류 또는 1~100kHz의 20~80V의 교류를 사용하는데, 가열이 신속하고 균일하며 침투 깊이의 제한이 없기 때문에 기계적 교반이 필요하지 않다. 특히 외부 가열 방식으로는 균일하게 가열하기 어려운 액체와 고체의 혼합물을 가열 살균할 때 유리하다. 예를 들어 전기 전도도가 큰 고체 물질이 전기 전도도가 상대적으로 작은 액체 내에 있는 혼합물을 옴 가열 하면 고체 물질이 액체보다 더 빨리 가열될 수 있기 때문이다(그림 14-7 참조). 그러나 식품에 전류가 흐르지 않으면 열이 발생되지 않기 때문에 수분 함량이 아

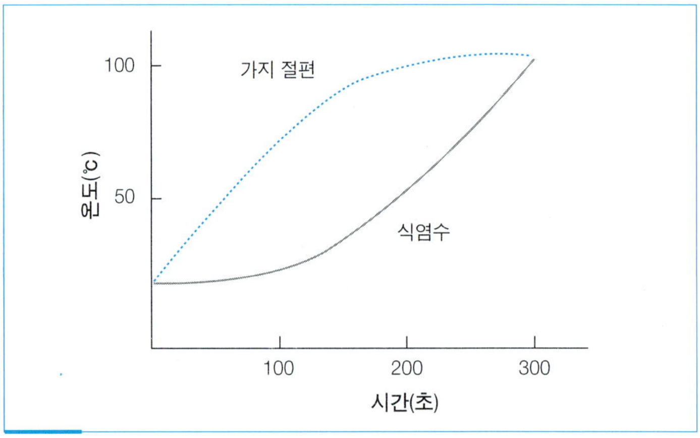

그림 14-7 옴 가열에 의한 가지 절편(직경 6cm, 두께 1cm)과 식염수의 가열 속도 비교

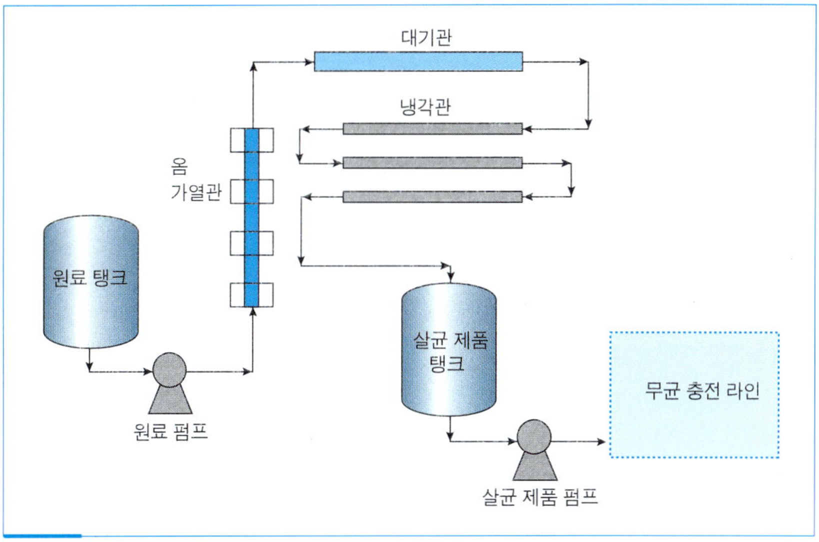

그림 14-8 옴 가열을 이용한 무균 충전 포장 공정(aseptic processing)

주 낮은 건조식품에는 적용하기 어렵다.

옴 가열의 문제점으로는 직류를 사용할 경우 전기 분해가 일어날 수 있다는 점, 전극과 식품의 접촉이 균일해야 한다는 점, 식품 내부에서 국지적인 과열로 인해 식품이 탄다든가 전극이 분해되어 식품이 오염될 수 있는 점, 가열 살균 직후 무균 충전 포장이 뒤따라야 한다는 점, 전극이 비싼 점 등이 있다.

옴 가열은 paste상 식품의 살균이나 데치기, 탈수나 건조, 어묵 성형, 냉동식품 해동 등에 적용될 수 있으며, 특히 무균 충전 포장과 연계하여 고형물 함유 식품의 연속식 살균에 활용될 수 있다(그림 14-8 참조).

3. 마이크로파 가열에 의한 식품 저장

1) 마이크로파 가열의 원리

마이크로파(microwave)는 300MHz~300GHz 주파수 영역의 라디오파(radio frequencies)로서 magnetron이나 klystron 같은 진공관 장치로 발생되며 식품의 가열에 사용되는 주파수는 2,450MHz와 915MHz이다(그림 14-9 참조).

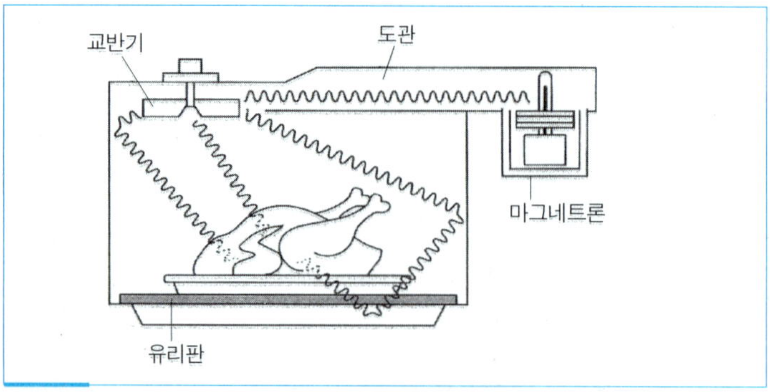

그림 14-9 전자레인지 내에서 마이크로파의 발생

금속 같은 전기 전도성 물질은 마이크로파를 반사하고 전기적으로 중성인 전기 절연체인 유리, 플라스틱, 세라믹, 종이 등은 투과시키며, 물 같은 극성 물질이나 이온을 함유한 물질은 흡수한다(그림 14-10 참조).

그림 14-11에 나타나 있듯이 식품 중의 물과 극성 물질은 교류하는 전기장에 대해 정렬을 반복하며 그 자리에서 회전하면서 마찰에 의하여 열을 발생시키며, 이를 극성 회전(polar orientation)이라고 부른다. 이온성 물질은 교류하는 전기장에 따라 운동하면서 운동에너지로 열을 발생시키며 이를 이온성 전도(ionic conduction)라고 부른다. 유지와 같은 비극성 물질은 교류하는 전기장에 의해 극성이 유도되어 극성 회전(polar orientation)을 하여 열을 발생시킨다.

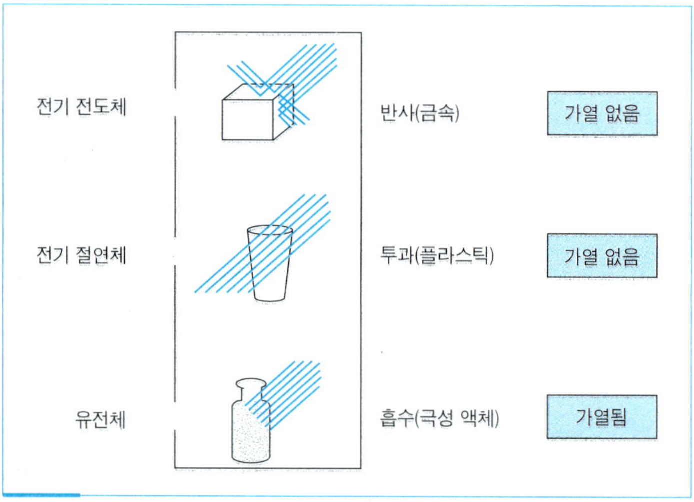

그림 14-10 마이크로파와 여러 가지 물질의 반응

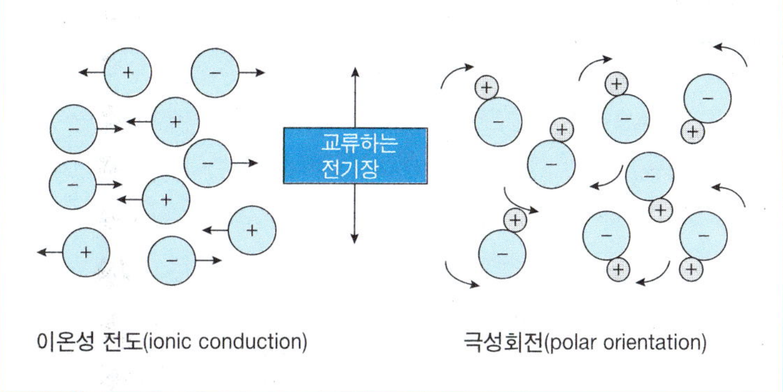

그림 14-11 극성 회전과 이온성 전도

2) 마이크로파 가열의 적용

마이크로파 가열은 내부 가열 방식으로 신속하고 균일한 가열이 가능하며 정밀하게 조절할 수 있고 연속식으로 작업이 가능하며 신속하게 켜고 끌 수 있고(fast start-up and shut-down) 에너지와 공간의 절감이 가능하나 침투 깊이는 제한된다.

식품에 적용할 때에는 보통 전통적인 방법과 병행하여 적용하는데, 원적외선 가열과 병행하여 녹차의 건조와 볶음 공정(roasting)에 응용한 예가 있고, 진공과 결합하여 의약품 건조를 마이크로파 진공 건조한 경우도 있으며, 과실과 당의 혼합물의 살균과 파스타(pasta)의 포장 후 살균에 적용된 바 있다.

4. 초고압에 의한 식품 저장

1) 초고압(High hydrostatic pressure; HHP)의 원리

식품에 대한 초고압(HHP) 기술은 고체나 액체 식품을 100~900MPa의 압력으로 처리하는 것으로서, 상업적으로는 400~600MPa의 압력으로 주로 20℃ 정도의 실온에서 10~30분 적용한다. 초고압은 식품 중의 미생물, 포자, 효소를 불활성화시켜 식품의 저장 기간을 연장시키며, 또한 단백질을 변성시키고 전분을 호화시키는 등 물성을 변화시켜 새로운 텍스처를 만들어내기도 한다. 초고압으로 처리한

표 14-1 압력에 의한 미생물의 불활성화

미생물(또는 효소)	압력(기압)	온도(℃)	시간(분)	불활성화 정도
우유 속의 세균	2000	35	1800	1/10 감소
	5000	35	1800	4 log 감소
Bacillus subtilis	5780~6800	–	5	영양 세포는 죽지만 살균 안됨
열에 안정한 *B. subtilis* α-amylase	1000		1008	90% 불활성화
E. coli	1		2160	$9x10^8 \rightarrow 4x10^6$CFU/mL
E. coli	1000	30	0	$9x10^8$/mL
			360	$2x10^7$/mL
			720	$3x10^5$/mL
			1440	$1x10^2$/mL
			2160	살균됨
E. coli	1000	40	720	살균됨
L. monocytogenes	2380~3400	–	20	$10^8 \rightarrow 10$CFU/mL
S. aureus	2900	25~30	10	대부분 죽으나 살균 안 됨
S. typhimurium	4080~5440	–	5	살균됨
S. typhimurium	2380~3400	–	30	3 log 감소
Pseudomonas aeroginosa	1935	–	720	살균됨
Vibrio cholera	1935	–	10	살균됨
V. parahaemolyticus	1700	–	10~30	$10^8 \rightarrow 10$CFU/mL

식품은 영양적 품질과 관능적 품질이 우수하고 텍스처가 진귀하며 편의성과 안정성이 높고 저장 기간이 길어진다. 표 14-1에 미생물 또는 효소별로 압력과 처리 시간을 달리 했을 때의 불활성화 정도를 나타내었다.

2) 초고압 처리 시스템

초고압 처리 시스템(그림 14-12 참조)은 압력 용기, 가압 시스템, 온도 조절 시스템(가열/냉각 시스템)으로 이루어져 있다. 최대 4,000~6,000기압까지 견디는 압력 용기(pressure vessel)에 압력 전달 매체인 물 또는 물과 수용성 기름 혼합액을 채운다. 압력은 식품의 모든 방향에서 가해지므로 가압을 하여도 식품의 원래의 형태나 크기가 유지된다. 따라서 초고압은 전통적인 가열과 달리 크기나 모양

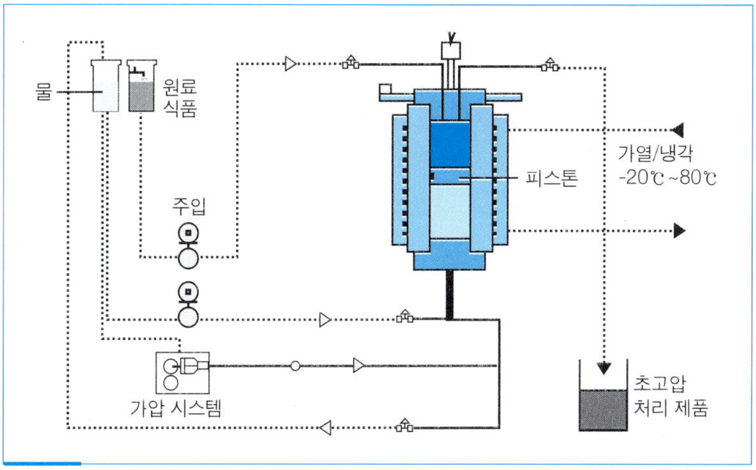

그림 14-12 초고압 처리 시스템

에 무관하게 처리할 수 있다는 점에서 아주 유리하다. 가압 방법에는 피스톤을 직접 압축하는 직접 압축법(direct compression)과 고압 펌프로 압력 전달 매체를 밀어 넣거나 압력 전달 매체를 통해 피스톤을 밀어 넣는 간접 압축법(indirect compression)이 있다. 그 밖에 온도 조절 장치는 초고압 시스템을 −20℃~80℃의 온도 범위로 조절한다.

3) 초고압에 의한 저장성 향상과 활용

일반적으로 초고압에 의해 미생물의 세포막의 투과성이 달라져 생육이 억제되거나 불활성화되는 것으로 알려져 있다. 세포막은 2겹의 인지질에 단백질이 끼어 있는 형태로 이루어져 있는데, 압력을 가하면 인지질층이 상전이를 일으켜 변형되고 단백질도 변성되어 세포막의 투과성이 달라진다. 예를 들어 효모 세포에 300~600MPa의 압력을 가하면 세포질에 들어 있는 아미노산 등의 세포 내 물질이 세포 밖으로 유출되는데, 이는 100℃에서 5분 가열할 때의 세포막 변형과 거의 비슷한 결과이다. 또 300MPa의 압력을 가하면 칼륨, 칼슘, 나트륨 등의 이온이 유출되고 400MPa에서는 망간이나 아연 이온도 유출된다. 그 밖에 세포 외의 물질도 세포 내로 투과되어 들어갈 수 있는데, 예를 들어 무의 조직을 0.5% 소금물에 담가 400MPa에서 10분간 초고압 처리하면 소금이 조직 내부로 침투해 들어간다고 한다.

미생물의 불활성화에 영향을 끼치는 인자로는 압력, 처리 방법(반복 처리 또는 연속 처리), 온도, 시간, 미생물의 형태, Gram 양성 또는 음성 여부, 생육의 단계,

배지의 조성과 성질(이온 강도, 수분 활성도, pH) 등이 있다. *Saccharomyces cerevisiae*의 경우 글리세롤과 솔비톨을 첨가하여 수분 활성도를 낮추면 압력 보호 효과(baroprotective effect)가 생기고, 초산을 첨가하면 오히려 사멸되기 쉽다. 또 *Saccharomyces cerevisiae*를 180MPa에서 처리할 경우 4℃보다 20℃에서 내압성(barotolerance)이 더 크다. 간균이 구균보다 압력에 더 예민하고 효모는 구균과 간균의 중간 정도이며, 일반적으로 Gram 양성균이 Gram 음성균보다 압력에 대한 저항성이 더 크고 효모는 그 중간 정도이다. 그리고 일반적으로 대수기의 세포가 정지기 세포보다 압력에 대한 저항성이 약하다.

미생물의 포자는 영양 세포에 비해 압력에 대한 저항성이 강하여 1,200MPa에서도 사멸되지 않는다. 그러나 60~100MPa의 저압 처리를 하여 포자 발아를 유도한 다음 보다 높은 압력에서 처리하면 사멸시킬 수 있다. 또 일반적으로 효소를 불활성화시키기 위한 압력은 미생물을 사멸시키기 위한 압력보다 높으며, 효소의 압력에 대한 저항성은 효소의 종류, 기질의 성질, 압력, 온도, 시간에 따라 달라진다. 오렌지 주스에 들어 있는 펙틴에스터레이스(pectinesterase)의 효소 활성이 강하면 주스의 탁도(cloud)가 감소하는데, 주스를 500MPa 이상의 압력에서 1분 이상 처리하면 주스의 탁도가 안정되게 유지된다고 한다. 효소의 초고압 처리와 데치기 공정을 병행하면 효소를 더욱 효과적으로 불활성화시킬 수 있다. 또 초고압 처리는 저온에서 단백질의 젤화를 일으키는데, 수리미(surimi)를 압력으로 젤화시킨 것은 가열하여 젤화시킨 것보다 더 윤기가 나고 불투명성도 덜하다.

식품에 초고압 처리를 할 때 식품을 포장한 뒤 행하거나(in-container HHP) 포장하지 않은 상태(bulk HHP)로 할 수 있으며, 초고압은 주스, 잼 등의 살균에 활용되고 있다.

Tips 초임계 유체

어떤 기체를 임계 압력 이상으로 가압하면 임계 온도 부근에서 용매력을 보이는 유체가 되는데 이를 초임계 유체(supercritical fluid)라 한다. 이 초임계 유체의 밀도와 점도는 액체와 비슷하고 확산도는 기체와 비슷한 장점이 있다. 가장 널리 쓰이는 초임계 유체는 임계 온도 31℃, 임계 압력 74기압인 이산화탄소인데, 무독성, 화학적 안정성, 경제성, 회수 용이성, 저온 작업성 등 여러 가지 측면에서 장점이 많아 당근에서 베타카로틴(β-carotene) 추출, 난황에서 콜레스테롤(cholesterol) 추출, 커피 원두에서 카페인(caffeine) 추출 등에 활용된다.

5. 초음파에 의한 식품 저장

1) 초음파 기술의 개념

초음파(ultrasound) 기술은 비가열(non-thermal) 처리 공정 중의 하나로 전통적인 가열 공정 중에 일어날 수 있는 영양적, 관능적 품질 변화를 최소화하며, 공정의 편의성 및 친환경적으로 식품을 처리한다. 초음파 기술은 세포의 파괴와 추출과정에서 가장 효율적이며 안전하고 간단한 방법이다.

닭고기를 20kHz의 초음파를 처리한 것과 전기를 이용하여 튀긴 것을 비교한 결과를 보면 색의 변화는 거의 없으며 조지방이 다소 증가하는 경향을 보였는데, 이것은 초음파에 의한 진동으로 튀김 기름이 내부로 침투된 것으로 튀김 손실에서도 보는 바와 같이 전기로 튀긴 경우보다도 손실량이 적었다. 뿐만 아니라 보수력(water holding capacity)의 경우도 초음파 처리가 우수한 결과를 보여주고 있다(표 14-2 참조).

표 14-2 닭고기를 20kHz의 초음파로 처리한 것과 전기를 이용하여 튀긴 것을 비교한 결과

	전기로 기름에 튀긴 것	초음파로 기름에 튀긴 것
수분(%)	63.2±0.3	63.0±0.2
조단백(%)	26.1±0.3	22.1±0.9
조지방(%)	4.2±0.1	7.7±0.2
조회분(%)	1.3±0.1	1.3±0.1
L	82.2±1.5	82.1±0.5
a	−1.5±1.4	−1.6±0.4
b	15.8±2.9	16.9±1.5
Raw weight(n=10)	112.4±8.8	107.9±10.8
Frying loss(%)	45.8±3.4	41.8±2.4
WHC(%)	53.6±4.7	91.7±2.4

자료 : 정인철 외, 한국축산식품학회지, 25(2): 162-167, 2001

초음파는 높은 진동에 따른 다량의 기포 또는 공간(cavity)을 형성하게 되고 이것들이 파괴되면서 압력 변화에 따른 에너지가 생성하는 원리이다. 초음파는 일반적으로 20kHz 이상을 의미하며 음파의 진동수에 따라서 고주파(high-frequency sound waves)와 저주파(low-frequency sound waves) 두 가지로 구분되며, 고주파에서 에너지가 더 많이 발생된다.

2) 초음파 기술의 식품 응용 범위 및 원리

저주파 기술은 물질의 조성이 균일한지의 여부를 알아내는 데 상당히 효과적으로 이용될 수 있어 주로 과일, 채소 등의 품질을 측정하는 비파괴 검사에 사용되고 있다. 그리고 고체나 액체 식품들의 텍스처, 점도 및 농도를 측정하는 분야에 많이 이용되고 있는데, 특히 달걀, 육류, 과채류, 유제품 등의 조성물 검사나 달걀 껍질, 포장 상태 검사에 이용된다. 고주파는 주로 식품 표면에 오염된 미생물의 제거 및 바람직하지 못한 효소의 불활성화에 효과가 높다.

그림 14-13에서와 같이 초음파를 20kHz 처리를 지속적으로 한 경우와 비연속적 처리를 한 경우를 보면 연속적으로 하였을 때 효소의 활성이 더 많이 감소하였다. 30분간 지속되었을 때 약 60% 이상의 효소 활성을 잃어버리는 것을 볼 수 있다.

초음파의 높은 진동수는 대량의 미세한 기포(bubble)의 생성과 파괴에 따른 압력 편차로 대량의 미세한 기계적인 충격이 발생하고, 이러한 충격은 세포의 구조 용해나 효소 작용에 관여하는 성분들을 변형시켜 미생물의 사멸이나 효소의 불활

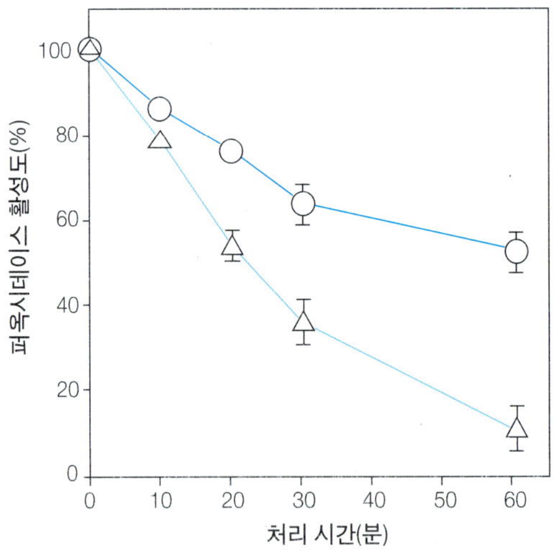

그림 14-13 지속적인 초음파 처리(△)와 순차적(비연속적) 초음파 처리(○)에 의한 퍼옥시데이스의 불활성화

자료 : Ku 등, Food Sci. Biotechnol, 9(2): 124-129, 2000

성 효과를 나타낸다. 상대적으로 미생물 사멸 연구는 적은 편이며, 미생물 포자에 대한 기작은 자세히 밝혀지고 있지 않다.

일반적으로 초음파 기술은 미생물의 살균 작용을 하는 것으로 알려졌으나 단독으로 사용되지 않고 다른 기술과 병행적으로 이용되고 있다. 이러한 여러 살균 및 저장 기술들이 복합적으로 병행 적용되는 기술을 허들 테크놀로지(hurdle technology)이라 하는데, 각 허들 요인이 갖고 있는 특성을 하나 하나씩 순차적으로 적용하면서 살균·저장 효과를 극대화하여 사용되고 있다(16장 참고).

초음파와 전기 분해 수 및 살균제를 병용하여 과일과 채소 표면의 깊게 갈라진 틈과 같이 세척이 용이하지 않은 부분들에 오염된 *Listeria monocytogenes*와 *Escherichia coli* 등의 병원균들을 살균에 효과가 있었다. 또한 토마토 페이스트와 토마토 소스 제조에서 손실을 유발시키는 효소들 및 오렌지 주스에서의 탁도(cloudiness)를 떨어뜨리는 효소를 불활성화시킬 수 있다.

또한 초음파 기술은 액상 제품에서 효과적으로 공기를 제거할 수 있다. 공기는 물이나 액체보다는 열 전달 계수가 낮은 값을 가진다. 따라서 초음파에 의해서 이런 공기층을 제거하여 주면 열 전달이 빠르게 되어 효율적인 열처리가 이루어지게 되며, 또 추출 공정 향상에도 효과가 있으므로 초음파 기술을 단독으로 활용하기보다는 추출 공정과 함께 병용하여 이용하는 것이 효과적이다.

초음파에 의해 전단력(shear forces) 발생이 세포벽을 파괴하여 물질들이 세포 밖으로 빠져나가는 효과를 이용하여 고체의 세포에서 액상 물질을 추출할 때 이용되고 있다. 또한 불용화된 구조가 높은 진동에 의해서 수용화된 구조로 변화되면서 입자의 크기가 상대적으로 감소하여 입자와 액체가 접하는 표면적이 증가하여 추출에 효과적이다. 단순히 용매에 담가 놓거나 저어 주는 것에 비해 초음파의 추출은 빠르고 완전하다. 식물 조직에서의 액포(vacuolar)에서 유용 물질(예:항산화 물질, 색소 성분 등)의 추출에 효과적인 것으로 알려졌다. 또 초음파 에너지는 충격력을 갖고 있으므로 그 에너지의 크기에 따라 식물체의 조직을 파괴할 수 있으며, 고체 표면에 부착된 물질을 이탈시킬 수 있어 과일 등의 세척이나 용기의 세척 기술로 활용되고 있다.

Tips HPLC, GC 또는 안경들의 부속품이나 미세한 곳에 축적된 물질을 제거하기 위하여 세척(cleaning)할 때 초음파를 이용하여 강한 진동을 통하여 이들에 흡착된 이물질을 제거하는 데 활용되기도 한다.

3) 초음파 기술의 향후 발전 전망

향후 초음파 기술은 넓은 범위의 식품 산업 분야에서 다양하게 적용할 수 있는 공정으로 밝혀지고 있다. 그러나 초음파 기술과 같은 비가열 공정은 많은 장점을 가지고 있음에도 불구하고 식품 산업의 적용에 한계를 나타낸다. 일반적으로 비가열 처리는 미생물을 감소시키는 효과는 있으나 기존의 가열 공정처럼 상업적 살균에 도달하기 어려워 살균 후 유통 과정에서 상온 유통이 어렵고 유통 기간도 다소 짧은 문제점이 있다. 또한 초음파 장치의 경제적 부담도 높아 현재 실용화에 어려움이 존재한다. 이러한 이유 등으로 초음파 처리된 제품이 거의 전무한 실정이다. 그러나 향후 식품에 대한 소비자의 요구가 새로운 맛이나 조직감, 더 나아가 특정 영양 및 건강 증진 효과를 기대하고 있어 초음파 기술에 관한 기반 연구는 꾸준히 진행될 것으로 전망된다.

최근 들어 많은 연구자들이 한 가지 방법만으로는 살균이 어렵기 때문에 가열, pH, 수분 활성도, 산화 환원 전위 등 여러 가지 방법을 적용하는 허들 기술의 도입(16장 참고)으로 살균 문제를 해결하려고 한다. 즉, 기존의 가열 처리 공정과 초음

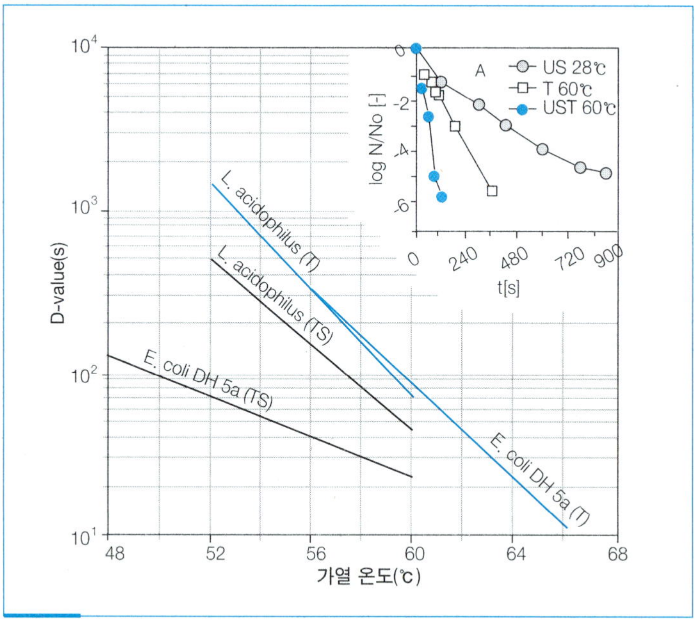

그림 14-14 모델 시스템에서의 초음파(○, US), 가열(□, T), 가열-초음파(●, UST) 후 *Escherichia coli*와 *Lactobacillus acidophilus*의 사멸 곡선
자료 : Zenker 등, J. Food Protect, 66: 1642-1649, 2003

> **Tips** 식품 산업에서의 초음파 응용은 비교적 최근에 시작되어 원료 및 용기의 세척, 호프 등의 단백질이나 지방의 추출, 건조, 맥주나 음료의 거품 조절, 초콜릿 제조, 술이나 음료의 숙성 등의 다방면에 이용되고 있으며, 육류 식품의 조직 검사, 액체 식품의 점도 측정, 저장 및 반응기 내에서의 액의 위치 측정, 식품 품질 평가 등에 응용되고 있다.

파 공정(즉, 가열-초음파)을 접목하거나 다른 비가열 처리 공정(즉, 고압력-초음파 또는 고압력-가열-초음파)을 함께 적용시키는 연구도 활발히 진행되고 있다. 그림 14-14는 모델 시스템에서의 초음파, 가열, 가열-초음파 후 *Escherichia coli*와 *Lactobacillus acidophilus*의 사멸 곡선을 보여주고 있다. 가열-초음파를 병행한 처리가 살균 효과가 높음을 알 수 있다.

14 연습문제

01_ 다음 식품 처리 기술 가운데 식품의 온도가 상대적으로 가장 높은 기술은?

① 초고압(high hydrostatic pressure)
② 감마선 조사(γ-ray radiation)
③ 초임계 유체 추출(supercritical fluid extraction)
④ 옴 가열(ohmic heating)
⑤ 고전압 펄스장(high voltage pulsed electric field)

02_ 다음 중 처리 기술과 대상 식품의 관계가 틀린 것은?

① 초고압—잼의 살균
② 초임계 유체 추출—오렌지 주스 살균
③ 저항 가열—고추장 살균
④ 마이크로파 가열—우유 살균
⑤ 고전압 펄스장—우유 살균

03_ 다음 식품 가운데 전자레인지(microwave oven)에서 동일한 시간 처리하였을 때 가장 가열이 빨리 되는 식품은?

① 수분 15% 쌀　　② 수분 5% 건빵　　③ 수분 30% 소시지
④ 수분 30% 빵　　⑤ 수분 15% 버터

04_ 다음 물음에 대하여 ○, ×로 답하시오.

(1) 초음파는 전기적인 에너지를 이용하여 미생물을 살균하는 저장 기술이다. (　　)

(2) 초음파 처리만으로 식중독균을 충분히 살균시킬 수 있는 등 상업적 살균을 이룰 수 있다.
(　　)

(3) 초음파 처리를 한 후에는 식품 내의 열 전달이 빠르게 이루어진다. (　　)

(4) 초음파 기술과 허들 기술의 다양한 저장 방법들을 함께 적용해 나가면 저장성은 훨씬 더 향상된다. (　　)

(5) 초음파는 높은 진동을 이용하는 기술이다. (　　)

05_ 마이크로파에 의한 가열 원리에 대해 설명하시오.

06_ 초고압에 의한 미생물 세포벽의 변화에 대해 설명하시오.

07_ 초음파 기술(혹은 비가열 처리 기술)의 장단점에 대하여 설명하시오.

정답 및 해설

01_ ④　**02_** ②　**03_** ③

04_ (1) (X)　(2) (X)　(3) (O)　(4) (O)　(5) (O)

05_ 식품 중의 물과 극성 물질은 교류하는 전기장에 대해 정렬을 반복하며 그 자리에서 회전하면서 마찰에 의해 열을 발생시키고(극성 회전), 이온성 물질은 교류하는 전기장에 따라 운동하면서 운동에너지로 열을 발생시키며(이온성 전도), 유지와 같은 비극성 물질은 교류하는 전기장에 의해 극성이 유도되어 열을 발생시킨다.

06_ 세포막은 2겹의 인지질에 단백질이 끼어 있는 형태로 이루어져 있는데, 초고압 처리를 하면 인지질층이 상전이를 일으켜 변형되고 단백질도 변성되어 세포막의 투과성이 달라진다. 따라서 세포질에 들어 있는 아미노산이나 이온성 물질등의 세포 내 물질이 세포 밖으로 유출되거나, 세포 외의 물질이 세포 내로 투과되어 들어간다.

07_ 장점: 전통적인 가열 공정 중에 일어날 수 있는 영양적, 관능적 품질 변화를 최소화하며, 공정의 편의성 및 친환경적이다.

단점: 기존의 가열 공정처럼 상업적 살균에 도달하기 어려워 살균 후 유통 과정에서 상온 유통이 어렵고 유통 기간도 다소 짧은 문제점이 있다. 또한 초음파 장치의 경제적 부담도 높아 현재 실용화에 어려움이 존재한다.

Chapter

15 오존 세척에 의한 살균

배우는 목적

오존(O_3)은 산소(O_2)의 동소체로서 분자 기호 O_3, 분자량 48, 비중 1.7인 담청색 기체이다. 플루오린(F) 다음으로 강한 산화력을 가지며 유기물을 분해하여 살균, 탈색, 탈취 및 생화학적 산소 요구량(biochemical oxygen demand, BOD), 화학적 산소 요구량(chemical oxygen demand, COD)을 낮추므로 각종 수처리에 이용된다. 오존은 물속에서 산소보다 용해도가 크고 자기 분해 후 생성되는 OH기(hydroxyl radical)가 유기물과 빠르게 반응하며, 반응 후 냄새나 색을 남기지 않으므로 2차 공해를 유발하지 않는다. 단, 용해 방법에 따라 반응하지 않은 잉여 오존은 오존 파괴 장치를 통해 완전 분해하여 대기로 방출해야만 한다. 즉, 오존 세척에 의한 살균 처리법은 산화력이 강한 오존을 발생시켜 이의 살균 작용을 이용한 것인데, 현재로서는 일부 식품이나 용기 및 장소, 폐수 처리 등에 제한적으로 이용되고 있는 실정이다.

1. 오존의 특성 및 사용 필요성

1) 오존의 이화학적 특성

오존은 산소가 있는 상태에서 자외선을 쪼일 때 생성되는 것으로, 3개의 산소 원자가 4가지 형상의 공명 구조로 결합된 형태로 존재하며, 저농도의 오존은 상온에서 무색이고, 15% 이상의 농도에서는 푸른색을 나타낸다. 예를 들면 0.02ppm의 저농도에서도 특유의 자극취를 나타내며, 0.2ppm 이상의 농도에서 장기간 노출 시 인체에 유해하다. 오존은 공기 중(1%, 무게비)에서의 반감기는 16시간 정도이지만 수중에서는 pH = 7.0, 농도 3ppm일 때의 반감기가 약 30분 정도로 매우 짧은 특성이 있으며, 중요한 이화학적 특성을 표 15-1에 나타내었다.

오존은 불안정하여 물속에서 자기 분해 반응이 쉽게 일어나는데, 이러한 경우 오존의 자기 분해로 인하여 산소로 변하는 과정 중 연속적인 산화 반응을 일으켜 반응성이 더 큰 물질을 생성한다. 이때 자기 분해 속도는 pH, UV, 오존 농도, 라디칼 소거제(radical scavenger) 등에 의해 영향을 받는다. 예를 들면 pH가 증가함에 따라 오존 분해가 가속화되며, 불순 용액 속에 존재하는 다양한 용질에 의해 자기 분해 반응이 시작되어 라디칼 형태의 연쇄 반응 중간 생성물에 의해 가속화된다. 오존의 분해 기작은 크게 초기 단계, 전파 단계, 종료 단계로 구분할 수 있으며, 다음과 같은 기본 반응에 의해 표현될 수 있다.

(1) $OH_2 \xrightarrow{k_1} O_2\bullet + H^+$

(1-1) $O^3 + OH^- \xrightarrow{k_1} HO_2\bullet + O_2\bullet \qquad k_1 = 7.0 \times 10^{-1} M^{-1} s^{-1}$

(2) $O_3 + O_2\bullet \xrightarrow{k_2} O_3\bullet + O_2$

(3) $O_3\bullet + H^+ \underset{k_{-3}}{\overset{k_3}{\longleftrightarrow}} HO_3 \qquad k_3 = 5.2 \times 10^{10} M^{-1} s^{-1},\ k_{-3} = 2.3 \times 10^2 s^{-1}$

(4) $HO_3 \xrightarrow{k_4} OH + O_2 \qquad k_4 = 1.1 \times 10^5 s^{-1}$

(5) $HO + O_3 \xrightarrow{k_5} HO_4 \qquad k_5 = 2.0 \times 10^9 M^{-1} s^{-1}$

(6) $HO_4 \xrightarrow{k_6} HO_2 + O_2 \qquad k_6 = 2.0 \times 10^9 M^{-1} s^{-1}$

(7) $HO_4 + HO_4 \longrightarrow H_2O_2 + 2O_3$

(8) $HO_4 + HO_3 \longrightarrow H_2O_2 + O_3 + O_2$

단, 여기서

$HO_2\bullet$: Hydroperoxide 라디칼

$O_2\bullet$: Superoxide 라디칼

$O_3\bullet$: 오존 라디칼

k_n : 반응 상수

k_1 : 이온화 상수

2) 오존 사용의 필요성 및 중요성

국민의 보건위생을 위한 음용수 살균 소독 처리에 주로 염소가 사용되고 있는데, 때때로 상수의 염소 소독으로 인한 부산물이 생성되어 문제를 야기시키고 있으며, 폐수 처리로 활성 슬러지 송법이나 살수여상법의 생물학적 처리가 이미 오래전부터 시행되고 있으나 악취나 질소, 인 등을 완전히 제거하지 못하여 각종 미생물의 부영양화를 가중시키고 있다.

다른 한편, 식품이나 농산물의 변질 방지 및 살균의 목적으로 농약이 많이 사용

되고 있으며, 그 외에도 염소, 이산화염소, 염화브롬, 포말린 등의 살균제를 사용하고 있는 실정이다. 그런데 이러한 약제들은 특유의 불쾌한 냄새, 맛의 잔류성과 산화 작용이 강하므로 독성, 부식성, 자극성 및 2차 생성물의 문제점을 가지고 있다.

이와 달리 오존은 자연계에서 플루오린 다음으로 산화력이 강한 물질인데, 염소보다 산화력이 7배 정도로 강하여 살균, 탈취, 탈색 능력이 뛰어나며 이에 따라 수처리 분야 및 그 외의 의료, 식품, 농업 분야에서 광범위하게 이용될 수 있는 가능성이 높다. 또한 오존은 공기나 산소를 원료로 하여 쉽게 생성시킬 수 있으며, 트라이할로메탄(trihalomethane) 등 발암성 물질의 발생을 억제하고, 수중의 유기물을 분해하여 냄새를 제거할 수 있다. 뿐만 아니라 공장 및 산업 폐수나 세탁, 세제 등에서 나오는 유해 유기 물질, 사이안 및 페놀과 같은 독성 물질들을 분해하여 무해하게 하고, 수은, 철, 망간과 같은 중금속들을 산화시켜 제거하고, 잔존 오존은 다시 산소로 돌아가 BOD, COD를 개선시키며 2차 오염 물질(염소 살균의 경우 트라이할로메탄이 생성됨)을 전혀 만들지 않는다는 장점이 있다.

표 15-1 오존의 이화학적 특성

<table>
<tr><th rowspan="2">설명</th><th rowspan="2">성질</th><th colspan="3">색</th><th colspan="2">냄새</th></tr>
<tr><th>기체</th><th>액체</th><th>고체</th><th>기체</th><th>액체</th></tr>
<tr><td>분자량(dalton, 760 mmHg)</td><td>48.0</td><td rowspan="18">미청색</td><td rowspan="18">암청색</td><td rowspan="18">암자색</td><td rowspan="18">건초 냄새
비린 냄새
신 냄새
과일 냄새</td><td rowspan="18">낙엽 냄새</td></tr>
<tr><td>비점(℃, 760 mmHg)</td><td>−111.9</td></tr>
<tr><td>융점(℃, 760 mmHg)</td><td>−192.7±0.2</td></tr>
<tr><td>임계 온도(℃)</td><td>−12.1</td></tr>
<tr><td>임계 압력(atm)</td><td>54.6</td></tr>
<tr><td>임계 밀도(g/mL)</td><td>0.473</td></tr>
<tr><td>임계 용적(L/mol)</td><td>0.143</td></tr>
<tr><td>기체 밀도(g/L, −183℃, 1 atm)</td><td>2.144</td></tr>
<tr><td>액체 밀도</td><td></td></tr>
<tr><td>(g/L, −183℃, 1 atm)</td><td>1.151</td></tr>
<tr><td>(g/L, −195.4℃, 1 atm)</td><td>1.614</td></tr>
<tr><td>표면 장력(dyne/cm^2, −183℃)</td><td>48.4</td></tr>
<tr><td>점도(cP, 액체 −183℃)</td><td>1.55±0.22</td></tr>
<tr><td>비열 Cp</td><td></td></tr>
<tr><td>(kcal/mol, 127℃)</td><td>10.44</td></tr>
<tr><td>(kcal/mol, 25℃)</td><td>9.37</td></tr>
<tr><td>생성 열(H, kcal/mol, 25℃)</td><td>−34.5±0.2</td></tr>
<tr><td>유리에너지(F, kcal/mol, 25℃)</td><td>32.4</td></tr>
</table>

이상에서 열거한 각종 장점들 때문에 우리나라에서도 오존 사용에 대한 필요성이 시급히 대두되었으며, 현재는 제한적인 사용을 허용한 상태이며 향후에는 이에 대한 수요도 급증할 것으로 판단된다.

2. 오존 세척의 유효성 및 오존의 반응성

1) 오존 살균의 유효성

오존은 산화력이 매우 강해 살균 처리를 위한 거의 모든 분야에 적용할 수 있다. 또한 오존은 산소로부터 생성되며 여러 과정 중 분해되어 다시 산소로 되는데, 염소계 또는 다른 화학 약품과는 달리 유해한 반응 생성물을 잔류시키지 않는다. 예를 들면 수처리를 할 경우 염소계 제재는 물속의 유기물과 반응하여 변이원성과 발암성의 의문이 제기되는 트라이할로메탄 등이 생성되는 것에 반하여 오존은 이러한 문제가 없이 높은 효율의 살균을 완성할 수 있다. 오존의 또 다른 특징은 산소만을 원료로 하고 있어 전력만 충족되면 제조와 관리가 쉬우며 처리 후에 특유의 맛을 유발시키지 않는다. 다른 물질과의 반응으로 인한 부영양화가 없고, 처리 후에 호기성 세균 및 물고기의 생존성이 우수하며, 염소계 제재로는 제거하지 못하는 바이러스, 결핵균 및 소아마비 발생균 등의 제거 능력이 우수한 장점들이 있다.

오존에 의한 살균은 생물체의 세포막을 파괴하거나, 세포막 내에 침입하여 DNA를 파괴하는 등의 살균 기작을 따르고 있어, 세균의 세포막을 직접 통과하여 흡수계 효소를 손상시킴으로써 세균과 바이러스의 살균 및 불활성화에 좋은 효과를 발휘한다. 따라서 플랑크톤 및 바이러스에 대한 매우 좋은 증식 억제 효과를 얻을 수 있다. 이러한 사항 때문에 오존을 사용하는 것이 다른 화학 약품을 사용하는 것에 비해 큰 장점이 되는 것이다. 그런데 오존을 처리할 경우 반감기가 30분 정도로 매우 짧아 독성이 오래도록 잔류하지 않는다는 장점이 있는 반면에 소독의 잔류 효과가 지속되지 않는다는 단점도 아울러 지니고 있으므로 적절한 처리 조건하에서 사용해야만 한다는 사실도 중요하다.

오존의 살균력은 오존 농도 0.4ppm에서 4분 동안 대부분의 세균, 바이러스, 곰팡이를 사멸시킬 정도로 강하다. 살균력을 비교해 보면 차아염소산의 25배, hypochlorite(OCl)의 2,500배, chloramine의 5,000배 수준으로 강하다. 고농도

일수록 오존의 살균력은 크게 증가하며 수초 내에 세포벽을 파열하여 세포막을 분해하고 재생이 불가능하다. 이와는 달리 염소는 확산에 의해 세포벽을 파열한 후, 차아염소이온(hypochlorous ion)이 세포 내로 들어가 작용하며, 이 과정이 진행되는 데 보통 30~60분이 소요되며 이때 접촉 시간이 불충분하면 세포가 재생될 수도 있다.

세균의 경우 세포벽을 구성하는 지단백질의 파괴를 유도하며, 그람 음성균인 대부분의 병원균이나 대장균은 0.01mL/L의 저농도 오존수에서 1분간의 접촉에 의해서도 급속히 사멸된다. 그러나 그람 음성균, 특히 내열성 포자 형성균은 오존에 대한 저항력이 높다. 효모의 경우 효모가 생산하는 주요 효소들이 불활성화되며, 바이러스의 경우 DNA가 파괴되어 1mg/L 정도의 오존에서 1분간의 접촉에 의해 99% 불활성화된다.

2) 오존의 안정성 및 반응성

오존은 공기 중의 산소 또는 순산소를 이용하여 가스 상태로 발생시키는데, 오존을 수처리에 응용할 경우 액상으로 용해시켜 사용한다. 액체 상태에서 잔류 오존은 매우 불안정하기 때문에 비교적 단시간에 분해되어(반감기: 20~30분, 온도 20℃) 산소와 물이 된다. 오존의 분해 속도는 pH에 크게 영향을 받는데, 이것은 수산화기(OH-)에 의하여 오존이 스스로 분해되는 특성(self-decomposition)을 가지기 때문이다.

즉, 오존은 산성에서는 비교적 안정하지만 알칼리성으로 갈수록 분해 속도가 빨라진다. 오존은 오염 물질이 없는 수용액 상태에서도 수산화기에 의해 분해되기 시작하여 중간 생성 물질인 hydroperoxy 라디칼($HO_2\bullet$)과 superoxide 라디칼($O_2\bullet$)을 형성하며, 이들은 다시 오존 분자와 반응하여 ozonide 라디칼($O_3\bullet$)의 중간 경로를 거쳐 OH 라디칼을 생성하게 된다. 이때 중간 물질로 생성된 라디칼 중 OH 라디칼은 오존 그 자체보다 높은 전위차를 가지며(3.08V), 거의 모든 유기물과 빠른 속도로 반응하는 특징이 있다. 반면에 오존 분자 자체는 OH 라디칼에 비해 대다수의 유기물과의 반응이 느리거나 또는 어떤 유기물과는 반응을 하지 않는 경우도 있다.

수처리에 오존을 사용할 경우, 오존이 살균 작용에서 염소보다 강력하여 많은 유기/무기 화합물을 산화·분해할 수 있고, 트라이할로메탄 전구 물질을 제거할 수 있다는 특성을 갖고 있다. 이 경우 미생물에 대한 오존의 반응을 보면, 우선 오존은 기체-액체 접촉에 의하여 물에 용해되고 용해된 오존을 주체로 각종의 미생물과 반응하는 산화 분해에 관여하는데, 오존의 안정성은 pH에 크게 의존하여 pH 6 이상에서는 pH가 상승함에 따라 분해 속도가 급격히 높아진다고 알려져 있다. 당연히 pH가 다른 수중에서는 오존의 미생물 살균 기작도 달라진다.

부연하면, 낮은 pH에서의 오존 반응은 오존 자신이 산화의 주체가 되어 비교적 오존과 반응하기 쉬운 미생물의 표층 성분과 산화 반응을 하는 반면, 높은 pH에서의 산화 분해는 오존이 물에 녹아 분해할 때에 생기는 OH 라디칼에 의한 반응이 주체가 되기 때문에 보다 강한 산화력을 나타낸다. 낮은 pH 반응에서는 오존이 강력한 산화력이 있기 때문에 미생물 표층의 세포벽과 세포막의 이중 결합과 같이 불포화 결합부와 전자 밀도가 높은 부분을 공격한다. 즉, 오존은 불포화 결합의 절단, 전자 공여기를 갖는 방향족 화합물의 산화와 황화물, 아민류, 아미노산류와 같은 친핵성 원자를 갖는 분자의 산화에 유효하다. 이와 같이 불포화 결합의 계열만으로 목적이 달성되어 산화 반응의 주체가 되며 일반적으로 반응성 물질의 산화에 사용된다. 결국 미생물의 종류에 따라 오존 처리 조건을 변화시킨 방법이 효율적인 살균 방법이라고 할 수 있다.

오존에 의한 반응은 오존에 의한 직접 반응과 수용액 중에서의 OH 라디칼에 의한 반응 등이 있다.

(1) 오존에 의한 직접 반응

오존은 4개의 공명 혼합체를 갖는다고 생각되며 구전자적, 구핵적, 1.3 쌍곡자라고 하는 유기물과 선택적으로 반응한다. 오존에 대해 활성을 나타내는 유기물로는 크게 6가지로 나눌 수 있다.

① 불포화 결합을 가진 올레핀계 및 아세틸렌계 화합물
② 방향족 화합물
③ 탄소-질소 이중 결합을 가진 화합물
④ 아민, 황화물들을 함유한 화합물
⑤ 알코올, 에테르, 알데하이드 등의 산소를 함유한 화합물
⑥ 여러 가지 탄소-금속 결합물

이상에서 열거한 종류들 중에서 탄소 이중 결합이 오존에 대해 가장 반응성이 높으며, 포화 탄화수소의 경우가 반응성이 가장 낮다.

(2) OH 라디칼에 의한 반응

OH 라디칼에 의한 반응은 Hoigne 등에 의해 보고되었는데, 그 반응성이 매우 높아 10^{-5}초 이내에 소실되며 오존의 직접 반응보다 산화 반응에의 기여율이 높다. 그러나 OH 라디칼에 의한 반응은 선택성이 낮고, CO_3^{2-}, HCO_3^- 등의 다른 성분과의 경합 반응으로 인해 유기물의 산화가 억제된다.

수중에서 오존의 자기 분해는 다음과 같다.

$$O_3 + H_2O \longrightarrow HO_3 + OH^-$$
$$HO_3 + OH^- \longrightarrow 2HO_2$$
$$O_3 + HO_2 \longrightarrow OH^- + 2O_2$$
$$O_3 + OH^- \longrightarrow HO_2 + O_2$$
$$HO_2 + HO_2 \longrightarrow H_2O_2 + O_2$$
$$OH + HO_2 \longrightarrow H_2O + O_2$$
$$OH + OH \longrightarrow H_2O_2$$

(3) 오존과 무기물과의 반응

오존은 산화력이 매우 강력하여 금과 백금을 제외한 대부분의 금속을 산화시키며 이외의 원소와도 반응한다. 무기물은 오존과 반응하여 보다 높은 산화수 상태로 되며 불용성의 산화물로서, 여과하여 고체-액체 분리에 의하여 제거한다.

오존과 여러 가지 무기물과의 반응 속도를 표 15-2에 정리하였다. 이와 같은 오존의 산화력은 사용 환경에 있는 금속, 플라스틱, 고무 등을 산화시켜 부식·저급화시키기 때문에 오존을 사용할 때의 재료를 선택하는 경우에는 각별한 주의가 필요하다. 내 오존성 고무 재료로는 클로로퓨렌 고무, 뷰틸 고무, 에틸렌프로필렌 고무, 아크릴 고무, 폴리에틸렌 고무, 에피크로하이드릴 고무 등이 있다.

표 15-2 오존과 무기물과의 반응 종류

오존과의 반응성	무기물	반응 속도 상수($M^{-1}s^{-1}$)
빠름	NO_2^-, CN^-, HS^-, Fe^{2+}, Mn^{2+}	~10^5
중간	Br^-, BrO^-, NH_2Cl, NH_2Br, OCl^-, ClO_2	26~10^3
느림	HPO_4^{2-}, $H_2BO_3^-$, HCO_3^-, Cl^-, SO_4^{2-}, $H_3SiO_4^-$	10^{-4}~0.2

Tips 라디칼(Radical)

자유 라디칼(Free radical)이라고도 하며, 사전적인 정의는 '화학에서 적어도 1개 이상의 홀 전자를 포함한 분자'를 지칭한다.

대부분의 분자들은 짝수 개의 전자를 갖고 있으며, 일반적으로 분자 내에 원자들을 결합시키는 공유 결합은 원자들이 전자쌍을 공유함으로써 결합을 형성한다. 대부분의 라디칼은 정상적인 전자쌍 결합이 쪼개짐으로써 생성된다. 결합이 끊어지면 모든 분자는 2개로 쪼개지며, 이들은 깨진 결합에서 생성된 1개의 홀 전자와 그의 나머지 부분은 정상적인 전자쌍을 이루고 있는 원자들로 이루어져 있다.

자유 라디칼은 홀 전자를 가지나 전기적으로는 중성이고, 홀 전자를 가지므로 반응성이 커진다. 자유 라디칼은 서로 결합하거나 혹은 자유 전자를 가진 단원자와 결합하여 모든 전자가 쌍을 이룬 정상 분자를 만든다. 또는 반응하지 않은 분자와 반응하여 자신은 전자쌍을 채우고, 새로운 자유 라디칼을 생성한다. 이러한 모든 반응에서 각각의 단일한 자유 라디칼은 홀 전자로 인하여 다른 라디칼이나 홀 전자를 가지는 원자들과 결합할 수 있다. 특별한 경우에, 각각 홀 전자를 가지는 두 원자가 결합하여 이중(二重) 라디칼을 형성하며(전체적으로 전자의 수는 짝수임), 이들은 라디칼보다 2배의 결합 능력이 있다. 어떤 자유 라디칼들은 독특한 구조를 가지기 때문에 안정하여 적당한 조건에서 일정 시간 동안 존재하지만 메틸라디칼($\cdot CH_3$)이나 에틸라디칼($\cdot C_2H_5$)과 같은 대부분의 간단한 라디칼은 짧은 시간 동안에만 존재한다.

(4) 오존의 분해

사람이 오존 냄새를 감지하기 시작하는 농도는 0.01~0.02ppm(부피비)이고, 치사량은 노출 시간에 따라 다르지만 일반적으로 500~5,000ppm(부피비)이라고 한다. 따라서 오존 처리를 시행한 후에 잔류 오존을 함유하고 있는 공기는 인체에 해가 되지 않는 농도까지 처리를 하는 것이 매우 중요하다. 즉 오존의 분해 기술이 매우 중요하며 이러한 기법을 요약하면 표 15-3과 같다.

표 15-3 오존 분해 방법

방법	분해 재료	분해 성능	특징
열분해법	연료 가스	350℃ → 90%, 500℃ 이상 → 100%	연료나 전기 히터에 설치 및 사용으로 유지 관리비 고가
약액주입법	15% NaOH Na_2SO_3-NaOH	100%/5sec	운전비가 저렴한 반면 폐액의 처분, 장치의 부식, 상수 처리에 대한 실적 없음
활성탄법	격자형 활성탄 입자상 활성탄	100% → 100시간 지속(50%) 100% → 격자형보다 3~4배 높다	제거 성능 안정성, 반응 생성물 흡착 등의 장점. 설비비나 유지 관리 면에서 검토할 필요성이 있음
촉매법-TSO	Ti_2-SiO_2	100% → 400일 경과(60%)	악취 물질 동시 제거 95% 온·습도 등의 영향 없음, 재생 가능(200~400℃)
동-망간법	CuO-MnO_2	100ppm 0.3 → 0.1ppm의 수명(2.23년)	다른 오존 분해 방법보다 우수
MO-Honey-Com	TiO_2	0.5ppm → 0.05ppm : 100일 지속(90% 제거)	압력 손실이 작고 지속 시간 길며, 분해 성능 양호, 악취 성분 동시 제거
MO-Honey-Com	소석회, 활성탄, 탄산칼륨	0.1ppm → 1,400시간 이상 지속	압력 손실이 작고 지속 시간 길며, 분해 성능 양호, 악취 성분 동시 제거

3. 오존 살균 처리에 영향을 주는 인자

1) pH

pH는 살균제 오존 분자와 미생물 세포막에 영향을 주는데, 알칼리 조건하에서는 오존이 더욱 쉽게 분해되어 강한 살균력이 나타난다. 그러나 어느 정도의 잔류 오존량이 지속된다면 박테리아와 바이러스의 살균은 pH 5.6~9.8 사이에서 안정한 활성도 값을 가지고 있으므로 약산성~약알칼리 조건에서 살균 처리하는 것이 효과적이다.

2) 온도, 오존 농도 및 접촉 시간

37℃ 이상에서는 온도가 높을수록 살균력이 증가하는데, 이는 온도가 증가하면

화학 반응 속도가 증가하는 데 기인한다. 상세히 설명하면, 0~37℃까지 온도의 변화에서 오존의 살균력 차이는 거의 없지만 일반적인 경우에는 온도가 증가하면 미생물의 사멸 속도도 증대되는 것이 기본 이론이다.

오존과 사멸시키고자 하는 대상과의 접촉 시간은 길어질수록, 또한 살균제의 농도가 높아질수록 살균 효율은 증대된다.

3) 유기물질

물속에 존재하는 유기물질들은 오존의 소독에 대한 잔류 농도보다도 더 높은 잔류 오존 농도를 요구한다. 즉 초기에 유기물질이 살균처리할 미생물과 물속에 함께 존재하면, 오존은 유기물질과 먼저 반응하고 미생물이 살균되는 정도는 log값 1~2의 비율로 감소되므로 오존 처리 농도에 대한 보정이 필요하다. 이러한 현상 때문에 폐수 처리에 있어서 높은 오존 농도가 필요하며, 그러한 높은 오존 농도를 균일하게 확산시키기 위해서는 새로운 터빈 교반 장치나 특별한 주입 장치가 필요하다.

4) 잔류 오존

잔류 오존의 존재는 용수 소독의 불만을 해결할 수 있는 열쇠라 할 수 있다. 주입되는 오존에 의하여 잔류 오존이 극한에 이르면 미생물의 성장 곡선은 중단되고 하강선을 나타내게 되는데 이 지점에서 미생물의 불활성화와 살균력이 극대화되는 것이다. 예를 들면 오존 잔류 농도가 0.1~0.4mg/L로 존재할 때 미생물의 불활성화, 특별히 바이러스 살균은 1차 반응식으로 표현할 수 있다(단, 살균 이외의 전체적인 반응, 즉 유기물에 의한 오존 소비 등이 존재할 때는 1차 반응식을 따르지 않음에 주의하여야 한다). 이러한 불활성화는 산화 환원 전위의 증가로 상당히 빨리 진행되나 유기물질의 존재 여부에 따라 10초 또는 5분 정도의 시간을 요구한다.

이때의 미생물 불활성화를 설명하는 기작이 명확하게 밝혀지지는 않았지만, 오존이 미생물의 세포막과 효소 시스템, 심지어 핵산까지도 침투하는 물리적인 요인에 기인하는 것으로 판단하고 있으며, 고농도의 오존은 미생물 세포 자체를 분해하고 바이러스의 핵산에 침투하는 등 단백질을 직접적으로 파괴시키는 기작이라고 예측하고 있다. 잔류 오존에 대한 미생물의 민감도는 광범위하게 비교 연구되며 실험되어 왔으며, 이러한 연구의 결과 근원성 박테리아는 enterovirus(장내균)보다 오존에 더 쉽게 파괴됨을 확인하였다.

4. 오존수의 안전성 및 규격 설정

앞에서 오존의 강한 살균력 및 여러 가지 장점에 대하여 설명한 바 있으며 이에 따른 오존 사용의 필요성에 대하여도 언급하였다. 그러나 아무리 필요한 오존이라 할지라도 안전성에 대한 고려가 반드시 필요하며 따라서 오존의 사용에 대한 규격 설정이 엄격하게 뒤따라야만 한다.

오존이 과량으로 존재할 경우 인체에 여러 가지 독성을 나타내는데 주로 호흡기에 이상을 초래한다. 이러한 급성 독성은 오존의 농도와 노출 시간에 따라 다르게 나타나는데, 오존의 노출과 생체에 대한 작용과의 관계 정도를 표 15-4에 요약하였다. 저농도의 오존에 반복해서 노출되는 경우에는 만성 중독의 증상으로 식욕 감퇴, 두통, 수면 장애 등이 생긴다.

따라서 대기 환경 기준으로 정하고 있는 오존의 농도는 우리나라의 경우에는 연평균 0.02ppm 이하, 1시간 평균 0.1ppm 이하로 규정하고 있으며, 일본과 미국의 경우는 1시간 평균이 0.06ppm과 0.08ppm 이하로 규정하고 있다(표 15-5 참조).

표 15-4 오존 농도 변화가 인체에 미치는 영향

오존 농도(ppm)	인체에 미치는 영향
0.01~0.02	다소 냄새를 느낌(곧 무감각해짐)
0.1	뚜렷한 냄새를 느끼고, 코와 인후부에 자극
0.2~0.5	3~6시간 노출로 시각이 저하됨
0.5	상부 기도에 뚜렷한 자극을 느낌
1~2	시간 노출로 두통, 가슴 압박, 갈증을 느끼며 반복하여 노출 시 만성 중독됨
5~10	맥박 증가, 몸에 통증, 마취 증상이 나타남
15~20	작은 동물은 2시간 이내에 사망함
50	사람의 경우 1시간 노출 시 생명이 위험한 상태로 됨

표 15-5 국가별 오존의 실내 환경 허용 기준

구분	노출 한계	비고
실내 환경	0.005ppm (미국, 미국산업위생사협회) 0.03ppm(뉴질랜드) 0.08ppm(WHO, EU) 0.1ppm(WHO, EU)	8시간 평균 8시간 평균 8시간 평균 1시간 평균
대기 환경	0.12ppm(USA, 미국환경보호청) 0.06ppm(일본) 0.08ppm(한국, 대기환경보전법) 0.1ppm(한국, 대기환경보전법)	1시간 평균 1시간 평균 8시간 평균 1시간 평균
작업 환경	0.1ppm(미국, 미국산업위생사협회) 0.3ppm(미국, 미국산업위생사협회) 0.1ppm(일본산업위생학회) 0.1ppm(한국, 노동부)	최대 허용 한계치 단기 노출 농도 한계

5. 오존 부산물 및 위해도(Risk factor)

1) 오존 부산물

(1) 오존(Ozone, O_3)

상수도 살균 처리에 사용되는 오존은 잔류성이 없기 때문에 일반적으로 수돗물 사용자에게까지 남아 있지 못한다. 따라서 오존의 안전성에 대한 우려 사항은 오존의 사용에 기인하는 부산물에 한정된다. 이러한 부산물은 다양한 종류의 알데하이드, 케톤, 카복실산과 불안정한 과산화물(peroxide)들이다. 저농도의 오존에서는 돌연변이를 일으키는 화학 물질을 생성할 수도 있지만, 일반적으로 정수 처리에서 사용하는 고농도의 오존에서는 이러한 생성 물질은 완전히 파괴된다.

(2) 브로메이트(Bromate, BrO_3)

브로메이트의 위해는 치명적인데, 주로 위장 장애 증상, 청각 손상, 급성 신장 파괴 등의 특징을 보인다. Ames 시험, 소핵(micronucleus) 실험, 염색체 변이 실험 등에서 $KBrO_3$(potassium bromate)의 섭취가 돌연변이의 증거임이 밝혀졌다. 햄스터를 대상으로 한 실험에서 $KBrO_3$는 농도 500mg/L 이상에서 신장 종양을

증가시킨다고 보고하였으며(Takamura 등, 1985), $KBrO_3$ 250~500mg을 110주간 주입한 쥐에 대하여 매우 높은 신장 종양이 발생함을 확인하였다.

(3) 폼알데하이드(Formaldehyde, HCHO)

알데하이드는 대부분의 소독에서 생성될 수 있으나, 오존 소독에 의해서 가장 높은 농도로 생성된다. 오존 처리한 물에서 농도는 3~30μg/L 범위에서 관찰되고 있으며 평균 8μg/L 정도이다(Krasner 등, 1989).

폼알데하이드에 대한 대부분의 연구는 폼알데하이드 기체에 대한 것이다. 암수의 쥐에 폼알데하이드 기체를 호흡 노출시키면(특히 폼알데하이드에 매우 민감한 쥐의 경우) 호흡 계통 종양의 발생이 크게 증가하는데, 생쥐는 고농도하에서 종양 발생이 적은 편이고 햄스터는 종양이 발생하지 않는다. 사람에 대한 발암성 평가를 위한 충분한 자료는 없는데, 일반적으로 볼 때 폼알데하이드는 돌연변이를 일으킬 수 있는 잠재적 돌연변이원(potential mutagen)으로 분류되며, 폼알데하이드의 장기 침투에 대한 의문은 구강에 의한 높은 농도의 섭취가 위장 상피(epithemium)에 한정된다는 것이다.

(4) 아세트알데하이드(Acetaldehyde, CH_3CHO)

아세트알데하이드의 호흡 노출은 설치류의 비강(nasal cavity)에 나쁜 영향을 미친다. 동물 실험에서 아세트알데하이드가 발암성이 있다는 증거는 충분하지만, 사람에게 아세트알데하이드 기체가 발암성이 있다는 충분한 증거는 없다. 흡입한 아세트알데하이드는 비강에 영향을 미치는데, 이러한 효과는 먹는 물에 의해 노출된 경우에는 관찰되지 않는다. 쥐의 경우 아세트알데하이드의 구강 섭취로 인한 치사량은 1,930mg/kg/day로서 폼알데하이드의 100~200mg/kg/day에 비해 높다.

(5) 기타 알데하이드류(Aldehydes, nonchlorinated, -CHO)

알데하이드는 오존을 사용할 때 많이 생성되지만 염소를 비롯한 모든 소독제만으로 생성되기도 한다. 알데하이드 작용기(functional group)는 전자와의 친화성(electrophilicity) 때문에 전자를 가지고 있는 핵산 혹은 단백질과 반응한다. 따라서 많은 알데하이드가 돌연변이나 암을 유발할 가능성이 높으며 음용수 내에 존재하는 알데하이드로 인한 돌연변이에 대하여 연구되어 왔는데, nonanal은 돌연변이원성이 가장 높은 물질이고, glyoxal과 methylglyoxal 또한 돌연변이원성을 나타내었다. 특히 glyoxal은 생체 실험에서 위장 점막으로부터 DNA의 파괴를 유발하고 DNA 합성에 이상을 유발하였다.

2) 오존 부산물의 위해도

트라이할로메탄(trihalomethane)과 할로아세트산(haloacetic acid)은 발암 물질로 알려져 있다. 트라이할로메탄은 생쥐나 쥐의 간과 신장에 종양을 일으키거나 손상을 가져오며, 할로아세트산은 신장에 종양을 일으키고 신경계통에 손상을 가져온다고 알려져 있다. 위해도는 제시된 상위 95%에 대한 일생 동안의 암 발생 수준을 음용수의 농도로 나누어서 구할 수 있으며, 표 15-6에서 제시한 각각의 오존 부산물 위해도는 1㎍/L 농도의 물질을 몸무게 70kg인 사람이 하루 2L씩 일생(70년) 동안 음용수로 섭취했을 때 증가하는 암 발생 확률을 의미한다.

표 15-6 건강상 위해도 추정

오존 소독 부산물	위해도	출처
클로로폼	10^{-5}/60 ㎍/L = 1.7×10^{7} per ㎍/L	미국 환경보호청, 1994
다이클로로브롬메탄	10^{-4}/60 ㎍/L = 1.7×10^{6} per ㎍/L	미국 환경보호청, 1994
다이브롬클로로메탄	10^{-6}/0.42 ㎍/L = 2.4×10^{7} per ㎍/L	Bull 및 Kopfler, 1991
브로모폼	10^{-5}/40 ㎍/L = 2.5×10^{7} per ㎍/L	미국 환경보호청, 1994
다이클로로아세트산	10^{-6}/0.33 ㎍/L = 3.0×10^{6} per ㎍/L	Bull 및 Kopfler, 1991
트라이클로로아세트산	10^{-6}/0.42 ㎍/L = 2.4×10^{6} per ㎍/L	Bull 및 Kopfler, 1991
브로메이트	10^{-6}/0.05 ㎍/L = 2.0×10^{5} per ㎍/L	미국 환경보호청, 1994

(1) 브로메이트

브로메이트는 미국 환경청에서 1백만 명당 1~100명의 범위에서 암을 일으킬 확률을 갖는 물질로 규정하고 있다. Kurokawa 등의 연구 결과를 기초로 F344 쥐에 신장 종양을 일으키는 먹는 물에서의 브로메이트의 농도는 0.1㎍/L(risk level 10^{-6})로 추정되었다. 이러한 수준은 하루 평균 2L의 물을 섭취하는 것을 기준으로 하였다.

(2) 폼알데하이드

쥐를 대상으로 24개월간 실험한 결과에 따르면, 먹는 물에서의 21mg/kg의 농도가 NOAEL(No Observed Adverse Effect Level)이 된다. 이는 안전율 100을 사용하는 경우 210μg/kg/day가 되고, 70kg의 몸무게를 갖는 성인을 기준으로 매일 14.7mg/day에 해당한다. 구강 섭취에 의한 폼알데하이드는 발암성 물질로 간주할 수 있으므로 미국 환경청에서는 안전율 10을 기준으로 하였다. 따라서 수질기준은 매일 평균 2L의 물을 섭취한다고 가정하는 경우 7.4~74mg/L의 범위에서 결정될 수 있다. 일반적으로 염소나 이산화염소를 사용하는 경우는 오존을 사용하는 경우보다 폼알데하이드의 발생이 적으므로 중요성도 낮게 된다.

(3) 아세트알데하이드

NOAEL 125mg/kg/day를 사용하고 안전계수 1,000을 적용하여 125μg/kg/day가 구해졌으며, 몸무게 70kg의 성인 남자를 기준으로 할 때 8.75mg/day가 추정된다. 미국 환경청에서는 아세트알데하이드의 호흡에 의한 발암 효과를 감안하여 안전율 10을 추가하였다. 매일 평균 2L의 물을 마시는 경우 0.44~ 4.4mg/L의 농도 범위가 규정될 수 있다.

(4) 기타 알데하이드류

아세트알데하이드와 폼알데하이드를 제외한 기타의 알데하이드 종류에 대한 동물학적 자료가 부족하므로 물에 대한 기준을 설정하기 어렵다. 그러나 잠재적으로 건강상의 위해를 주는 부산물의 일종이므로 장차 규명되어야 할 것이다.

15 연습문제

01_ 다음 중 오존 세척 후 발생 가능한 부산물이 아닌 것은?

① 아세트알데하이드 ② 폼알데하이드
③ 브로메이트 ④ 염소
⑤ 잔류 오존

02_ 식품에 대한 오존 살균 처리에 영향을 주는 인자가 아닌 것은?

① pH ② 식품 내의 포도당 농도
③ 온도 ④ 오존 농도
⑤ 오존과 식품과의 접촉 시간

03_ 다음 물음에 대하여 ○, ×로 답하시오.

(1) 오존의 자기 분해 속도는 pH, UV, 오존 농도, 라디칼 소거제(radical scavenger) 등에 의해 영향을 받는데, 이들 중 특히 pH가 산성 쪽으로 변함에 따라 오존 분해가 가속화된다. (   )
(2) 오존은 산화력이 염소보다 7배 정도로 강하지만 플루오린(F)보다는 약하다. (   )
(3) 우리나라의 경우, 대기 환경 기준으로 정하고 있는 오존의 농도는 연평균 0.02ppm 이하, 1시간 평균 0.1ppm 이하로 규정하고 있다. (   )
(4) 액체 상태에서 잔류 오존은 매우 안정하기 때문에 분해되기 어렵다. (   )
(5) 오존과 반응하는 무기물 종류 중 NO_2^-, CN^-, $H_2BO_3^-$, Cl^- 등은 오존과 매우 빠르게 반응한다. (   )

04_ 오존 살균의 장점과 단점, 그리고 그 유효성에 대하여 설명하시오.

05_ 오존 살균 처리에 영향을 주는 주요 인자의 종류를 열거하고 각각에 대하여 설명하시오.

06_ 오존 세척 살균 처리 후 생성될 수 있는 오존 부산물의 종류 및 안전성에 대하여 설명하시오.

07_ 오존과 직접적으로 반응을 쉽게 일으키는 물질 중, 유기물의 종류를 열거하고 이들과의 반응성이 높은 이유에 대하여도 설명하시오.

08_ 오존 처리를 시행한 후에 잔류 오존을 함유하고 있는 공기는 인체에 해가 되지 않는 농도까지 분해·처리하는 것이 매우 중요하다. 이때 오존을 분해하는 기술에 대하여 모두 설명하시오.

정답 및 해설

01_ ④

02_ ②

03_ **(1) (X)** 오존의 자기 분해 속도는 pH가 증가함에 따라 증가한다.

(2) (O)

(3) (O)

(4) (X) 액체 상태에서 잔류 오존은 매우 불안정하기 때문에 비교적 단시간에 분해되어(반감기: 20~30분, 온도 20℃) 산소와 물이 된다.

(5) (X) $H_2BO_3^-$와 Cl^- 등은 오존과 매우 느리게 반응한다.

04_ 장점: 강한 산화력, 독성이 오랫동안 잔류하지 않음.

단점: 소독의 잔류 효과가 지속되지 않음.

05_ ① pH ② 온도, 오존 농도 및 처리 시간 ③ 유기 물질 ④ 잔류 오존

06_ ① 잔류 오존 ② 브로메이트 ③ 폼알데하이드 ④ 아세트알데하이드 ⑤ 기타 알데하이드류 등이 오존 부산물의 중요한 물질들이다.

07_ 오존에 대해 활성을 나타내는 유기물로는 크게 6가지로 나눌 수 있는데, ① 불포화 결합을 가진 올레핀계 및 아세틸렌계 화합물 ② 방향족 화합물 ③ 탄소–질소 이중 결합을 가진 화합물 ④ 아민, 황화물들을 함유한 화합물 ⑤ 알코올, 에테르, 알데하이드 등의 산소를 함유한 화합물 ⑥ 여러 가지 탄소–금속 결합물 등이 있다. 이 중에서 탄소 이중 결합이 오존에 대해 가장 반응성이 높으며, 포화 탄화수의 경우가 반응성이 가장 낮다.

08_ 오존을 분해하여 인체에 해롭지 않은 농도까지 처리하는 방법에는 열분해법, 약액주입법, 활성탄법, 촉매법–TSO, 동–망간법, MO–Honey–Com 등의 기법들이 있다.

Chapter

16 허들 테크놀로지 (Hurdle technology)

배우는 목적

식품을 저장하거나 가공하는 과정에서 식품이 함유하고 있는 영양 성분이나 생리 활성 물질들이 파괴가 일어나는데 최근에는 이런 영양 성분이나 생리 활성 물질에 대한 가치가 상대적으로 높아져서 최소한의 파괴를 요구하고 있다. 따라서 기존의 열처리 방법이나 기타 방법을 사용하여 안전한 식품으로 제조, 보관하는 데에는 한계점에 도달하기에 이르렀다. 최소 가열 처리 방법 등이 각광을 받고 있는 이유도 바로 이 때문이다.

식품을 오랫동안 저장하는 과정에서도 마찬가지로 많은 양의 보존제를 첨가하기보다는 필요한 양만큼, 더 나아가 필요하다고 생각되는 양보다도 더 적게 첨가할 수 있는 방법을 도입하고자 한다. 이런 문제점을 고려하여 고안된 방법으로 여러 가지 처리 방법을 한꺼번에 도입하여 열처리를 최소화하거나 혹은 식품 첨가물의 양을 보다 더 최소화할 수 있는 방법을 적용하는 기술을 이해함으로써 소비자들에게 보다 만족스러운 제품을 제공할 수 있을 것이다.

1. 허들 테크놀로지의 배경과 개념

보다 안전한 식품을 제공받고자 하는 것은 소비자들이 가장 우선시하는 요구 사항이다. 미생물에 의한 오염과 부패, 이로 인하여 발생되는 식중독 사고를 예방하기 위하여 사용되는 보존 기술로, 예를 들면 냉동, 살균, 레토르트 제품화, 그리고 캔 제품화 등이 사용되고는 있으나 일부분 아직도 충분히 그리고 완전한 통제가 이루어지지 못하고 있는 실정이다.

한편 최근 소비자들은 건강에 대한 인식이 높아짐에 따라 영양가가 높으면서 맛이 있는 식품을 선호하게 되어 더욱 자연적이고 신선한 식품을 요구하기에 이르렀다. 이와 더불어 식품 가공과 저장 기술이 발전하면서 제조자들의 입장에서는 가공과 저장이 보다 간단하고 용이하며 경제적인 방법을 요구하게 되었다. 이런 경향 속에서 최소의 공정을 통해 식품을 가공 또는 저장하는 방법들이 모색되기 시작하였다. 식품 제조자들은 소비자들로부터 제품을 보다 온화한 보존 방법을 사용하여 제조하고 유통하라는 요구를 받고 있다.

이 방법은 최근 새롭게 개발된 것은 아니다. 미생물의 안정성과 식품의 안전성에 영향을 미치는 보존 요소들은 많은 세기에 걸쳐서 잘 알려져 있다. 특히 개발도상 국가의 많은 전통음식 중에는 이러한 개념들을 의식하지 못한 채 사용되어 왔던 것이다. 중국식의 소시지가 그 한 예이기도 하다. 식품은 아니지만 고대 이집트의 미라는 오래 보관하기 위해 적어도 3가지 이상의 허들 테크놀로지가 적용되었는데 낮은 수분 활성도(A_w 0.72), pH 10.6의 알칼리성, 그리고 보존제(향료, 향료 식물)가 이에 해당한다. 허들 테크놀로지는 실로 긴 역사를 갖고 있었던 기술이다.

식품 제조자들도 식품 사업을 통한 이익을 창출하기 위해서는 보다 진보적인 방법으로 온화한 처리에 의해 에너지를 절약할 수 있어야 하며, 또 신선하면서도 안전한 식품을 생산해야만 경쟁에서 살아남을 수 있게 되었다. 이런 상황에 맞는 허들 테크놀로지야말로 새롭게 적용되어야 하는 기술 중에 하나이다.

허들 테크놀로지는 품질 변화에 영향을 미치는 미생물들이 도저히 극복할 수 없는 장애 조건(hurdle)을 여러 번 제공하여 식품의 저장성을 향상시키는 방법이다. 한 개의 장애 요소를 제공하는 것이 아니라 여러 가지의 장애 요소를 순차적으로 제공함으로써 다양한 조건들이 혼합 또는 혼용되는 방법으로, 이는 combined method라고 불리기도 한다. 여러 가지의 장애 요소를 연속적으로 제공함으로써 부가 효과 또는 상승 효과가 기대되며 유해 미생물의 번식과 성장을 억제시켜 안전한 식품을 제조하는 가공, 저장 방법이다.

허들 테크놀로지에 의하여 저장된 식품들은 냉동, 냉장 없이도 안전하게 유지되고 성분이 안정된 상태에서 간단한 가공 방법이 적용되므로 관능 평가와 영양가 면에서도 우수한 것으로 알려져 있다. 예를 들어 수분 활성도가 높은 식품이라고 한다면 pH, 가벼운 열처리, 보존제 사용(일반적인 양보다는 적게 첨가), 보호 포장 등과 같은 장애 요소를 제공하여 저장성을 훨씬 더 강화하는 제품을 제조하는 방법이다. 이 방법은 저개발 국가나 경제적으로 어려운 환경 속에서 값비싼 냉동이나 냉장에 의한 저장을 수행하기 어렵다면 매우 효과적인 저장 방법이 될 수도 있다.

제품에 따라 식품 첨가물을 많이 사용하는 경우가 있다. 이런 제품들은 많은 양의 식품 첨가물이 첨가되어 맛이 저하되고, 또 새로운 첨가제의 사용에 대한 법적 승인 절차가 요구되기도 한다. 그뿐만 아니라 첨가제들이 불필요한 부반응(side reaction)을 일으키기도 한다(Tips 참조).

이에 비해 허들 테크놀로지는 가공 저장 방법이 쉽고 안전하며 맛이나 질적인

면, 영양가 면에서도 우수한 장점을 갖고 있어 세계 여러 나라에서 수용되고 있다.

Tips 드링크 제품에 보존제로 첨가된 안식향산 또는 안식향산나트륨이 함께 첨가된 ascorbic acid와 반응을 하여 페놀 화합물을 생성하게 되므로 발암 가능성을 높이게 되는 일이 생기기도 하였다.

2. 저장 식품에서의 장애 요인들

식품에 존재하는 관심 있는 미생물들이 극복할 수 없는 장애물이나 허들(hurdle)들이 식품의 안전성에 기여한다(그림 16-1 참조). 그 이유는 여러 장애 요인들이 유해 미생물이 지속적으로 생존하고 번식하지 못하도록 방해를 하므로 부패되거나 식중독이 발생되는 것을 억제하기 때문이다.

그림 16-1 미생물들이 각종 허들(장애물)을 넘으면서 쓰러지거나 죽거나 활성이 약화되어 안전한 식품으로 가공할 수 있음을 보여주는 허들 테크놀로지

안전한 식품을 만드는 데 일반적으로 이용되는 것 중에는 가열, 냉각, 동결, 동결 건조, 발효, 훈연, 산소 제거 등 많은 가공법들이 있다. 이 가공법들은 허들 테크놀로지가 거의 사용되지 않는 방법으로 한 가지 방법에 의하여 미생물을 죽이거나 성장을 억제시키는 방법이다.

하지만 허들 테크놀로지는 마치 장애물 경기를 하는 선수가 미생물이라고 가정하고 한 가지 허들을 넘고 나면 또 다른 장애물을 제공하고 또 다른 장애물을 계속 제공하여 궁극적으로 마지막 장애물을 넘지 못하도록 유도하는 방법이다. 이런 장애물에 해당하는 허들의 예로는 고온 처리(F값), 저온 저장(t값), 수분 활성도(A_w), pH, 산화 환원 전위(redox potential: Eh), 보존제, 경쟁 미생물(K-F) 등이 있다.

미생물들은 각각의 장애 요인을 극복하기 위하여 어떠한 양만큼의 노력을 한다. 장애 요인이 높을수록 미생물의 통제 효과는 더 커진다. 즉 유해 미생물이 이를 극복하고자 한다면 더 많은 유해 미생물이 필요하다. 살균과 같은 열처리 방법은 많은 종류의 미생물에는 높은 장애 요인이 되는 반면, 소금의 함량과 같은 장애 요인은 일부 제한된 범위의 미생물들에만 영향을 주는 강하지 않은 장애 요인이 된다. 이처럼 이들 중 일부는 주요 장애 요인이고 일부는 부수적인 장애 요인이다. 표 16-1에서 보는 바와 같이 가열, 저온 살균, 데치기, 냉장, 냉동, 자외선 조사, 이온 조사, 마이크로파 에너지, 초음파 등과 같은 물리적 장애 요인과 수분 활성도, 낮은 pH, 산화 환원 전위, 염, 이산화탄소, 산소, 오존, 유기산, 락트산, 식초산, 아질산염, 인산염, 금속 제거제, 계면 활성제, 에탄올, 향료, 허브 등과 같은 화학적 장애 요인 그리고 키토산, 염소, 항생 물질, 박테리오신, competitive flora와 같은 기타의 다양한 장애 요인들이 복합적으로 식품 저장에 이용될 수 있다.

표 16-1 식품 저장에 사용 가능한 장애 요인들

분류	장애 요인(hurdle)
물리적 장애 요인	높은 온도 가열(살균, 저온 살균, 데치기), 낮은 온도 처리(냉장, 냉동), 자외선 조사, 이온 조사, 마이크로파 에너지, 초음파, high electric field pulse, magnetic field pulse, 초고압, 포장 필름(활성 물질 코팅, 식용 필름), 무균 포장, 식품의 미세화, 포장(가스 충진, 진공, 진공과 활성 포장)
이화학적 장애 요인	낮은 수분 활성도, 낮은 pH, 낮은 산화환원 전위, 염, 질산염, 이산화탄소, 산소, 오존, 유기산, 락트산, 식초산, 아스코브산, 아황산염, 아질산염, 인산염, 글루코노-델타-락톤, 페놀, 금속 제거제, 계면 활성제, 에탄올, 프로필렌글리콜, 마이야르 반응 생성물, 향료, 허브, 라이소자임, 락토퍼옥시데이스, 훈증
기타 장애 요인들	Monolaurin, 유리 지방산, 키토산, 염소, 항생 물질, 박테리오신, 보호 배지, competitive flora

3. 허들 테크놀로지의 효과

허들 테크놀로지의 효과는 그림 16-2에서 보는 바와 같이 여러 가지 형태를 선택할 수 있고 각 경우마다 효과의 정도는 각기 다르다.

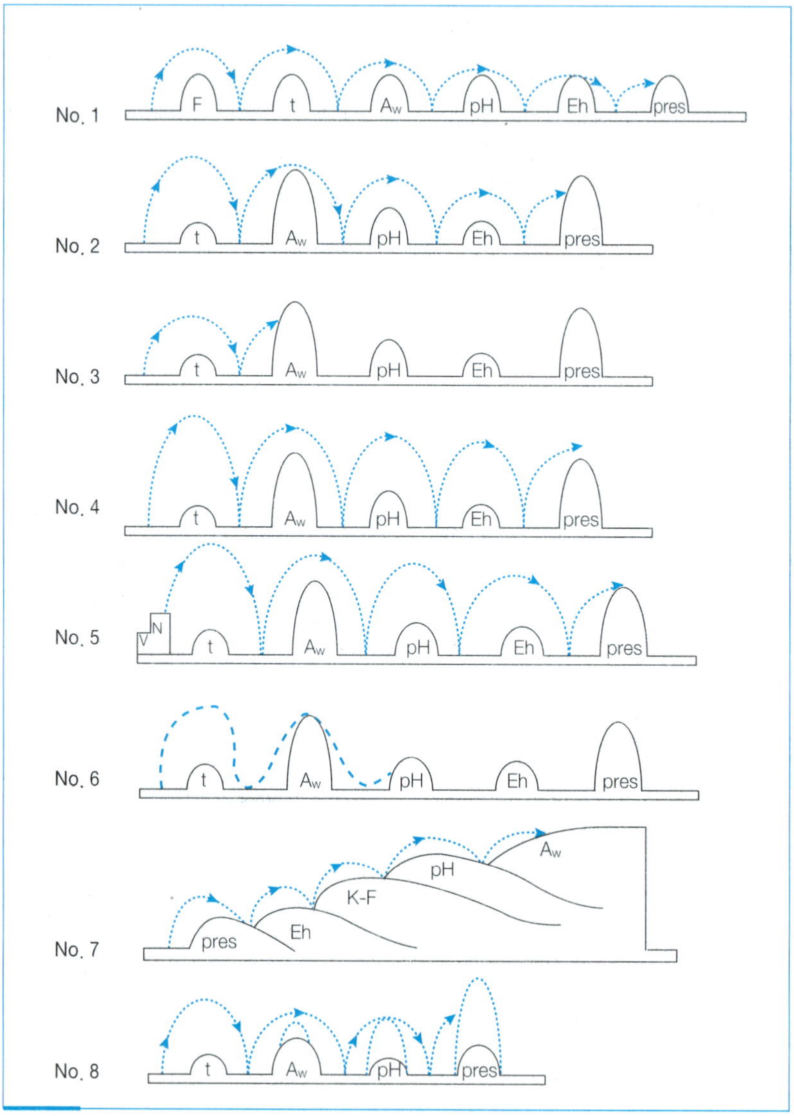

그림 16-2 각종 허들이 적용된 가상적인 8가지 경우
열처리(F), 수분 활성도(A_W), pH, 보존제(pres), 냉장 또는 냉동(t), 산화 환원 전위(Eh), 제품의 안전성에 기여하는 경쟁균(competitive flora; K-F), 영양가(V), 비타민(N)

보기 1(No.1)은 허들 테크놀로지의 원리를 설명하는 것으로 각각의 장애 요인을 하나씩 넘어야만 미생물이 살 수 있기 때문에 결국 여러 개의 장애 요인을 거치면서 미생물의 수는 줄어들게 되고 식품은 보다 안전하게 된다는 기본 원리를 보여주고 있다.

여기에는 7가지 장애 요인(F값, t값, A_w, pH, Eh, 보존제, K-F)을 순차적으로 처리한 과정을 제시한 것으로 어떤 미생물은 몇 개의 허들을 뛰어넘을 수도 있으나 어떤 세균도 동시에 함께 사용된 모든 허들을 다 극복하지는 못한다. 그러므로 식품은 유해 미생물로부터 안전하다. 각각 장애 요인의 높이(역치)는 다를 수 있으며 여기에 제시한 같은 높이의 강도는 실제 상황에서는 드문 경우로, 모든 장애 요인의 역치가 동일한 단지 이론적인 경우를 제시한 것이다.

보기 2(No.2)는 보다 실제적인 상황에 해당하는 예로, 모든 장애 요인의 강도를 다르게 하였으며 냉장 처리와 같은 보존 온도를 조절한 다음 수분 활성도를 낮추어 주고 pH를 어느 정도 조절한 다음, 산화 환원 전위를 조절하고 보존제로 마지막 장애 요인으로 남도록 처리한 것이다. 이 제품에서 수분 활성도와 보존제가 주요 장애 요인에 해당하며 냉장 또는 냉동(t)과 산화 환원 전위(Eh), 그리고 pH는 단지 부수적인 장애 요인으로 그 역치는 약한 정도로 처리한 것이다. 점선(·········)으로 표시된 부분은 미생물을 나타내는 것으로 마지막 장애 요인을 넘지 못한다는 것은 결국 해당 장애 요인에서 거의 죽는 것을 의미한다. 이 다섯 가지의 장애 요인들은 이와 같은 제품에 해를 가져올 수 있는 미생물들을 저해하기에 충분하다.

보기 3(No.3)은 보기 2의 경우와 마찬가지로 장애 요인과 강도를 같게 처리한 것이나 만일 초기 단계에 단지 몇 개의 미생물이 존재하였다면, 장애 요인의 개수를 적게 한다거나 장애 요인의 역치를 낮추어도 미생물에 대한 안전성을 확보할 수 있다. 이 경우 저온 처리와 수분 활성도만을 조절하여 해결할 수 있는 경우이다. 쉽게 부패하는 식품의 무균 포장은 바로 이런 원리에 기초를 두고 있는 것이다.

보기 4(No.4)의 경우 초기부터 점선의 크기가 높은 상태로 위생적인 환경이 좋지 못하여 유해한 미생물의 숫자가 많을 때는 보통의 장애 요인으로는 미생물에 의한 부패나 식중독을 막기가 어렵다. 여러 가지 장애 요인들을 제공하여도 점선으로 표시된 미생물의 개수가 좀처럼 줄어들지 않는 경우이다.

보기 5(No.5)의 경우 영양가(V)와 비타민(N) 등이 많은 식품으로 미생물의 성장에 좋은 환경을 제공하게 되므로 초기 미생물의 숫자가 상승 효과를 일으켜 급속히 많아진 경우이다. 이런 제품에서는 장애 요인을 보다 강화해야 한다. 그렇지 못하면 유해한 미생물들이 활발하게 성장하게 된다.

보기 6(No.6)의 경우는 식품에서 치명적인 해를 입은 미생물들의 행동을 설명한 것으로, 예를 들면 고기 제품에서 세균 포자가 치명적 해를 입었다면 이런 포자로부터 얻어진 영양 세포들은 생명력이 결핍되어 적은 수의 장애 요인이나 낮은 수준의 역치만으로도 저해될 수 있다. 발효 소시지나 햄 제품의 경우 연속적인 장애 요인들에 의한 가공 공정을 통해 미생물에 대한 안전성 확보가 가능하다.

보기 7(No.7)의 경우는 발효 소시지에서 연속적인 장애 요인을 설명한 것으로 소시지에서 활발히 작용하기도 하고 또는 사라지기도 하는 다섯 가지의 다른 장애 요인을 나타낸 것이다. 이 허들 테크놀로지는 부패균이나 식중독균을 효과적으로 저해하고 제품의 안전성에 기여하는 경쟁균(competitive flora ; K-F)을 선택하기에 유리하므로 발효 소시지의 숙성 기간이 매우 중요한 역할을 한다. 이 경우 이용될 수 있는 경쟁균으로는 락트산세균이 유용하다.

보기 8(No.8)의 경우는 여러 가지 방법을 혼합하여 저장하는 경우 서로 다른 장애 요인들이 안전성에 부가적인 효과가 있을 뿐만 아니라 상승 효과를 유발할 수 있다. 장애 요인의 상승 효과는 서로 다른 장애 요인들이 서로 다른 목표 대상을 갖는다면 동정평형(homeostasis)을 방해할 것으로 기대할 수 있기 때문이다. 이것은 부패균 또는 식중독균이 유도기를 극복하기 어렵게 되고 증식이 지연됨으로써 결국 미생물들은 죽게 된다. 이와는 반대로 온화한 장애 요인을 적용하였을 때 미생물들이 안전해질 수도 있으므로 이런 경우 선택한 장애 요인 이외의 것을 선택하고 역치도 보다 높은 값을 적용하는 것이 유익한 방법이 될 수도 있다.

식품에 따라, 또는 식품에 존재하는 유해 미생물에 따라 장애 요인을 선택함에 있어 장애 요인의 순서나 그 역치 정도는 다양할 수 있다.

4. 허들 테크놀로지를 이용한 저장 식품

앞서 설명한 여러 가지의 장애 요인을 적용하여 보다 안전한 식품을 제조하고자 할 때 식품에서 번식, 성장하는 미생물의 종류에 따라 각기 다른 모델(보기 1~8)을 선택하는 것이 바람직할 것이다.

가열 처리와 방사선 조사는 상승 효과가 있어 미생물이나 효소를 불활성화시키는 데 매우 효과적이다. 따라서 이 두 가지 방법을 병행함으로써 방사선 조사를 상대적으로 줄일 수 있다.

허들 테크놀로지를 한 가지만 적용하는 것보다는 2가지 이상을 복합적으로 사용하는 것이 누적 효과에 따라 보다 더 효과적일 수 있다. 이런 관계를 보여주는 것이 그림 16-3이다. 한 개의 허들을 기술을 적용하였을 때는 식품의 안전성에 대하여 매우 불안정하다. 그러나 여러 가지 허들 테크놀로지가 복합적으로 사용되면 한 개만을 적용하였을 때에 비하여 그 효과가 누적되어 식품의 안전성은 높아져 상대적으로 안정감을 주게 되는 것이다.

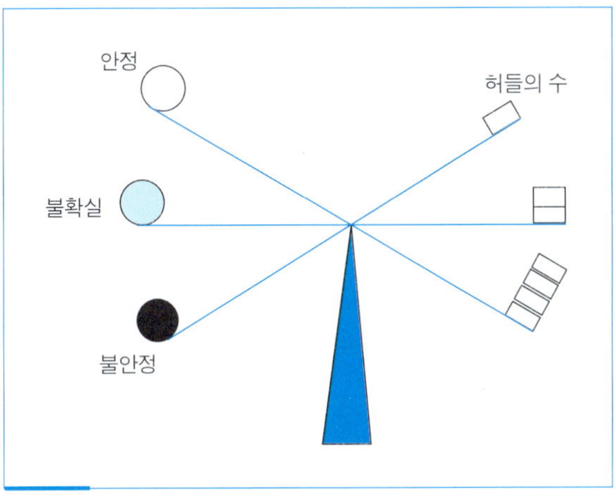

그림 16-3 허들 테크놀로지의 적용 가짓수에 따른 누적 효과에 의한 식품의 상대적인 안전성

방사선 조사 방법을 적용한 다음 여기에 또 다른 combined method에 하나로 첨가물을 사용하는 방법이다. 표 16-2는 오렌지 주스에 방사선 조사와 소브산칼륨을 함께 처리함으로써 풍미를 개선한 경우이다. 표 16-2에서 보는 바와 같이 방사선 조사 처리와 소브산칼륨을 함께 처리한 것이 방사선 조사 처리만 수행한 것에 비하여 풍미(향기) 및 선호도 면에서 개선되었으며, 색깔에서도 아무런 차이가 나타나지 않았다. 또 비타민 C의 잔존량에서도 방사선 조사만 처리한 것은 19.9(0일)와 3.4(90일)mg/100g인 데 비하여 두 가지 처리를 혼용한 경우에서 27.8(0일)과 20.8(90일)mg/100g로 나타나 비타민 C의 파괴도 상당히 적은 것으로 나타났다.

표 16-2 방사선 조사와 소브산칼륨 처리의 효과가 오렌지 주스의 품질에 미치는 영향

분석 항목	저장 기간 (일)	방사선 조사	방사선 조사 +소브산칼륨	비방사선 조사 +소브산칼륨
풍미(향기)[1]	0	1.9±0.7	7.1±0.4	7.3±0.5
	90	4.3±0.7	7.0±0.5	6.9±0.4
전체 선호도[1]	0	2.1±0.4	7.9±0.4	7.9±0.4
	90	4.5±0.5	6.6±0.5	6.8±0.4
갈변화(OD_{420})	0	0.03	0.03	0.03
	90	0.34	0.11	0.09
비타민 C (mg/100g)	0	19.9±0.7	27.8±1.2	30.3±1.0
	90	3.4±0.2	20.8±0.8	24.9±0.7

1) Hedonic scale 9 : 매우 좋음, 1 : 매우 나쁨

앞서 2가지의 장애 요인을 적용하였는데, 경우에 따라서 여러 가지를 함께 복합적으로 또는 순차적으로 적용하여 저장 효과를 기대할 수 있다. 이번에는 7가지의 장애 요인을 적용한 경우를 살펴보도록 하자. 표 16-3은 발효 소시지의 숙성 기간 중 적용된 장애 요인들과 이 요인들에 의해 바람직하지 못한 미생물들이 저해를 받는 데에 있어 중요한 역할을 하고 있음을 보여주는 것이다.

표 16-3 발효 소시지의 숙성 기간 중 적용된 장애 요인

장애 요인의 순서	nitrite → Eh → K-F → t → pH → A_W → 훈연
미생물의 저해	nitrite : *Salmonella spp.* pH, Eh, t : *S. aureus* pH와 A_W : *Cl. botulinum* 훈연 : 바람직하지 못한 곰팡이

표 16-3에서 보는 바와 같이 발효 소시지의 숙성 과정 초기 단계에서 중요한 장애 요인은 *Salmonella spp.*의 성장을 억제하는 아질산염이고 다른 균들의 성장으로 인해 산화 환원 전위가 감소하므로 이때 산화 환원 전위의 역치를 높여서 강화해야 한다. 이렇게 되면 *S. aureus*와 같은 호기성 미생물을 저해하고 앞에서 언급한 바와 같이 락트산세균과 같은 경쟁균을 선택하여 보다 안전하게 만들 수 있다. 이들 락트산세균의 성장과 대사 활동으로 인해 제품의 산성화가 이루어지면 pH 장애 요인이 강화되는 효과를 보게 된다. pH가 4.6 이하인 조건에서는 *Cl. botulinum* 균이 더 이상 성장할 수 없는 환경이 되고 만다. 이러한 장애 요인들은

건조가 덜 되었으면서도 단기간에 숙성되는 발효 소시지의 미생물에 대하여 안전한 특성을 보여준다. 이어서 수분 활성도가 강화되는데, 이 장애 요인이 발효 소시지의 안전성을 지속적으로 유지하는 가장 중요한 요소이다.

식품의 안전성에서는 대부분 유해 미생물이 타깃이 되겠지만 바람직하지 못한 효소들이 대상이 되는 경우도 있다. 갈변화를 일으키는 효소들이나 영양 성분을 산화시키거나 파괴하는 효소, 예를 들면 peroxidase, lipoxygenase, ascorbate oxidase와 같은 것들도 허들 테크놀로지를 적용하는 대상에 포함될 수 있다. 채소류나 과일에 함유된 이런 효소들은 가벼운 열처리, pH, 초음파 등으로 효소들만 불활성화시키는 것이 가능하여 이용되기도 한다.

표 16-4 Peroxidase에 각기 다른 허들을 순차적으로 적용한 경우 효소 활성도

Ultrasound → Heat → pH	Initial activity (%)	Ultrasound (%)	Ultrasound → Heat (%)	Ultrasound →Heat→pH (%)	Predicted activity (%)
pulsed ultrasound-80℃-pH 5.0	100	76.10	9.60	4.83	27.45
pulsed ultrasound-80℃-pH 6.0		76.10	9.60	36.15	37.85
pulsed ultrasound-80℃-pH 7.0		76.10	9.60	19.24	32.12
continuous ultrasound-80℃-pH 5.0		54.64	7.36	2.10	19.71
continuous ultrasound-80℃-pH 6.0		54.64	7.36	13.98	27.18
continuous ultrasound-80℃-pH 7.0		54.64	7.36	7.41	23.06
Ultrasound → pH → Heat	**Initial activity (%)**	**Ultrasound (%)**	**Ultrasound →pH (%)**	**Ultrasound →pH→ Heat (%)**	**Predicted activity (%)**
pulsed ultrasound-pH 5.0-80℃	100	76.10	21.82	3.50	27.45
pulsed ultrasound-pH 6.0-80℃		76.10	79.32	13.28	37.85
pulsed ultrasound-pH 7.0-80℃		76.10	36.86	5.69	32.12
continuous ultrasound-pH 5.0-80℃		54.64	6.73	0.08	19.71
continuous ultrasound-pH 6.0-80℃		54.64	17.95	0.51	27.18
continuous ultrasound-pH 7.0-80℃		54.64	9.88	0.16	23.06

자료 : Ku & Noh, Foods Sci. Biotechnol, 9(2): 124-129, 2000

표 16-4에서 보는 바와 같이 초음파를 순차적으로 적용하는 것(pulsed ultrasound)과 연속적으로 적용하는 것(continuous ultrasound) 간에 56~76%의 잔존 활성 차이를 보이고 있으나 이어서 80℃에서 열처리를 한 경우 효소 활성이 7~9%만 남은 데 비하여 pH를 달리하였을 때는 상대적으로 높은 활성이 남아

있다. 하지만 pH 처리 후 열처리를 하였을 때(2.1~36.15%)가 열처리 후 pH 처리를 하였을 때보다도 훨씬 효소 활성이 적게 남아(0.16~13.28%) 보다 효과적인 조합의 허들 테크놀로지임을 알 수 있다. 이처럼 같은 허들 테크놀로지가 적용되더라도 어떤 순서인가에 따라 각기 다른 효과가 나타남을 알 수 있다.

허들 테크놀로지를 이용하는 것이 유해 미생물에 대한 안전성을 확보하는 데에 매우 바람직한 방법이라는 것이 알려지면서 품질 관리뿐만 아니라 신제품 개발에서도 이 원리가 많이 이용되고 있다. 이런 기술을 실제 응용한 제품을 소개한다.

(1) 고기 제품

Salami 형태의 제품으로 이런 제품에는 염지용 소금, 훈연(수분 활성도를 낮춤), 낮은 pH, 온화한 열처리를 조합하여 저장성을 높여줄 수 있다.

발라 먹는 고기 제품(Spread meat)의 경우 3.6%의 소금을 첨가하여 수분활성도를 0.9 정도로 낮추어 주고 이어 인산염을 첨가하여 pH를 5.0으로 낮춘 다음 고지방(43~45%)과 0.1%의 소브산칼륨을 조합하여 제조한다.

고기 제품에서 질산염의 첨가는 육류 중에서 독성 간균이 독소를 생산하는 것을 방지할 수 있다. 그러나 발암 가능성이 높은 것으로 이를 피하고자 질산염의 양을 줄이거나 또는 대체하고자 한다면 제품을 안정하게 할 수 있는 pH, 냉동, 경쟁균 등의 다른 장애 요인을 강화함으로써 식품의 저장성을 향상시킬 수 있다. 또는 계피 등 여러 가지 양념도 역시 질산염의 기능과 같은 기능을 한다.

> **Tips** 계피의 주성분은 계피유라고 하는 정유(Essential oil)로 시나믹 알데하이드(cinnamic aldehyde), Camphene, Cineol, Linalool, Eugenol 등이 있는데, 이 중 시나믹 알데하이드는 보존 효과를 가진다. 이처럼 로즈메리와 같은 허브 등도 천연 보존제 역할을 한다.

(2) 생선과 해산물

중간 수분 식품을 제조하는 기술과 허들 테크놀로지를 접합하면 좋은 품질을 가진 저가격의 고단백 해양 식품을 제조할 수 있다. 수분 활성도를 0.84까지 감소시키기 위하여 소금, 글리세롤, 솔비톨, 에리쓰리톨, 자일리톨 등의 습윤 조절제를 사용하고, pH를 5.7로 조절하기 위하여 초산을, 그리고 케이싱(casing) 포장을 한 후 가벼운 열처리를 하여 주면 15℃에서 15일간 미생물로부터 안전하며 한 달간 과산화 물가에서 주요 변화를 보이지 않는 제품을 제공할 수 있다.

이와 같은 생선 제품을 만들어 보았을 때 그림 16-4에서 보는 바와 같은 효과를 얻을 수 있다. ① 허들 테크놀로지를 적용하지 않았을 때와 비교하였을 때 초기의 유해 미생물 수를 낮추어 준다. ② 유해 미생물의 성장 곡선에서 lag phase를 좀 더 확장하거나 연장할 수 있다. ③ 미생물 성장 곡선 커브가 보다 완만하여진다. ④ 최종 균의 수가 적어진 상태에서 정지기 상태(stationary phase)가 유지된다. 이상과 같은 현상들은 결국 미생물의 번식, 성장 등이 완만하게 이루어지는 것을 의미한다.

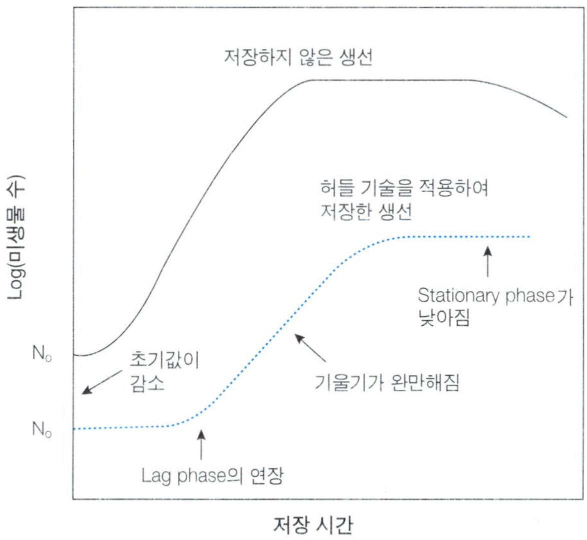

그림 16-4 생선을 저장하지 않은 것과 허들 테크놀로지를 이용하여 저장한 것과의 미생물 성장 곡선의 변화

(3) 우유와 낙농 제품

허들 테크놀로지를 우유와 낙농 제품에 적용한 예로는 캐러멜 잼, 치즈훼이, 치즈 스프레드 등이 있다. 달콤한 낙농 제품으로 보통 직접 빵 위에 바르거나 페이스

트리 안에 채워 사용한다. 이것은 끓는 우유에 포도당이나 설탕을 첨가하여 고형분이 70% 되게 유지하면 유당이 과포화 상태가 되어 유당은 잘 분리되고 냉각과 저장 동안 결정화로 인해 모래알과 같은 느낌을 주는 단점은 있으나 사용 방법에 따라 극복할 수 있다.

농축된 치즈훼이는 가격이 비싼 분무 건조 공정의 대안이다. 72℃에서 16초 동안 저온 살균 및 농축된 달콤한 치즈훼이(48% 고형분)는 2%의 소브산칼륨과 구연산을 첨가하여 pH 4.8로 조절된 제품으로 수분 활성도가 0.95 상태로 69일 동안 대용량 저장 용기(10kL) 안에서 미생물에 대하여 안전한 저장 효과를 보여준다.

농축 훼이는 65~70%의 유당을 함유하고 있으며 고형분이 50%로 수분 활성도는 0.9이며 여기에 소브산칼륨 2%와 pH 5.0으로 안정화되어 37℃에서 석 달간 저장이 가능하다. 그러나 저장 중 갈변 반응이 일어나는 결점을 내포하고 있다.

일반적으로 치즈는 우유의 이용 기간을 확장하는 인기 있는 대안인데 제조 회사에 따라 수분 활성도의 범위가 0.87~0.98로 매우 다양하다. 이런 치즈를 제조하는 과정 중에 저장 기간을 확장하고자 소브산칼륨 2%, 소금을 첨가하여 수분 활성도를 0.9 이하로 유지하고 pH를 5.4~5.5로 조절하면 대기 온도에서 석 달 동안 제품의 수명 기간을 갖게 된다.

(4) 과일 제품

과일 제품에 허들 테크놀로지를 적용하여 저장 기간을 조절한 경우를 예를 들어 보면 표 16-5와 같다. 과일의 경우 데치기 공정을 짧게 행함으로써 가능한 과일 속에 함유된 영양 성분이나 생리 활성 물질이 손상되지 않는 데 초점을 두고 행해진다.

(5) 중식 소시지

중식 소시지는 발효시키지 않으며 건조 또는 반건조된 제품으로 적절한 배합과 가공 기술에 의하여 강한 풍미를 가지며 주로 돈육으로 구성되어 있다. 중식 소시지의 보존 기간은 가공상 건조 정도에 밀접한 관련이 있는데, 소시지를 3일 동안 연속적으로 말렸다면 상온에서 2달 정도의 보존 기간을 가질 수 있고, 단 2일 동안만 말렸다면 보존 기간은 1~2주로 줄어든다. 그리고 온도가 10℃ 이하일 경우에는 보존 기간이 월등히 증가된다.

중식의 소시지는 장시간에 걸쳐서 건조하고 발효되는 서구식의 소시지와는 다르

표 16-5 과일 제품의 저장을 위한 허들 테크놀로지의 조건과 저장 기간

과일 (슬라이스/전체)	장애 요인	저장 온도 (℃)	저장 기간 (월)
복숭아(반쪽)	데치기(2분) + A_w(0.98:설탕) + pH 3.7 + $NaHSO_3$(150ppm) + 소브산칼륨(1000ppm)	35	3
복숭아(반쪽)	데치기(2분) + A_w(0.94:포도당) + pH 3.5 + $NaHSO_3$(150ppm) + 소브산칼륨(1000ppm)	30	4
파인애플 (슬라이스/전체)	데치기 + A_w(0.97:포도당) + pH 3.1 + $NaHSO_3$(150ppm) + 소브산칼륨(1000ppm)	27	4
파인애플 (슬라이스)	데치기 + A_w(0.97:포도당) + pH 3.8 + $NaHSO_3$(150ppm) + 소브산칼륨(1000ppm)	25 35	8 8
망고	데치기(4분) + A_w(0.97:포도당) + pH 3.0 + $NaHSO_3$(150ppm) + 소브산칼륨(1000ppm)	35	4.5
파파야	데치기(30초) + A_w(0.98:설탕) + pH 3.5 + $NaHSO_3$(150ppm) + 소브산칼륨(1000ppm)	25	5
딸기	데치기(1분) + A_w(0.97:포도당) + pH 3.1 + $NaHSO_3$(150ppm) + 소브산칼륨(1000ppm) + Vit. C(200ppm)	25	4
바나나 퓨레	데치기(1분) + A_w(0.97:포도당) + pH 3.4 + $NaHSO_3$(400ppm) + 소브산칼륨(100ppm) + Vit. C(250ppm) + 온화한 열처리(100℃,1분)	27	3.5

게 단 3일에 걸쳐서 건조시키지만 수분 활성도는 0.9~0.7로 낮고 A_w=0.61까지 낮아지는 경우 소시지의 보존 기간이 아주 길어진다.

중식 소시지는 간장(pH 4.8)을 첨가하여 pH가 5.8~6.2까지 내려가므로 발효 소시지와는 아주 다르다. 간장에는 1%의 락트산을 가지고 있어 미생물의 성장을 억제할 수 있다.

그리고 알코올을 첨가하기도 하는데 이는 부드러운 맛을 갖게 하거나 소시지의 보존 기간을 길게 하려는 것이다. 중식 소시지에서는 많은 수의 미생물들이 억제를 받지만 병원성 *micrococcaceae*와 *lactic acid bacteria* 등 아직 몇 종류는 살아남을 수 있다. 소시지의 보존 기간이 짧아지는 것은 소시지의 건조가 충분하지 않기 때문이다. 이러한 조건에서 그람 양성 세균 및 *lactic acid bacteria*가 자랄 수 있으므로 소시지가 시큼하게 된다. 진공 포장을 이용하면 이러한 결점을 보완할 수 있다.

5. 허들 테크놀로지의 발전 방향

식품 산업에서 허들 테크놀로지를 활용함으로써 안전하고, 상당량의 영양가 유지되면서, 맛도 좋은 제품을 제조·저장할 수 있게 되었다. 경제적인 면에서도 효율적인 방법으로 새로운 개념으로 발전되었다. 하지만 아직도 많은 소비자들은 합성 보존제가 적게 들어가거나 또는 천연 보존제로 대체되기를 희망하고 있으며 허브와 같은 여러 식물체를 이용하거나 향기 성분을 이용하여 극복할 수 있는 방법을 요구하고 있다. 실제로 바닐린과 같은 향기 성분 1500ppm을 첨가하였을 때 *Asp. flavus, A. ochraceus, A. parasiticus* 같은 곰팡이류가 성장이 억제됨을 발견한 바 있다. 또 *Asp. niger*의 경우 2000ppm으로 억제할 수 있었다. 이런 결과는 천연 보존제나 향기 성분을 장애 요인으로 활용할 수 있다는 점을 제시하는 것이다.

최근까지 약 50종류의 장애 요인들이 발견되었지만 새로운 형태의 포장 방법, 또는 삼투압 건조-냉동법(Osmodehydrofreezing)이나 Mano-thermo-sonication과 같이 낮은 압력(0.3MPa), 가벼운 열처리, 그리고 초음파 처리를 다양하게 혼합하여 미생물의 불활성화나 peroxidase, lipoxygenase, polyphenol oxidase 등과 효소의 불활성화가 가능함을 보여주기도 하였다. 이처럼 새로운 장애 요인을 개발하여 다양한 처리 방법을 도입함으로써 보다 안전하고 신뢰할 수 있는 가공 저장 방법을 개발하고, 나아가 식품의 안전성이나 질을 기존 방식보다 훨씬 상승시켜 나갈 수 있어야 할 것이다.

허들 테크놀로지는 식품을 개발하거나 공정을 개발하는 담당자들에게 주로 적용되는 기술이며 HACCP의 개념은 공정 관리나 운영을 담당하는 자가 책임을 지는 것으로, 서로 다른 목적으로 사용되지만 두 기술과 방법은 함께 사용되어져 서로 보충해 상승 효과를 유발하여 좀 더 좋은 품질의 보존 식품을 만들 수 있는 것이다. 따라서 현장에서 이들 기술을 적용함에 있어 별개의 개념이 아닌 통합된 개념으로 받아들이는 분위가 조성되어야 한다.

16 연습문제

01_ 허들 테크놀로지를 적용하였다고 볼 수 없는 것은?

① pH를 낮춤
② 온도를 높여 심하게 가열함
③ 산화 환원 전위를 조절함
④ 수분 활성도를 낮춤
⑤ 천연 보존제를 첨가함

02_ 물리적 장애 요인(hurdle)으로서 적합하지 않은 것은?

① 초고압
② 초음파
③ 미세 캡슐화
④ 자외선 조사
⑤ 식용 필름

03_ 다음 효소 중 장애 요인으로 사용될 수 있는 것은 ?

① amylase
② peroxidase
③ lipoxygenase
④ polyphenolase
⑤ lysozyme

04_ 다음 설명 중 올바르게 서술하고 있는 것은 ?

① *Cl. botulinum*균은 열처리만으로 미생물에 대한 안전성 확보가 가능하다.
② 냉장과 같은 방법만으로도 *Cl. botulinum* 통제가 가능하다.
③ 수분 활성도를 0.88을 유지하여 주면 *Cl. botulinum* 이외에도 다른 세균, 곰팡이, 바람직하지 못한 효모에 의한 번식이 억제될 수 있다.
④ *Cl. botulinum*균은 pH를 4.5 이하로만 조절하면 미생물에 대한 안전성 확보가 가능하다.

05_ 생선 제품에 허들 테크놀로지를 적용할 때 얻을 수 있는 효과를 잘못 설명한 것은 ?

① 허들 테크놀로지를 적용하지 않았을 때와 비교하여 보면 초기의 유해 미생물 수가 낮추어지는 효과를 제공한다.
② 유해 미생물의 성장 곡선에서 lag phase는 거의 변화가 없다.
③ 미생물 성장 곡선 커브가 보다 완만하여 미생물 성장이 천천히 이루어진다.
④ 최종 상태에서 균 수가 허들 테크놀로지를 적용하지 않았을 때와 비교하여 보면 적어진 상태에서 정지기 상태가 유지된다.

06_ 다음은 허들 테크놀로지를 적용한 예이다. 이 중 유해 미생물로부터 안전하여 저장성이 개선되는 효과를 보여줄 것이라고 판단되는 것은?

① 파인애플 : 데치기 +A_w(0.97:포도당) +pH 3.1 +$NaHSO_3$(150ppm) +소브산칼륨(1000ppm)

② 고기류 : 높은 온도 열처리 + pH 6.0 +냉장+경쟁적인 균

③ 딸기 : A_w(0.97:포도당)+pH 5.6+$NaHSO_3$(150ppm)+비타민 C(200ppm)

④ 바나나 퓨레 : 데치기(1분) +A_w(0.99:포도당)+ pH 5.6 +비타민 C(100ppm) +소브산칼륨(10ppm)

07_ 다음 물음에 ○, ×로 답시오.

(1) 허들 테크놀로지를 적용하였을 때와 허들 테크놀로지를 적용하지 않고 전통적인 방법으로 처리하였을 때를 비교하여 보면 허들 테크놀로지를 적용하였을 때 영양 성분이나 생리 활성 물질의 농도가 보다 높게 나타난다. (   )

(2) 장애 요인으로 이용될 수 있는 훈연을 통해서도 바람직하지 못한 곰팡이의 성장 억제가 가능하다. (   )

(3) 허들 테크놀로지는 유해한 미생물뿐만 아니라 바람직하지 못한 효소에 대하여도 불활성화시키는 것이 가능하다. (   )

(4) 신제품을 만들 때 고려해야 할 공정에서 허들 테크놀로지는 HACCP과 함께 이루어져 관리되어야 보다 효과적일 수 있다. (   )

08_ 여러 가지 장애 요인(허들 테크노롤지)들은 그 순서를 바꿔도 의미가 있는가?

09_ 왜 허들 테크놀로지라는 용어를 사용하였다고 생각하는가?

정답 및 해설

01_ ②

02_ ③

03_ ⑤

04_ ④

05_ ②

06_ ①

07_ (1) (O) (2) (O) (3) (O) (4) (O)

08_ 같은 종류의 허들 테크롤로지를 사용할지라도 그 순서에 따라 미생물의 생리적 작용에 미치는 영향은 각기 다르다. 따라서 유해 미생물의 성장을 억제시킬 목적으로 그 순서를 다양한 방법으로 바꾸는 것은 의미가 있으며 가장 효과를 얻게 되는 순서를 확보하는 것이 중요하다.

09_ 달리기를 하는 선수가 평지를 달리는 것과 장애물을 한 번 뛰어넘고 달리는 것은 많은 차이가 날 정도로 힘이 든다. 미생물도 여러 가지 변수의 환경이 제공되는데 장애물을 뛰어넘는 것처럼 한 개의 장애물을 넘고 나면 많은 수의 미생물이 죽거나 힘이 약하여진다. 여기에 또 다른 장애물을 넘어 살아 보려고 하면 처음보다 더 많은 수의 미생물이 죽고 말 것이다. 이렇게 여러 장애물을 뛰어넘도록 유도한다면 결국 미생물은 모두 죽게 될 것이다. 여기서 중요한 것은 그러한 장애물이 생리 활성 물질이나 영양 성분에는 커다란 영향을 미치지 못한다는 것이다. 따라서 영양 성분의 파괴를 최소화하면서 미생물을 죽일 수 있다는 의미에서 허들 테크놀로지라는 용어를 사용하게 되었다.

Chapter

17 기타 식품 저장 기술

배우는 목적

예로부터 식품의 가공 및 저장 과정에서 식품의 변질을 막기 위한 노력은 다양한 기술을 탄생시켰다. 하지만 기술의 발전 및 생활방식의 변화에 따라 과거에 사용되던 일부 기술들은 현대에 와서 저장을 위해 사용되지 않는 경우가 많다. 단, 소비자의 기호를 높이기 위해서나 기능성을 강화하려는 목적으로 전통적인 처리 방법을 사용하는 경우가 있다. 이는 식품 저장학적인 면에서도 나름대로 의미가 있으므로 발효에 의한 저장, 산 저장, 훈연 및 훈증 등 다양한 저장 기술에 대해 알아보기로 한다.

1. 발효(Fermentation)에 의한 저장 기술

1) 발효의 정의

일반적으로 발효라는 것은 미생물의 생리 대사를 이용하여 유용한 물질을 생산하거나, 식품의 가공 또는 저장 수단으로서 미생물을 이용하여 제조되는 것을 의미한다. 즉 미생물이 분비하는 효소나 미생물의 세포 내 대사 경로를 통해 식품 재료가 새로운 발효 식품으로 변화되며 이 과정에서 독특한 맛과 향을 얻을 수 있다. 뿐만 아니라 발효 과정에서 생성된 유기산 및 발효 산물들로 인해 천연의 방부 효과를 얻어 유해 미생물의 오염이 억제되고 저장성이 증대될 수 있으며, 새로운 기능성이 부여될 수도 있다. 단, 과도한 발효나 잘못된 발효 조절로 인해 식품의 맛과 향, 기능 등에 부정적인 변화가 발생하는 경우가 종종 있으며, 이를 부패(putridity)라 한다. 따라서 적절한 발효 조절로 원하는 결과를 얻을 수 있도록 주의하여야 한다.

2) 발효 미생물의 종류와 특징

미생물은 자연계의 어디에나 존재하지만, 일부 미생물의 생육은 부정적인 결과를 유발할 수 있다. 일반적으로 발효 미생물이라고 하면 다양한 대사 작용을 통해 발효 식품의 제조 외에도 유기산, 아미노산, 생리 활성 물질, 효소를 비롯한 각종 유용산물의 생산에 널리 이용되는 미생물을 말한다. 실제로 발효 미생물은 분류학상의 일정한 미생물군을 지칭하는 것이 아니라 발효에 관여하는 다양한 종의 미생물을 총칭하는 편의상의 용어이다. 여기에서는 식품 저장에 도움이 될 수 있는 발효식품 관련 미생물에 중점을 두어 살펴보도록 한다. 발효 미생물의 분류 및 특성을 표 17-1에 나타내었다.

표 17-1 발효 미생물의 종류 및 특징

분류	종류	특징
곰팡이류 (fungi)	*Mucor pusillus*	치즈 제조에 필요한 응유 효소(rennet)를 대체할 수 있는 효소를 생산함
	Rhizopus delemar *Rhizopus javanicus*	전분당화력이 강하여 곡류를 원료로 하는 전통주 누룩에서 많이 발견됨
	Aspergillus oryzae(황국균) *Aspergillus niger*(흑국균)	누룩곰팡이라고 하며 전분 및 단백질 분해 효소 등 다양한 효소 활성을 나타내어 전통적인 주류, 장류 제조에 널리 이용됨
	Penicillium camemberti *Penicillium roqueforti*	푸른색의 집락을 형성하며 Camembert 치즈 등의 숙성에 관여하며 카세인을 분해하여 독특한 향기를 부여함
	Monascus anka	대만의 홍주, 양조용 누룩의 종균으로 사용함
	Neurospora sitophila	각종 효소를 분비하여 장류 발효에 이용되며 균체에 β-carotene 함량이 높음
효모류 (yeasts)	*Saccharomyces cerevisiae* *Saccharomyces carlsbergensis*	알코올 발효 효모로 맥주, 포도주 등의 주류 제조에 유용한 미생물임
	Hansenula anomala	과일 향의 에스터를 생산하고 주류의 후숙에 관여함
	Torulopsis versatilis	간장의 향을 생성하는 후숙 효모로 사용됨
세균류 (bacteria)	*Acetobacter aceti*	식초 양조에 이용됨
	Streptococcus lactis *Streptococcus cremoris*	락트산구균으로 우유 중에 흔히 존재하며, 버터나 치즈 제조에 관여함
	Leuconostoc mesenteroides	김치 발효의 숙성에 관여함
	Bacillus subtilis	장류 및 청국장 제조에 관여함
	Lactobacillus bulgaricus *Lactobacillus acidophilus* *Lactobacillus plantarum* *Lactobacillus lactis*	발효 식품에 관련이 많은 균으로 락트산, 요구르트, 치즈, 버터, 김치, 주류 등의 발효에 관여함
	Corynebacterium glutamicum	당질, 초산으로부터 glutamic acid 생산에 관여함
	Propionibacterium freudenreichii	에멘탈 치즈의 숙성에 관여함

3) 발효에 영향을 미치는 요인

식품 및 식재료가 공기 중에 방치되면 다양한 미생물의 생육이 가능하다. 따라서 유해균의 생육을 억제하고 유익균의 생육을 촉진하는 적절한 환경을 부여하는 것이 발효의 핵심이라 할 수 있다.

대부분의 신선한 식품은 산성을 나타내며, 식품의 pH를 적절히 조절함으로써 미생물의 생육 정도를 조절할 수 있다. 일반적으로 과일 또는 과즙의 pH는 3~4.5 정도이며, 효모와 곰팡이의 생육에 유리하며, pH 6 전후인 육류의 경우는 세균의 생육이 우세하다. 또한 미생물 생육에 필요한 에너지원의 종류에 따라서 생육 정도가 달라지는데, 락트산세균(유산균)의 경우 유당(젖당)을 탄소원으로 이용하므로 우유에서 그 생장이 매우 빠르다. 산소의 공급량도 중요한 요인이 될 수 있는데, 곰팡이는 절대 호기성균이므로 다량의 산소하에서 생육이 가능하며, 효모의 경우는 산소 공급이 많으면 균체 생장에 유리하고, 산소 공급이 부족하면 알코올 발효가 일어나게 된다. 또한 온도에 의해 미생물의 생장 속도가 크게 달라지므로 온도를 조절하면 원하는 미생물군의 생육을 억제 혹은 촉진할 수 있다.

4) 발효 식품의 종류와 특징

(1) 포도주, 맥주

포도는 저장성이 매우 낮으므로 이를 장기간 보존하기 위해 알코올로 발효하여 저장성을 높일 수 있다. 예를 들면 발효 효모인 *Saccharomyces ellipsoideus*가 포도에 함유된 당을 이용하여 일정 농도의 알코올을 생성함으로써 포도주가 만들어지는데, 포도즙이 포도주로 전환되면서 저장성이 증대된다.

한편 보리의 맥아와 홉으로부터 독특한 맛과 향기를 가진 맥주가 만들어지는데, 여기에는 *Saccharomyces cerevisiae*(상면 발효 효모), *Saccharomyces carlsbergensis*(하면 발효 효모)와 같은 맥주 효모가 작용하여 알코올 발효를 일으키며, 역시 맥아의 저장 기간을 증대시키는 효과를 얻을 수 있다.

(2) 청주

우리나라의 청주는 본래 누룩과 쌀을 이용하여 발효시키는 반면, 일본의 청주(sake)는 koji를 사용하여 제조한다는 차이가 있는데, 일반적으로 일본식 청주의 제조 공정은 koji 제조, 주모 제조, 술덧 제조 과정으로 크게 나뉜다. 우선 쌀을 물에 침지한 후, 증기로 찌고 청주 제조용 곰팡이인 *Asperillus oryzae*를 접종하여 배양하면 koji가 완성된다. 술덧 발효를 위해 효모(*Saccharomyces cerevisiae*)를 증식시킨 것이 주모인데, 여기에 *Leuconostoc mesenteroides*, *Lactobacillus sake* 등의 락트산세균이 생육하여 락트산(젖산)을 생성하면 알코올 농도가 낮은 발효 초기의 술덧에 유해균이 오염되는 것을 억제할 수 있다.

(3) 식초류

식초는 사과, 포도 등 다양한 과즙에 함유된 여러 가지 당 또는 녹말 성분에 우선 알코올 발효를 일으키고, 다시 아세트산 발효를 진행시켜 만든다. 일반적으로 사과식초가 가장 널리 사용되며, 결과적으로 pH를 감소시킴으로써 저장성을 비약적으로 증가시킬 수 있다.

(4) 절임류

양배추는 자연 상태로 3~4개월간 저장이 가능하나, 소금을 첨가한 후 미생물 발효를 통하여 저장성을 증가시킬 수 있다. 오이피클 또는 사우어크라우트(sauerkraut)가 이런 경우에 해당하는데 당과 염을 적절히 혼합하고 방치하면, 초기에는 *Leuconostoc mesenteroides* 균이 자라지만, 이후 *Lactobacillus plantarum* 또는 *Lactobacillus brevis* 균이 급격히 번식하여 산을 생성하게 된다. 최종적으로 산도가 1.5~2% 정도에 도달하면 발효가 정지되면서 산도 증가로 인해 저장성의 향상이 이루어진다.

(5) 치즈

영양소가 풍부하여 쉽게 부패되는 우유는 발효를 통해 치즈 또는 요구르트로 만들어 저장성을 높일 수 있다. 치즈의 경우는 우유에 응유 효소인 rennet을 처리하여 응고시킨 후, 장기간 발효시켜 제조하며, starter로 사용되는 락트산세균은 *Streptococcus cremoris*, *Streptococcus lactis*, *Streptococcus thermophilus*, *Lactobacillus bulgaricus*, *Lactobacillus casei*, *Lactobacillus lactis*, *Lactobacillus acidophilus* 등이 있고, *Penicillium cameberti*, *Penicillium roqueforti* 등의 곰팡이가 있다.

(6) 발효유(Fermented milk)

세계 각국에서 제조되는 발효유들은 지역에 따라 매우 다양한 고유의 starter 균주를 혼합하여 사용한다. 혼합 균주를 사용하면 짧은 시간에 산의 생성을 촉진하고, 다양한 풍미를 얻을 수 있다. 대개 *Streptococcus lactis*, *Streptococcus thermophilus*, *Leuconostoc cremoris*, *Lactobacillus bulgaricus*, *Lactobacillus helveticus* 등을 사용한다.

요구르트의 경우는 대개 *Lactobacillus acidophilus*를 starter로 이용하며, 발효 조건은 락트산세균의 종류에 따라 결정된다. 이외에 락트산세균 음료로는 *Lactobacillus acidophilus*에 의해 발효되는 acidophilus milk와 *Lactobacillus bulgaricus*에 의한 bulgaricus buttermilk, 그리고 우유, 양유, 염소유 등을 원료로 하여 락트산세균과 효모를 혼합 발효한 알코올 발효유가 있는데, 대표적인 것이 kefir와 kumiss이다.

(7) 김치류

김치는 배추나 무 등 주재료에 고춧가루, 마늘, 파, 젓갈 등의 부재료를 첨가하고, 소금 존재하에 락트산세균 발효를 시키는 우리나라의 대표적인 전통 발효 식품이다. 김치 발효 및 숙성에 관여하는 미생물은 김치 원료에서 유래하며, 계절, 생산지, 유통 과정 등 다양한 요인에 의해 결정된다. 배추의 절임 과정에서 삼투압에 약한 병원성 세균 및 일반 세균은 사멸하나, 일부 호염성 세균은 생존하여 발효에 관여한다. 김치의 발효 초기에는 그림 17-1과 같이 호기성 미생물이 관여하지

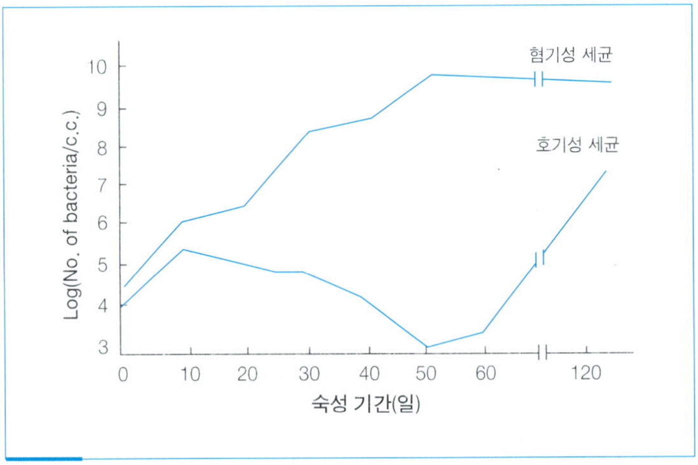

그림 17-1 김치 발효 과정 중 미생물의 변화

만, 락트산 발효에 의해 pH가 저하되고 혐기적 환경이 조성되면, 내산성이 약한 미생물과 호기성 미생물은 사멸하거나 휴면 상태를 유지한다.

락트산 발효의 과정에서 락트산세균의 대사 작용에 의해 김치가 숙성되어 특유의 맛과 풍미를 나타내게 되며, 생성된 락트산의 농도가 높아지면 락트산세균도 산에 의해 생육이 억제된다. 이후 공기에 노출된 김치 표면에서 휴면 상태에 있던 산막효모 등이 생육을 개시하여 김치의 맛을 변질시키거나, polygalacturonase를 생성하여 배추 조직의 펙틴질을 분해하는 연화 현상이 일어날 수 있다. 김치 숙성과정에 생육하는 호기성 세균에는 *Pseudomonas marina*, *Pseudomonas nigrifaciens*, *Bacillus macerans* 등이 있으며, 혐기성 세균으로는 *Leuconostoc mesenteroides*, *Leuconostoc citreum*, *Lactobacillus plantarum*, *Lactobacillus brevis*, *Streptococcus faecalis*, *Pediococcus cerevisiae* 등이 대표적이다.

김치 내부는 산소가 부족하고 염 농도가 높으므로 발효 초기에는 *Leuconostoc* 속의 락트산세균이 먼저 증식하여 락트산과 탄산가스를 생성하고, 이로 인해 호기성 세균의 생육이 억제된다. 발효의 진행으로 산도가 증가하는 발효 후기에는 주로 *Lactobacillus plantarum*, *Lactobacillus brevis* 등 *Lactobacillus* 속 락트산세균이 증식하여 높은 균 수를 유지하게 된다. 효모의 경우는 발효 초기에 수가 약간 감소하다가 중기 이후 서서히 증가하는 양상을 보인다.

(8) 장류

간장, 된장 등 전통 장류의 경우에는 우선 대두와 소맥, 그리고 소금을 원료로 제조된다. 간장 제조 시에는 대두를 물에 침지하여 증자한 후 *Aspergillus oryzae* 또는 *Aspergillus soyae*를 국균으로 이용하여 발효하고, 제조된 국에 염을 가하면 국균은 생육이 어려우나 *Zygosaccharomyces soyae* 등의 야생 효모가 생육하여 단백질을 아미노산으로, 전분을 포도당으로, 지방을 지방산으로 가수 분해하게 된다. 된장의 경우 이들 미생물 외에도 *Bacillus subtilis*가 단백질 분해 작용에 관여한다.

(9) 수산 발효 식품(젓갈)류

젓갈은 우리나라의 대표적인 염장 식품으로 어패류의 육·내장에 다량의 식염을 첨가하여 발효·숙성시킨 수산 발효 식품이다. 지역에 따라 그 제조법은 조금씩 다르나, 주원료인 어패류에 10~20%의 소금을 첨가하고 내염성 미생물이 증식하여 발효가 진행된다. 고농도의 염 조건에서는 유해균의 생육이 억제될 뿐 아니라 어육 자체에 존재하는 분해 효소의 활성이 억제되어 자가 소화 과정을 지연하므로 저장성이 증대되는 효과가 있다.

Tips 단백질을 함유한 식품의 저장, 숙성, 발효하는 과정에서 미생물에 의한 아미노산의 탈탄산 작용으로 생성되는 물질 중에 바이오제닉 아민류가 있는데 이를 과량 섭취하면 신경계 및 혈관계를 자극하여 발진, 알레르기, 구토, 설사, 두통 등 식중독 증상을 유발하게 된다. 이런 물질에는 히스타민, 타이라민 등이 있다.

2. 산(Acid) 저장 기술

1) 산 저장의 원리

수소이온(pH) 농도가 낮은 아세트산, 락트산, 시트르산 등을 이용하여 식품을 저장하는 방법을 산 저장법(산절임, pickling)이라 하며, 주로 오이, 마늘, 양배추 등의 채소류에 적용된다. 약한 산도로 처리되어 장기 저장에는 적합지 않으나, 풍미와 맛을 함께 제공할 수 있어 널리 사용되고 있다.

2) 산 저장에 의한 저장성 향상

일반적으로 pH의 조절을 통해 미생물의 성장을 억제할 수 있다. 부패 세균의 경우 pH 7의 중성 영역에서는 생육이 촉진되지만, 산성 영역으로 갈수록 생육이 점차 억제되며, pH 4.5 이하에서는 생육이 어렵다. 반면에 효모는 약산성인 pH 5 부근에서 생육이 왕성하며, pH 2.5까지는 생육이 가능하다. 곰팡이는 pH 4의 산성 영역에서도 잘 자라며, pH 1.5까지 생육이 가능한 종도 있을 정도로 내산성을 나타낸다. 따라서 각 미생물의 생육 가능 pH 범위를 감안하여 산 저장의 pH를 조절하면 해당 미생물의 적절한 생육 억제가 가능할 것이다.

미생물별로 균종에 따라 내산성이 서로 다른데, *Lactobacillus* 및 *Clostridium*

속은 pH 3.5에서 성장이 가능하며, 미생물이 형성하는 포자의 경우 영양 세포에 비해 내산성이 매우 강한 것으로 알려져 있다. 식품의 산 저장에 일반적으로 사용되는 것은 아세트산, 락트산, 시트르산이며, 미생물에 대한 살균력은 동일 pH에서는 아세트산>시트르산>락트산의 순서로 높았으며, 동일 농도에서의 살균력은 락트산>아세트산>시트르산의 순서로 나타났다.

3. 훈연 또는 훈증에 의한 저장 기술

1) 훈연 저장

훈연 가공은 원시시대에 사냥이나 고기잡이의 수확물 중 남은 것을 불 근처에 매달아 놓았더니 연기 성분을 흡수하여 특유의 향미를 갖게 되고, 보존성도 생기는 것을 발견하면서 시작되었다. 공업적으로 훈제가 만들어진 것은 15세기경이다.

(1) 훈연의 원리

훈연은 목재를 불완전 연소시켜 발생하는 연기에 식품을 그을려 탈수, 건조와 동시에 훈연 성분의 침투에 의한 저장성 및 기호성 향상을 꾀하는 방법이다. 훈연이 식품의 저장성을 향상시키는 이유는 염지 과정 중 식염에 의한 미생물 생육 억제 효과 및 가열에 의한 살균 효과, 그리고 훈연 성분의 항산화 작용과 살균 작용에 기인한다. 또한 훈연의 과정에서 식품에 훈연취와 독특한 맛을 부여할 수 있으며, 발색이 향상되어 특유의 광택을 갖게 되기도 한다. 훈제품으로는 연어, 청어, 대구, 굴 등 어패류의 훈제품과 햄, 베이컨, 소시지, 살라미, 오리고기 같은 육류 제품이 있다.

(2) 훈연의 성분 및 저장 효과

일반적으로 훈연 재료로 사용되는 목재는 수지 함량이 적고 방부성 물질이 많으며 풍미를 좋게 하는 경질의 수목을 사용한다. 이러한 원료의 불완전 연소에서 발생하는 연기는 수증기, 기체, 미세 고체 입자 등으로 이루어지며 이 중에 약 200종 이상의 화합물이 포함되어 있다. 조사 결과에 의하면, formaldehyde, acetaldehyde, furfuraldehyde, acetone, diacetyl, methyl alcohol, ethyl alcohol, formic acid, acetic acid, cresol, guaiacol, wax 성분 등이 포함되는 것으로 알려졌으며, 이외에도 일산화탄소와 이산화탄소가 다량 함유되어 있다.

이들 성분의 식품 저장 효과를 살펴보면, ① 다양한 aldehyde, phenol, alcohol 성분에 의한 미생물 살균 작용 ② 훈연 과정의 온도 상승 및 건조에 의한 미생물 살균 효과 ③ 훈연 성분에 포함된 polyphenol류에 의한 항산화 효과 ④ 식염 첨가에 의한 수분 활성도 감소 등에 의해 저장성이 증대되는 것으로 생각한다.

(3) 훈연의 방법

훈연법은 훈연의 원리에 따라 서로 다르므로 식품의 종류, 저장 및 이용 목적에 따라 표 17-2에 나타낸 것 중 적절한 방법을 선택하여 사용할 수 있다.

표 17-2 훈연법의 종류와 특징

종류	방법	특징
냉훈법 (cold smoking)	10~30℃의 저온에서 1~3주간 훈연	• 장기 저장의 목적 • 세균 번식에 주의
온훈법 (hot smoking)	50~80℃의 고온에서 2~12시간 훈연	• 저장성 낮음(수분 함량 50%) • 독특한 풍미 • 시간과 노력 절약, 고수율
배훈법 (roast smoking)	100℃에서 2~4시간 훈연	• 고기가 완전히 익음 • 저장성 감소(3~4일) • 고지방 함량 제품에 부적합
훈연액법 (smoke solution)	훈연실의 응축수, 목초액 등의 배합 용액을 증발시켜 사용	• 신속한 훈연법(시간 절약)
액훈법 (liquid smoking)	5~10℃에서 10~20시간 동안 고기를 염지와 동시에 목초액에 침지	• 제품의 균일성 • 보존성이 낮음 • 추가적인 저온 저장, 포장 필요
전훈법 (electric smoking)	50~80℃에서 1~2시간 훈연 중 전류를 통하고 방전하여 온훈 온도로 훈연	• 훈연 시간 단축 • 수분 증발이 적어 저장성 감소 • 시설 비용이 높음

2) 훈증 저장

훈증이란 곡류 등의 식품을 저장할 때, 각종 해충이나 미생물로부터 손상을 입지 않도록 보관 장소에 휘발성 살균제를 기체 형태로 처리하여 사멸시키는 방법이다.

훈증 처리 시에는 곡물 중에 살균 가스가 잘 침투될 수 있어야 하며, 위생적인 면에서 살균제는 사람에게도 유해하므로 저장 공간의 밀폐 여부를 확인하여 훈증하도록 주의하여야 한다. 살균제로는 일반적으로 chloropicrine, methyl bromide, ethylene dioxide 등을 사용한다.

17 연습문제

01_ 다음 중 김치 발효의 초기에 주로 관여하는 락트산세균은?

① *Lactobacillus plantarum* ② *Pediococcus cerevisiae*
③ *Leuconostoc mesenteroides* ④ *Streptococcus faecalis*

02_ 다음 중 장기 저장에 유리하며, 세균의 번식에 유의해야 하는 훈연 기술은?

① 온훈법 ② 냉훈법
③ 액훈법 ④ 배훈법

03_ 김치 등과 같은 발효 저장 기술과 산 저장 기술에 대하여 설명하시오.

04_ 훈연과 훈증의 차이점에 대하여 설명하시오.

정답 및 해설

01_ ③

02_ ②

03_ 발효 저장 기술은 락트산세균과 같은 미생물의 발효에 의해 산이 생성되어 식품의 저장성이 증대되는 것이고, 산 저장은 직접 산을 첨가하여 식품을 저장하는 기술이다.

04_ 훈연은 목재의 불완전 연소에 의해 발생하는 연기를 식품에 가하여 탈수, 건조와 동시에 훈연 성분의 침투에 의한 저장성 및 기호성 향상을 꾀하는 방법이며, 훈증은 곡류 등의 저장 전에 보관 장소에 휘발성 살균제를 기체 형태로 처리하여 해충이나 미생물을 사멸시키는 방법이다.

PART 4

식품의 품질 수명 기간 예측

● Chapter 18 식품의 품질 수명 기간 : 의미와 제도

Chapter

18 식품의 품질 수명 기간 : 의미와 제도

배우는 목적

소비자가 매스컴을 통해 쉽게 접하고 우려하는 것 중에 유통기한이 지난 식품을 판매하는 것이다. 이것은 식품 판매자와 소비자 간의 신뢰를 손상시키는 주요 원인이 되고 있다. 그러나 유통기한을 1시간 지난 것이라고 하여 절대로 먹어서는 안 되는 것이냐 하면 그렇지는 않다. 다소 품질은 떨어질지 모르나 식용하는 데에 문제가 없을 수도 있다. 따라서 품질 보증 기간(품질 유지 기한 : 상미 기한)이라는 개념으로 이를 받아들여야 할 것이다. 유통기한과 품질을 보증하는 기한 간에 약간의 차이점을 내포하고 있으며, 이에 대한 소비자 교육과 홍보가 요구되고 있는 실정이다.

따라서 품질 유지 기간이나 유통기한을 어떻게 적용하고 있는지, 식품 산업체에서 생산되는 다양한 제품들의 경우 그 특성에 따라 어떤 방법으로 산출하여 제시할 수 있는지 알아보고자 한다. 식품마다 구성 성분이 다르고 포장이나 유통 환경이 다르기 때문에 어떤 성분이나 형태를 바탕으로 품질 지표로 삼아야 하는 것이며, 이들을 이용하여 산출하는 방법 중 하나인 반응 차수, 반응 속도 개념에 대하여 이해함으로써 품질 수명 기간을 예측하는 방법을 배우고자 한다.

1. 식품의 품질 수명 기간(Shelf life)

우리나라의 식품 유통기한에 대한 의미는 'Expiration date'(유통기한 날짜까지만 섭취 가능) 개념이 아니라 'Sell by date'(식품의 제조일로부터 소비자에게 판매가 허용되는 기한) 개념이다. 즉 정해진 방법으로 보관한 경우 부패, 산패, 기타 품질 저하를 수반하는 위생상 위해 발생 우려가 없다고 인정하는 기일을 표시한 날짜이다. 이 기한 내에서 적정하게 보관, 관리된 식품은 안심하고 믿고 마시거나 먹을 수 있다는 의미이며, 제조업체가 제품의 품질이나 안전성 등에 대해 소비자에게 책임지고 보증한다는 상징이다.

저온 살균 우유, 도시락, 빵, 두부 등과 같이 보존 기한이 짧은 식품 등에 소비기한이라고 표시되는 것이 바로 여기에 해당된다.

식품이 최상의 품질을 유지할 수 있는 최종일을 말하며, 장기간 보관하거나 유통해도 부패나 변질 우려가 없는 식품에 대해 유통기한 표시 대신 품질 유지 기한으로 표시할 수 있도록 하였는데, 수분 함량, 수분 활성도, 멸균 처리, 포장 형태, 보존 기준 등을 고려해 부패나 변질 우려가 없고 소비자들이 오래 보관하면서 사용할 수 있는 식품에는 유통기한 대신에 품질 유지 기한으로 표현할 수 있다. 김치 절임 식품(김치, 젓갈, 절임류, 멸균 처리 조림류), 조미 식품(장류, 식초, 카레), 다류, 당류, 멸균 처리 음료류, 인삼 제품류, 잼류, 기타 벌꿀, 밀, 레토르트 식품, 통조림 식품 등이 이에 해당한다.

선진국에서는 대부분 유통기한 표시가 법적으로 의무화되지 않고 식품 업체 자율에 맡겨져 있거나 변질이나 부패가 우려되는, 즉 품질 변화가 빠른 제품에 대해서만 소비 기한/사용 기한을 사용하도록 하고 있다. 그 외에는 상미 기한, 품질 유지 기한 등으로 표시하고 있다.

일본의 경우 품질 변화가 빠른 것으로 5일 이내에 소비되어야 하는 것은 소비 기한으로 표시하고 품질 변화 속도가 느린 것은 상미 기한으로 표시하고 있다. 미국의 경우 제품의 특성에 따라 사용 기한(use by date), 판매 기한(sell by date), 포장 일자(packaging date), 최상 품질 기한(best before date) 등으로 나타낸다. EU는 부패하기 쉬운 것은 최종 사용 일자(use by date)로 표시하고, 일반 식품은 최소 품질 유지 일자(date of minimum durability)로 표시하도록 하고 있다.

2. 품질 유지 기한의 설정과 관리

1995년부터 단계적으로 자율화를 추진하여 2000년 9월 1일부터 모든 식품의 유통기한 설정이 자율화되었고, 이에 따라 현재는 식품 제조·판매 업체에서 식품별 특성에 맞춰 자율적으로 유통기한을 설정하여 표시한다.

'유통 기간'의 산출은 포장 완료(단, 포장 후 제조 공정을 거치는 제품은 최종 공정을 마친 시점) 시점을 기준으로 하되 캡슐 제품은 충전 성형 완료 시점으로 하며, 선물 세트와 같이 유통기한이 상이한 제품이 혼합된 경우에는 유통기한이 짧은 제품을 전체 제품의 유통기한으로 정하여야 한다는 규정이 운영된다.

원칙적으로 식품의 제조·가공 영업 허가를 받아 생산되는 모든 식품은 유통기한을 표시하여야 하나, 식품의 수분 함량이 낮거나 미생물이 번식할 수 없는 조건 등을 갖고 있는 식품은 유통기한 표시를 생략할 수 있는데, 유통기한 표시가 생략되는 식품으로는 설탕, 아이스크림류, 빙과류, 식용 얼음, 껌류(소포장 제품), 제재·가공소금 및 주류(탁주·약주 제외)가 있다.

유통기한은 정부가 식품 생산자와 판매자에게 제품명, 식품의 유형, 업소명 및 소재지, 함량, 영양 성분 등에 관한 각종 식품 정보를 제품의 포장이나 용기에 표기하도록 하는 「식품 등의 표시 기준」에 따라 표시하게 되어 있으며, 그 방법은 다음과 같다.

① '○○년○○월○○일까지', '○○○○.○○.○○까지', '○○○○년○○월○○일까지'로 표시함.

② 제조일을 표시하는 경우에는 '제조일로부터 ○○일까지', '제조일로부터 ○○월까지' 또는 '제조일로부터 ○○년까지'로 표시함.

③ 도시락류는 '○○월○○일○○시까지' 또는 '○○일○○시까지'로 표시함.

④ 통조림 식품은 월 표시 영문의 첫 글자를 따서 표시할 수 있음(예 : 10월, 11월, 12월의 월 표시 영문 첫 글자인 O(October), N(November), D(December)로 표시할 수 있음).

⑤ 청량음료의 병마개에 유통기한을 표시하는 경우, 제조 '년월'만을 표시할 수 있으며 우유, 발효유, 락트산세균 음료는 제조 '일'만을 표시할 수 있음.

⑥ 유통기한의 표시는 식품의 사용 또는 보존에 특별한 조건이 필요한 경우 이를 함께 표시하여야 함. 즉, 냉동 또는 냉장 보관·유통 하여야 하는 제품은 '냉동보관' 또는 '냉장 보관'을 표시하여야 하고, 제품의 품질 유지에 필요한 냉동 또는 냉장 온도를 표시하여야 함.

⑦ 유통기한이 서로 다른 여러 가지 제품을 함께 포장하였을 경우에는 그중 가장 짧은 유통기한을 표시함.

3. 품질 예측을 위한 지표 물질

품질 유지 기한의 예측은 일차로 미생물 검사를 통하여 위해한 미생물의 오염이 일어나는지 여부를 바탕으로 설정을 한다. 미생물의 경우 대부분 식중독균을 대상으로 하며 특별한 경우 락트산세균이 적용되는 경우가 있다. 그러나 미생물의 생성이 관찰되지 않는 경우에는 품질의 변화를 관능 검사를 통하여 확인하게 된다.

관능적인 지표로는 성상, 물성, 침전물, drip, 점성, 케이킹, 곰팡이 발생 유무 등이 해당된다. 또 맛이나 향기 등의 변화는 미세한 화학 반응들이 일어남으로써 야기된다. 따라서 식품의 유통기한을 설정하기 위한 지표로는 이화학적 지표, 미생물학적 지표, 관능적 지표가 모두 적용되어야 한다.

일반적으로 식품의 변질이 일어나는 경우 지방의 산패나 비타민의 파괴, 색깔의 변화, 조직감의 변화 등이 예상되며 이런 변화는 동시에 일어나기도 한다. 이런 변화를 일으키는 영향 인자로는 온도, 산소, 수분, 광선 등이 있으며, 이 중에서도 온도에 의한 변화가 가장 큰 요인이 되고 있다.

온도에 의해 변화되는 정도가 큰 물질로 품질 변화의 지표 물질로 이용될 수 있는 성분 및 이화학적 성질에는 산가, 과산화물가, 아미노태질소, pH, 산도, ascorbic acid, thiamine, retinol, hexanal, 생리 활성 물질, 클로로필, 폴리페놀 함량, 색도 등이 있다. 이러한 변화를 지표 물질로 삼아 이들에 관한 kinetics를 관찰하면 식품의 변화 정도를 예측할 수가 있다. 표 18-1은 일반 식품 업체에서 현재 활용되고 있는 여러 가지 일반 지표들로써 이화학적 지표들을 주로 제시하였다. 보는 바와 같이 식품의 종류에 따라 다양하다.

표 18-1 일반 식품에서 유통기한 예측 시 사용되는 이화학적 지표

식품	이화학적 지표	식품	이화학적 지표
빵, 떡류	과산화물가(유탕 제품) 산가(유탕 제품)	견과류	수분, 과산화물가(유탕 제품) 산가(유탕 제품)
잼류	pH, 가용성 고형분	식육제품	TBA가, 휘발성 염기질소
어육 가공품	pH, 산가	두부류	산가(튀긴 것), 과산화물가
식용 유지	산가, 과산화물가	차, 커피	수분
간장	pH, 총질소, 순추출물	식초	총산, 알코올, 산도
소스류	색도, 총산	카레	수분, 산도
김치류	pH, 산도	젓갈류	총질소, 아미노산성 질소
주류	pH, 에탄올, 메탄올, 가스압, 알데하이드, 총산	메주	조단백질, 아미노산성 질소 아플라톡신 B_1
벌꿀	수분, 산도, 전화당, HMF	즉석 건조 식품	수분, 산가, 과산화물가(유지 함유 제품)
땅콩	수분, 아플라톡신 B_1	생식류	수분

이화학적 변화가 객관적인 분석이라고 한다면 주관적인 분석인 관능 검사와의 상관관계를 바탕으로(그림 18-5 참조) 지표 물질의 변화가 소비자의 선택 기준을

결정할 수 있고 나아가 품질을 유지할 것으로 예상되는 시점까지를 예측하는 것이 가능하다.

4. Kinetics 모델

대부분의 식품의 품질 변화는 다음과 같은 관계식으로 표현할 수 있다.

바람직한 품질의 감소 = $-\frac{dA}{d\theta} = k(A)^n$

바람직하지 못한 식품의 변화 = $\frac{dB}{d\theta} = k(B)^n$

$\frac{dA}{d\theta}$, $\frac{dB}{d\theta}$는 시간에 따라 A, B 성분이 변화하는 양을 나타내며 (A), (B)는 주어진 시간에서 반응물 및 생성물 A, B의 양을 나타낸다. k는 반응 속도 상수를, n는 반응 차수, 즉 0, 1차 반응을 나타낸다.

0차 반응 : $A = A_0 - k_z\theta$ (n = 0인 경우)

그림 18-1에서 보는 바와 같이 저장 기간에 따라 남아 있는 양은 반응물의 농도에 영향을 받지 않는다. 시간이 지남에 따라 일정한 속도로 감소하는 경향을 보인다.

1차 반응 : $\text{Ln } A = \text{Ln } A_0 - k_1\theta$ 또는 $\text{Ln} \frac{A_0}{A} = k_1\theta$로 나타낼 수 있다.
(n = 0인 경우)

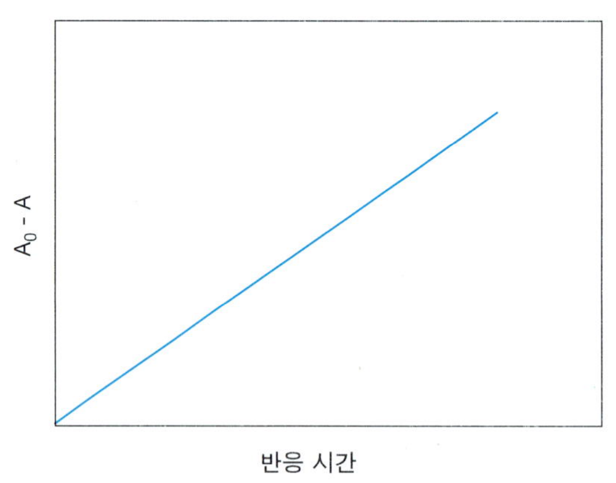

그림 18-1 0차 반응을 나타낸 저장(반응) 기간과 잔존량의 관계

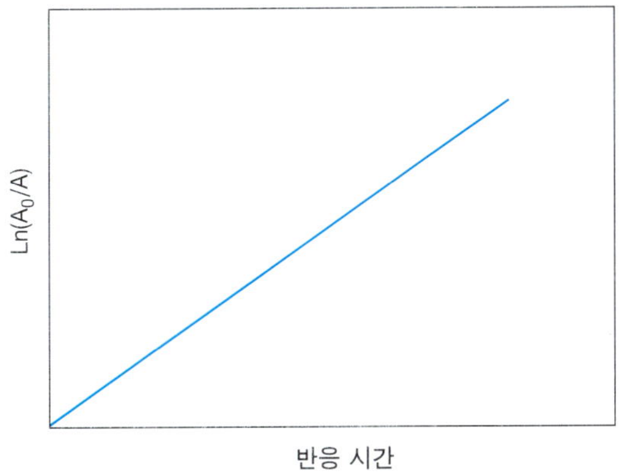

그림 18-2 1차 반응을 나타낸 저장(반응) 기간과 잔존량의 지수 함수적 관계

그림 18-2에서 보는 바와 같이 1차 반응에서는 저장 기간에 따라 한 가지 반응물의 농도에 따라 반응 속도에 영향을 미치며 로그함수 관계로 비례하면서 감소하는 경향을 보인다.

2차 반응 : $\alpha A + \beta B \underset{k_b}{\overset{k_f}{\longleftrightarrow}} \gamma C + \delta D$

$$\frac{-d[A]}{dt} = k_f[A]^{\alpha}[B]^{\beta} - k_b[C]^{\gamma}[D]^{\delta}$$

두 가지 반응물의 농도가 모두 반응 속도에 영향을 준다. 이 미분반응식의 해를 구하면 된다. 그러나 이 식의 풀이를 적용하여 응용하기에는 너무 복잡하다. 따라서 이런 경우에는 농도 변화에 영향을 주는 요인 하나를 무시하도록 한다. 품질 변화를 주는 성분이 비타민 C와 산소인 경우 이 둘 중 영향이 적은 산소를 차단함으로써 한 개의 반응물에 의해서만 영향을 받게끔 하는 방안이다. 진공 포장을 하거나 질소를 충진하는 경우가 여기에 해당된다.

식품의 경우 특별한 경우에 2차 반응(속도)에 따르며 대부분 0, 1차 반응이다. 이와 같은 식품 내에서의 화학 반응은 온도에 따라 영향을 받아 반응 속도가 달라지는데 이러한 변화는 Arrhenius가 제안한 모델 식에 따르고 있음이 잘 알려져 있다(그림 18-3 참조).

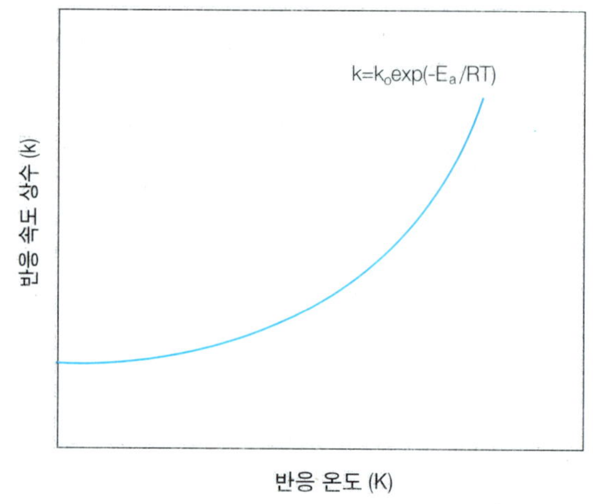

그림 18-3 Arrhenius가 제안한 반응 속도 상수와 절대온도 간의 관계

$$k = k_0 \exp(-E_a/RT)$$

k : 반응 속도 상수　　k_0 : 임의의 상수

E_a : 활성화 에너지　　R : 가스 상수(1.987cal/mol K)

T : 절대온도 (K)

참고로 여러 가지 화학 반응의 kinetics 상수는 표 18-2와 같다.

표 18-2 여러 가지 식품에서 일어나는 반응의 kinetics 상수

반응	기질	차수	온도	D값	z값
Thiamin 파괴	고기류	1차 반응	121.1℃	158분	31℃
카로틴 파괴	간	〃	〃	43.6	25
비타민 C 파괴	콩	〃	〃	246	50
비효소적 갈변	우유	〃	〃	12.5	26
엽록소 파괴	콩	〃	〃	13.2	38
Sensory quality	여러 가지 식품	〃	〃	5-500	26

다음 실험 결과는 130℃에서 가열할 때 돼지고기의 thiamin 손실 정도를 나타낸 것이다. 영양소의 파괴가 1차 반응이라면 반응 속도 상수(k)는 얼마인가? 평균 반응 속도를 구하여 35분 가열 후에는 thiamin이 얼마(%) 남아 있게 되는가?

가열 시간(분)	남아 있는 thiamin 양(%)
1.5	95
5.0	90
7.0	80
20.0	50

1차 반응의 경우 남아 있는 양을 다음과 같이 표현할 수 있다.

$A = A_0\, e^{-kt}$ 로 표현될 수 있다. 양변에 log를 취하여 반응 속도 상수 k에 관하여 풀면

$$k = \frac{1}{t}\,\mathrm{Ln}\,\frac{A_0}{A}$$

따라서 1.5분 후에 95% 남아 있다고 한 자료를 입력하면

$$k = \frac{1}{1.5분} \times \mathrm{Ln}\,\frac{100}{95} \fallingdotseq 0.03\,\mathrm{min}^{-1} = 0.03/분$$

이처럼 반응 속도 상수 k를 알아내었다. 이것을 1차 반응식에 대입하면 일정 기간이 지난 후 남아 있는 양을 구할 수 있다.

$$A = 100\,\exp(-0.03/분 \times 35분) = 35\%$$

따라서 35분 후에는 35%의 thiamin이 남는다.

건조 유청 단백질을 25℃에서 저장하면서 일어나는 비효소적 갈변 관계를 분광광도계를 이용하여 450nm에서 측정한 결과이다(표 18-3 참조). 이러한 화학 반응은 0차 혹은 1차 반응인지 확인하여 보면 다음과 같다.

표 18-3 25℃에서 건조 유청 단백질을 저장하면서 일어나는 비효소적 갈변 관계

저장 일수(일)	흡광도	저장 일수(일)	흡광도
0	0.018	120	0.097
30	0.042	150	0.119
60	0.062	180	0.126
90	0.075	210	0.147

먼저 0차 반응이라고 가정하고 0차 반응의 관계식에다 대입하여 본다.

25℃에서의 값을 각각 대입하여 보면

$$k_z = (A_0 - A)/\theta = (0.018 - 0.147)/210 = -0.000614$$

평균값은 $0.000639 \pm 0.00005\,(7.94\%)$ (1/일)

만일 1차 반응이라고 가정한다면

$$k = \frac{1}{30}\,\mathrm{Ln}\,\frac{0.018}{0.042} = -0.0282$$

평균값은 $0.0158 \pm 0.00769\,(48.7\%)$ (1/일)

이상의 결과에서 표준 편차가 훨씬 더 적은 값을 보여준 것이 0차 반응이므로 건조된 유청 단백질은 25℃에서 0차 반응 속도에 의해 비효소적 갈변이 일어난다.

5. 가속 저장 실험(Accelerated shelf life test)

라면이나 커피와 같이 제품의 수명 기간이 1년 또는 2년씩 되는 경우 식품회사에서 신제품을 개발하거나 또는 품질 개선을 위해 제품의 수명 기간 설정을 위한 실험을 한다면 상당히 오랜 시간이 요구된다. 이러한 경우에는 가속 저장 실험을 통하여 짧은 시간 내에 식품의 화학적인 변화를 관찰할 수 있을 것이다. 이와 같이 주위 환경을 임의로 변화시켜 보다 빠른 변화를 유발하여 품질 유지 기한을 예측하는 방법이다. 경우에 따라서는 온도를 상승시키거나 산소 압력을 상승시키거나 금속이온이나 광선을 쬐는 환경을 만들어 주기도 한다. 또 수분을 증가하는 방법이나 이들을 적절히 혼합하는 방법을 활용하게 된다.

온도의 경우 보통 10℃를 올리면 반응 속도가 2~3배 정도 빠르게 진행된다. 지방 함량이 많은 식품의 경우는 지방 산패를 촉진시키기 위하여 산소의 농도 또는 압력을 높임으로써 지방 산패 반응을 촉진시키는 효과를 가져온다. 한편 산소 농도의 경우 21% 이하인 조건에서는 품질의 변화와 비례적인 영향을 나타내나 21% 이상에서는 산소 농도가 증가하더라도 비례적인 변화를 보여주지 못하므로 예측하기가 어렵다. 또 조직감의 변화는 수분에 의한 영향이 크므로 상대 습도를 변화시키는 경우도 있다. 따라서 가장 변화가 빠르게 일어나는 요인으로 적용되는 일반적인 온도 범위는 다음과 같다(표 18-4 참조).

표 18-4 가속 저장 시험에서 온도 조건과 대조구의 온도 조건

제품	가속 저장 시험 온도 조건	대조구의 온도 조건
통조림 제품	25, 30, 35, 40℃	4℃
건조한 제품	25, 30, 35, 40, 45℃	−18℃
냉동 제품	−5, −10, −15℃	−40℃ 이하

이러한 조건에서 얻은 실험 자료를 토대로 하여 Ln k vs 1/T 관계로부터 활성화에너지를 구할 수 있고 다음 식에 대입하면 저장 실험을 하지 않은 조건에서의 반응 속도 상수(k_2)를 구할 수 있다(k_1을 알고 있다고 가정).

$$\mathrm{Ln}\frac{k_2}{k_1} = \frac{-E_a}{R}\left[\frac{1}{T_2} - \frac{1}{T_1}\right]$$

이 관계를 이용하면 임의 온도 조건, 즉 저장 온도가 수시로 변화되는 조건에서의 품질 유지 기한을 예측할 수 있다.

또 Q_{10}값을 이용하면 각각의 다른 온도 조건에서 저장하였을 때의 저장 기간을 예측할 수가 있다. 다음 그림 18-4에서 보는 바와 같이 Q_{10}값이 2인 경우 x축의 저장 온도를 연결하면 해당 온도에서의 저장 기간을 알 수 있으며, 이보다 더 빠르게 반응하는 것으로 Q_{10}값이 3 또는 4, 5인 경우에 해당 곡선을 이용하면 저장 기간을 예측하는 것이 가능하다. 이처럼 오랜 기간 동안 저장 실험을 거치지 않더라도 짧은 기간 동안의 반응만으로도 긴 시간 동안의 저장 기간 중 변화되는 품질의 정도를 예측할 수 있다.

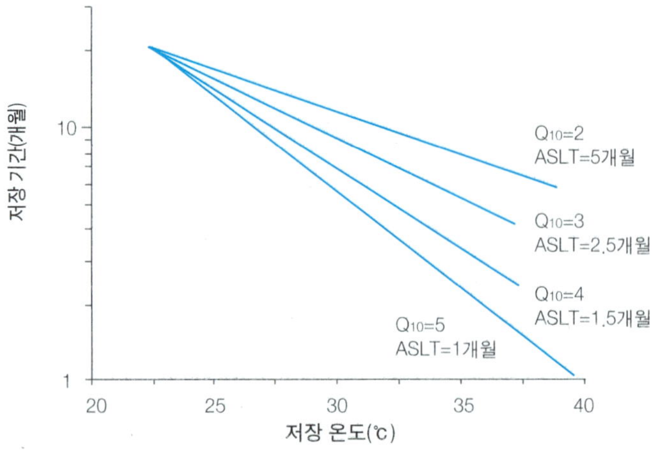

그림 18-4 Q_{10}값을 달리한 반응의 가속 저장 실험에서의 저장 기간 예측

6. 품질 유지 기한의 예측

이러한 정의를 설정할 때에는 저장 기간에 따라 미생물의 수, 또는 관능 검사와 영양 성분의 잔존량 간의 상관관계를 통하여 결정한다. 예를 들어 분말 주스를 저장 기간별로 관능 검사를 행하여 1~9 사이의 점수로 나타내고 같은 저장 기간에 잔존 비타민 C의 양을 측정하여 이 두 변수 간의 상관관계를 얻는다(그림 18-5 참조). 이 관계로부터 먹기에 곤란한 경우에 해당하는 잔존량이 얼마인가를 알 수 있으며, 또 일일이 관능 검사를 행하지 않고도 비타민 C의 양을 분석함으로써 저장 기간이 얼마나 되었는가를 알 수 있어 결국 품질 수명 기간을 예상할 수 있다.

비타민 B_2를 함유한 식품을 갖고 가속 저장 실험을 하여 임의의 온도에서 시간별로 노출되어 비타민이 파괴된 정도가 다음과 같이 나타났다. 만일 이 비타민의 파괴가 그 식품의 품질과 밀접한 관계가 있어 초기 농도에 비하여 75% 미만이 남으면 먹기에 곤란하다고 가정하자. 이 식품을 35℃에서 일정하게 보관된다면 제품의 품질 유지 기한은 다음과 같이 구할 수 있다.

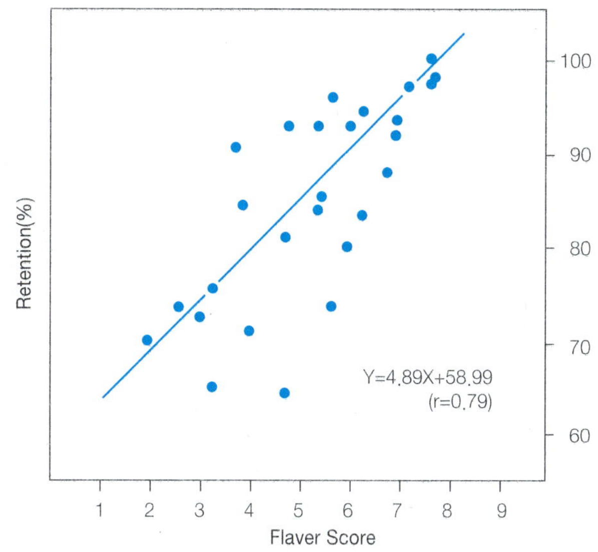

그림 18-5 분말 주스의 관능 검사 점수와 아스코브산의 잔존량 관계
자료 : Lee & Noh. 한국식품과학회지, 14: 330-335, 1982

단위 : ng/mL 초기 농도 : 140 ng/mL

온도 (℃)	시간(초) 100	250	420	500	1000	1500	2000	3000	4000
70	–	–	–	129	115	–	111	88	74
75	–	116	–	–	71	–	33	14	7.5
80	–	85	–	54	19	7.2	2.5	–	–
90	44	14	4.5	–	–	–	–	–	–

70℃에서 반응 속도 상수(k)는 다음과 같이 구할 수 있다.

$$\text{Ln}\frac{140}{129} = \text{k}(500) \quad \text{또는} \quad \text{Ln}\frac{140}{115} = \text{k}(1000)$$

이와 같이 주어진 온도에서 반응 속도 상수(k)를 각각 구하면 다음과 같다.

온도(℃)	반응 속도 상수(sec^{-1})
70	1.64×10^{-4}
75	7.30×10^{-4}
80	1.97×10^{-3}
90	9.63×10^{-3}

Arrhenius 관계식을 적용하여 활성화 에너지(24,779.1 × 1.987 cal/mole)를 구하고 그 다음 Arrhenius 관계식을 이용하여 임의의 온도(예를 들면, 35℃: 308K)에서의 반응 속도 상수를 구한다. 여기서는 편의상 k_{80}(353K)의 값을 대입하여 적용한다.

$$\log \frac{k_{unknown}}{k_{known}} = \frac{-E_a}{2.303R} \times \left(\frac{T_{known} - T_{unknown}}{T_{unknown}\, T_{known}}\right)$$

$$\log \frac{k_{308}}{0.001974} = \frac{24,779.1}{2.303} \times \left(\frac{353-308}{353 \times 308}\right)$$

$$k_{308} = 6.94 \times 10^{-8}\, sec^{-1}$$

따라서 35℃(308K)에서의 반응 속도 상수는 $6.94 \times 10^{-8} sec^{-1}$이다. 그리고 Excel

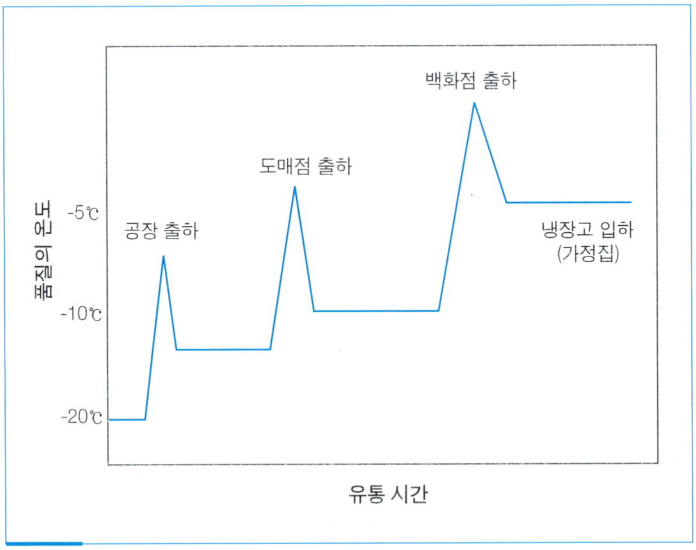

그림 18-6 유통 중 출하 입고에 따른 제품의 온도 변화

프로그램을 이용하여 반복 계산하면 다른 온도에서의 반응 속도 상수 k값들도 구할 수 있다. 얻어진 반응 속도 상수값을 다음 식에 적용하면 일정한 온도 조건하에서 제품의 품질 유지 기한을 구할 수 있다.

$$\mathrm{Ln}\,\frac{A_0}{A} = k_{308} \times \theta_s$$ 에서 A (남은 양) 값을 75%(=0.75)라고 한다면

$$\mathrm{Ln}\,\frac{100}{75} = 6.94 \times 10^{-8} \times \theta_s$$

따라서 θ_s(제품의 품질 유지 기한) = 4,145,274.8 sec = 47.98일을 구할 수 있다. 그러나 이처럼 유통 기간 중 일정한 온도 조건하에서 유통되기는 현실적으로 어려운 일이다. 그림 18-6에서 보는 바와 같이 물건을 싣고 내리고 하는 과정 중에 실외 온도에 노출되어 일시적으로 급속한 온도 상승이 이루어진다.

이와 같은 방법으로 온도 조건이 수시로 변화하는 유통 조건에서의 품질 유지 기한을 예측하고자 한다면 임의의 각 온도 조건에서의 반응 속도 상수(k)를 각각 구하고 해당 온도 조건하에서 노출된 시간 동안 얼마큼 변화되었는지를 일차적으로 예측하며, 해당 온도 조건에서 파괴되고 남아 있는 양은 다음 온도 조건에서의 A_0값에 해당하므로 이를 대입하여 다음 온도 조건에서의 반응 속도 상수와 초기 농도(A_0값)를 대입하여 1차 반응식에 적용하면 된다.

따라서 그때그때 A_0값이 달라지고 반응 속도 상수와 기간이 달라져 각각의 온도 조건에서의 변화량을 모두 합쳐 나가면, 다시 말하면 누적 효과에 따라 남는 양이 계산되는데 이것을 도해법에 의하여 합산하면 다음과 같이 된다.

$$\mathrm{Ln}\,A = \mathrm{Ln}\,A_0 + \sum_{i=0}^{n} (k_i \cdot \Delta\theta_i)_{T_i}$$

A : 저장 후 최종 시점에서 남아 있는 양
A_0 : 저장 초기의 양
T_i : i 조건에서의 저장 온도
k_i : T_i 온도에서의 반응 속도 상수
θ_i : T_i 온도에서의 저장 시간

비타민 C를 함유한 식품이 여러 가지 저장 온도에서 파괴된 정도가 다음과 같이 나타났다고 가정하자. 비타민의 파괴가 그 식품의 품질 척도로 사용된다면 10℃에서 50일, 20℃에서 80일, 25℃에서 60일, 30℃에서 90일 보관하였을 때 품질 유지 기한을 계산한다면 다음과 같이 구할 수 있다(단, 관능 검사 결과, 초기 비타

민의 80%가 남아 있는 상태까지 먹을 수 있다고 가정한다).

절대온도(K)	반응 속도 상수(1/일)
276	0.001305
294	0.00157
308	0.00209
318	0.00302

자료 : Lee & Noh, 한국식품과학회지, 14: 330-335, 1982

활성화 에너지를 구한 다음(그림 18-7 참조) 앞에서 설명한 바와 같이 지정된 각 온도에서 예상되는 반응 속도 상수를 먼저 구한다. 그런 다음 일정한 온도 조건에서 파괴된 영양가를 계산하고

$$\mathrm{Ln}\frac{A_0}{A} = k_{298} \times \theta_s$$에서 A (남은 양) 값을 구한다.

각 온도 조건에서의 A_0값은 먼저 계산된 온도 조건에서 파괴되고 남은 값이 된다.

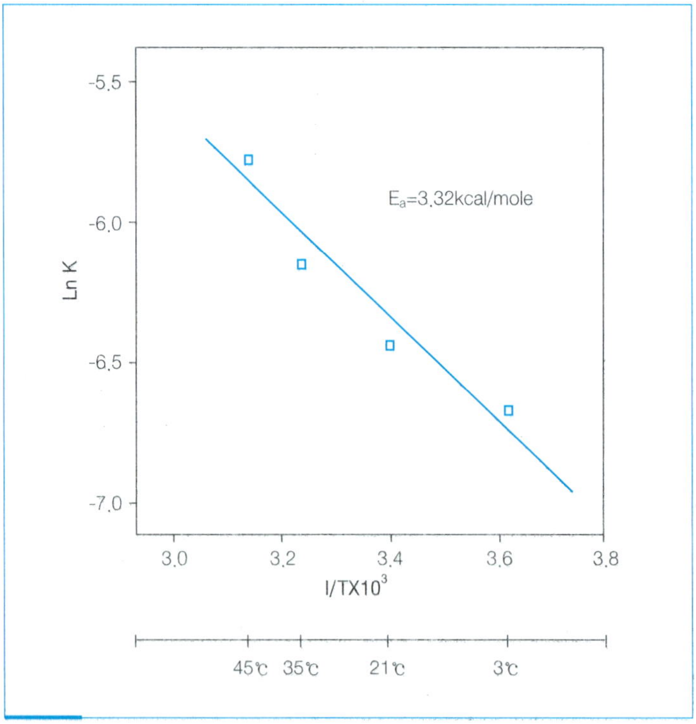

그림 18-7 각 온도(1/T)에서의 반응 속도 상수의 log값 간의 관계

따라서

$$\text{Ln } A = \text{Ln } A_0 + (k_i \cdot \Delta\theta_i)_{Ti} + (k_i \cdot \Delta\theta_i)_{Ti} + (k_i \cdot \Delta\theta_i)_{Ti} + (k_i \cdot \Delta\theta_i)_{Ti}$$

$$\text{Ln } A = \text{Ln } 100 + (k_{10C} \cdot 50\text{일}) + (k_{20C} \cdot 80\text{일}) + (k_{25C} \cdot 60\text{일}) + (k_{30C} \cdot 90\text{일})$$

다른 온도에서의 반응 속도 상수(k_{20})를 대입하여 위와 같은 방법으로 반복 계산하며 다시 다른 시점에서는 또 다른 반응 속도 상수를 대입한다.

절대온도 (K)	시간 (일)	반응 속도 상수 (1/일)	$\frac{\text{Ln}(100)-k \cdot \theta_S}{2.303}$	남아 있는 양 (%)
283	0	0.001258	2.00000	100.00
283	50	0.001258	1.97267	93.90
293	80	0.001539	1.91918	83.01
298	60	0.001694	1.87503	74.99
303	90	0.001858	1.80239	63.44

위 표에서 보는 바와 같이 130일 이후에 80%까지 감소된다. 130일 이후 25℃에서 θ_s일이 지나면 비타민 C의 잔존량이 80%가 되어 먹기에 곤란한 상태가 된다. 1차 반응 속도식에서 초기 농도는 130일 지났을 때의 남아 있는 양 83.01%를 대입

Tips 안전 계수(Safety Factor)

품질 유지 기한의 예측은 제조한 식품이 가장 안전한 조건하에서 제조되어 다른 외부 환경에 의한 변화가 가장 적게 일어났을 때를 기준으로 예상한 것이므로 실제 상황은 여기에 미치지 못하는 경우가 더 많다. 예를 들어 영세 제조업자의 경우 제조 공정이 HACCP를 적용할 수 없을 정도이고 환경이 매우 열악한 조건이라고 한다면, 위에서 예상한 품질 유지 기간 또는 유통기한에 대하여 safety factor 값으로 0.6~0.65 정도의 값을 곱하여 주어 실제 얻어진 기간보다도 적은 값을 대신하는 것이 바람직하다. 그러나 대기업으로 매우 위생적인 환경에서 안전하게 생산이 된다면 safety factor는 0.8값만을 고려하여도 무방하다. 위에서 설명한 바와 같은 실험과 계산을 통하여 100일이라는 제품 유지 기한을 얻게 되었다고 한다면 safety factor 0.8값을 고려하여 80일이라고 간주하는 것이다.

이처럼 제조 환경에 따라 안전하게 각각 다른 safety factor를 고려하여 주는 것이 보다 안전하게 품질 관리를 수행하는 바람직한 운영 전략이다.

하여 다음과 같이 계산한다.

$$\text{Ln}\frac{83.01953}{80} = 0.001694 \times \theta_s \quad \because \theta_s = 21.87\text{일},\ 130 + 21.87 = 151.87$$

151.87일 후면 먹기에 곤란하여 본 제품의 품질 유지 기한은 151일이라 말할 수 있다. 그러나 위의 반응 속도 상수 값은 3℃에서 주어진 값보다 작다. 이는 회귀곡선상의 값을 사용하지 않고 실험치를 그대로 사용하였기 때문이며 회귀곡선상의 값을 대입하면 약간의 오차가 발생되나 보다 정확한 값을 얻을 수 있게 된다.

7. 시간-온도 지시계(Time temperature indicator; TTI)

식품은 적절한 온도를 유지하여 보관하고 유통하여야 함에도 불구하고 온도 관리가 잘 이루어지지 못하여 제품의 품질이 변하게 되는 경우가 있다. 이런 경우 지난 시간 동안의 저장 온도에 대한 이력(history)을 가늠할 수 있는 지시계가 바로 time temperature indicator이다. 이것은 정해진 온도 조건에서 보관이 이루어지지 않은 경우 온도 관리가 잘못된 것을 일반인들이 손쉽게 파악할 수 있도록 알려주는 지시 시스템이다.

이 시스템은 효소(주로 lipase나 phospholipase)와 효소의 기질인 triolein, 그리고 pH에 따라 각각 다른 색을 보여주는 지시계로서 3가지 정도를 혼합하여 사용한다. 메틸오렌지, 메틸레드, 브로모페놀 등 그 외의 여러 지시약이 이용될 수 있다.

그 원리는 −18℃에서도 효소 반응을 하는 lipase나 phospholipase의 활성을 바탕으로 하는 것이다. 즉 −18℃ 이하로 저장이 되면 아무런 효소 반응이 일어나지 않다가 잠시라도 관리를 소홀히 하여 저장 온도가 높아지면 효소의 활동이 활발히 이루어져 기질인 triolein을 가수 분해하게 되고 여기서 생성된 oleic acid에 의해 pH의 변화가 일어난다. 이러한 pH의 변화는 pH 변화를 나타내는 지시약으로 나타나 결국 온도 관리가 잘못되었음을 알 수 있다. 이때 기준이 되는 색깔의 pH와 일치되는 것을 바탕으로 신선한 것, 먹어도 되는 것, 먹기에는 조심스런 것, 먹어서는 결코 안 되는 것 등으로 나누어 나타낸 색과 효소 반응에 의해 생긴 색과 비교하여 저장 온도 이력을 예측하고 품질의 상태를 파악할 수 있는 시스템이다.

군용식량이나 비상식량으로 장기간 보관하게 되는 경우 이런 지시계를 사용할 수 있다. 그림 18-8은 햄버거에 들어가는 고기를 보관 상태에 따라 타원형의 가운데 부분의 색(대조구)과 1, 2, 3, 4로 나타낸 부위의 색과 비교하여 품질의 상태를 예측하는 시스템의 한 예를 제시한 것이다.

또 다른 형태의 TTI로 diacetylenic monomer에 의한 중합 반응을 토대로 하여 식품의 신선도가 신선한지, 먹어도 괜찮은지, 먹어서는 안 되는 것인지를 소비자가 판단할 수 있는 색도 시스템을 제시하고 있다(그림 18-9 참조). 앞에서 설명한 TTI에 비하여 저렴한 편이다.

그런가 하면 농민을 비롯한 생산자들에 대한 정보, 재배 및 사육 관련정보, 질병 및 항생제 처리에 관한 정보, 농약의 처리량 및 실시 시기, 가공 공장에서 처리에 관한 정보, 유통 과정 중 저장 상태, 보관 온도 및 저장 기간 등에 관한 일체의 정보를 소비자들에게 제공해 주는 시스템들이 제공되기 시작하였다. 그림 18-10에

그림 18-8 TTI를 부착하여 냉동 온도 조건을 달리한 고기를 구별
좌측 : 냉동 온도 제대로 유지　우측 : 냉동 온도가 상승한 적이 있는 경우
(0, 1, 2, 3 : 품질의 상태에 따른 표준 색, 타원형 안의 색깔과 비교)

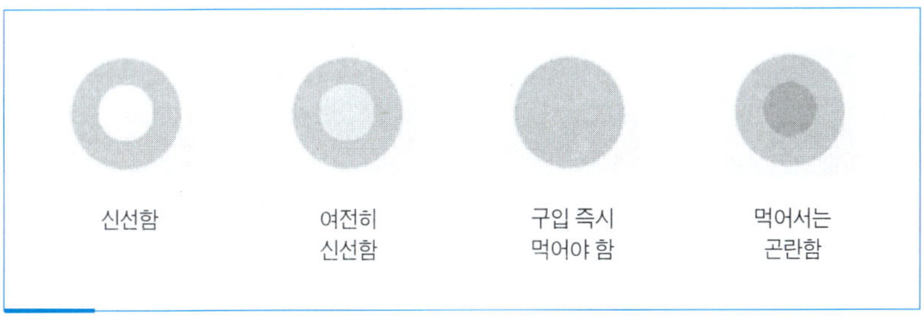

그림 18-9 Diacetylenic monomer의 중합 반응에 의한 색 변화
자료 : http://www.lifelinestechnology.com

서 보는 바와 같이 중간 단계마다 모든 정보가 전자태그 안에 제공될 뿐 아니라 저장 조건에 관한 정보 일체도 제공되어 소비자가 구입한 식품의 안전성을 집 안에서 확인할 수 있다. 이러한 생산 이력제(traceability)에 대한 시스템은 초기에 원산지와 가격만을 제공하는 바코드를 이용하여 간단한 정보만 제공되었으나 이제는 모든 정보가 간단한 칩 안에 내장되어 가격에 관한 정보까지도 제공되고 있어 소비자들로 하여금 보다 안전한 식품을 구입할 수 있도록 개선되고 있다. 이런 방법에 활용되는 시스템이 바로 전자태그(RFID: Radio Frequency IDentification)이다. 이것은 물류에서도 획기적인 효율성을 제공하고 있어 향후 전개되는 유비쿼터스 시대를 이끌어 가는 중추적인 도구가 될 것이다.

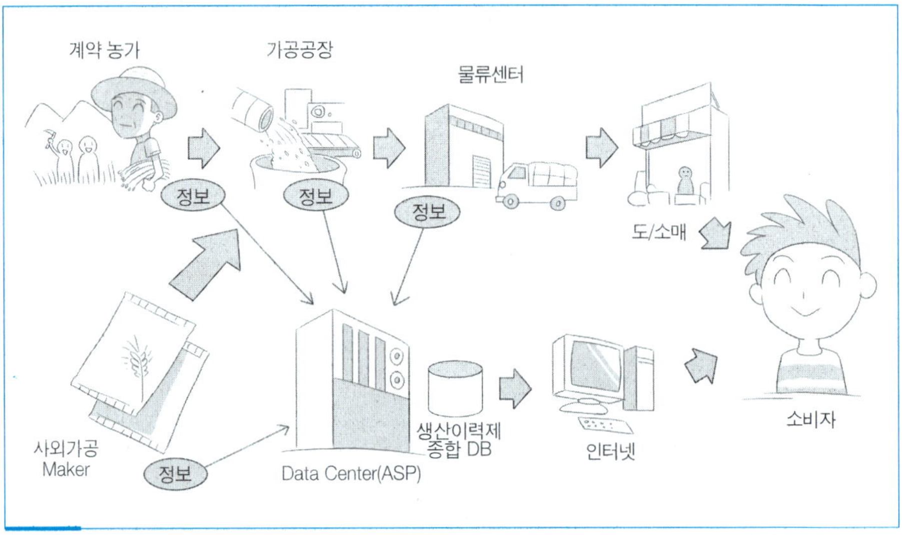

그림 18-10 RFID 시스템에서 제공되는 정보와 소비자에 의한 확인이 가능한 시스템의 전개도

Tips 생산 이력제(Traceability)

농가 재배 및 수입 농축산물의 원산지를 소비자가 알 수 있도록 하기 위하여 모든 중간 과정에 대한 입력 정보를 담아 제공하는 시스템으로 현재 쇠고기의 원산지를 알아보기 위하여 우리나라에서도 적용하고 있다. 물론 수입 제품에 대해서도 제공되고 있는 것도 있다.

18 연습문제

01_ 가속 저장 실험을 수행할 때 품질의 변화가 가장 적다고 예상되는 품질은?

① 색도　② 조직감
③ 당도　④ 수분
⑤ 생리 활성 물질

02_ 다음 중 1차 반응에 따르는 것이 아닌 것은 ?

① Thiamin 파괴　② 방사선 물질의 파괴 및 반감기
③ Ascorbic acid의 산화　④ 비효소적 갈변
⑤ 카로틴 파괴

03_ 유통 과정 중 일어날 수 있는 품질 변화가 아닌 것은?

① 효소 반응　② 미생물의 번식
③ 수분에 의한 조직감 변화　④ 아미노카보닐 반응
⑤ 호흡에 의한 과채류의 생체 대사

04_ 가속 저장 실험을 수행할 때 변화를 줄 수 있는 조건들이 아닌 것은?

① 온도 상승　② 광선의 양 증가
③ 이산화탄소의 증가　④ 수분 증가
⑤ 산소량의 증가

05_ 가속 저장 실험을 수행할 때 산소의 압력 변화 조건으로 적당한 것은?

① 0, 1, 3, 5%　② 10, 15, 20, 25%
③ 15, 20, 30, 40%　④ 30, 40, 50, 60%

06_ 가속 저장 실험 수행 시 냉동식품의 경우 대조구의 보관 온도로 적절한 것은?

① −10℃　② −18℃
③ −30℃　④ −40℃

07_ 일정 온도 조건에서 저장 기간별로 반응 속도 상수를 구하면서 0차 반응이라고 간주하였더니 평균값과 더불어 r^2값이 0.9238이 얻어졌고, 1차 반응이라고 간주하였더니 평균값과 더불어 r^2값이 0.9542가 얻어졌고, 2차 반응이라고 간주하였더니 평균값과 더불어 r^2값이 0.9947을 얻었다. 그렇다면 이 반응은 몇 차 반응이라고 생각되는가?

① 0차 ② 1차
③ 2차 ④ 혼합 차수 반응

08_ 저장 기간별 관능 검사 결과와 이화학적 특성 간의 상관관계를 알아보았더니 다음과 같다. 어느 것을 품질 지표로 선택하여 품질 유지 기한을 예측하는 데에 활용하는 것이 바람직한가?

① 아미노태 질소 관계식 y=0.091492x −10.4846 r^2 = 0.9549
② pH 관계식 y=8.366222x −31.4942 r^2 = 0.9162
③ 과산화물가 관계식 y=0.039286x −2.27714 r^2 = 0.9913
④ 비타민 C 관계식 y=1.234491x −0.02426 r^2 = 0.9346

09_ 가속 저장 실험에서 고려해야 할 사항이 아닌 것은?

① 미생물의 변화에 따른 영향 정도
② 유통 조건에서의 보관 방법
③ 대상 식품의 품질 변화 기작을 파악하는 일
④ 포장재의 투습 정도
⑤ 40℃에서의 단백질 변성 정도

10_ Safety factor를 고려해야 할 경우가 아닌 것은?

① 공정 생산 경험이 부족한 제조업자의 제품
② 날씨가 더운 가운데 파리나 쥐 등의 오염 가능성이 높은 공장에서의 제조품
③ 냉동 체인으로 −18℃가 유지되어야 하는데 냉동 능력이 −8℃밖에는 유지가 되지 못하는 공장의 제품
④ 원료가 매우 다양하고 유해 미생물의 오염 가능성이 높은 환경에서의 제조품
⑤ HACCP 등이 철저히 이루어지고 있는 위생적인 환경에서의 제품

11_ 신제품 식품을 개발하기 앞서 이 제품의 유통 기한을 설정하고자 한다. 어떻게 실험하여 결정을 해야 하는지 설명하시오.

12_ Kinetics를 이용하여 품질 유지 기한이 60일 정도 유지되는 것으로 예측을 하였으나 우리 공장의 열악한 시설과 품질 관리 능력을 고려한다면 다소 조정되어야 할 것이다. 얼마로 최종 결정할 수 있는가?

13_ 다음과 같은 성분으로 구성되어 있는 새로운 제품의 유통 기한 설정을 위한 품질 지표로 어떤 것을 선택하여야 하는가?

> **제품의 구성 성분**
> 고과당, 양조식초, 함수 결정 포도당, 레몬 농축 과즙, 정제염, 레몬, 마늘, 레몬 향, 올리브유

정답 및 해설

01_ ③ **02_** ② **03_** ④ **04_** ③ **05_** ① **06_** ④ **07_** ③ **08_** ③ **09_** ⑤ **10_** ⑤

11_ 다음과 같이 7단계를 거쳐 예측할 수 있다.

1) 품질 지표를 선택하여 이를 대상으로 4가지의 온도에서 저장 실험
2) 관능 검사로 관능 스코어(먹지 못함 포함)와 저장 기간 간의 상관관계를 확보
3) 관능 검사와 품질 지표 간의 상관관계를 확보
4) 각 온도별 반응 속도 상수를 계산하고 이를 토대로 활성화 에너지를 계산
5) 임의의 온도(실험하지 않은 온도)에서의 반응 속도 상수를 계산
6) 저장 기간 및 저장 온도별로 어느 정도 품질 지표가 감소되는지 파악
7) 이를 누적하여 계산한 다음, 먹기에 곤란한 관능 점수를 갖는 품질 지표값과 일치하는 시점이 유통기한이며 여기에 safety factor를 고려하면 최종적으로 유통기한을 예상할 수 있다.

12_ 환경이 매우 열악한 조건이라고 한다면 60일의 유통기한에 대하여 safety factor값으로 0.6을 곱하여 36일로 정하면 된다.

13_ 이 제품에서 저장 기간에 따라 가장 변질이 일어날 수 있는 것으로는 레몬 향과 올리브유로 지방 성분에 해당이 된다. 따라서 과산화물가나 hexanal 등을 품질 지표로 선택할 수 있을 것이다.

참고문헌

1. 김공환. 식품공학. 라이프사이언스 (2007)
2. 김도언, 변유량. Ohmic heating에 의한 식품가공. 식품과학과 산업. 27(4): 21-33 (1994)
3. 김동훈. 식품화학. 탐구당 (1990)
4. 김병묵. 식품저장학. 진로연구사 (1999)
5. 김상순, 이한창. 식품저장학. 수학사 (2006)
6. 김상순, 최홍식, 변광의. 식품가공저장학. 수학사 (2006)
7. 김창한, 백현동, 윤원호, 조좌형. 식품미생물학. 유한문화사 (2004)
8. 권중호, 김수진, 이정은, 이수정, 김성곤, 김정숙, 변명우. 감마선 조사 도토리로부터 분리한 전분의 이화학적 및 관능적 특성. 한국식품과학회지. 22(6). 1007-1012 (2002)
9. 노봉수. 식품산업에서의 전자코 응용. Trends in Agricultural & Life Sci. 4 : 106-119 (2006)
10. 노봉수. 식품화학연습. 신광출판사 (1996)
11. 노봉수, 장판식, 이승철. 식품효소공학. 신광출판사 (2006)
12. 노봉수. 전통식품에서의 당알코올 응용. 초청세미나. 인터콘티넨탈호텔. 10. 22 (2002)
13. 류소영, 노회진, 노봉수, 김상용, 오덕근, 이원종, 윤정로, 김석신. 반응표면분석법을 응용한 tagatose와 glycine 모델용액의 Maillard 갈변반응의 최적화. 한국식품과학회지. 35: 914-917 (2003)
14. 류소영, 노회진, 노봉수, 김상용, 오덕근, 이원종, 윤정로, 김석신. Tagatose 등 여러 가지 당류와 그 몰농도가 Maillard 갈변반응에 미치는 영향. 한국식품과학회지. 35: 898-904 (2003)
15. 심상국, 손홍수, 심창환, 윤원호, 황종현. 발효식품학. 진로연구사 (2007)
16. 오문헌, 지의상, 차원섭, 황성연. 식품저장학. 도서출판진로 (2007)
17. 우세홍, 정동옥, 황상용, 이강윤, 이효순. 최신 식품첨가물. 신광문화사 (2001)
18. 윤석권, 오훈일, 이형주, 문태화, 노봉수. 식품화학. 수학사 (2007)
19. 이경행, 조철훈, 육홍선, 변명우. 감마선 조사된 유지 model system의 Chlorophyll 제거 및 광산화 억제. 한국식품과학회지. 21(6). 693-699 (2001)
20. 이나영, 조철훈, 정헌종, 강호진, 김재경, 김현주, 변명우. 김밥의 미생물 오염원 예측 및 미생물학적 안전성 개선을 위한 감마선 조사 효과. 한국식품과학회지. 37(2). 279-286 (2005)
21. 이서래, 신효선. 최신 식품화학. 신광출판사 (1997)
22. 전재근, 김공환, 목철균, 이승주, 권영안. 식품공학. 라이프사이언스 (2002)
23. 정동효. 식품살균론. 대광서림 (1991)
24. 정동효, 우상규, 민경찬, 배정설, 허윤행. 발효공학. 선진문화사 (1996)
25. 정동효. 효소학. 선진문화사 (1998)

26. 정인철, 양종범, 현재석, 이종호, 문윤희. 초음파 처리가 튀김 닭고기의 품질, 아미노산 및 지방산 조성에 미치는 영향. 한국축산식품학회지. 25(2). 162-167 (2005)
27. 주현규, 김덕웅, 성하진, 조원대. 최신식품저장학. 수학사 (2006)
28. 최수진, 노봉수. 신제품 개발 전략으로서 Hurdle Technology. 식품과학과 산업. 29(1) : 45-56 (1996)
29. Barbosa-Canovas, G.V. and Gould, G.W. Innovations in Food Processing, Technomic Publishing Co., Inc. Lancaster, PA, USA (2000)
30. Barbosa-Canovas, G.V., Pothakamury, U.R., Palou, E. and Swanson, B.G. Non-thermal Preservation of Foods, Marcel Dekker, NY, PA, USA (1998)
31. Chun, M.S., Lee, T.S. and Noh, B.S. : Effect of gamma-irradiation on quality of Kochujang during storage, Food Biotechnol. 1(2):117-122 (1992)
32. Eskin, N.A.M. and Robinson, D.S. Food Shelf Life Stability, CRC Press, Boca Raton, FL, USA (2001)
33. Garbutt, J. Essentials of Food Microbiology. Arnold, London, UK (1997)
34. Gould, G.W. New Methods of Food Preservation. Blackie Academic & Professional. Glasgow, UK (1995)
35. Jay, J.M. Loessner, M.J. and Golden, D.A. Modern Food Microbiology. Springer Verlag. New York, USA (2005)
36. Karel, M. and Lund, D.B. Physical Principles of Food Preservation, Marcel Dekker, Inc. New York, USA (2003)
37. Ku, J.Y., Park, S.O. and Noh, B.S. Inactivation of peroxidase by hurdle technology. Food Sci. Biotechnol. 9(2) : 124-129 (2000)
38. Ku, J.Y., Choi, S.J., Kim S.Y. and Noh, B.S. Inactivation of ascorbate oxidase by hurdle technology with heat, pH and ultrasound. Food Sci. Biotechnol. 9(6): 372-377 (2000)
39. Lozano, J.E. Anon, C., Paada-Arias, E. and Barbosa-Canovas, G.V. Trends in Food Engineering, Technomic Publishing Co., Inc. Lancaster, PA, USA (2000)
40. Lee, Y.C. and Noh, B.S. Prediction of ascorbic acid stability in powdered beverage. Korean J. Food Sci. Technol. 14: 330-335 (1982)
41. Park, E.Y., Noh, B.S. and Ko, S.H. Prediction of shelf life for soybean curd by the electronic nose and artificial neural network system. Food Sci. Biotechnol. 11(3): 245-251 (2002)
42. Sampedro, F., Rodrigo, M., Martinez, A., Rodrigo, D. Quality and safety aspects of PEF application in milk and milk products. Critical Reviews in Food Science and Nutrition. 45: 25-47 (2005)
43. San Martin, M.F., Barbosa-Canovas, G.V. and Swanson, B.G. Food processing by high hydrostatic pressure. Critical Reviews in Food Science and Nutrition. 42(6): 627-645 (2002)
44. Senorans, F.J., Ibabez, E. and Cifuentes, A. New trends in food Processing. Critical Reviews in Food Science and Nutrition. 43(5): 507-528 (2003)
45. Taub, I.A. and Singh, R.P. Food Storage Stability, CRC Press, Boca Raton, FL, USA (1998)
46. Youn, A.R. and Noh, B.S. Prediction of the freshness for soybean curd by the electronic nose in the fluctuating temperature condition. Food Sci. Biotechnol. 14: 437-439 (2005)

찾아보기

저자 소개

노봉수

서울대학교 식품공학과 학사, 석사

University of California, Davis 식품공학과 석사, 박사

동서식품(주) 기술연구소 연구원 역임

(주)보락 기술고문 역임

현재 서울여자대학교 식품공학과 교수

김석신

서울대학교 식품공학과 학사

충남대학교 식품공학과 석사

The Ohio State University 대학원 식품공학과 박사

국방과학연구소 선임연구원 역임

현재 가톨릭대학교 식품영양학과 교수

장판식

서울대학교 식품공학과 학사, 석사

KAIST 생물공학과 박사

Iowa State University 생화학과 Post Doc.

현재 서울대학교 식품생명공학전공 교수

이현규

서울대학교 식품공학과 학사

University of Rhode Island 식품과학과 석사

North Carolina State University 식품과학과 박사

호서대학교 식품영양학과 조교수

현재 한양대학교 식품영양학과 교수

김태집

서울대학교 식품공학과 학사, 석사

서울대학교 식품공학과 박사

덴마크 칼스버그 연구소 Post Doc.

현재 충북대학교 식품공학과 교수

식품저장학

2022년 8월 20일 초판 5쇄 발행

2008년 2월 25일 초판 1쇄 발행

지은이 노봉수 · 김석신 · 장판식 · 이현규 · 김태집

발행인 이 영 호

발행처 **수 학 사**

10881 경기도 파주시 회동길 56 기한재 1층

출판등록 1953년 7월 23일 제2020-000143호

전화번호 031) 946-4642(代) 팩스 031) 944-1457

http://www.soohaksa.co.kr

정가 26,000

ISBN 978-89-7140-358-7 93590